定量化学分析

（第二版）

李龙泉　朱玉瑞　金谷　江万权　邵利民　**编著**

中国科学技术大学出版社

2007·合肥

内 容 简 介

本书介绍了定量分析化学的基本概念,分析化学中的误差和数据处理方法,各种滴定分析法、重量分析法和分光光度法的原理和应用,常用的定量分离方法以及分析试样的采集、制备和分解方法。本书系统地采用了国家法定计量单位,并相应地采用了处理各种化学平衡和计算分析结果的新方法。本书在基础理论和实际应用两方面都有较丰富的内容。书末附有部分习题答案可供参考。

本书可作为高等院校分析化学课程的教学用书或参考书,也可供科研或生产单位的科技工作者,特别是分析化学工作者参考。

图书在版编目(CIP)数据

定量化学分析/李龙泉等编著. —2 版. —合肥:中国科学技术大学出版社,2005.3
(2013.2 重印)
ISBN 978-7-312-01771-1

Ⅰ. 定… Ⅱ. 李… Ⅲ. 定量分析 Ⅳ. O655

中国版本图书馆 CIP 数据核字(2005)第 010863 号

出版 中国科学技术大学出版社
安徽省合肥市金寨路 96 号,邮编:230026
http://press.ustc.edu.cn
印刷 合肥现代印务有限公司
发行 中国科学技术大学出版社
经销 全国新华书店
开本 787 mm×1092 mm　1/16
印张 19.5
字数 499 千
版次 2005 年 3 月第 2 版
印次 2013 年 2 月第 5 次印刷
印数 11501—14500 册
定价 31.00 元

再 版 前 言

　　分析化学是化学的基础学科之一,而定量化学分析又是分析化学的基础,它涉及到分析化学的基本概念,有关测定方法的基本原理,数据处理的基本方法,以及分离、富集的基本技术。因此,定量化学分析是学习"仪器分析"等课程和从事分析测试工作的必备基础知识。但由于当前科学技术的迅猛发展,学生们需要掌握的知识越来越多,因而"分析化学"课程的学时压缩得越来越少;与之相应的是,有关化学分析的教材越编越薄,或将其分散到其他课程中去。为了有利于学生系统地掌握分析化学的基础知识,本教材一方面保留了《定量化学分析》第一版中内容的系统性和完整性,另一方面在内容编排、文字叙述和习题选择等方面尽量有利于学生自学。在教学中,着重讲解重点和难点,通过学生的自学,可望达到事半功倍的效果。

　　本书自第一版正式出版以来,作为本科生的教材和考研的参考书,受到读者们的欢迎,曾多次加印。我们经过多年使用的实践,积累了丰富的教学经验;再考虑到分析化学的发展状况,需要增加更新的内容。因此,对该书进行修订再版已势在必行。

　　本书在第一版的基础上做了较大的修改。在"绪论"中,增加了反映分析化学新进展的内容,介绍了化学分析中常用的法定计量单位;在"误差和数据处理"一章中增添了"分析质量的保证和控制"的内容;对"酸碱滴定法"一章进行了重写,使其变得简明、扼要,重点突出;在分离方法部分也做了较大的改动,添加了新方法的介绍,内容更加充实。此外,还编入了我们教学研究的成果,例如:配位滴定法中,共存离子存在下允许 pH 值的确定;氧化还原滴定中,终点误差的推导和计算等。在习题中做了适当的补充,与书中内容有较好的配合;并列出了部分习题的参考答案。

　　本书的第一、五、六章由江万权修改,第二、四章由李龙泉修改,第三章由全谷重编,第七、九章由朱玉瑞修改,第八章由邵利民重编,全书由李龙泉统稿。最后由张懋森教授审阅。在本书修改过程中得到很多同事的支持和帮助,特别是参加第一版编著的林长山教授和吕敬慈教授,为本书的再版打下了良好的基础,在此表示深切的谢意。

　　本书肯定尚有很多不足之处,恳请读者提出宝贵意见。

编著者

2005 年 2 月

目　　次

第一章 绪 论

科学研究实质上是对未知领域的探索和对定量关系的确定,有关"量"的关系研究贯穿在整个科学研究之中。分析化学就是研究组成物质的各种组分、组分之间"量"的关系以及它们的组合方式的一门学科。分析化学不仅在化学学科的发展中起重要的作用,而且对当代科学的进步具有不可替代的作用。本章简述分析化学的一些共性问题,着重介绍定量分析概况,以便在学习分析化学有关理论和各种分析方法之前,对分析化学和定量分析有一个概括性的认识和了解。

第一节 分析化学概述

一、分析化学的任务和作用

分析化学是化学学科的一个重要分支,是发展和应用各种方法、仪器和策略以获得有关物质在空间和时间方面的组成和性质的信息的科学。它的任务是通过对分析对象的全面考察,综合所有相关信息获得分析对象的化学组成、各种成分含量和结构全貌。

分析化学在科学研究中具有重要的作用。首先,分析化学是研究物质及其化学变化的重要方法之一。分析化学理论和分析方法的发展是化学学科发展的重要组成部分,并对化学学科的其他分支如无机化学、有机化学、物理化学、高分子化学等学科的发展产生积极的影响。同时,分析化学作为工具科学,在所有涉及化学过程的科学研究工作中得到运用,并对诸多学科的研究和发展具有重要作用。在环境科学研究中,分析化学发挥着极其重要的作用:在环境污染物的监测和分析,污染物质的产生和输送,污染物的化学作用过程,以及环境治理对策等领域,分析化学均具有关键作用。在材料科学研究中,超微量分析和超纯物质分析对高性能材料,如航天航空材料、信息通讯材料等至关重要;分析化学可以探明材料的元素组成、价态和状态、空间分布以及微结构等影响材料性能的因素,从而为高性能新材料的设计和制备指明方向。在生命科学和生物工程领域,分析化学正在发挥越来越大的作用。在分子水平上对生物生长、代谢过程的监测、观测和控制,对生命起源、生命化学过程的本质研究,利用生物传感技术和生物芯片进行实时、原位和活体分析均对生命科学的研究具有重大影响。事实上,像环境科学、材料科学、生物学及遗传工程、地球化学及矿物学、地质学、医学和环境资源学等许多学科的深入研究和进一步发展在很大程度上依赖于分析手段的提高和分析方法的发展。因此,分析化学也被称为"科学的眼睛"。

分析化学在国民经济建设中也具有广泛的实际应用。在工业生产方面,资源的勘探开发、原材料分析和选择、工艺流程控制、工业产品检验和质量控制、环境监测和"三废"处理;在农业生产方面,土壤背景值调查、农作物成分分析、农产品质量检验、农药残留检验;在国防公安战线方面,火箭卫星的研制、高能燃料等新材料的试制、生化武器的预防对策、毒品毒物的检验和分析、痕迹物检验等都要应用分析化学。在国民经济的其他领域,如石化、汽车、外贸等,分析化学也同样发挥着重要作用。因此,分析化学在科学技术、经济建设和人们生活诸方面都具有重要的作用。

二、分析方法的分类

分析化学的应用领域非常广泛,采用的方法也多种多样。根据分析任务、分析对象、操作方式、方法原理和具体要求的不同,可以把分析方法划分为许多门类。

（一）结构分析、定性分析和定量分析

根据分析的任务可以把分析化学区分为以下三类:

结构分析,研究物质的分子结构和晶体结构;

定性分析,鉴定物质是由哪些元素、原子团、官能团或化合物所组成的;

定量分析,测定物质中有关组分的含量。

（二）无机分析和有机分析

根据分析对象的化学属性可区分为无机分析和有机分析两类:

无机分析的对象是无机物,主要作定性和定量分析,有时也要作晶体结构的测定。

有机分析的对象是有机物,主要是进行官能团的鉴定,元素或化合物的定性和定量分析以及分子结构分析。

（三）常量分析、微量分析和痕量分析

根据试样用量的不同,可分为表1-1所示的几种分析方法。

表 1-1 按试样用量分类的分析方法

方法名称	试样质量（mg）	试液体积（mL）
常量分析	>100	>10
半微量分析	10～100	1～10
微量分析	0.1～10	0.01～1
超微量分析	<0.1	<0.01

以上是根据测定时试样用量多少进行分类,并不表示它们与被测组分的质量百分数之间的关系。若依据被测组分在样品中的相对含量,还可分为表1-2所示的几种方法。

表 1-2 按被测组分含量分类的分析方法

方法名称	相对含量（%）
常量组分分析	>1
微量组分分析	0.01～1
痕量组分分析	<0.01

（四）化学分析和仪器分析

根据分析时所依据的物质性质可分为化学分析和仪器分析两大类。

1. 化学分析法

化学分析法是以物质的化学反应为基础的分析方法。化学分析法历史悠久,是分析化学的基础,所以又称经典分析法,主要有重量分析法和滴定分析法(容量分析法)等。

(1) 重量分析法。根据反应产物(一般是沉淀)的质量来确定被测组分在试样中的含量。例如测定试样中钡的含量,称取一定的试样溶解后,加入过量的沉淀剂稀硫酸,使钡形成 $BaSO_4$ 沉淀,将沉淀过滤、洗涤、灼烧后称重,从而测得试样中钡的质量百分数。重量法适用于常量组分的测定,可以获得很准确的分析结果,但其操作较麻烦,耗费时间较多。

(2) 滴定分析法。将已知准确浓度的试剂溶液,由滴定管滴加到被测物质的溶液中,直到化学反应完全为止。根据试剂与被测物质之间的化学计量关系,通过测量所消耗的试剂溶液的体积,从而求得被测组分的含量。此方法亦称为容量分析法。例如 Fe^{2+} 的测定,在酸性试液中用已知浓度的 $K_2Cr_2O_7$ 溶液滴定,当 Fe^{2+} 被定量氧化为 Fe^{3+} 后,稍过量一点的 $K_2Cr_2O_7$ 就使指示剂变色,滴定便到此终止。根据 $K_2Cr_2O_7$ 溶液的浓度和消耗的体积,由 $K_2Cr_2O_7$ 和 Fe^{2+} 反应的化学计量关系,便可求得 Fe^{2+} 的含量。

滴定分析法适用于常量组分的测定,比重量法简便、快速,准确度也高,因此应用比较广泛。根据化学反应类型的不同,滴定分析法可分为酸碱滴定法、配位滴定法、氧化还原滴定法和沉淀滴定法。

2. 仪器分析法

以物质的物理性质和物理化学性质为基础的分析方法,称为物理化学分析法。由于这类方法都需要使用较特殊的仪器,所以现在一般称为仪器分析法。主要的仪器分析法有以下几种。

(1) 光学分析法。通常包括下列几种方法:

①吸光光度法,是基于物质对光的选择性吸收而建立起来的分析方法,包括比色法、紫外-可见分光光度法、红外分光光度法等。

②发射光谱法,是根据物质受到热能或电能的激发后所发射的特征谱线来进行定性和定量分析的方法。主要有原子发射光谱法、火焰分光光度法等。

③原子吸收光谱法,是基于被测物质所产生的原子蒸气对其特征谱线的吸收作用进行定量分析的方法。

(2) 电化学分析法。根据被分析溶液的各种电化学性质来确定其组成及含量的分析方法。主要有电位分析法、电解分析法、伏安分析法、离子选择电极法、毛细管电泳法和极谱分析法等。

(3) 色谱分析法。不同的物质在不同的两相,即固定相和流动相中具有不同的分配系数,当这些物质随着流动相移动时,在两相间反复多次分配,从而使各物质得到完全的分离,这种分离技术称为色谱法,亦称色层法或层析法。这种分离技术应用于分析测定,就是色谱分析法。主要有液相色谱法(包括柱色谱、纸色谱、薄层色谱等)和气相色谱法。

近年来,新的仪器分析法不断涌现,大多是物理分析方法,例如质谱法、核磁共振波谱法、X-射线分析法、电子探针分析法、中子活化分析法、光声光谱法等。

仪器分析具有快速、灵敏的特点,适用于微量和痕量组分的测定。许多仪器分析法还是定性分析和结构分析的重要手段。

以上各种分析方法都有其特点,也各有一定的局限性。在进行分析工作时,应根据被测物质的性质、含量、试样的组成和对分析结果准确度的要求,选择适当的分析方法。

（五）例行分析和仲裁分析

根据分析工作的性质,还有例行分析和仲裁分析等。

在生产实践中,化验室日常的分析称为例行分析,又叫常规分析。当不同单位对某一产品的分析结果有争议时,由权威单位用指定的方法对样品进行准确的分析,以裁决原分析结果准确与否,这种分析工作称为仲裁分析。

（六）实验室分析和过程分析

通过取样、样品处理、测定和数据处理等一系列过程进行定量分析是传统分析化学的例行做法,这种分析过程称之为实验室分析。当分析结果需要在现场随时进行时,实验室分析就无法满足分析的要求,就必须应用过程分析。过程分析采用的是现场实时对样品进行采集、快速处理、测定、数据处理,给出过程参数,即参与实际过程的一种控制—反馈方式。过程分析作为一种分析方式正发挥着越来越重要的作用。

分析化学作为与化学相关专业的重要基础课程,最重要的是"定量"概念的建立和严格认真、实事求是的科学态度的培养。在此基础上,通过本课程的学习,掌握分析化学的基本原理和测定方法,正确运用量的概念,明确分析化学基本过程和方法。同时,分析化学是一门实践性很强的学科,在学习过程中一定要理论联系实践,加强实验训练,培养严密细致的科学实验技能,正确掌握分析化学的基本操作,培养严谨的科学作风,提高观察问题、分析问题和解决问题的能力。

三、分析化学发展概况

分析化学的起源可以追溯到古代的炼金术,其目的是希望用便宜常见的物质通过混合和煅烧制取贵重的黄金、白银和"长生不老"药。在漫长岁月的生产实践和生活中,人们对物质世界的认识不断加深。从 17 世纪开始至 19 世纪,以玻义耳（R. Boyle）、拉瓦锡（A. Lavoisier）、罗蒙诺索夫（M. Ломоносов）和道尔顿（J. Dalton）等人为代表的一批科学家根据生产实践中出现的现象以及科学实验的结果,以大量的科学实验数据为依据,对当时占统治地位的错误观点和认识进行了批判,并对物质世界提出全新的认识。在应用定量分析技术的基础上,否定了错误的物质世界组成"四元素说"和物质燃烧过程的"燃素说",提出了科学的燃烧学说,初步建立了科学的元素（单质）概念。随着定量分析和定性分析技术的发展,更多的新元素不断被发现,奠定化学理论基础的质量守恒定律、原子分子理论以及其他相关定理定律相继提出或建立,使化学真正成为一门独立的科学。因此,在整个化学学科的发展过程中,分析化学起到了决定性的作用。

进入 20 世纪以来,由于现代科学技术的发展,相关学科之间相互渗透,分析化学的发展经历了三次重大的变革。第一次在本世纪 20 年代以后,由于物理化学溶液理论的发展,为分析化学提供了理论基础,建立了溶液中四大平衡理论,使分析化学从一门技术发展成为一门独立的专门学科。第二次变革发生在本世纪 40 年代以后的几十年间,由于物理学和电子学的发展,促进了分析化学中物理方法的发展,分析化学从以化学分析为主的经典分析化学发展到以仪器分析为主的近代分析化学。

从本世纪 70 年代末起,世界进入以计算机应用为主要标志的信息时代,给科学技术的发展带来巨大的冲击,使分析化学处于第三次变革时期,进入到分析科学的崭新阶段。由于工农业生产和现代科学技术的发展,特别是生命科学、环境科学和材料科学提出了许多更新、更复杂的任务,对分析化学的要求不再局限于"有什么"和"有多少",而是要提供更多、更全面的信息,从单纯提供数据上升到解决实际问题。从常量到微量及微粒分析;从元素组成到形态分析;从总体到微区表面分析及逐层分析;从宏观组分到微观结构分析;从静态到动态分析;从破坏试样到无损分析;从离线到在线分析;仪器向智能化、自动化、微型化发展等等。为了迎接这些重大的挑战,分析化学必须吸取当代科技的最新成就,广泛应用电子计算机和其他科学的新技术,充分运用数学和统计学的方法处理分析化学信息,深入开展各种化学分析、仪器分析和分离技术的基础理论研究,建立表征测量的新方法和新技术,开拓新领域。

随着科学技术的不断发展,特别是新兴学科对分析化学越来越高的要求,使分析化学进入了新的蓬勃发展阶段。分析化学发展到今天,已经成为以物理分析方法为主要分析手段,以信息采集、判断和处理为特征的综合性学科。但是以定量分析为主要内容的化学分析方法,作为分析化学的基本方法,在分析样品制备、常量组分测定、标准样品制备和标准数据采集等方面仍然具有重要的、不可替代的作用。

第二节　定量分析概论

一、定量分析过程

定量分析的任务是测定物质中有关组分的含量。要完成一项定量分析工作,通常包括以下几个步骤。

（一）取样

对某一物质进行定性或定量分析时,每次分析所取该物质的量是很少的。为了使少至不到1克的样品的组分含量能代表多至数千吨物料的含量,首先要保证取到能代表被测物料的平均组分的样品。若所取的样品的组成没有代表性,进行分析工作是毫无意义的,甚至可能导致错误的结论,造成巨大的损失。

具体的取样方法,根据分析对象的性质、形态、均匀程度和分析测定目的要求的不同而有所差异,在本书的第九章将对此作详细介绍。

（二）分解试样

定量分析一般采用湿法分析,通常将试样分解后转入溶液中,然后进行测定。根据试样性质的不同,采用不同的分解方法。最常用的是酸溶法,也可采用碱溶法或熔融法。关于样品的制备和试样的分解亦在本书的第九章中介绍。

（三）测定

根据被测组分的性质、含量和对分析结果准确度的要求,并根据实验室的具体条件,选择合适的分析方法进行测定。各种方法在准确度、灵敏度、选择性和适用范围等方面有较大的差别,所以应该熟悉各种方法的特点,做到能根据需要正确选择分析方法。

复杂物质中常含有多种组分,在测定其中某一组分时,共存的其他组分常发生干扰,应当设法消除。消除干扰的方法主要有两种,一种是掩蔽方法,另一种是分离方法。常用的掩蔽方法有配位掩蔽法、沉淀掩蔽法、氧化还原掩蔽法和动力学掩蔽法。掩蔽法是一种比较简单、有效的方法,但在许多情况下,若没有合适的掩蔽方法,就需要将被测组分与干扰组分进行分离。

常用的分离方法有沉淀分离、萃取分离、离子交换和色谱分离等,这些方法将在本书第八章中详细论述。

（四）计算分析结果

根据试样的用量、测量所得的数据和分析过程中有关反应的计量关系,计算出试样中待测组分的含量。

（五）评价分析结果的可信赖程度

根据反复多次的测定结果,用统计处理方法对分析数据和测定结果的可信赖程度进行评价,以便分析误差的来源和合理地表示分析结果。关于分析结果的误差和实验数据处理的理论和方法,将在本书的第二章中阐述。

二、滴定分析法概述

（一）滴定分析的基本概念

进行滴定分析时,通常将被测溶液置于锥形瓶（或烧杯）中,然后将已知准确浓度的试剂溶液滴加到被测溶液中,直到所加的试剂与被测物质按化学计量定量反应为止,然后根据试剂溶液的浓度和用量,计算被测物质的含量。

这种已知准确浓度的试剂溶液称作"滴定剂"。将滴定剂通过滴定管计量并滴加到被测物质溶液中的过程叫"滴定"。当所加滴定剂的物质的量与被测组分的物质的量之间,恰好符合滴定反应式所表示的化学计量关系时,反应到达"化学计量点"。化学计量点通常借助指示剂的变色来确定,以便终止滴定。在滴定过程中,指示剂正好发生颜色变化的转变点（变色点）称为"滴定终点"。滴定终点与化学计量点不一定恰好吻合,由此造成的分析误差称为"终点误差"或"滴定误差"。

滴定分析法通常用于测定常量组分,有时也能用来测定微量组分。与重量分析法相比,滴定分析法简便、快速,可用于测定很多元素,而且有足够的准确度,在较好的情况下,测定的相对误差不大于 0.2%。因此,滴定分析法在生产实践和科学实验中具有很大的实用价值。

（二）滴定分析法对化学反应的要求

适合滴定分析法的化学反应,应该具备以下几个条件:

（1）反应必须定量完成。即反应按一定的反应方程式进行,没有副反应,而且反应进行完全,通常要求达到 99.9% 以上,这是定量计算的基础。

（2）反应能够迅速地完成。对于速度较慢的反应,有时可通过加热或加入催化剂等方法来加快反应速度。

（3）能有适当的方法确定反应的化学计量点。

（三）基准物质和标准溶液

1. 基准物质

用于直接配制标准溶液或标定溶液浓度的物质,称为基准物质。基准物质应符合下列要求:

（1）试剂的组成应与化学式相符。若含结晶水,例如 $H_2C_2O_4 \cdot 2H_2O$、$Na_2B_4O_7 \cdot 10H_2O$ 等,其结晶水的含量也应与化学式相符。

（2）试剂的纯度应足够高（99.9% 以上）。

（3）试剂在一般情况下应稳定。例如不易吸收空气中的水分和 CO_2,以及不易被空气所氧化等。

（4）试剂参加反应时，应按反应式定量进行，没有副反应。

（5）试剂应有较大的摩尔质量。这样，称量误差对称量结果的影响相对较小。

常用的基准物质有纯的化合物和纯金属，例如 Na_2CO_3、$H_2C_2O_4 \cdot 2H_2O$、$Na_2B_4O_7 \cdot 10H_2O$、邻苯二甲酸氢钾、$CaCO_3$、$K_2Cr_2O_7$、$NaCl$、金属锌和铜等。表1-3列出一些常用的基准物质及其干燥条件和应用情况。

表 1-3　常用基准物质的干燥条件和应用

基准物质		干燥后的组成	干燥条件(℃)	标定对象
名　称	化学式			
十水合碳酸钠	$Na_2CO_3 \cdot 10H_2O$	Na_2CO_3	270～300	酸
碳酸氢钠	$NaHCO_3$	Na_2CO_3	270～300	酸
硼砂	$Na_2B_4O_7 \cdot 10H_2O$	$Na_2B_4O_7 \cdot 10H_2O$	放在装有 NaCl 和蔗糖饱和溶液的密闭器皿中	酸
碳酸氢钾	$KHCO_3$	K_2CO_3	270～300	酸
邻苯二甲酸氢钾	$KHC_8H_4O_4$	$KHC_8H_4O_4$	110～120	碱
二水合草酸	$H_2C_2O_4 \cdot 2H_2O$	$H_2C_2O_4 \cdot 2H_2O$	室温空气干燥	碱或 $KMnO_4$
草酸氢钾	KHC_2O_4	KHC_2O_4	在空气中干燥	碱
碳酸钙	$CaCO_3$	$CaCO_3$	110	EDTA
锌	Zn	Zn	室温干燥器中保存	EDTA
氧化锌	ZnO	ZnO	900～1000	EDTA
重铬酸钾	$K_2Cr_2O_7$	$K_2Cr_2O_7$	100～110	还原剂
溴酸钾	$KBrO_3$	$KBrO_3$	130	还原剂
碘酸钾	KIO_3	KIO_3	120～140	还原剂
铜	Cu	Cu	室温干燥器中保存	还原剂
三氧化二砷	As_2O_3	As_2O_3	室温干燥器中保存	氧化剂
草酸钠	$Na_2C_2O_4$	$Na_2C_2O_4$	105～110	氧化剂
硫代硫酸钠	$Na_2S_2O_3$	$Na_2S_2O_3$	120	Br_2,I_2
氯化钠	NaCl	NaCl	500～600	$AgNO_3$,$HgNO_3$
氯化钾	KCl	KCl	500～600	$AgNO_3$,$HgNO_3$
硫氰酸钾	KSCN	KSCN	150～200	$AgNO_3$
硝酸银	$AgNO_3$	$AgNO_3$	220～250	氯化物,硫氰酸盐
银	Ag	Ag	五氧化二磷之上干燥至恒重	氯化物

2．标准溶液

标准溶液是已知准确浓度的溶液。在滴定分析法中，不论采用哪一种滴定方法，都离不开标准溶液，否则无法计算分析结果。

标准溶液的浓度要有足够准确的数值，通常用物质的量浓度、质量浓度或滴定度来表示。标准溶液的配制方法有两种：直接法和标定法。

（1）直接法。准确称取一定量的基准物质，溶解后准确地配成一定体积的溶液，根据物质的质量和溶液的体积,计算出该标准溶液的准确浓度。例如,准确称取 2.9418 g 基准物质 $K_2Cr_2O_7$,用蒸馏水溶解后,定量转移到 1000 mL 容量瓶中,用蒸馏水稀释至刻度,摇匀,就配制成 $c(K_2Cr_2O_7)=0.01000$ mol·L^{-1} 的标准溶液。

(2) 标定法。很多试剂不符合基准物质的条件,不能直接配成标准溶液,则可采用标定法。先将该物质大致按所需浓度配成溶液,然后利用该物质与基准物质(或已知准确浓度的另一溶液)的反应来确定其准确浓度。例如,固体 NaOH 的纯度不高,且易吸收空气中的 CO_2 和水分,欲配制 0.1 mol·L^{-1} NaOH 标准溶液,可先称取 4 g 左右的固体 NaOH,溶于 1 L 蒸馏水中,然后称取一定量的基准物质,如邻苯二甲酸氢钾或草酸,标定所配得的溶液,或者用已知准确浓度的盐酸标准溶液进行标定,这样就可求得所配的 NaOH 溶液的准确浓度。

标定时,应至少平行测定三份,滴定结果的相对偏差应小于 0.2%,然后取其平均值计算浓度。标定时的实验条件应与用此标准溶液测定某种组分时的条件尽量接近,以抵消由于条件影响可能造成的误差。因此,在实际工作中,有时选用与被分析试样组成相似的"标准试样"来标定标准溶液,使测定条件与标定条件基本一致,以消除某些共存组分对分析结果的影响。

(四)滴定分析的方式

可以通过以下几种方式实现滴定分析。

1. 直接滴定法

对于一些被测组分,如能找到满足上述三项要求的滴定反应时,即可选用适当的标准溶液(滴定剂)直接进行滴定,这种方式称为直接滴定法。这是滴定分析中所采用的主要方式。但是,有时反应不能完全符合上述要求,则可以采用以下办法实现滴定,这样能大大扩展滴定分析的实际应用范围。

2. 返滴定法

当被测物质与滴定剂反应很慢,或者用滴定剂直接滴定固体试样时,反应不能立即完成。此时可先准确地加入过量的滴定剂,使反应加速。待反应完成后,再用另一种标准溶液滴定剩余的滴定剂。这种滴定方式称为返滴定法或回滴法。例如,Al^{3+} 与 EDTA 的反应速度太慢,不能直接用 EDTA 滴定 Al^{3+}。此时,可先加入一定量过量的 EDTA 标准溶液,并加热使之反应加快和完全,剩余的 EDTA 可用 Zn^{2+} 标准溶液滴定。又如盐酸滴定固体 $CaCO_3$ 试样,因 $CaCO_3$ 溶解较慢,故可先加入一定量过量的盐酸标准溶液,并加热加速反应,待反应完全后,可用 NaOH 标准溶液滴定剩余的盐酸。

有时采用返滴定法是由于没有合适的指示剂。如在酸性溶液中用 $AgNO_3$ 滴定 Cl^-,缺乏合适的指示剂。此时,可先加入一定量过量的 $AgNO_3$ 标准溶液使 Cl^- 沉淀完全,再用 NH_4SCN 标准溶液滴定过量的 Ag^+,以铁铵矾为指示剂,当出现 $[Fe(SCN)]^{2+}$ 的淡红色时即为终点。

3. 置换滴定法

有些物质不能直接滴定时,可先用适当试剂与被测物质起反应,置换出一定量能被滴定的物质来,然后用合适的滴定剂进行滴定,这种方式称为置换滴定法。例如,不能用 $Na_2S_2O_3$ 标准溶液直接滴定 $K_2Cr_2O_7$ 及其他强氧化剂,因为强氧化剂会将 $S_2O_3^{2-}$ 氧化为 $S_4O_6^{2-}$ 及 SO_4^{2-} 等的混合物,反应没有确定的计量关系。此时,在 $K_2Cr_2O_7$ 的酸性溶液中加入过量的 KI,使 $K_2Cr_2O_7$ 还原并置换出一定量的 I_2,就可以用 $Na_2S_2O_3$ 标准溶液直接滴定析出的 I_2,从而求出 $K_2Cr_2O_7$ 或其他氧化剂的含量。

4. 间接滴定法

不能与滴定剂直接反应的物质,有时可以通过另外的化学反应间接地进行测定。例如, Ca^{2+} 在溶液中没有可变价态,不能直接用氧化还原法滴定。但若先将 Ca^{2+} 沉淀为 CaC_2O_4,过滤洗净后用 H_2SO_4 溶解,再用 $KMnO_4$ 标准溶液滴定与 Ca^{2+} 结合的 $C_2O_4^{2-}$,从而可间接测定 Ca^{2+} 的含量。

三、溶液浓度和物质含量的表示方法

(一)溶液浓度的表示方法

在化学领域中,许多实验研究工作都涉及到溶液或试剂的浓度。在分析化学中所用的溶液,大体可以分为两类。一类是要求具有相当准确浓度(通常要求有 4 位有效数字)的溶液,如各种标准溶液等;另一类是对浓度的准确度要求不高的溶液,如一般使用的酸、碱、盐溶液,缓冲溶液,指示剂、沉淀剂、洗涤剂和显色剂溶液等。下面分别介绍化学分析中常用的各种溶液浓度的表示方法。

1. 物质 B 的物质的量浓度(Amount concentration of substance B)或物质 B 的浓度(Concentration of substance B)

"物质 B 的物质的量浓度",也称为"物质 B 的浓度",定义为"物质 B 的物质的量除以溶液的体积",量符号为 c_B,表达式为

$$c_B = \frac{n_B}{V} \tag{1-1}$$

式中,n_B 为物质 B 的物质的量,V 为溶液的体积。

物质 B 的物质的量浓度 c_B 的法定计量单位为 $mol \cdot m^{-3}$。在化学中常用的单位为 $mol \cdot L^{-1}$ 或 $mmol \cdot L^{-1}$。有时也可以用[B]表示物质 B 的量浓度。c_B 一般指总浓度,而[B]指平衡浓度,如乙酸的总浓度可写成 $c(HAc)$,当 HAc 在水溶液中离解达到平衡时,溶液中各组分的浓度可记作[HAc]和[Ac^-],且 $c(HAc) = [HAc] + [Ac^-]$。

从定义可知,量浓度 c_B 是物质的量 n_B 的导出量,在使用时必须指明基本单元。这里所说的基本单元,除原子、分子、离子、电子外,还包括这些粒子的特定组合,也可以是想像的或根据需要假设的实际上并不存在的粒子或其分割的组合。因此,同一物质,在同一系统中,以不同的基本单元形式所表达的物质的量是不同的,由此所表达的量浓度也是不同的。当某一物质 X 分别以基本单元 X 和 $\frac{1}{Z}$X 表示时,则两种基本单元的量浓度之间有下列关系式:

$$c\left(\frac{1}{Z}X\right) = Z \cdot c(X) \tag{1-2}$$

式中 Z 为正整数,$\frac{1}{Z}$ 为粒子分数,Z 决定于离子的电荷数或特定的化学反应式。

例如,$c\left(\frac{1}{2}H_2SO_4\right) = 2c(H_2SO_4)$,$c\left(\frac{1}{6}K_2Cr_2O_7\right) = 6c(K_2Cr_2O_7)$,即在同一系统中,当 $c(H_2SO_4) = 0.1\ mol \cdot L^{-1}$ 时,则 $c\left(\frac{1}{2}H_2SO_4\right) = 0.2\ mol \cdot L^{-1}$;当 $c(K_2Cr_2O_7) = 0.1\ mol \cdot L^{-1}$ 时,则有 $c\left(\frac{1}{6}K_2Cr_2O_7\right) = 0.6\ mol \cdot L^{-1}$。

物质 B 的量浓度在分析化学中是一个极重要的物理量,根据摩尔质量 M_B 和量浓度 c_B 的

定义，可以导出质量 m_B(g)、摩尔质量 M_B(g·mol^{-1})、物质的量 n_B(mol)和量浓度 c_B(mol·L^{-1})之间的关系式[溶液的体积为 V(L)]：

$$c_B = \frac{n_B}{V} = \frac{m_B}{M_B \cdot V} \tag{1-3}$$

$$n_B = \frac{m_B}{M_B} = c_B V \tag{1-4}$$

$$m_B = n_B \cdot M_B = c_B \cdot M_B \cdot V \tag{1-5}$$

例 1-1 称取 NaOH 4.0 g，配成 500 mL 溶液，求此 NaOH 溶液浓度。

解 已知 M(NaOH)=40.00 g·mol^{-1}，由式(1-3)得

$$c(\text{NaOH}) = \frac{4.0}{40.00 \times 0.500} = 0.20 \ (\text{mol·L}^{-1})$$

例 1-2 有 400 mL 草酸溶液，已知 $c\left(\frac{1}{2}\text{H}_2\text{C}_2\text{O}_4\right) = 0.102$ (mol·L^{-1})，求 $n\left(\frac{1}{2}\text{H}_2\text{C}_2\text{O}_4\right)$ 和 $m\left(\frac{1}{2}\text{H}_2\text{C}_2\text{O}_4\right)$。

解 由式(1-4)得

$$n\left(\frac{1}{2}\text{H}_2\text{C}_2\text{O}_4\right) = c\left(\frac{1}{2}\text{H}_2\text{C}_2\text{O}_4\right) \cdot V$$
$$= 0.102 \times 0.400 = 0.0408 \ (\text{mol})$$

因 $M\left(\frac{1}{2}\text{H}_2\text{C}_2\text{O}_4\right) = \frac{1}{2}M(\text{H}_2\text{C}_2\text{O}_4) = \frac{1}{2} \times 90.04 = 45.02$ (g·mol^{-1})

由式(1-5)，可得

$$m\left(\frac{1}{2}\text{H}_2\text{C}_2\text{O}_4\right) = n\left(\frac{1}{2}\text{H}_2\text{C}_2\text{O}_4\right) \cdot M\left(\frac{1}{2}\text{H}_2\text{C}_2\text{O}_4\right)$$
$$= 0.0408 \times 45.02 = 1.84 \ (\text{g})$$

2. 溶质 B 的质量摩尔浓度(Molality of solute B)

溶质 B 的质量摩尔浓度的量符号为 b_B(或 m_B)，定义为"溶液中溶质 B 的物质的量除以溶剂的质量"，即

$$b_B = \frac{n_B}{m_A} \tag{1-6}$$

式中，n_B 为溶质 B 的物质的量；m_A 为溶剂的质量。

溶质 B 的质量摩尔浓度的单位为 mol·kg^{-1}，或 mmol·kg^{-1} 和 μmol·kg^{-1}。

用这种方式表示溶液的浓度，优点是其量值不受温度的影响，缺点是使用不方便，因而在分析化学中一般较少使用。

3. 物质 B 的质量浓度(Mass concentration of substance B)

物质 B 的质量浓度，量符号为 ρ_B，定义为"物质 B 的质量除以混合物的体积"

$$\rho_B = \frac{m_B}{V} \tag{1-7}$$

式中，m_B 为物质 B 的质量，V 为溶液的体积。质量浓度的单位为 kg·m^{-3}，在分析化学中常用 g·L^{-1}、mg·L^{-1} 或 μg·L^{-1} 等单位。

对由固体试剂配制的溶液，往往用这种浓度的表示方式，如 ρ(NaCl)=10.00 g·L^{-1}，是

称取 10.00 g NaCl 固体,用水溶解后稀释至 1 L,即 1 L NaCl 溶液中含有 NaCl 10.00 g,而不是 1 L 水中含 NaCl 10.00 g,两种概念和配制方法不要混淆。

有时溶液的体积可用 mL 为单位,如在原子吸收或分光光度分析工作中使用的标准溶液常用 $\mu g \cdot mL^{-1}$ 为单位。例如 $\rho(Cu)=5.00 \ \mu g \cdot mL^{-1}$。

4. 物质 B 的质量分数(Mass fraction of substance B)

溶液的浓度也可以用质量分数来表示。根据该物理量的定义,物质 B 的质量分数为作为溶质的物质 B 的质量与溶液质量之比

$$w_B = \frac{m_B}{m} \tag{1-8}$$

式中,m_B 为溶质 B 的质量,m 为溶液的质量,两者取相同的质量单位。例如,取 10 g NaOH,溶于 90 g 水中,该氢氧化钠溶液的质量分数为

$$w(NaOH) = \frac{10}{10+80} = 0.10$$

也可表示为 $w(NaOH)=10\%$ 或 $w(NaOH)/\% = 10$。

质量分数是两物质质量的比值,为无量纲量,不应使用如 $\mu g \cdot g^{-1}$、$mg \cdot g^{-1}$、$g \cdot kg^{-1}$、$kg \cdot kg^{-1}$ 等单位形式。

书写时,必须把量符号与浓度值同时完整地写出,如上述"氢氧化钠溶液〔$w(NaOH)=10\%$〕",不应记作"氢氧化钠溶液(10%)"或"10%NaOH",否则就不能辨明是溶质与溶液的质量比,还是溶质与溶剂的质量比,有时还会误认为是体积比,而与体积分数相混淆。

用液体试剂配制的溶液的浓度,也可以用质量分数来表示。例如取 5.00 mL 浓硫酸〔密度 $\rho=1.84 \ g \cdot mL^{-1}$,$w(H_2SO_4)=98\%$〕,溶于 1000 g 纯水中,则所配成的稀硫酸溶液的质量分数为

$$w(H_2SO_4) = \frac{5.00 \times 1.84 \times 0.98}{5.00 \times 1.84 + 1000} = 8.9 \times 10^{-3} = 0.89\%$$

5. 物质 B 的体积分数(Volume fraction of substance B)

物质 B 的体积分数,量符号为 φ_B,定义为物质 B 与混合物在相同温度和压力下的体积之比

$$\varphi_B = \frac{V_B}{V} \tag{1-9}$$

式中,V_B 为物质 B 的体积,V 为溶液的体积,两者应取相同的体积单位。体积分数为无量纲量,量值常用小数、分数或百分比等表示,而不应使用 $mL \cdot L^{-1}$、$mL \cdot mL^{-1}$、$L \cdot L^{-1}$ 等单位表示。

例如,取 500 mL 纯乙醇用水稀释至 1000 mL,则所得的乙醇溶液的体积分数为

$$\varphi(C_2H_5OH) = \frac{500}{1000} = 0.500 = 50.0\%$$

在书写时,必须把量符号和浓度值同时完整地写出,如上述"乙醇溶液〔$\varphi(C_2H_5OH)=50.0\%$〕",不应记作"乙醇溶液(50.0%)"或"50.0%C_2H_5OH",否则就不能辨明是质量分数还是体积分数。

用体积分数表示溶液浓度,其含义是严格而且明确的,它指的是溶质与溶液体积之比,而不是与溶剂体积之比。如取 500 mL 纯乙醇用水稀释至 1000 mL,与取 500 mL 纯乙醇加入

11

1000 mL 水中,两者的浓度是不同的。

上述几种溶液浓度的表达形式,是国际标准和我国国家标准中所给出的,有其专门的量的名称和符号,也有相应的计算单位和符号,而且都有严格的国际公认的定义。除了上述的浓度表达形式外,在分析化学领域中还有下面几种习惯使用的溶液浓度表达形式。

6. 相对密度(Relative density)

硝酸、盐酸、硫酸、氨水和氢氧化钠等溶液的浓度,有时也用相对密度表示。

相对密度,其符号为 d,是物质的质量密度(Mass density 或 Density)ρ 与标准物质的质量密度 $\rho^{\ominus}$ 之比,即 $d=\rho/\rho^{\ominus}$,为无量纲量。由于体积受温度的影响,对密度必须注明有关温度。对于液态物质,一般以 4℃时水的密度作标准($\rho^{\ominus}=0.999973$ g·cm^{-3}),而常用的酸碱溶液,通常是指 20℃时的溶液。例如,浓硝酸溶液 $d_4^{20}=1.4048$,其含义为 20℃时浓硝酸的密度与 4℃时水的密度之比为 1.4048,符号 d_4^{20} 的上标 20 指 20℃,下标 4 指 4℃。

7. 滴定度(Titer)

当分析的对象固定,如生产单位对某些组分进行例行分析时,为简化计算起见,常采用滴定度来表示标准溶液的浓度[严格地说是标准溶液的反应强度(Reacting strength)]。滴定度是指 1 mL 滴定剂标准溶液相当于被测物质的质量。即

$$T_{A/B}=m/V \tag{1-10}$$

式中,$T_{A/B}$ 为标准溶液 A 对被测物质 B 的滴定度,m 为被测物质 B 的质量(g),V 为标准溶液 A 的体积(mL)。

这样,滴定度有单位 g·mL^{-1},但这仅仅是为了运算方便而设定的。例如,用 $K_2Cr_2O_7$ 标准溶液滴定 Fe,滴定度 $T_{K_2Cr_2O_7/Fe}=0.005000$ g·mL^{-1},表示每毫升 $K_2Cr_2O_7$ 标准溶液相当于 0.005000 g Fe。如果在某次滴定中消耗 23.50 mL $K_2Cr_2O_7$ 标准溶液,则被滴溶液中 Fe 的质量为 $0.005000×23.50=0.1175$ (g)。在书写滴定度符号 T 的下标时,将滴定剂的化学式写在前面,被测物质写在后面,中间的斜线只表示"相当于"的意思,并不代表分数关系。

如果在测定中,固定试样的用量,那么滴定度也可直接表示为 1 mL 滴定剂溶液相当于被测物质在试样中的质量百分数(%)。例如,滴定度 $T_{K_2Cr_2O_7/Fe\%}=2.00$(%)·mL^{-1},表示固定试样用量为某一质量时,1 mL $K_2Cr_2O_7$ 标准溶液相当于试样中 Fe 的质量百分数为 2.00。若在滴定时消耗 25.05 mL $K_2Cr_2O_7$ 标准溶液,则可直接算得试样中 Fe 的质量百分数为 $25.05×2.00=50.10$。

8. 稀释度"1+x"

稀释度"1+x"是指 1 体积的原装酸或碱的浓溶液用 x 体积水稀释而成的溶液的浓度。例如(1+5)HCl 溶液,是指把 1 体积市售原装浓盐酸溶于 5 体积水而成的溶液。注意,两者的体积单位相同。这种表示形式亦称为"体积比",并以符号"1∶x"表示。

(二)定量分析结果的表示

1. 被测组分的化学形式表示方法

对所测定的组分通常使用以下几种表示形式。

(1)以实际存在的形式表示。例如,测得试样中氮的含量以后,可根据氮在试样中的实际赋存情况,以 NH_3、NO_3^-、N_2O_5、N_2O_3 或 NO_2^- 等形式的含量表示分析结果。又如,对食盐水电解液的分析,常以被测组分实际存在的形式,即以 K^+、Na^+、Ca^{2+}、Mg^{2+}、SO_4^{2-}、Cl^- 等离子形式的含量来表示分析结果。

(2) 以元素的形式表示。例如,在对合金或金属以及有机物的分析时,常以元素的形式,如 Fe、Cu、Mo 和 C、H、O、N、S 等的含量来表示分析结果。

(3) 以氧化物形式表示。例如,在对矿石或土壤的全分析时,各种被测元素的含量通常以其氧化物的形式,如 K_2O、Na_2O、CaO、MgO、FeO、Fe_2O_3、SO_3、P_2O_5 和 SiO_2 等的含量来表示。

(4) 以化合物形式表示。例如,在对化工产品的规格进行分析,以及对一些简单的无机盐和化学试剂进行测定时,则多以其化合物组成的形式表示。如硝酸钾和氯化钾等化工产品的分析结果,常用化合物形式 KNO_3 和 KCl 表示其主要成分的含量。

以上几种方式仅是一般的表示形式,根据工作的需要和沿用的习惯,常常有许多例外。如分析铁矿石的目的是为了寻找炼铁的原料,这时应以金属铁的含量而不是以铁的氧化物形式来表示分析的结果;又如在农业上对土壤、肥料或植物中氮、磷、钾的测定,早年是以 N、P_2O_5、K_2O 的形式计算其含量,近来又都以元素形式来表示。

2. 被测组分含量的表示方法

由于被测样品物理状态和被测组分含量的不同,其计量的方式和单位有所差异,故被测组分含量的表示方法也有所不同。

(1) 固体试样。被测组分在固体试样中的含量,通常以质量分数这一物理量来表征,符号为 w_B,定义为"物质 B 的质量与混合物的质量之比",即

$$w_B = \frac{m_B}{m_T} \tag{1-11}$$

m_B 为物质 B 的质量;m_T 为混合物的质量,m_B 和 m_T 的单位应相同。

由定义可知,质量分数 w_B 的数值应小于 1,为小数或分数;只有当 m_B 等于 m_T,即纯净物的 w_B 才等于 1。质量分数符号 w_B,也可以写成 $w(B)$ 的形式,括号内通常为物质 B 的化学式。

例如,测定某铁矿石样品中铁的含量,若样品质量为 1.0000 g,测得铁的质量为 0.5893 g,按定义则有

$$w(Fe) = \frac{0.5893}{1.0000} = 0.5893$$

在表示试样中微量或痕量成分的分析结果时,可以使用"10^{-6}"、"10^{-9}"或"10^{-12}"等形式来表示。

在实际工作中通常使用的百分比符号"%",是质量分数的一种特殊表示形式,可以理解为"10^{-2}"。因此,上例中的铁矿石中铁的含量,按照习惯可以写成 $w(Fe) = 58.93\%$,或 $w(Fe)/\% = 58.93$,读作"Fe 的质量百分数为 58.93"。

(2) 液体试样。由于液体试样可以用质量或体积来计算,所以被测组分的含量可用下列几种方式来表示。

①质量百分数:表示被测组分在试液中的质量分数,以"%"为单位表达。这种表示方式与固体试样相同。当液体试样用这种方式表示时,其数值不受温度的影响。倘若被测组分的含量很低,则可改用"10^{-6}"或"10^{-9}"为单位来表示其数值。

②体积百分数:被测组分在试液中的体积分数,以"%"为单位表达。可理解为 100 mL 试液中被测组分所占的体积(mL)。用公式表示则为

$$\varphi(X)/\% = \frac{V_X}{V_S} \times 100 \tag{1-12}$$

式中,V_X 为被测组分的体积(mL),V_S 为试液的体积(mL)。

倘若试液中被测组分所占的体积很小,其体积分数不便用"％"为单位来表示,则可改用"10^{-6}"或"10^{-9}"为单位表示。

③质量体积百分数"$\%(m/V)$":表示 100 mL 试液中所含被测组分的质量(g)。计算公式为

$$X\% = \frac{m_X}{V_s} \times 100 \tag{1-13}$$

式中,m_X 为被测组分的质量(g);V_s 为试液的体积(mL)。

例如,15.45$\%(m/V)$AgNO$_3$ 溶液,表示在 100 mL AgNO$_3$ 溶液中含有 AgNO$_3$ 15.45 g。

尽管这种表达方式在以前有较广的应用范围,但随着新的计量法的颁布和实施,应当使用意义明确的物理量"物质 B 的质量浓度(ρ_B)"及相应的计量单位。即以一定体积的试液中所含被测组分的质量来表示

$$\rho_X = \frac{m_X}{V_s} \tag{1-14}$$

式中,m_X 为被测组分的质量;V_s 为试液的体积。ρ_X 的单位在分析化学中常用 g·L^{-1}、mg·L^{-1}(代替过去的 ppm)、μg·L^{-1}(代替过去的 ppb),有时也可用 mg·mL^{-1} 或 μg·mL^{-1} 来表示。

上述 15.45$\%(m/V)$AgNO$_3$ 溶液,如果用质量浓度表示,则可写成 ρ_{AgNO_3} = 154.5 g·L^{-1},这样的表示方式更为明确。有关质量浓度的定义及表示方法,参看本章第二节的"溶液浓度"。

(3)气体试样。气体通常以体积来度量,因此气体试样中被测组分的含量,一般以质量浓度或体积分数来表示。对于常量组分,其体积分数常以"％"为单位,而对于微量组分,其体积分数则以"10^{-6}"或"10^{-9}"为单位,表示方式和符号与液体试样的体积分数相同。

四、滴定分析结果的计算

滴定分析法中涉及到一系列计算问题,如标准溶液浓度的确定和滴定分析结果的计算等。下面主要讨论如何利用物质的量(n_B)、摩尔质量(M_B)、物质的量浓度(c_B)、质量(m)和溶液体积(V)等物理量及其法定的计量单位,以简便合理的规则或方法,来解决滴定分析中有关的一般计算问题。至于各种具体滴定分析法中一些较为复杂的计算,则将在后面各有关章节分别阐述。

(一)等物质的量规则

等物质的量规则可表述为:在滴定反应中,待测物质 B 和滴定剂 T 反应完全时,消耗的两种反应物的基本单元的量相等。

应用等物质的量规则时,关键在于选择基本单元。这可根据滴定分析的化学反应实质,先确定某一物质的基本单元,然后据此再确定与之反应的另一类物质的基本单元,并把滴定反应写成基本单元反应式。确定基本单元之后,就可根据下列关系式进行有关计算。

$$n_T = n_B \tag{1-15}$$

$$c_T V_T = c_B V_B = \frac{m_B}{M_B} \times 1000 \tag{1-16}$$

$$w(B)/\% = \frac{m_B}{m_S} \times 100 = \frac{c_T V_T \cdot M_B}{m_S \times 1000} \times 100 \tag{1-17}$$

其中 m_B 和 m_S 以 g 为单位，V_T 和 V_B 以 mL 作单位。

1. 酸碱滴定中基本单元的确定

在酸碱滴定中，反应的实质是质子的转移，因此就以给出或接受一个质子的特定组合作为基本单元。例如用 NaOH 标准溶液滴定 H_2SO_4 溶液时

$$2NaOH + H_2SO_4 \Longrightarrow Na_2SO_4 + 2H_2O$$

在反应中一个 NaOH 接受一个质子，则以 NaOH 为基本单元，而一个 H_2SO_4 给出两个质子，因此硫酸的基本单元应为 $\frac{1}{2}H_2SO_4$，于是可以把上述化学反应方程式写成基本单元为反应物的反应方程式

$$NaOH + \frac{1}{2}H_2SO_4 \Longrightarrow \frac{1}{2}Na_2SO_4 + H_2O$$

这样就可直接地在反应方程式中明确表达基本单元的形式。

同一物质当它参加不同的反应时，可以有不同的基本单元。例如，NaOH 与 H_3PO_4 的反应

$$NaOH + H_3PO_4 \Longrightarrow NaH_2PO_4 + H_2O$$

$$NaOH + \frac{1}{2}H_3PO_4 \Longrightarrow \frac{1}{2}Na_2HPO_4 + H_2O$$

磷酸在这两个反应中，它的基本单元分别为 H_3PO_4 和 $\frac{1}{2}H_3PO_4$。

2. 氧化还原滴定中基本单元的确定

在氧化还原滴定中，反应的实质是电子的转换，因此就以给出或接受一个电子的特定组合作为基本单元。例如，在高锰酸钾法中，用 $Na_2C_2O_4$ 为基准物质标定 $KMnO_4$ 溶液浓度时的化学反应方程式为

$$2MnO_4^- + 5C_2O_4^{2-} + 16H^+ \Longrightarrow 2Mn^{2+} + 10CO_2 + 8H_2O$$

在此反应中，每个 $Na_2C_2O_4$ 给出 2 个电子，而每个 $KMnO_4$ 接受 5 个电子，故其基本单元分别为 $\frac{1}{2}Na_2C_2O_4$ 和 $\frac{1}{5}KMnO_4$。因此，又可以把上述反应方程式写成以基本单元为反应物的反应方程式

$$\frac{1}{5}MnO_4^- + \frac{1}{2}C_2O_4^{2-} + \frac{8}{5}H^+ \Longrightarrow \frac{1}{5}Mn^{2+} + CO_2 + \frac{4}{5}H_2O$$

这样就可以直接在反应方程式中明确表达基本单元的形式。

在重铬酸钾法中，在酸性溶液中，$Cr_2O_7^{2-}$ 的氧化还原半反应为

$$Cr_2O_7^{2-} + 14H^+ + 6e \Longrightarrow 2Cr^{3+} + 7H_2O$$

可见 1 个 $K_2Cr_2O_7$ 接受 6 个电子，故 $K_2Cr_7O_7$ 的基本单元选为 $\frac{1}{6}K_2Cr_2O_7$。

同样可以通过其他氧化还原物质所参与的化学反应，由其转移的电子数来确定它们的基本单元。如碘量法中以 $Na_2S_2O_3$ 为基本单元；铈量法中以 $Ce(SO_4)_2$ 为基本单元；溴酸钾法中以 $\frac{1}{6}KBrO_3$ 为基本单元。

3. 配位滴定和沉淀滴定中基本单元的确定

在配位滴定法中，滴定剂 EDTA（H_2Y^{2-}）与金属离子一般形成 1∶1 配合物，故选择

H_2Y^{2-} 为基本单元,并据此确定与之配位的金属离子的基本单元形式。

在沉淀滴定法中,最常用的是银量法,Ag^+ 与 Cl^-、Br^-、SCN^- 等离子形成难溶的银盐沉淀,故以 $AgNO_3$ 为基本单元,并据此确定与之反应的其他物质的基本单元。

下面举例说明等物质的量规则在滴定分析结果计算中的应用。

例 1-3 用 $c\left(\frac{1}{2}H_2SO_4\right) = 0.1036\ mol \cdot L^{-1}$ 的硫酸标准溶液滴定 NaOH 溶液。现吸取 25.00 mL NaOH 溶液,用去上述浓度的硫酸溶液 25.58 mL,求 $c(NaOH)$。

解 滴定反应为

$$\frac{1}{2}H_2SO_4 + NaOH = \frac{1}{2}Na_2SO_4 + H_2O$$

由式(1-16),则得

$$
\begin{aligned}
c(NaOH) &= \frac{c\left(\frac{1}{2}H_2SO_4\right)V\left(\frac{1}{2}H_2SO_4\right)}{V(NaOH)} \\
&= \frac{0.1036 \times 25.58}{25.00} \\
&= 0.1060\ (mol \cdot L^{-1})
\end{aligned}
$$

1-4 称取铁矿试样 0.1278 g,溶于酸,将铁还原为 Fe^{2+} 离子,用 $c\left(\frac{1}{6}K_2Cr_2O_7\right) = 0.05124\ mol \cdot L^{-1}$ 的 $K_2Cr_2O_7$ 标准溶液滴定,用去 25.35 mL。计算试样中 Fe 的质量百分数以及 FeO、Fe_2O_3、Fe_3O_4 表示的质量百分数。

解 在酸性介质中 $K_2Cr_2O_7$ 与 Fe^{2+} 的反应可表示为

$$\frac{1}{6}Cr_2O_7^{2-} + Fe^{2+} + \frac{7}{3}H^+ = \frac{1}{3}Cr^{3+} + Fe^{3+} + \frac{7}{6}H_2O$$

从上述反应方程式可知,$K_2Cr_2O_7$ 的基本单元为 $\frac{1}{6}K_2Cr_2O_7$,而 Fe^{2+} 的基本单元为 Fe^{2+}。

因为每个 FeO 含有 1 个 Fe^{2+},由每个 Fe_2O_3 可得到 2 个 Fe^{2+},由每个 Fe_3O_4 可得 3 个 Fe^{2+},故可分别求得

$$M(Fe) = 55.85\ (g \cdot mol^{-1})$$

$$M(FeO) = 71.85\ (g \cdot mol^{-1})$$

$$M\left(\frac{1}{2}Fe_2O_3\right) = \frac{1}{2} \times 159.69 = 79.84\ (g \cdot mol^{-1})$$

$$M\left(\frac{1}{3}Fe_3O_4\right) = \frac{1}{3} \times 231.54 = 77.18\ (g \cdot mol^{-1})$$

因此,铁矿试样中以不同形式表示的铁含量,可按式(1-17)计算如下

$$w(Fe)/\% = \frac{0.05124 \times 25.35 \times 55.85}{0.1278 \times 1000} \times 100\% = 56.76$$

$$w(FeO)/\% = \frac{0.05124 \times 25.35 \times 71.85}{0.1278 \times 1000} \times 100 = 73.03$$

$$w(Fe_2O_3)/\% = \frac{0.05124 \times 25.35 \times 79.84}{0.1278 \times 1000} \times 100 = 81.15$$

$$w(Fe_3O_4)/\% = \frac{0.05124 \times 25.35 \times 77.18}{0.1278 \times 1000} \times 100 = 78.44$$

(二)换算因数法

在应用等物质的量规则时,同一物质当它参加不同的反应时,可以有不同的基本单元,物

质的化学式与基本单元的表达形式往往不同，这样常常带来许多不便。

如果不论哪类滴定反应，无论是什么物质，一律以参加反应的分子、原子或离子的化学式作为基本单元。这样，从相应的化学反应方程式，把相关反应物的系数比（计量比或摩尔比）作为换算因数，就可以进行滴定分析的各种计算。这种方法比较直观、规范、通用性好，故本书主要是采用这种计算方法。在各种物理量的量符号中，基本单元一般以下标的形式表达。下面举例说明采用这种方法处理滴定分析计算时，一些基本的计量关系以及有关计算公式的应用。

1. 换算因数的确定

在直接滴定法中，以滴定剂 T 滴定物质 B 时，若所依据的滴定反应方程式为

$$dB + tT = pP + qQ$$

在此反应方程式中，B 的系数为 b，T 的系数为 t，则 B 与 T 反应的计量比为 $b:t$。滴定至化学计量点时，存在下列计量关系

$$n_B : n_T = b : t$$

$$n_B = \frac{b}{t} n_T \tag{1-18}$$

或

$$c_B V_B : c_T V_T = b : t$$

$$c_B V_B = \frac{b}{t} c_T V_T \tag{1-19}$$

式中 $\frac{b}{t}$ 即为换算因数，它是反应方程式中 B 与 T 的计量比（系数比）。

例如，在酸性溶液中，以高锰酸钾滴定草酸钠时，所依据的滴定反应为

$$2MnO_4^- + 5C_2O_4^{2-} + 16H^+ == 2Mn^{2+} + 10CO_2 + 8H_2O$$

则有

$$n(H_2C_2O_4) : n(KMnO_4) = 5 : 2$$

$$n(Na_2C_2O_4) = \frac{5}{2} n(KMnO_4)$$

在置换滴定法中，涉及两个化学反应，要从两个反应之间找出实际参加反应物质的量的关系，从而求得相应的换算因数。

例如，以基准物质 $K_2Cr_2O_7$ 标定 $Na_2S_2O_3$ 溶液的浓度时涉及到两个反应。首先在酸性介质中 $K_2Cr_2O_7$ 与过量的 KI 反应析出 I_2：

$$Cr_7O_7^{2-} + 6I^- + 14H^+ == 2Cr^{3+} + 3I_2 + 7H_2O \qquad （反应 1）$$

然后用 $Na_2S_2O_3$ 溶液滴定析出的 I_2：

$$2S_2O_3^{2-} + I_2 == S_4O_6^{2-} + 2I^- \qquad （反应 2）$$

结果相当于 $K_2Cr_2O_7$ 氧化了 $Na_2S_2O_3$。从反应 1 可知 $K_2Cr_2O_7$ 与 I_2 的计量比为 $1:3$，而从反应 2 可以看到，I_2 与 $Na_2S_2O_3$ 的计量比为 $1:2$，则 $K_2Cr_2O_7$ 与 $Na_2S_2O_3$ 之间的计量比是 $1:6$，即

$$n(K_2Cr_2O_7) : n(Na_2S_2O_3) = 1 : 6$$

可得

$$n(Na_2S_2O_3) = 6n(K_2Cr_2O_7)$$

在间接滴定法中，亦可从相关的几个反应找出被测物质的量与滴定剂的量之间的关系，求得有关的换算因数。例如，用 $KMnO_4$ 法间接测定 Ca^{2+}，经过下面几个步骤

$$Ca^{2+} \xrightarrow{C_2O_4^{2-}} CaC_2O_4 \downarrow \xrightarrow{H^+} H_2C_2O_4 \xrightarrow[H^+]{MnO_4^-} CO_2$$

所涉及的反应方程式为

$$Ca^{2+} + C_2O_4^{2-} \Longrightarrow CaC_2O_4 \downarrow$$

$$CaC_2O_4 + 2H^+ \Longrightarrow Ca^{2+} + H_2C_2O_4$$

$$5H_2C_2O_4 + 2MnO_4^- + 6H^+ \Longrightarrow 2Mn^{2+} + 10CO_2 + 8H_2O$$

由反应方程式中各相关物质的系数可知 Ca^{2+} 与 $C_2O_4^{2-}$ 反应的计量比是 $1:1$,而 $C_2O_4^{2-}$ 与 $KMnO_4$ 反应的计量比为 $5:2$,即

$$n(Ca^{2+}) : n(C_2O_4^{2-}) = 1 : 1$$

$$n(C_2O_4^{2-}) : n(MnO_4^-) = 5 : 2$$

故有

$$n(Ca^{2+}) : n(MnO_4^-) = 5 : 2$$

可得

$$n(Ca^{2+}) = \frac{5}{2}n(MnO_4^-)$$

2. 被测组分含量的计算

若称取试样 m_S g,测得被测组分 B 的质量为 m_B g,则被测组分在试样中的质量分数以百分数表示时为

$$w(B)/\% = \frac{m_B}{m_S} \times 100 \tag{1-20}$$

由式(1-18)和(1-19)可知,在滴定分析中,被测组分的量(n_B)是由滴定剂 T 的量浓度(c_T)、体积(V_T)以及滴定剂与被测组分反应的计量比 $\frac{b}{t}$ 求得,n_B 乘以被测组分的摩尔质量 M_B,则可得到 m_B,即

$$m_B = \frac{b}{t}c_T \frac{V_T}{1000} M_B \quad (g) \tag{1-21}$$

式中 c_T 的单位为 mol·L^{-1},M_B 单位为 g·mol^{-1},V_T 单位为 mL。将式(1-21)代入式(1-20),整理可得

$$w(B)/\% = \frac{\frac{b}{t} \times c_T V_T \times M_B}{m_S \times 1000} \times 100 \tag{1-22}$$

3. 溶液浓度的相互换算

(1) 溶液的稀释。在分析化学中,通常会遇到把浓溶液稀释成工作溶液的操作。溶液经过稀释后,其浓度虽然变化了,但溶液中所含溶质的物质的量没有改变,若以 c_1 和 c_2 分别代表稀释前后溶液的浓度,V_1 和 V_2 分别代表稀释前后溶液的体积,则可得

$$c_1V_1 = c_2V_2 \tag{1-23}$$

使用此公式计算时要注意稀释前后所用的浓度和体积的单位保持一致。

(2) 标准溶液的量浓度与滴定度的关系。滴定度是指 1 mL 滴定剂溶液相当于被测物质的质量(g)。依据式(1-21),即 $V_T = 1$ mL 时的 m_B 等于 $T_{T/B}$。由此可求得滴定度 $T_{T/B}$ 与滴定剂的量浓度 c_T、反应计量比及被测组分摩尔质量 M_B 之间的关系,即

$$T_{T/B} = \frac{\frac{b}{t}c_T M_B}{1000} \quad (g·mL^{-1}) \tag{1-24}$$

（3）质量浓度与量浓度之间的关系。物质的量浓度是以每升溶液所含溶质的量（mol）来表示，而物质的质量浓度则是指每升溶液中所含溶质的质量，若溶质 B 的质量以 g 为单位，依据式(1-5)和(1-7)，则可得

$$\rho_B = \frac{m_B}{V} = \frac{n_B \cdot M_B}{V} = c_B \cdot M_B (g \cdot L^{-1}) \tag{1-25}$$

4. 计算示例

例 1-5 称取基准物质草酸($H_2C_2O_5 \cdot 2H_2O$) 0.3802 g，溶于水，用 NaOH 溶液滴定至终点，消耗 NaOH 溶液 25.50 mL。求此 NaOH 溶液的量浓度。

解 此滴定反应

$$H_2C_2O_4 + 2NaOH = Na_2C_2O_4 + 2H_2O$$

所以

$$b : t = 1 : 2, \quad n(NaOH) = 2n(H_2C_2O_4)$$

依据式(1-21)，可得

$$c(NaOH) = \frac{m(H_2C_2O_4 \cdot 2H_2O) \times 1000}{M(H_2C_2O_4 \cdot 2H_2O) \times V(NaOH)} \times 2 = \frac{0.3802 \times 1000 \times 2}{126.07 \times 25.50} = 0.2365 \ (mol \cdot L^{-1})$$

例 1-6 吸取 25.00 mL 0.1000 mol·L^{-1} 的 $K_2Cr_2O_7$ 溶液，移入 250 mL 容量瓶内，用水稀释至刻度。求稀释后的 $K_2Cr_2O_7$ 标准溶液的量浓度及其对 Fe 的滴定度。

解 依据式(1-23)，可得

$$c_2 = \frac{c_1 V_1}{V_2} = \frac{0.1000 \times 25.00}{250.0} = 0.01000 \ (mol \cdot L^{-1})$$

在酸性溶液中，$K_2Cr_2O_7$ 溶液滴定 Fe^{2+} 的反应为

$$Cr_2O_7^{2-} + 6Fe^{2+} + 14H^+ = 2Cr^{3+} + 6Fe^{3+} + 7H_2O$$

所以

$$\frac{b}{t} = \frac{6}{1}$$

依据式(1-24)，可得

$$T_{K_2Cr_2O_7/Fe} = \frac{\frac{6}{1} \times 0.01000 \times 55.85}{1000} = 0.003351 \ (g \cdot mL^{-1})$$

例 1-7 称取铁矿石试样 0.3348 g，用酸溶解后，以 $SnCl_2$ 把 Fe^{2+} 还原为 Fe^{2+}，用 0.02000 mol·L^{-1} $K_2Cr_2O_7$ 标准溶液滴定至终点，耗去 22.60 mL。计算试样中 Fe_2O_3 的质量百分数。

解 测定过程有关的反应为

$$Fe_2O_3 + 6H^+ = 2Fe^{3+} + 3H_2O$$

$$2Fe^{3+} + Sn^{2+} = 2Fe^{2+} + Sn^{4+}$$

$$Cr_2O_7^{2-} + 6Fe^{2+} + 14H^+ = 2Cr^{3+} + 6Fe^{2+} + 7H_2O$$

由以上反应式可知

$$n(Fe_2O_3) : n(K_2Cr_2O_7) = 3 : 1$$

即

$$n(Fe_2O_3) = 3n(K_2Cr_2O_7)$$

依据式(1-22)，可得

$$w(Fe_2O_3)/\% = \frac{3 \times c(K_2Cr_2O_7 \cdot V(K_2Cr_2O_7) \times M(Fe_2O_3)}{m_S \times 1000} \times 100$$

$$= \frac{3 \times 0.02000 \times 22.60 \times 159.7}{0.3348 \times 1000} \times 100 = 64.68$$

例1-8 测定试样中铝含量时，称取 0.2246 g 试样，溶解后，加入 0.2036 mol·L^{-1} EDTA 标准溶液 50.00 mL，调节酸度并加热使 Al^{3+} 完全反应，过量的 EDTA 用 0.02165 mol·L^{-1} Zn^{2+} 标准溶液返滴，消耗 Zn^{2+} 标准溶液 23.20 mL，求试样中 Al_2O_3 的质量百分数。

解 EDTA 与 Al^{3+} 和 Zn^{2+} 的反应为

$$H_2Y^{2-} + Al^{3+} = AlY^- + 2H^+$$

$$H_2Y^{2-} + Zn^{2+} = ZnY^{2-} + 2H^+$$

EDTA 与 Al^{3+} 和 Zn^{2+} 等金属离子反应的计量比均为 1:1，但 1 mol Al_2O_3 相当于 2 mol Al^{3+}，故 1 mol Al_2O_3 相当于 2 mol EDTA，由此可知

$$n(Al_2O_3) : n(EDTA) = 1 : 2$$

即

$$n(Al_2O_3) = \frac{1}{2} n(EDTA)$$

本例为返滴定法，滴定中实际用去 EDTA 物质的量为 $[c(EDTA)V(EDTA) - c(Zn^{2+})V(Zn^{2+})]$

故

$$n(Al_2O_3) = \frac{1}{2}[c(EDTA)V(EDTA) - c(Zn^{2+})V(Zn^{2+})]$$

依据式(1-22)，则得

$$w(Al_2O_3)/\% = \frac{\frac{1}{2}(0.02036 \times 50.00 - 0.02165 \times 23.20) \times 101.96}{0.2246 \times 1000} \times 100 = 11.7$$

例1-9 吸取 25.00 mL 钙盐溶液，加入适当过量的 $Na_2C_2O_4$ 溶液，使 Ca^{2+} 完全形成 CaC_2O_4 沉淀。将沉淀过滤洗净后，用酸溶液，以 0.1800 mol·L^{-1} $KMnO_4$ 标准溶液滴定至终点，耗去 25.50 mL。求原始钙盐溶液中 Ca^{2+} 的质量浓度(g·L^{-1})。

解 与测定有关的反应如下

$$Ca^{2+} + C_2O_4^{2-} = CaC_2O_4 \downarrow$$

$$CaC_2O_4 + 2H^+ = Ca^{2+} + H_2C_2O_4$$

$$2MnO_4^- + 5H_2C_2O_4 + 6H^+ = 2Mn^{2+} + 10CO_2 + 8H_2O$$

由上列反应方程式可知

$$n(Ca^{2+}) = n(C_2O_4^{2-}) = n(H_2C_2O_4),\ n\,H_2C_2O_4 = \frac{5}{2}n(MnO_4^-)$$

即可得

$$n(Ca^{2+}) = \frac{5}{2}n(MnO_4^-)$$

$$m(Ca^{2+}) = n(Ca^{2+})M(Ca^{2+})$$

$$= \frac{\frac{5}{2}c(MnO_4^-) \cdot V(MnO_4^-) \cdot M(Ca^{2+})}{1000} (g)$$

则原始溶液中 Ca^{2+} 的质量浓度为

$$\rho(Ca^{2+}) = \frac{m(Ca^{2+})}{V_s} \times 1000$$

$$= \frac{\frac{5}{2}c(MnO_4^-) \cdot V(MnO_4^-) \cdot M(Ca^{2+})}{V_s}$$

$$= \frac{\frac{5}{2} \times 0.1800 \times 25.50 \times 40.08}{25.00}$$

$$= 18.40\ (g \cdot L^{-1})$$

习 题

1. 定量分析过程一般包括哪些步骤? 在取样时为什么要保证样品的代表性?

2. 解释下列名词:

(1) 常量分析;   (2) 微量组分分析;

(3) 化学计量点;   (4) 滴定终点;

(5) 终点误差;   (6) 返滴定法;

(7) 滴定度;   (8) 基准物质;

(9) 标定;   (10) 标准溶液。

3. 含 Ba 的试样 0.6450 g,经过适当处理,生成 0.5755 g $BaSO_4$,计算该试样中

(1) 以 Ba 表示的质量百分数;

(2) 以 BaO 表示的质量百分数;

(3) 以 $BaSO_4$ 表示的质量百分数。

4. 称取 0.3250 g 纯金属锌,用盐酸溶解后,转入 250 mL 容量瓶并用水稀释至刻度,计算此 Zn^{2+} 溶液的量浓度和质量浓度。

5. 计算下列溶液的量浓度

(1) 浓硫酸[$w(H_2SO_4)=98\%$, $\rho(H_2SO_4)=1.84$ g·mL^{-1}];

(2) 浓氨水[$w(NH_3)=25\%$, $\rho(NH_3)=0.88$ g·mL^{-1}];

(3) 100 mL 冰醋酸[$\rho(HAc)=1.05$ g·mL^{-1}]溶于 1000 mL 蒸馏水中;

(4) 4 g NaOH 溶于 500 mL 蒸馏水中。

6. 用质量分数为 37%,$d_{20}=1.18$ 的浓 HCl 溶液,配制下列各种溶液时,需量取此 HCl 溶液各多少毫升?

(1) $c(HCl)=0.10$ mol·L^{-1} 的溶液 1.0 L;

(2) $T_{HCl/NaOH}=0.0040$ g·mL^{-1} 的溶液 2.0 L;

(3) "1+2"HCl 溶液 1.2 L;

(4) 质量分数为 15% 的 HCl 溶液($d_4^{20}=1.07$)250 mL。

7. 称取 0.2060 g 基准物质 $Na_2C_2O_4$,标定 $KMnO_4$ 溶液浓度,用去 26.50 mL $KMnO_4$ 溶液。计算此 $KMnO_4$ 标准溶液的量浓度及其对铁的滴定度。

8. 某钢铁厂化验室经常需要测定铁矿石中铁的含量。若使用 0.02000 mol·L^{-1} $K_2Cr_2O_7$ 标准溶液,为简化计算,直接从 $K_2Cr_2O_7$ 标准溶液所消耗的体积(mL)的数值表示出试样含 Fe 的质量百分数,分析时应称取铁矿石试样多少克?

9. 今有 $MgSO_4·7H_2O$ 试剂,未经处理而进行测定,测得其质量百分数为 100.96%。估计这是由于 $MgSO_4·7H_2O$ 部分失水后变成 $MgSO_4·6H_2O$ 而使分析结果偏高。求试剂中 $MgSO_4·6H_2O$ 的质量百分数。

10. 某一元酸的摩尔质量为 80.00 g·mol^{-1},称取含该酸的试样 1.600 g,用 NaOH 标准溶液进行滴定。如果试样中该酸的质量百分数的数值正好是 NaOH 标准溶液量浓度数值的 50 倍,滴定时将消耗 NaOH 标准溶液多少毫升?

11. 分析 $CaCO_3$ 试样(其余为惰性物质)时,称取 0.1810 g 试样,加入 0.2500 mol·L^{-1} HCl 标准溶液 25.00 mL,煮沸除去 CO_2,然后用 0.2012 mol·L^{-1} NaOH 标准溶液返滴过量的 HCl,消耗 NaOH 溶液 15.84 mL。求试样中 $CaCO_3$ 的质量百分数。

第二章　分析化学中的误差和数据处理

在定量分析过程中,由于受到分析方法、实验条件和操作人员等因素的影响,不可能得到绝对准确的结果。也就是说,分析结果必然存在误差。为了得到尽可能准确而可靠的测定结果,就必须分析产生误差的原因;估计误差的大小,即结果的可靠性;科学地处理实验数据,得出合理的分析结果以及采取适当的方法来提高分析的准确度。

第一节　误差的基本概念

一、误差的分类

根据误差产生的原因,可分成系统误差、随机误差和过失三类。

(一)系统误差

系统误差是由固定原因造成的,其数值具有单向性,即在同一原因的影响下,其结果总是偏高或总是偏低,因此也称为可测误差;针对误差产生的原因采取适当的方法可予以消除。产生系统误差的原因主要有以下几种:

(1)方法误差。这是所采用的分析方法本身造成的误差。例如,在重量分析中,由于沉淀的溶解,会使分析结果偏低;而由于杂质的包藏,又会使分析结果偏高。在滴定分析中,由于终点与化学计量点的不一致,或溶液中干扰离子一同被滴定,都会产生系统误差。

(2)仪器误差。分析化学中所用的各种仪器都存在一定的误差。例如,天平两臂长不等,砝码未校准,滴定管、容量瓶和移液管等容量器皿的刻度不准等,都会使测定结果产生误差。玻璃或塑料制的容器所含杂质的溶出,也往往会影响结果的准确度。

(3)试剂误差。在所用化学试剂或蒸馏水中若含有干扰测定的组分,必然会造成测定误差,对痕量分析造成的影响尤其严重。作为基准物的纯度如果达不到要求,无疑也会造成系统误差。

(4)操作误差。这是由于分析人员的操作不完全正确所造成的误差。例如,在称量时未注意样品吸湿,在洗涤沉淀时用水过多,在滴定分析中指示剂用量不当等。

(5)主观误差。不同的分析人员即使用相同的方法,在同样条件下对同一样品的分析往往也会得出不同的结果,因为不同的分析人员判断颜色的能力、估计刻度的习惯等往往有所不同。有的分析人员为了使测定结果重复,在读数时常常带有主观倾向性,这也造成主观误差。

(二)随机误差

产生随机误差的原因是不定的,而且往往是不易察觉的。在分析过程中,由于环境条件和测量仪器的微小波动,例如温度的偶然变化,电压的瞬间变动;或者操作中的微小差异,例如滴定管读数估计的不确定性等,都会导致分析结果的微小波动。这种情况下所产生的误差大小不定,可正可负,完全是随机的。因此这种误差也称为偶然误差或不定误差。这种误差是不可避免的,只能采取一定措施使之减小。为了使分析结果可靠,对这种误差须用统计学的方法来处理。

(三)过失

这是由于分析人员的失误所造成的。例如,转移沉淀时丢失,加热溶液时溅失,记错砝码,读错滴定管刻度,计算错误等。这些都是分析人员粗枝大叶、不负责任所造成的失误,不属于我们所要讨论的误差。过失对于分析人员来说必须避免,而且是可以避免的。

二、准确度和精密度

准确度表示实验值与真实值接近的程度;精密度表示在多次平行试验中,各实验值彼此接近的程度[*]。实验值与真实值越接近,则准确度越高;各实验值彼此越接近,则精密度越高。

对同一样品,在相同条件下多次测量所得结果之间的符合程度称为平行性(Replicability);在同一实验室内,分析人员、仪器和时间中任一项不相同时,用同一方法多次测量所得结果之间的符合程度称为重复性(Repeatability);当实验室、分析人员、仪器和时间均不同时,用同一方法多次测量所得结果之间的符合程度称为再现性(Reproducibility)。

设有甲、乙、丙、丁四人同时测定某铁矿石中 Fe_2O_3 的质量百分数。真实值为 50.36%,每人进行四次测定,所得质量百分数如表 2-1 和图 2-1 所示。

表 2-1　不同分析人员测定某铁矿石中 Fe_2O_3 的质量百分数

样　号	甲	乙	丙	丁
1	50.37	50.30	50.34	50.42
2	50.36	50.30	50.32	50.38
3	50.35	50.28	50.25	50.34
4	50.33	50.27	50.22	50.23
平　均	50.35	50.29	50.28	50.34

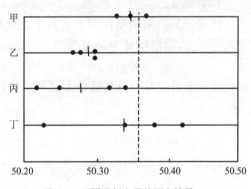

图 2-1　不同分析人员的测定结果

由四人的测定结果可见,甲的测定值彼此接近,平均值也很接近真实值,因此精密度和准确度都较高。乙的测定值彼此很接近,但与真实值相比,都明显偏低,因此,精密度虽高,但准确度不高,可能有系统误差存在。丙和丁的测定值各自都相差很大,精密度不高,其中丙的平均值与真实值相差很大,其准确度也差;丁的平均值虽然接近真实值,但由于各个测定值可靠性差,其平均值的可靠性就很差,不能认为其准确度高。

---

[*] 有人认为,"精密度"是反映随机误差的,定义"正确度"是反映系统误差的,而"准确度"综合了系统误差和随机误差两方面的影响。

根据该例的分析可知,测定结果的精密度高,不一定说明其准确度也高;而要使准确度高,必须以其精密度高为前提,对精密度很差的数据,衡量其准确度是没有意义的。因此,准确度是在一定精密度要求下,所得分析结果(一般为多次测定的算术平均值)与真实值接近的程度。

三、误差和偏差

(一)误差

　　测量结果的准确度用误差来表示。若测量值为 x,真实值为 x_T,则误差 E 为两者之差:

$$E = x - x_T \tag{2-1}$$

当 $E > 0$ 时为正误差,$E < 0$ 时为负误差。E 又称为绝对误差,表示测量值与真实值的绝对差值。绝对误差不能完全地反映测量结果的准确度。例如,用某天平称量的绝对误差为 1 mg,当试样分别为 1 g 和 10 mg 时,其准确度显然有很大差别,因此引入相对误差的概念。某测量值的相对误差是其绝对误差与真实值的比值,通常以千分数(‰)表示

$$\frac{E}{x_T} \times 1000‰ = \frac{x - x_T}{x_T} \times 1000‰ \tag{2-2}$$

由于真实值一般难以绝对准确地测得,故常用可靠方法进行大量准确测量所得的平均值来代替。

　　例 2-1　设有一含氯百分数为 24.36% 的样品,其测定结果为 24.31%,求该结果的绝对误差和相对误差。
　　解　根据式(2-1)和式(2-2)

$$\text{绝对误差}\quad E = 24.31\% - 24.36\% = -0.05\%$$

$$\text{相对误差}\quad \frac{E}{x_T} \times 1000‰ = \frac{-0.05\%}{24.36} \times 1000‰ = -2‰$$

(二)偏差

　　测量结果的精密度用偏差来表示。设某次测量值为 x,经多次平行测量,所得结果的算术平均值为 $\bar{x}$,则偏差 d 为两者之差

$$d = x - \bar{x} \tag{2-3}$$

d 又称为绝对偏差,有正、负偏差之分。同样,定义相对偏差

$$\frac{d}{\bar{x}} \times 1000‰ = \frac{x - \bar{x}}{x} \times 1000‰ \tag{2-4}$$

　　设一组测定数据为 $x_1, x_2, \cdots, x_n$,其平均值为

$$\bar{x} = \frac{1}{n} \sum_{i=1}^{n} x_i \tag{2-5}$$

或

$$n\bar{x} = \sum_{i=1}^{n} x_i \tag{2-6}$$

各次测量值的偏差

$$d_i = x_i - \bar{x}$$

其数值有正、有负。各偏差的代数和

$$\sum_{i=1}^{n} d_i = \sum_{i=1}^{n} (x_i - \bar{x}) = \sum_{i=1}^{n} x_i - n\bar{x}$$

将式(2-6)代入,得

$$\sum_{i=1}^{n} d_i = 0 \tag{2-7}$$

可见,单次测量的偏差的代数和必为零,因此不能用它来表示一组测量的精密度,而通常用每次测量偏差的绝对值的平均值来表示其精密度,此称为平均偏差,用 $\overline{d}$ 表示

$$\overline{d} = \frac{|d_1| + |d_2| + \cdots + |d_n|}{n} = \frac{1}{n} \Sigma |d_i|^* \tag{2-8}$$

同样,常用相对平均偏差来表示一组测量的精密度

$$\frac{\overline{d}}{\overline{x}} \times 1000\text{‰} = \frac{\frac{1}{n}\Sigma |d_i|}{\overline{x}} \times 1000\text{‰} \tag{2-9}$$

平均偏差和相对平均偏差均无正负号。

在对样品进行实际分析时,往往只能从大量试样中取出很少一部分来做分析,所分析的对象的全体称为总体,或母体;从中随机取出的一部分,称为样本或子样;样本中所含测定值的数目,称为样本容量。例如,某批矿石按有关规定进行采样、粉碎和缩分后得到一定量的分析试样,这就是分析的总体。从中取出一部分进行平行测定,共得 10 个数据,则这些测定值组成一个样本,其样本容量为 10。

显然,一个样本所得平均值与总体的平均值是有差别的,当测定次数无限增加时,所得平均值逐渐接近总体的平均值 μ

$$\mu = \lim_{n \to \infty} \frac{1}{n} \Sigma x_i \tag{2-10}$$

若测定中不存在系统误差,则总体的平均值就是真实值。总体的平均偏差用 δ 表示

$$\delta = \frac{1}{n} \Sigma |x_i - \mu| \tag{2-11}$$

总体的相对平均偏差为

$$\frac{\delta}{\mu} \times 1000\text{‰} \tag{2-12}$$

(三)标准偏差

用统计方法处理数据时,常用标准偏差来表示一组测量的精密度。应用于大量测量数据的情况下,总体标准偏差用 σ 表示

$$\sigma = \sqrt{\frac{\Sigma(x_i - \mu)^2}{n}} \tag{2-13}$$

其中 μ 为总体平均值,n 为测量次数,$\Sigma(x_i - \mu)^2$ 称为差方和,σ^2 称为总体方差

$$\sigma^2 = \frac{\Sigma(x_i - \mu)^2}{n} \tag{2-14}$$

在有限次测量中,样本标准偏差用 s 表示

$$s = \sqrt{\frac{\Sigma(x_i - \overline{x})^2}{n-1}} \tag{2-15}$$

---

* 为简化起见,以下"$\sum\limits_{i=1}^{n}$"均用"Σ"代替。

其中 $\bar{x}$ 为样本平均值；$(n-1)$ 为自由度，用以校正经 $\bar{x}$ 代替 μ 所引起的误差[*]；s^2 称为样本方差

$$s^2 = \frac{\Sigma(x_i - \bar{x})^2}{n-1} \qquad (2\text{-}16)$$

当测量次数增加时，$\bar{x}$ 越来越接近 μ，这时

$$\lim_{n \to \infty} \frac{\Sigma(x_i - \bar{x})^2}{n-1} = \frac{\Sigma(x_i - \mu)^2}{n}$$

即 s 越来越接近 σ。

样本的相对标准偏差（又称变异系数）为

$$\frac{s}{\bar{x}} \times 1000\% \qquad (2\text{-}17)$$

采用标准偏差表示精密度的优点是不仅可避免各次测量值的偏差相加时正负抵消的问题，而且可强化大偏差的影响，能更好地说明数据的分散程度。

例 2-2 测定某水样中 Fe 的含量，得到五个数据：$7.48, 7.37, 7.47, 7.43, 7.40 (mg \cdot L^{-1})$。计算其平均偏差、相对平均偏差、标准偏差和相对标准偏差。

解 计算结果见下表

$x_i/mg \cdot L^{-1}$	$|x_i - \bar{x}|$	$(x_i - \bar{x})^2$
7.48	0.05	0.0025
7.37	0.06	0.0036
7.47	0.04	0.0016
7.43	0.00	0.0000
7.40	0.03	0.0009
$\bar{x}=7.43$	$\Sigma|d_i|=0.18$	$\Sigma d_i^2=0.0086$

平均偏差 $\qquad \bar{d} = \frac{\Sigma|d_i|}{n} = \frac{0.18}{5} = 0.036 \ (mg \cdot L^{-1})$

相对平均偏差 $\qquad \frac{\bar{d}}{\bar{x}} \times 1000\% = \frac{0.036}{7.43} \times 1000\% = 4.8\%$

标准偏差 $\qquad s = \sqrt{\frac{\Sigma d_i^2}{n-1}} = \sqrt{\frac{0.0086}{5-1}} = 0.046 \ (mg \cdot L^{-1})$

相对标准偏差 $\qquad \frac{s}{\bar{x}} \times 1000\% = \frac{0.046}{7.43} \times 1000\% = 6.2\%$

例 2-3 今有甲、乙两组数据，各得 10 个偏差：
甲组 $\quad +0.3, -0.2, -0.4, +0.2, +0.1, +0.4, 0.0, -0.3, +0.2, -0.3$
乙组 $\quad +0.1, 0.0, -0.7, +0.2, -0.1, -0.2, +0.5, -0.2, +0.3, +0.1$
分别以平均偏差和标准偏差比较两者的精密度。

解 根据相应公式算得结果见下表

	$\Sigma|d_i|$	Σd_i^2	$\bar{d}$	s
甲	2.4	0.72	0.24	0.28
乙	2.4	0.98	0.24	0.33

由比较可见，两组数据的平均偏差相等，无法区分二者精密度的高低；而标准偏差则有明显差别，精密度甲组高于乙组。

---

[*] 有关证明可参考冯师颜编：《误差理论与实验数据处理》，科学出版社，1964：20～30

第二节 误差的传递

分析的最后结果通常是由若干个测量值经一系列计算而得出的,而每一测量值都存在误差。如在滴定分析中,某组分在试样中所占的质量百分数可按下式算得

$$w(B)/\% = \frac{C_T V_T \times \dfrac{b}{t} \times M_B}{m_S \times 1000} \times 100$$

其中试样质量 m_S 是用天平称量而得,存在称量误差;量浓度 c_T 若由基准物直接配制而得,则也存在称量基准物时的称量误差和稀释时的容量瓶的体积误差;滴定时标准溶液所耗体积 V_T 也包含了滴定管的读数误差。因此,最终分析结果的误差大小与上述这些误差的大小是有关的;也就是说,各测量值的误差通过传递会影响最终的分析结果。

设最终分析结果 R 与各测量值 $A,B\cdots$ 等有下列函数关系

$$R = f(A,B\cdots)$$

若 $A,B,\cdots$ 等测量值彼此间互不影响,即为独立变量,则它们的误差,即微小变化,对结果的影响为函数 f 对各变量进行偏微分,它们对 R 的总的影响就是分析结果的误差 dR

$$dR = \frac{\partial f}{\partial A}dA + \frac{\partial f}{\partial B}dB + \cdots \tag{2-18}$$

由于系统误差与随机误差的性质不同,下面分别进行讨论。

一、系统误差的传递

(一)加减法

设分析结果为各测量值的代数和

$$R = mA + nB - pC$$

其中 m、n、p 为系数。由式(2-18)可得

$$dR = mdA + ndB - pdC$$

若对应测量值 A、B、C 的误差分别为 E_A、E_B、E_C,则分析结果 R 的误差 E_R 为

$$E_R = mE_A + nE_B - pE_C \tag{2-19}$$

则分析结果的绝对误差为各测量值绝对误差与相应系数之积的代数和。

(二)乘除法

设分析结果为各测量值的积或商

$$R = m\frac{AB}{C}$$

上式取对数,得

$$\ln R = \ln m + \ln A + \ln B - \ln C$$

偏微分后,得

$$\frac{dR}{R} = \frac{dA}{A} + \frac{dB}{B} - \frac{dC}{C}$$

以误差表示为

$$\frac{E_R}{R} = \frac{E_A}{A} + \frac{E_B}{B} - \frac{E_C}{C} \tag{2-20}$$

即分析结果的相对误差为各测量值的相对误差的代数和,而与算式的系数 m 无关。

（三）指数

设分析结果计算式为

$$R = mA^n$$

两边取对数

$$\ln R = \ln m + n\ln A$$

偏微分后得

$$\frac{\mathrm{d}R}{R} = n\frac{\mathrm{d}A}{A}$$

以误差表示为

$$\frac{E_R}{R} = n\frac{E_A}{A} \tag{2-21}$$

即分析结果的相对误差为测量值的相对误差的 n(指数)倍。

（四）对数

设分析结果计算式为

$$R = m\log A$$

换算为自然对数后为

$$R = 0.4343m\ln A$$

偏微分后,有

$$\mathrm{d}R = 0.4343m\frac{\mathrm{d}A}{A}$$

以误差表示为

$$E_R = 0.4343m\frac{E_A}{A} \tag{2-22}$$

即分析结果的绝对误差为测量值相对误差的 $0.4343m$ 倍。

二、随机误差的传递

随机误差常用标准偏差来表示,而标准偏差要在一定数目的测量中得到。设做了 n 次测量,得到 n 个结果

$$R_1 = f(A_1, B_1, \cdots)$$
$$R_2 = f(A_2, B_2, \cdots)$$
$$\cdots\cdots\cdots$$
$$R_n = f(A_n, B_n, \cdots)$$

其中每一 $A_i, B_i, \cdots$ 都存在误差。对其中 i 项偏微分后,有

$$\mathrm{d}R_i = \frac{\partial f}{\partial A}\mathrm{d}A_i + \frac{\partial f}{\partial B}\mathrm{d}B_i + \cdots$$

两边平方后

$$\mathrm{d}R_i^2 = \left(\frac{\partial f}{\partial A}\right)^2\mathrm{d}A_i^2 + \left(\frac{\partial f}{\partial B}\right)^2\mathrm{d}B_i^2 + \cdots + 2\left(\frac{\partial f}{\partial A}\right)\left(\frac{\partial f}{\partial B}\right)\mathrm{d}A_i\mathrm{d}B_i + \cdots$$

$$\Sigma\mathrm{d}R_i^2 = \left(\frac{\partial f}{\partial A}\right)^2\Sigma\mathrm{d}A_i^2 + \left(\frac{\partial f}{\partial B}\right)^2\Sigma\mathrm{d}B_i^2 + \cdots + 2\left(\frac{\partial f}{\partial A}\right)\left(\frac{\partial f}{\partial B}\right)\Sigma\mathrm{d}A_i\mathrm{d}B_i + \cdots$$

由于是随机误差,只要测量的次数足够多,则绝对值相等的正误差和负误差出现的机会相等(见本章第三节"随机误差的正态分布"),因此 $dA_i dB_i$ 项求和时,其代数和为零,于是上式只留下各平方项

$$\Sigma dR_i^2 = \left(\frac{\partial f}{\partial A}\right)^2 \Sigma dA_i^2 + \left(\frac{\partial f}{\partial B}\right)^2 \Sigma dB_i^2 + \cdots \tag{2-23}$$

dR_i 为第 i 次测量的误差,即第 i 次测量值 x_i 与真实值 μ 的差值。将式(2-23)两边同除以 n,再与式(2-14)比较,得

$$\sigma_R^2 = \frac{\Sigma dR_i^2}{n}, \ \sigma_A^2 = \frac{\Sigma dA_i^2}{n}, \ \sigma_B^2 = \frac{\Sigma dB_i^2}{n}, \cdots$$

于是有

$$\sigma_R^2 = \left(\frac{\partial f}{\partial A}\right)^2 \sigma_A^2 + \left(\frac{\partial f}{\partial B}\right)^2 \sigma_B^2 + \cdots \tag{2-24}$$

对有限次测量,则应用样本标准偏差 s_R

$$s_R^2 = \left(\frac{\partial f}{\partial A}\right)^2 s_A^2 + \left(\frac{\partial f}{\partial B}\right)^2 s_B^2 + \cdots \tag{2-25}$$

这是随机误差传递的通式,以下对具体的函数关系分别加以讨论。

（一）加减法

设关系式为

$$R = mA + nB - pC$$

根据式(2-25)有

$$s_R^2 = m^2 s_A^2 + n^2 s_B^2 + p^2 s_C^2 \tag{2-26}$$

即分析结果的方差为各测量值方差与相应系数的平方之积的和。

（二）乘除法

设关系为

$$R = m\frac{AB}{C}$$

由式(2-25)有

$$s_R^2 = \left(m\frac{B}{C}\right)^2 s_A^2 + \left(m\frac{A}{C}\right)^2 s_B^2 + \left(-\frac{mAB}{C^2}\right)^2 s_C^2$$

左边除以 R^2,右边除以 $\left(m\frac{AB}{C}\right)^2$,则有

$$\left(\frac{s_R}{R}\right)^2 = \left(\frac{s_A}{A}\right)^2 + \left(\frac{s_B}{B}\right)^2 + \left(\frac{s_C}{C}\right)^2 \tag{2-27}$$

即分析结果的相对标准偏差的平方为各测量值相对标准偏差的平方之和,而与系数无关。

（三）指数

设关系式为

$$R = mA^n$$

由式(2-25)有

$$s_R^2 = (mnA^{n-1})^2 s_A^2$$

左边除以 R^2,右边除以 $(mA^n)^2$,则有

$$\left(\frac{s_R}{R}\right)^2 = \left(n\frac{s_A}{A}\right)^2 \qquad \text{或} \qquad \frac{s_R}{R} = n\frac{s_A}{A} \qquad (2\text{-}28)$$

分析结果的相对标准偏差为测量值相对标准偏差的 n 倍。

（四）对数

设关系式为

$$R = m\log A$$

先化为自然对数

$$R = 0.4343m\ln A$$

由式(2-25)有

$$s_R^2 = (0.4343m)^2 \left(\frac{s_A}{A}\right)^2$$

或

$$s_R = 0.4343m\frac{s_A}{A} \qquad (2\text{-}29)$$

即分析结果的标准偏差为测量值相对标准偏差的 $0.4343m$ 倍（m 为系数）。

例 2-4 欲配制 $0.05000\ \text{mol} \cdot \text{L}^{-1}$ 的钙标准溶液，称取 $5.0045\ \text{g}\ CaCO_3$ 基准试剂，用 HCl 溶液溶解后，转移到 $1000\ \text{mL}$ 容量瓶中稀释至刻度。称取 $CaCO_3$ 后，发现天平零点由原来的 $0.0\ \text{mg}$ 变至 $-0.5\ \text{mg}$ 处。又已知所用容量瓶的校正值为 $-0.2\ \text{mL}$。求配得的钙标准溶液浓度的相对误差、绝对误差及真实值。

解 天平零点的明显变动和容量器皿的体积误差均属于系统误差，故可利用系统误差的传递公式，从测量误差来推断最后浓度的误差。根据浓度计算公式

$$c = \frac{m}{MV} \times 1000 = \frac{5.0045}{100.09 \times 1000.0} \times 1000 = 0.050000\ (\text{mol} \cdot \text{L}^{-1})$$

由式(2-20)有

$$\frac{E_c}{c} = \frac{E_m}{m} - \frac{E_V}{V}$$

称取 $5.0045\ \text{g}\ CaCO_3$ 时，其零点实际上在 $-0.5\ \text{mg}$ 处，而原来零点为 $0.0\ \text{mg}$，可见 $CaCO_3$ 的真实质量要比砝码读数多 $0.5\ \text{mg}$，即 $E_m = -0.5\ \text{mg}$。

容量瓶体的校正值为 $-0.2\ \text{mL}$，则容量瓶的真实体积 $V_T = 1000.0 - 0.2 = 999.8\ (\text{mL})$，则

$$E_V = 1000.0 - 999.8 = 0.2\ (\text{mL})$$

于是量浓度的相对误差

$$\frac{E_c}{c} \times 1000‰ = \left(-\frac{0.0005}{5.0045} - \frac{0.2}{1000}\right) \times 1000‰ = -0.3‰$$

绝对误差

$$E_c = 0.050000 \times (-0.3‰) = -0.00002\ (\text{mol} \cdot \text{L}^{-1})$$

真实浓度

$$c_T = c - E_c = 0.050000 + 0.00002 = 0.05002\ (\text{mol} \cdot \text{L}^{-1})$$

例 2-5 用 AgCl 重量法测定氯时，称取试样 $0.2000\ \text{g}$，最后 AgCl 沉淀 $0.2500\ \text{g}$。天平称量的标准偏差 s 为 $0.10\ \text{mg}$。求含氯百分数的标准偏差。

解 设试样和 AgCl 的质量分别为 G 和 W，则试样中含氯百分数（$X/\%$）可按下式计算

$$X/\% = \frac{W\dfrac{M_{(Cl)}}{M_{(AgCl)}}}{G} \times 100$$

$$= \frac{0.2500 \times \dfrac{35.45}{143.32}}{0.2000} \times 100 = 30.92$$

在本题中只涉及到称量,而天平平衡点的微小变动所造成的误差为随机误差,故可利用随机误差传递公式,由称量的标准偏差推断分析结果的标准偏差。根据式(2-27)有

$$\left(\frac{s_X}{X}\right)^2 = \left(\frac{s_W}{W}\right)^2 + \left(\frac{s_G}{G}\right)^2$$

称取试样时,通常用差减法,G 为两次平衡点之差

$$G = G_1 - G_2$$

其中 G_1、G_2 分别为试样取出前后称量瓶的质量。由式(2-26)有

$$s_G^2 = s_{G_1}^2 + s_{G_2}^2$$

因用同台天平称量,故 $s_{G_1} = s_{G_2} = s$,于是

$$s_G^2 = 2s^2 = 2 \times (0.10)^2 = 0.020$$

在重量分析中,最后沉淀的质量是含沉淀的坩埚质量与原空坩埚质量的差值,而每次称量又是载重平衡点与零点两次读数的差值,因此一共涉及到 4 次读数:

$$W = (W_2 - W'_0) - (W_1 - W_0)$$

其中 W_1 为称空坩埚时的平衡点,W_2 为称含沉淀的坩埚时的平衡点;W_0、W'_0 分别为两次称量时的零点。与上同理

$$s_W^2 = 4s^2 = 4 \times (0.10)^2 = 0.040$$

于是,分析结果的相对标准偏差

$$\frac{s_X}{X} \times 1000‰ = \sqrt{\frac{s_W^2}{W^2} + \frac{s_G^2}{G^2}} \times 1000‰$$

$$= \sqrt{\frac{0.040}{(250)^2} + \frac{0.020}{(200)^2}} \times 1000‰ = 1.1‰$$

含氯百分数的标准偏差

$$s_X = 30.92(\%) \times 1.1‰ = 0.034(\%)$$

三、极值误差

在考虑随机误差时,如果根据各测量值的误差,按它们最大程度的迭加来估计分析结果的误差,这样所得的称为极值误差。

对关系式

$$R = mA + nB - pC$$

其极值误差

$$\epsilon_R = |m\epsilon_A| + |n\epsilon_B| + |p\epsilon_C| \tag{2-30}$$

对关系式

$$R = m\frac{AB}{C}$$

其相对极值误差

$$\frac{\epsilon_R}{R} = \left|\frac{\epsilon_A}{A}\right| + \left|\frac{\epsilon_B}{B}\right| + \left|\frac{\epsilon_C}{C}\right| \tag{2-31}$$

例如,滴定管的读数误差为 ± 0.01 mL,两次读数差的极值误差为

$$\epsilon_V = |\pm 0.01| + |\pm 0.01| = 0.02 \ (\text{mL})$$

事实上,各测量值之间有时负误差可彼此抵消一部分,出现最大误差的可能性较小,用极值误差表示不尽合理,但可用它粗略估计在最不利情况下可能出现的最大误差。

第三节 随机误差的正态分布

一、频数分布

随机误差的正负和大小在测定中难以预料,但当取得大量数据后,可以从中找到统计性规律。例如,测定某试样中 Fe_2O_3 的含量,得到 100 个数据,见表 2-2。

这些数据看来似乎杂乱无章,毫无规律,但若我们加以整理,就可看出有某种规律。首先找出其中的最高值和最低值,它们分别是 2.53 和 2.27;然后在此范围内按一定间距进行分组,如按组距为 0.03,则可分成 9 组,为避免出现"骑墙"状态,分组时使边界值的有效数字增多一位;再数出各组中包含数据的个数,称为频数,频数与数据总数之比称为相对频数。于是得到频数分布表,见表 2-3。

表 2-2 $w(Fe_2O_3)/\%$ 测定数据

2.39	2.42	2.35	2.45	2.42	2.42	2.34	2.40	2.36	2.41
2.34	2.42	2.32	2.40	2.37	2.41	2.43	2.49	2.39	2.36
2.45	2.40	2.48	2.32	2.45	2.44	2.46	2.37	2.34	2.37
2.36	2.37	2.42	2.34	2.30	2.42	2.42	2.39	2.42	2.44
2.36	2.39	2.48	2.41	2.40	2.45	2.43	2.50	2.45	2.46
2.40	2.38	2.39	2.40	2.48	2.36	2.53	2.39	2.39	3.39
2.42	2.42	2.43	2.42	2.35	2.38	2.40	2.39	3.36	2.35
2.47	2.42	2.44	2.44	2.41	2.31	2.37	2.39	3.46	2.37
2.37	2.41	2.48	2.44	2.41	2.41	2.42	2.43	2.34	2.42
3.38	2.47	2.27	2.37	2.36	2.38	2.37	2.41	2.40	2.42

表 2-3 频数分布表

分　　组	频　数	相对频数
2.265～2.295	1	0.01
2.295～2.325	4	0.04
2.325～2.355	8	0.08
2.355～2.385	20	0.20
2.385～2.415	26	0.26
2.415～2.445	24	0.24
2.445～2.475	10	0.10
2.475～2.505	6	0.06
2.505～2.535	1	0.01
共　计	100	1.00

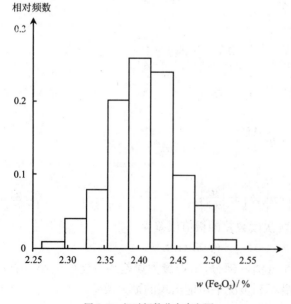

图 2-2 相对频数分布直方图

由表中数值可知,这 100 个数据有两个特点:

(1)有一定的分散度。数据不完全相同,有一定的波动。

(2)有集中的趋势。靠近中间值出现的数据较多,而过高或过低的数据较少。

根据频数分布表,可画出相对频数分布直方图,见图 2-2。

二、正态分布

如果对一个试样进行测定的次数增加得非常多,取得的数据数目变得很多,在分组时组距可以分得很小。上述的直方图就可趋近于一条平滑的曲线。当进行无限次测量时,所得的平滑曲线就称为正态分布曲线,或高斯(Gauss)分布曲线,见图 2-3。

图 2-3 中，横坐标 x 为测量值，纵坐标 y 为概率密度。如果横坐标改为测量值的误差，即测量值 x 与总体平均值 μ 的差值，则可得如图 2-4 的正态分布曲线。

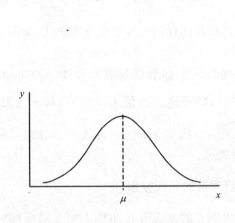

图 2-3　测量值的正态分布曲线　　　　图 2-4　误差的正态分布曲线

由图 2-4 可看出随机误差的分布规律：

(1) 曲线以 y 轴为镜面对称，说明绝对值相同而符号相反的误差出现的概率相等；

(2) 小误差出现的概率大于大误差出现的概率，出现很大误差的概率极小。

当测定同一试样而精密度（即标准偏差）不同时，曲线的形状也不同。图 2-4 中，$\sigma_2 > \sigma_1$，精密度高的数据分布比较集中。

正态分布的概率密度函数可用下式表示

$$y = \frac{1}{\sigma\sqrt{2\pi}} e^{-(x-\mu)^2/2\sigma^2} \tag{2-32}$$

其中 y 为概率密度，x 为测量值；μ 为总体平均值，无系统误差时就是真值；σ 为总体的标准偏差，由式(2-32)可见：

(1) 分布曲线的最高点位于 $x=\mu$ 处，说明大多数数据在总体的算术平均值附近。也就是说，算术平均值能较好地反映数据的集中趋势。

(2) 当 $x=\mu$ 时，$y_{\max}=\dfrac{1}{\sigma\sqrt{2\pi}}$，即概率密度的最大值取决于 σ。精密度越高，即 σ 越小时，y 值越大，曲线越尖锐，说明测量值的分布越集中；而精密度越低，则曲线越平坦，测量值的分布就越分散。

(3) 分布曲线以直线 $x=\mu$ 为对称轴形成镜面对称，说明绝对值相同而符号相反的正负误差出现的概率相等。

(4) 当 x 趋于 $\pm\infty$ 时，y 趋于 0，即分布曲线以 x 轴为渐近线。说明小误差出现的概率大，大误差出现的概率小，极大误差出现的概率趋于 0。

由以上分析可知，正态分布曲线有 μ 和 σ 两个重要参数，也就是说，当已知总体平均值及标准偏差，就可确定其随机误差的正态分布曲线。因此可用符号 $N(\mu,\sigma^2)$ 来表示某一正态分布。但不同的总体有不同的 μ 和 σ，曲线的位置和形态就会相应改变，这种复变函数在实际使用中极为不便，因此通过数学变换引入变量 u，即

$$u = \frac{x-\mu}{\sigma} \tag{2-33}$$

即横坐标改为各次测量误差与总体标准偏差的比值,这时概率密度函数可简化为

$$y = \frac{1}{\sqrt{2\pi}}e^{-u^2/2} \tag{2-34}$$

由此所得的曲线称为标准正态分布曲线,如图 2-5 所示。

曲线的纵坐标最高位置总位于 $u=0$ 处,这时 $y_{max}=\frac{1}{\sqrt{2\pi}}$,即最高点数值为一恒值,与 σ 无关,也就是说曲线的形状与 σ 无关。标准正态分布可用符号 $N(0,1)$ 表示。

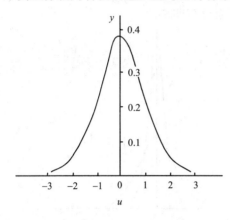

图 2-5　标准正态分布曲线

三、随机误差的区间概率

随机误差的正态分布曲线下面在横坐标 $-\infty$ 至 $+\infty$ 范围内所含的总面积代表各种大小误差出现的概率总和,其值为 1,则

$$P = \int_{-\infty}^{\infty} \frac{1}{\sqrt{2\pi}}e^{-u^2/2}\mathrm{d}u = 1$$

某一特定误差范围内所出现的概率,则为相应 u 值所对应的曲线段下面所包含的面积,也就是正态分布曲线的区间积分。误差在对应的 $\pm u$ 区间出现的概率为

$$P = \int_{-u}^{u} \frac{1}{\sqrt{2\pi}}e^{-u^2/2}\mathrm{d}u \tag{2-35}$$

对于标准正态分布,不同 u 值所相应的积分可查有关概率积分表。表 2-4 列出了 $|u|$ 值的单侧积分表,当考虑 $\pm u$,即双侧问题时,需将表值乘 2。

表 2-4　u 值表(单侧)

$|u|$	P^*	$|u|$	P^*
0.0	0.0000	1.6	0.4452
0.1	0.0398	1.7	0.4554
0.2	0.0793	1.8	0.4641
0.3	0.1179	1.9	0.4713
0.4	0.1554	2.0	0.4773
0.5	0.1915	2.1	0.4821
0.6	0.2258	2.2	0.4861
0.7	0.2580	2.3	0.4893
0.8	0.2881	2.4	0.4918
0.9	0.3159	2.5	0.4938
1.0	0.3413	2.6	0.4953
1.1	0.3643	2.7	0.4965
1.2	0.3849	2.8	0.4974
1.3	0.4032	2.9	0.4981
1.4	0.4192	3.0	0.4987
1.5	0.4332	∞	0.5000

$* P = \frac{1}{\sqrt{2\pi}}\int_{0}^{u}e^{-u^2/2}\mathrm{d}u$

由表 2-4 可查出下列指定范围分析结果出现的概率：

分析结果(x)范围	$\mid u \mid$	单侧面积	概率(%)
$\mu \pm \sigma$	1	0.3413	68.26
$\mu \pm 2\sigma$	2	0.4773	95.46
$\mu \pm 3\sigma$	3	0.4987	99.74

由此可见，x 与 μ 的差值，即误差大于 3σ 的数据出现的概率，仅为 $(100-99.74)\%=0.26\%$，说明大误差出现的概率很小。若在有限次数的测量中出现大于 3σ 的误差，很可能是由于过失所造成。

例 2-6 已知某试样中含氯百分数为 60.66，测定的标准偏差为 0.20。设在测定中无系统误差。问：(1) 分析结果落在 $(60.66\pm0.40)\%$ 范围内的概率为多少? (2) 大于 61.16% 的数据出现的概率又为多少?

解

(1) 分析结果若落在 $(60.66\pm0.40)\%$ 范围内，即 $x=60.66\pm0.40$，$\mid x-\mu \mid=0.40$

$$\mid \mu \mid = \frac{\mid x-\mu \mid}{\sigma} = \frac{0.40}{0.20} = 2.0$$

由表 2-4 查得面积为 0.4773，考虑到 $\pm u$，其概率为 $2\times0.4773=0.9546$，即 95.46%。

(2) 先考虑 $x=61.16\%$ 时对应的 u，$\mid x-\mu \mid = \mid 61.16-60.66 \mid =0.50$。

$$\mid u \mid = \frac{0.50}{0.20} = 2.5$$

由于只考虑大于 61.16% 的数据出现的概率，需求 $u>2.5$ 时的概率。在图 2-5 中曲线右侧 $u\leqslant2.5$ 时，面积为 0.4938；则 $u>2.5$ 时，面积为 $0.5000-0.4938=0.0062$。由于这是单侧问题，面积就代表概率。因此，大于 61.16% 的数据出现的概率为 0.62%。

第四节　少量数据的统计处理

由于随机误差的分布符合统计规律，因此在处理含有随机误差的数据时，需要用统计的方法。

一、平均值的可靠性

(一)平均值的精密度

从正态分布曲线可知，数据的算术平均值能较好地体现其集中趋势。设对某分析对象进行一个样本的测量，得到 n 个值

$$x_1, x_2, \cdots, x_n$$

由此可求出其平均值 $\bar{x}$

$$\bar{x} = \frac{1}{n}(x_1 + x_2 + \cdots + x_n)$$

以及标准偏差 s，s 体现了单次测量的精密度。

根据随机误差的传递公式(2-26)，$\bar{x}$ 的方差为

$$s_{\bar{x}}^2 = \frac{1}{n^2}(s_{x_1}^2 + s_{x_2}^2 + \cdots + s_{x_n}^2)$$

如果是在相同条件下测量同一物理量，则可认为各次测量具有相同的精密度，即

$$s_{x_1} = s_{x_2} = \cdots = s_{x_n} = s$$

于是

$$s_{\bar{x}}^2 = \frac{s^2}{n} \quad \text{或} \quad s_{\bar{x}} = \frac{s}{\sqrt{n}} \tag{2-36a}$$

对总体标准偏差,同样有

$$\sigma_{\bar{x}} = \frac{\sigma}{\sqrt{n}} \tag{2-36b}$$

由此可见,平均值的精密度 $s_{\bar{x}}$ 是单次测量精密度 s 的 $\frac{1}{\sqrt{n}}$。当 n 越大时,$s_{\bar{x}}$ 与 s 相比就越小。即随着测量次数的增加,所得平均值的精密度相应提高。$s_{\bar{x}}/s$ 值与 n 值的关系如图 2-6 所示。由图可看出,当 n 足够大时,再增加测量次数,精密度的提高并不明显。因此在实际工作中,为了节省劳力和时间,一般只平行测定 3 至 4 次。

如果用平均偏差来表示精密度,同样有

$$\delta_{\bar{x}} = \frac{\delta}{\sqrt{n}} \quad \text{和} \quad \bar{d}_{\bar{x}} = \frac{\bar{d}}{\sqrt{n}} \tag{2-37}$$

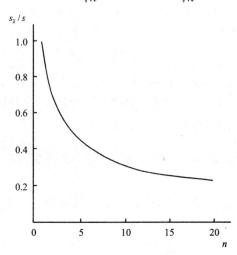

图 2-6　平均值的精密度与测量次数的关系

例 2-7　测定某试样中 Fe 的质量百分数,得到四个数据:67.48,67.37,67.43,67.40。计算平均值的平均偏差 $\bar{d}_{\bar{x}}$ 和标准偏差 $s_{\bar{x}}$。

解　先求出平均值,然后计算单次测量的 $\bar{d}$ 和 s。

$$\bar{x} = \frac{1}{4}(67.48 + 67.37 + 67.43 + 67.40) = 67.42(\%)$$

$$\bar{d} = 0.035(\%) \qquad s = 0.047(\%)$$

由式(2-36a)和(2-37)得

$$\bar{d}_{\bar{x}} = \frac{\bar{d}}{\sqrt{n}} = \frac{0.035}{\sqrt{4}} = 0.018(\%)$$

$$s_{\bar{x}} = \frac{s}{\sqrt{n}} = \frac{0.047}{\sqrt{4}} = 0.024(\%)$$

36

(二)平均值的置信区间

1. t 分布曲线

由上一节讨论可知,当测量次数极多时,测量值和误差的分布符合正态分布,但在实际工作中测量次数一般不多,因此只能用样本的标准偏差 s 来代替总体的标准偏差 σ,这时的分布情况就不同于正态分布,而采用统计量 t

$$t = \frac{\overline{x} - \mu}{s_{\overline{x}}} \tag{2-38}$$

其中 $\overline{x}$ 为样本的平均值,$s_{\overline{x}}$ 为平均值的标准偏差,由式(2-36a)可得

$$t = \frac{\overline{x} - \mu}{s}\sqrt{n} \tag{2-39}$$

其分布曲线即 t 分布曲线,如图 2-7 所示。其中,f 表示自由度,$f = n - 1$。

表 2-5 $t_{\alpha,f}$ 值表(双侧)

f $\backslash$ α	0.10	0.05	0.01
1	6.31	12.71	63.66
2	2.92	4.30	9.93
3	2.35	3.18	5.84
4	2.13	2.78	4.60
5	2.02	2.57	4.03
6	1.94	2.45	3.71
7	1.90	2.37	3.50
8	1.86	2.31	3.36
9	1.83	2.26	3.25
10	1.81	2.23	3.17
11	1.80	2.20	3.11
12	1.78	2.18	3.06
13	1.77	2.16	3.01
14	1.76	2.15	2.98
15	1.75	2.13	2.95
20	1.73	2.09	2.85
30	1.70	2.04	2.75
40	1.68	2.02	2.70
∞	1.64	1.96	2.58

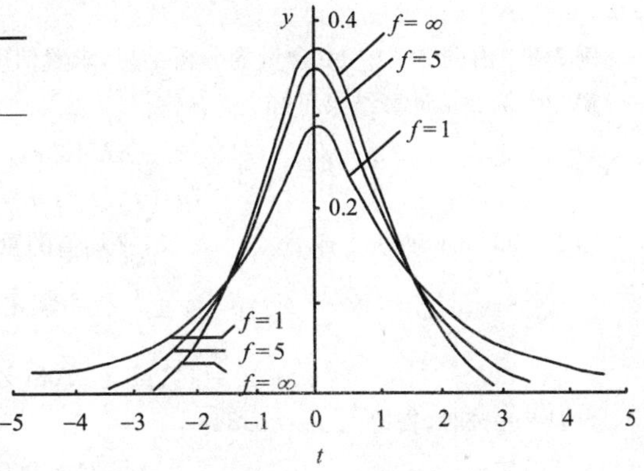

图 2-7 t 分布曲线

曲线呈左右对称,其形状与测量次数有关。当 f 趋于 ∞ 时,t 分布就趋于正态分布。与正态分布同样,曲线下面的面积就是相应平均值出现的概率。其面积大小既与 t 值有关,也与 f 值有关。

对某一 $|t|$ 值,即区间 $[-t, t]$ 内曲线对应的面积,就是相应平均值落在 $\mu \pm \dfrac{ts}{\sqrt{n}}$ 范围内的概率。此概率 P 称为置信度,而落在该范围以外的概率 $\alpha = 1 - P$ 则称为显著性水平。不同 f 值和不同置信度(或显著性水平)对应的 $t_{\alpha,f}$ 值,列于表 2-5。

表中的 α 值 0.10,0.05,0.01 分别对应于置信度 90%,95%,99%。由表值可见,当 $f > 20$ 时,t 值变化很小,接近于 f 趋于 ∞ 的值,也就是说,当测量次数在 20 次以上时,就非常接近正态分布。

2. 平均值的置信区间

在实际测量中,一般只能得到样本的平均值。为要从该平均值来估计总体平均值的可能范围,可根据 t 分布来处理。在 $[-t, t]$ 区间内,式(2-38)可改写为

$$\mu = \overline{x} \pm ts_{\overline{x}}$$

或
$$\mu = \bar{x} \pm \frac{ts}{\sqrt{n}} \qquad (2\text{-}40)$$

此即在一定置信度时,以样本平均值为中心包括总体平均值的可靠性范围,称为平均值的置信区间。其范围的大小与样本的标准偏差、测量次数以及规定的置信度有关。

如果测量次数不断增加,则 $s_{\bar{x}}$ 趋近于 $\sigma_{\bar{x}}$,t 分布趋近于正态分布,式(2-38)变为

$$u = \frac{\bar{x} - \mu}{\sigma_{\bar{x}}}$$

这时平均值的置信区间为

$$\mu = \bar{x} \pm \frac{u\sigma}{\sqrt{n}} \qquad (2\text{-}41)$$

其数值可利用表2-5中 $f = \infty$ 时的 t 值来计算。

例 2-8 由例2-7中 Fe 含量的分析结果,求置信度分别为95％和99％时平均值的置信区间。

解 由例2-7计算结果可知

$$\bar{x} = 67.42\%, \qquad s = 0.047\%$$
$$n = 4, f = n - 1 = 4 - 1 = 3$$

当 $P = 95\%$ 时,查表2-5,$t_{0.05,3} = 3.18$,平均值的置信区间由式(2-40)算得

$$\mu = \bar{x} \pm \frac{t_{0.05,3}s}{\sqrt{n}} = 67.42 \pm \frac{3.18 \times 0.047}{\sqrt{4}}$$
$$= 67.42 \pm 0.08(\%)$$

当 $P = 99\%$ 时,查得 $t_{0.01,3} = 5.84$

$$\mu = 67.42 \pm \frac{5.84 \times 0.047}{\sqrt{4}} = 67.42 \pm 0.14(\%)$$

计算的结果表明,在(67.42±0.08)％范围内能包含总体平均值的可能性为95％;在(67.42±0.14)％范围内能包含总体平均值的可能性为99％。由此可见,提高置信度时,置信区间变宽,也就是说,在较宽的范围内能包含总体平均值的把握较大。

二、显著性检验

在实际分析工作中,对试样的分析结果,可能与标准值不同;或者两种方法、两个实验室或两名分析人员对同一试样的分析结果会彼此不同。造成这种差异的原因可能是存在随机误差,也可能是存在系统误差。如果是随机误差所致,那从统计学角度来说是正常的;但如果是系统误差所致,那就称此两结果存在显著性差异。要确定属于何种情况,就要作显著性检验。

(一)平均值与标准值比较

为了评价某一分析方法或操作过程的可靠性,可将分析数据的平均值与试样的标准值进行比较,检验两者有无显著性差异。这种检验方法称为 t 检验法。

首先算出分析数据的平均值 $\bar{x}$ 和标准偏差 s,然后计算相应的 t 值

$$t = \frac{|\bar{x} - \mu|}{s} \sqrt{n} \qquad (2\text{-}42)$$

再根据所要求的置信度,从表2-5中查出相应的表值 $t_{表}$。如果 $t > t_{表}$,则二者存在显著性差异。

例 2-9 用某分析方法测定某标准样品中锡的质量百分数,得到五个数据:3.72,4.09,3.95,3.99,4.11。已知锡的标准值为 4.00,问该分析方法是否存在系统误差。(置信度 95%)

解 由已知数据可求出 $\bar{x} = 3.97(\%)$,$s = 0.16(\%)$,由式(2-42)有

$$t = \frac{|\,3.97 - 4.00\,|}{0.16} \times \sqrt{5} = 0.42$$

查表 $t_{0.05,4} = 2.78$,因此 $t < t_表$,说明测定值与标准值无显著性差异,该方法不存在系统误差。

(二)两组数据方差的比较

为检验两组数据的精密度有无显著性差异,可利用 F 检验法,定义统计量 F 为两个方差的比值,规定大的方差为分子,小的方差为分母

$$F = \frac{s_大^2}{s_小^2} \tag{2-43}$$

不同自由度所对应的 F 值见表 2-6。若计算得到的 F 值大于表值,则两组数据的精密度存在显著性差异。

表 2-6 所列 F 值在作单侧检验时,即检验某组数据精密度是否大于另一组数据的精密度时,置信度为 95%(显著性水平为 0.05);而在仅检验两组数据精密度是否有显著性差异,即一组数据精密度可能大于、也可能小于另一组数据的精密度时,则为双侧检验,这时显著性水平为单侧检验时的两倍,即 0.10,因而置信度 $P = 1 - 0.10 = 0.90$,或 90%。

表 2-6　F 值表(单侧,置信度 95%)

$f_小$ ＼ $f_大$	1	2	3	4	5	6	7	8	9	10	15	20	∞
1	161.4	199.5	215.7	224.6	230.2	234.0	236.8	238.9	240.5	241.9	245.9	248.0	254.3
2	18.51	19.00	19.16	19.25	19.30	19.33	19.35	19.37	19.38	19.40	19.43	19.45	19.50
3	10.13	9.55	9.28	9.12	9.01	8.94	8.89	8.85	8.81	8.79	8.70	8.66	8.53
4	7.71	6.94	6.59	6.39	6.26	6.16	6.09	6.04	6.00	5.96	5.86	5.80	5.63
5	6.61	5.79	5.41	5.19	5.05	4.95	4.88	4.82	4.77	4.74	4.62	4.56	4.36
6	5.99	5.14	4.76	4.53	4.39	4.28	4.21	4.15	4.10	4.06	3.94	3.87	3.67
7	5.59	4.74	4.35	4.12	3.97	3.87	3.79	3.73	3.68	3.64	3.51	3.44	3.23
8	5.32	4.46	4.07	3.84	3.69	3.58	3.50	3.44	3.39	3.35	3.22	3.15	2.93
9	5.12	4.26	3.86	3.63	3.48	3.37	3.29	3.23	3.18	3.14	3.01	2.94	2.71
10	4.96	4.10	3.71	3.48	3.33	3.22	3.14	3.07	3.02	2.98	2.85	2.77	2.54
15	4.54	3.68	3.29	3.06	2.90	2.79	2.71	2.64	2.59	2.54	2.40	2.33	2.07
20	4.35	3.49	3.10	2.87	2.71	2.60	2.51	2.45	2.39	2.35	2.20	2.12	1.84
∞	3.84	3.00	2.60	2.37	2.21	2.10	2.01	1.94	1.88	1.83	1.67	1.57	1.00

* $f_大$:大方差对应的自由度,$f_小$:小方差对应的自由度。

例 2-10 甲、乙两人分析同一试样,甲测定了 11 次,标准偏差为 0.42;乙测定了 9 次,标准偏差为 0.80。问甲的精密度是否显著地高于乙?(置信度 95%)

解 此为单侧检验问题

$$s_甲 = 0.42,\ n_甲 = 11,\ 故\ f_甲 = 11 - 1 = 10$$
$$s_乙 = 0.80,\ n_乙 = 9,\ \ 故\ f_乙 = 9 - 1 = 8$$

$$F = \frac{s_{\text{大}}^2}{s_{\text{小}}^2} = \frac{s_{\text{乙}}^2}{s_{\text{甲}}^2} = \frac{(0.80)^2}{(0.42)^2} = 3.63$$

对应于 $f_{\text{大}}=8, f_{\text{小}}=10$,查得 $F_{\text{表}}=3.07$,可见 $F>F_{\text{表}}$,说明甲的精密度显著地高于乙。

如果该例问:"两人的分析精密度有无显著性差异?"则属于双侧检验问题,结论是有显著性差异,但这时的置信度为 90%。

(三)两组数据平均值的比较

当同一分析人员用不同分析方法,或不同分析人员用同一分析方法对同一试样进行分析时,所得的两个平均值一般是不完全相等的。它们之间是否存在显著性差异,可用 t 检验法加以判别。

设有两组测量数据,测量次数分别为 n_1、n_2,平均值分别为 $\bar{x}_1$,$\bar{x}_2$,标准偏差分别为 s_1、s_2。先用 F 检验法验证两组数据的精密度有无显著性差异,如果没有显著性差异,则由下式计算 t 值

$$t = \frac{|\bar{x}_1 - \bar{x}_2|}{\bar{s}} \sqrt{\frac{n_1 n_2}{n_1 + n_2}} \tag{2-44}$$

其中 $\bar{s}$ 称为合并标准偏差

$$\bar{s} = \sqrt{\frac{\text{差方和之和}}{\text{自由度之和}}} = \sqrt{\frac{(n_1-1)s_1^2 + (n_2-1)s_2^2}{(n_1-1) + (n_2-1)}} \tag{2-45}$$

在一定置信度下,查得表值 $t_{\text{表}}$(总自由度 $f = n_1 + n_2 - 2$)。若 $t>t_{\text{表}}$,则两平均值有显著性差异。

例 2-11 设用两种方法测定某水样中铬的含量,第一种方法进行了 7 次测定,得到平均值为 2.08 $\text{mg} \cdot \text{L}^{-1}$,标准偏差为 0.81 $\text{mg} \cdot \text{L}^{-1}$;第二种方法进行了 9 次测定,平均值为 3.08 $\text{mg} \cdot \text{L}^{-1}$,标准偏差为 0.79 $\text{mg} \cdot \text{L}^{-1}$。问两方法间有无显著性差异?其中一法是否显著地优于另法(置信度为 95%)?

解 $\quad\quad n_1=7, \bar{x}_1=2.08, s_1=0.81 \quad\quad n_2=9, \bar{x}_2=3.08, s_2=0.79$

先作方差检验

$$F = \frac{s_1^2}{s_2^2} = \frac{(0.81)^2}{(0.79)^2} = 1.05$$

$f_{\text{大}}=7-1=6, f_{\text{小}}=9-1=8$,查得 $F_{\text{表}}=3.58, F<F_{\text{表}}$,可见两种方法的精密度无显著性差异,可继续进行 t 检验。由式(2-45)计算合并标准偏差

$$\bar{s} = \sqrt{\frac{(7-1) \times (0.81)^2 + (9-1) \times (0.79)^2}{(7-1) + (9-1)}} = 0.80$$

于是

$$t = \frac{|\bar{x}_1 - \bar{x}_2|}{\bar{s}} \sqrt{\frac{n_1 n_2}{n_1 + n_2}} = \frac{|2.08 - 3.08|}{0.80} \sqrt{\frac{7 \times 9}{7 + 9}} = 2.48$$

要检验两方法间有无显著性差异,属于双侧检验,为使置信度为 95%,查得 $t_{0.05,14}=2.15$,即 $t>t_{\text{表}}$,说明两方法间有显著差异。

但若要检验其中一法是否显著地优于另法,则属于单侧检验,为使置信度为 95%,用作双侧检验的 t 值表中相应的 α 应为 0.05 的 2 倍,即 0.10,查得 $t_{0.10,14}=1.76, t>t_{\text{表}}$,说明一法显著地优于另法。

(四)两组配对数据的比较

如果有若干个试样用两种方法分析,或在两个实验室分析,则对每个试样都有两个分析结果,于是有若干对配对数据。为要检验这两种方法或两个实验室的分析结果之间有无显著性

差异,可用配对试验法,或称对子分析法。

每一配对的两个数据之间存在差值,若无显著性差异,当测定次数无限多时,这些差值的平均值应为0,类似于式(2-42),有

$$t = \frac{|\langle d \rangle - d_0|}{s_d}\sqrt{n} \tag{2-46}$$

其中$\langle d \rangle$为各配对数据差值的平均值,$\langle d \rangle = \frac{1}{n}\Sigma d_i$;$d_0$为配对数据差值的总体平均值,根据随机误差统计规律,其值应为0;n为对子数目;s_d为各配对数据差值的标准偏差

$$s_d = \sqrt{\frac{\Sigma(d_i - \langle d \rangle)^2}{n-1}} \tag{2-47}$$

因此,式(2-46)变为

$$t = \frac{|\langle d \rangle|}{s_d}\sqrt{n} \tag{2-48}$$

当$t > t_表$时,两组数据有显著性差异。

例 2-12 有某批合金试样共6个,分发到甲、乙两实验室测定其中镍的质量百分数,得到结果分别为x_1、x_2,如表所列,试判断该两实验室的分析结果有无显著性差异(置信度95%)。

试样号	实验室甲 x_1	实验室乙 x_2	$d_i = x_1 - x_2$	$(d_i - \langle d \rangle)^2$
1	1.46	1.38	+0.08	0.0004
2	2.21	2.25	−0.04	0.0196
3	1.34	1.16	+0.18	0.0064
4	0.40	0.20	+0.20	0.0100
5	1.15	1.08	+0.07	0.0009
6	2.44	2.36	+0.08	0.004

解 由x_1、x_2算得各配对的两个数据差值$d_i = x_1 - x_2$,求出平均值$\langle d \rangle = 0.10$,再由式(2-47)算得差值的标准偏差

$$s_d = \sqrt{\frac{\Sigma(d_i - \langle d \rangle)^2}{n-1}} = \sqrt{\frac{0.0377}{6-1}} = 0.087$$

于是由式(2-48)算得

$$t = \frac{0.10}{0.087}\sqrt{6} = 2.82$$

查得$t_{0.05, 5} = 2.57$,因$t > t_表$,故两实验室分析结果有显著性差异。

三、异常值的取舍

在进行若干份平等测定时,有时会出现个别数值比其他数值大得多或小得多的情况,这些数值称为异常值。对异常值不能随意取舍,特别是在数据个数较少的情况下,异常值的取舍对结果影响很大,因此必须慎重对待。要决定异常值保留与否,一方面要考虑到由于随机误差的

存在,从统计学的角度来讲,允许数据有一定的合理波动范围;另一方面要考虑到在实验中过失存在的可能性。因此,首先应该分析和检查在实验中有无过失,如果无充分根据,就不能轻易舍去该异常值,而应该用统计学的方法进行检验。下面介绍几种常用的检验方法。

（一）$4\bar{d}$ 法

按如下步骤检验:

（1）求异常值 x_D 之外的各数据的平均值 $\bar{x}$;

（2）求异常值之外的各数据 $\bar{x}$ 的平均偏差 $\bar{d}$;

（3）计算异常值与 $\bar{x}$ 的差值 $|x_D - \bar{x}|$;

（4）求 $|x_D - \bar{x}|/\bar{d}$ 比值,若大于 4,则舍去 x_D,否则保留。

例 2-13 平行测定某试样中铜的质量百分数,得到四个数据:10.05,10.18,10.14,10.12,其中 10.05 这个数据应否舍去?

解 $\bar{x} = \frac{1}{2}(10.18 + 10.14 + 10.12) = 10.15$　　$\bar{d} = \frac{1}{3}(0.03 + 0.01 + 0.03) = 0.023$

$|x_D - \bar{x}| = |10.05 - 10.15| = 0.10$　　$\dfrac{|x_D - \bar{x}|}{d} = \dfrac{0.10}{0.023} = 4.3 > 4$

因此,应舍去 10.05 这个数据。

（二）Q 检验法

按如下步骤检验:

表 2-7　Q 值表

n	$Q_{0.90}$	$Q_{0.96}$	$Q_{0.99}$
3	0.94	0.98	0.99
4	0.76	0.85	0.93
5	0.64	0.73	0.82
6	0.56	0.64	0.74
7	0.51	0.59	0.68
8	0.47	0.54	0.63
9	0.44	0.51	0.60
10	0.41	0.48	0.57

（1）将数据按自小到大的顺序排列起来

$$x_1, x_2, \cdots, x_n;$$

（2）计算异常值与相邻值的差值 $x_2 - x_1$（x_1 为异常值时）或 $x_n - x_{n-1}$（x_n 为异常值时）;

（3）计算全组数据的极差 $x_n - x_1$;

（4）计算比值 Q,Q 称为舍弃商;

$$Q = \frac{x_2 - x_1}{x_n - x_1} \quad \text{或} \quad Q = \frac{x_n - x_{n-1}}{x_n - x_1} \quad (2\text{-}49)$$

（5）将算得的 Q 值与表 2-7 中的 $Q_表$ 比较,如果 $Q > Q_表$,则将异常值舍去;否则,应予保留。

例 2-14 对例 2-13 中数据用 Q 检验法判别 10.05 这个数据应否舍去（置信度 96%）。

解 将数据自小到大排列的顺序为:　10.05,10.12,10.14,10.18

$$x_2 - x_1 = 10.12 - 10.05 = 0.07 \quad x_4 - x_1 = 10.18 - 10.05 = 0.13$$

$$Q = \frac{x_2 - x_1}{x_4 - x_1} = \frac{0.07}{0.13} = 0.54$$

查得 $Q_{0.96} = 0.85$,可见 $Q < Q_{0.96}$,数据 10.05 应予保留。

（三）T 检验法（Grubbs 法）

按如下步骤检验:

（1）计算全部数据的平均值 $\bar{x}$ 和标准偏差 s;

（2）计算统计量 T 值

$$T = \frac{|x_D - \bar{x}|}{s} \qquad (2-50)$$

（3）按规定的置信度查表 2-8 得 $T_{\alpha,n}$，如果 $T \geqslant T_{\alpha,n}$ 则将异常值舍去；否则，应予保留。

表 2-8　$T_{\alpha,n}$ 值表

n	显著性水平		n	显著性水平	
	0.05	0.01		0.05	0.01
3	1.15	1.15	17	2.48	2.78
4	1.46	1.49	18	2.50	2.82
5	1.67	1.75	19	2.53	2.85
6	1.82	1.94	20	2.56	2.88
7	1.94	2.10	25	2.66	3.01
8	2.03	2.22	30	2.75	3.10
9	2.11	2.32	35	2.81	3.18
10	2.18	2.41	40	2.87	3.24
11	2.23	2.48	50	2.96	3.34
12	2.29	2.55	60	3.03	3.41
13	2.33	2.61	70	3.08	3.47
14	2.37	2.66	80	3.13	3.52
15	2.41	2.71	90	3.17	3.56
16	2.44	2.75	100	3.21	3.60

例 2-15　对例 2-13 中数据用 T 检验法判别 10.05 这个数据应否舍去（置信度 95%）。

解

$$\bar{x} = \frac{1}{4}(10.05 + 10.12 + 10.14 + 10.18) = 10.12$$

$$s = 0.054 \quad T = \frac{10.12 - 10.05}{0.054} = 1.3$$

查得 $T_{0.05,4} = 1.46$，可见 $T < T_{0.05,4}$，数据 10.05 应予保留。

如果异常值不止一个，则应逐一检验，在后续检验时不应包括前面已判定应舍去的数值。

第五节　回归分析

在分析化学中，经常使用标准曲线比较法确定未知溶液的浓度。例如在分光光度法中，先用已知含量的标准溶液制作出吸光度与浓度的关系曲线，即标准曲线；然后测定未知液的吸光度，根据测出值再在标准曲线上查出与之相应的浓度。分析化学中的标准曲线通常是一通过零点的直线，但由于实验误差等因素的存在，各数据点对直线往往有所偏离，这就需要用数理统计的方法，找出对各数据点误差最小的直线，即回归直线。研究如何求出回归直线，检验回归效果的好坏，以及估计回归直线的精密度和置信区间，这些都是回归分析所要讨论的内容。

一、一元线性回归方程的求法

设对于每一个自变量 x_i，都有一个因变量 y_i；若共有 n 个数据，则其线性回归方程可表示

为

$$y = a + bx \tag{2-51}$$

任意一个数据点(x_i, y_i)偏离回归直线的距离,称为离差,用E表示

$$E = y_i - Y_i = y_i - a - bx_i \tag{2-52}$$

各实验点离差的平方和(差方和)设为Q_E,则

$$Q_E = \Sigma(y_i - Y_i)^2 = \Sigma(y_i - a - bx_i)^2 \tag{2-53}$$

不同的直线有不同的a和b,为要使Q_E最小,即得到回归直线,就要求Q_E对a、b的偏微商分别为零

$$\frac{\partial Q_E}{\partial a} = -2\Sigma(y_i - a - bx_i) = 0 \tag{2-54}$$

$$\frac{\partial Q_E}{\partial b} = -2\Sigma(y_i - a - bx_i)x_i = 0 \tag{2-55}$$

由式(2-54)得到

$$\Sigma y_i - na - b\Sigma x_i = 0$$

于是

$$a = \frac{1}{n}\Sigma y_i - b \times \frac{1}{n}\Sigma x_i = \bar{y} - b\bar{x} \tag{2-56}$$

其中$\bar{x}$和$\bar{y}$分别表示x_i和y_i的平均值。

由式(2-55)得到

$$\Sigma x_i y_i - a\Sigma x_i - b\Sigma x_i^2 = 0$$

将式(2-56)代入后

$$\Sigma x_i y_i - \frac{1}{n}\Sigma x_i \Sigma y_i + \frac{b}{n}(\Sigma x_i)^2 - b\Sigma x_i^2 = 0$$

则

$$b = \frac{\Sigma x_i y_i - \frac{1}{n}\Sigma x_i \Sigma y_i}{\Sigma x_i^2 - \frac{1}{n}(\Sigma x_i)^2} = \frac{\Sigma x_i y_i - n\overline{xy}}{\Sigma x_i^2 - n\bar{x}^2} \tag{2-57}$$

令　　$Q_x = \Sigma(x_i - \bar{x})^2$, $Q_y = \Sigma(y_i - \bar{y})^2$, $Q_{xy} = \Sigma(x_i - \bar{x})(y_i - \bar{y})$

展开后可分别表示为[*]

$$Q_x = \Sigma x_i^2 - n\bar{x}^2, \quad Q_y = \Sigma y_i^2 - n\bar{y}^2, \quad Q_{xy} = \Sigma x_i y_i - n\overline{xy}$$

将它们代到式(2-57)中,得到

$$b = \frac{Q_{xy}}{Q_x} = \frac{\Sigma(x_i - \bar{x})(y_i - \bar{y})}{\Sigma(x_i - \bar{x})^2} \tag{2-58}$$

将确定后的系数a、b代入(2-51)就得到回归直线方程式,b称为回归系数或斜率,a为回归直线的截距。

当$x = \bar{x}$时,

$$Y = a + b\bar{x} = (\bar{y} - b\bar{x}) + b\bar{x} = \bar{y}$$

可见,回归直线通过点$(\bar{x}, \bar{y})$。

---

[*] 证明过程参考郑用熙编的《分析化学中的数理统计方法》,科学出版社,1986:224

44

二、回归方程的检验

对于某一条件下所得到的两组实验数据 x_i 和 y_i，我们都可按前面所讨论的方法确定回归方程和回归直线。但实际上 y 与 x 是否存在相关关系，即 x 变化时，y 是否大体上按某种规律变化，尚不能断定。也就是说，所得的回归直线是否有实际意义，这需要作进一步的检验。一方面，可根据专业知识加以判断；另方面，也可利用数学方法加以检验。下面介绍相关系数检验法。

图 2-8 中，$Y = a + bx$ 表示回归直线，(x_i, y_i) 为实际数据点，它与直线 $y = \bar{y}$ 的距离为

$$y_i - \bar{y} = (y_i - Y_i) + (Y_i - \bar{y})$$

其平方和 $\Sigma(y_i - \bar{y})^2$ 即 Q_y，称为总差方和

$$
\begin{aligned}
Q_y &= \Sigma(y_i - \bar{y})^2 = \Sigma[(y_i - Y_i) + (Y_i - \bar{y})]^2 \\
&= \Sigma(y_i - Y_i)^2 + 2\Sigma(y_i - Y_i)(Y_i - \bar{y}) + \Sigma(Y_i - \bar{y})^2 \quad (2\text{-}59)
\end{aligned}
$$

结合式(2-51)和(2-56)有

$$Y_i = \bar{y} + b(x_i - \bar{x}) \quad (2\text{-}60)$$

因此式(2-59)的第二项中

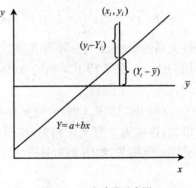

$$
\begin{aligned}
\Sigma(y_i - Y_i)(Y_i - \bar{y}) &= b\Sigma[y_i - \bar{y} - b(x_i - \bar{x})](x_i - \bar{x}) \\
&= b\Sigma(y_i - \bar{y})(x_i - \bar{x}) - b^2\Sigma(x_i - \bar{x})^2
\end{aligned}
$$

由式(2-58)可知

$$\Sigma(y_i - \bar{y})(x_i - \bar{x}) = b\Sigma(x_i - \bar{x})^2$$

因此

$$\Sigma(y_i - Y_i)(Y_i - \bar{y}) = 0$$

于是式(2-59)变为

$$Q_y = \Sigma(y_i - \bar{y})^2 = \Sigma(y_i - Y_i)^2 + \Sigma(Y_i - \bar{y})^2$$
$$(2\text{-}61)$$

图 2-8　回归直线示意图

式(2-61)中，$\Sigma(Y_i - \bar{y})^2$ 项表示回归值与平均值的差方和，是由于 x 与 y 的线性关系而引起 y 变化的部分，称为回归差方和，记为 Q_G

$$
\begin{aligned}
Q_G &= \Sigma(Y_i - \bar{y})^2 = \Sigma[(a + bx_i) - (a + b\bar{x})]^2 \\
&= b^2\Sigma(x_i - \bar{x})^2 = b^2 Q_x \quad (2\text{-}62)
\end{aligned}
$$

式(2-61)中的 $\Sigma(y_i - Y_i)^2$ 项，即式(2-53)中的 Q_E，表示除了 x 对 y 的非线性影响之外的一切因素(包括 x 对 y 的非线性影响及实验误差等)引起 y 变化的部分，称为残余差方和。因此，式(2-61)可写成

$$Q_y = Q_E + Q_G \quad (2\text{-}63)$$

或

$$Q_E = Q_y - Q_G \quad (2\text{-}64)$$

等式两边同除以 Q_y

$$\frac{Q_E}{Q_y} = 1 - \frac{Q_G}{Q_y} \quad (2\text{-}65)$$

令

$$\gamma^2 = \frac{Q_G}{Q_y} \quad (2\text{-}66)$$

45

则有

$$\frac{Q_E}{Q_y} = 1 - \gamma^2 \tag{2-67}$$

γ 称为相关系数，其值可按下式计算

$$\gamma = \sqrt{\frac{Q_G}{Q_y}} = b\sqrt{\frac{Q_x}{Q_y}} = b\sqrt{\frac{\sum(x_i - \bar{x})^2}{\sum(y_i - \bar{y})^2}} \tag{2-68}$$

也可将 $b = \dfrac{Q_{xy}}{Q_x}$ 代入式(2-68)来计算 γ

$$\gamma = \frac{Q_{xy}}{\sqrt{Q_x Q_y}} \tag{2-69}$$

由式(2-66)和(2-67)可看出相关系数 γ 的物理意义：

(1) $|\gamma| = 1$ 时，$\dfrac{Q_E}{Q_y} = 0$，说明残余差方和为 0，y 的变化完全取决于 x 与 y 的线性关系的影响，即所有实验点都落在回归直线上，这时 x 与 y 存在着确定的线性函数关系，如图 2-9 中的(1)和(6)。

(2) $\gamma = 0$ 时，$\dfrac{Q_G}{Q_y} = 0$，说明回归差方和为 0，y 的变化完全取决于实验误差或 x 对 y 的非线性关系的影响，x 与 y 不存在线性相关关系。由式(2-68)也可看出，这时 $b = 0$，说明所确定的回归线是一条平行于 x 轴的直线，y 的变化与 x 无关，即无线性相关关系，如图 2-9 中的(3)和(4)。

(3) $0 < |\gamma| < 1$ 时，x 与 y 存在一定的线性相关关系。$\gamma > 0$ 时，即 $b > 0$，y 随 x 的增大而增大，这称为 y 与 x 正相关，如图 2-9 中的(2)；$\gamma < 0$ 时，即 $b < 0$，y 随 x 的增大而减小，这称为 y 与 x 负相关，如图 2-9 中的(5)。γ 的绝对值越大，则线性关系越好。

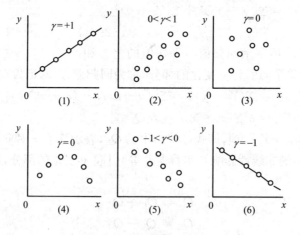

图 2-9　相关系数 γ 的意义

由以上讨论可知，只有当 $|\gamma|$ 值足够大时，x 与 y 之间才是显著线性相关的，求得的回归直线才是有意义的，此时的 γ 值称为临界值。不同置信度下，相关系数的临界值见表 2-9，其中 n 为测量次数。

表 2-9 相关系数临界值表

$n-2$	置 信 度		$n-2$	置 信 度	
	95%	99%		95%	99%
1	0.997	1.000	21	0.413	0.526
2	0.950	0.990	22	0.404	0.515
3	0.878	0.959	23	0.396	0.505
4	0.811	0.917	24	0.388	0.496
5	0.754	0.874	25	0.381	0.487
6	0.707	0.834	26	0.374	0.478
7	0.666	0.798	27	0.367	0.470
8	0.632	0.765	28	0.361	0.463
9	0.602	0.735	29	0.355	0.456
10	0.576	0.708	30	0.349	0.449
11	0.553	0.684	40	0.304	0.393
12	0.532	0.661	50	0.273	0.354
13	0.514	0.641	60	0.250	0.325
14	0.497	0.623	70	0.232	0.302
15	0.482	0.606	80	0.217	0.283
16	0.468	0.590	90	0.205	0.267
17	0.456	0.575	100	0.195	0.254
18	0.444	0.561	200	0.138	0.181
19	0.433	0.549	400	0.098	0.128
20	0.423	0.537	1000	0.062	0.081

如果按实验数据算得的 $|\gamma| \geqslant \gamma_{表}$,则认为 x 与 y 之间存在线性相关关系;如果 $|\gamma| < \gamma_{表}$,则认为 x 与 y 之间不存在线性相关关系。

上述检验方法除了可检验 x 与 y 之间是否存在线性相关关系外,也可用于检验回归方程的回归效果的好坏,相关关系显著说明回归效果较好。

通过检验后,如果 x 与 y 不存在线性相关关系,不等于两者不存在非线性相关关系,如图 2-9 中的(4)就有可能是抛物线类型的曲线关系,对于非线性的相关关系,往往可通过变量变换,转换成线性关系来处理。例如 y 与 x 若有下列关系

$$y = a + b\log x$$

就可令 $x' = \log x$,得到回归方程

$$y = a + bx'$$

同样可求出回归直线。

三、回归直线的精密度和置信区间

由于实验误差和 x 对 y 的非线性影响的存在,实验点测定值对回归直线有离散,这可用残余方差 s_E^2 来衡量。由 s_E^2 定义

$$s_E^2 = \frac{Q_E}{f_E} \tag{2-70}$$

其中 f_E 是 Q_E 的自由度。在式(2-63)中,当数据个数为 n 时,Q_y 的自由度 $f_y = n-1$;Q_G 因只有一条回归直线,因此其自由度 $f_G = 1$;根据自由度加和原理,Q_E 的自由度 $f_E = n-2$。因此

$$s_E = \sqrt{\frac{Q_E}{f_E}} = \sqrt{\frac{Q_y - b^2 Q_x}{n-2}} \qquad (2\text{-}71)$$

根据统计学原理可导出

$$s_b = \frac{s_E}{\sum (x_i - \overline{x})^2} \qquad (2\text{-}72)$$

$$s_a = s_E \sqrt{\frac{1}{n} + \frac{\overline{x}^2}{\sum (x_i - \overline{x})^2}} \qquad (2\text{-}73)$$

如果只考虑 a 和 b 的波动性,则对于一个给定的 $x = x_0$ 值,由确定的回归方程所求得的 y 值的标准偏差为

$$s_y = s_E \sqrt{\frac{1}{n} + \frac{(x_0 - \overline{x})^2}{\sum (x_i - \overline{x})^2}} \qquad (2\text{-}74)$$

如果再考虑实验点测定值对回归直线的离散,即考虑残余方差 s_E^2,则对给定的 x_0 所得到的 y 值的标准偏差为

$$s_y = s_E \sqrt{1 + \frac{1}{n} + \frac{(x_0 - \overline{x})^2}{\sum (x_0 - \overline{x})^2}} \qquad (2\text{-}75)$$

由式(2-75)可见,以下情况可使 s_y 变小:

(1) x_i 取值增宽,则 $\sum (x_i - \overline{x})^2$ 数值增大;

(2) 测量数据增多,则 n 增大;

(3) 指定的 x_0 接近平均值 $\overline{x}$,则 $(x_0 - \overline{x})^2$ 变小。

因此,在实验中扩大 x 的取值范围,使 x_0 值尽量接近平均值,以及增加实验点数目,特别是对远离 $\overline{x}$ 的两端实验点进行多次重复测定,对提高分析结果的精密度都是有利的。

对于某一 y_i 值,其置信区间为

$$y_i \pm t_{a,n-2} s_y \qquad (2\text{-}76)$$

t 值由实验数据个数及给定的置信度决定。对于一系列 x 值,对应的 y 值的置信区间,即回归直线的置信区间的上限和下限,分别由下面两条曲线决定

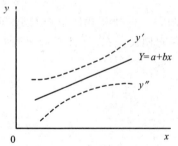

$$y' = a + t_{a,n-2} s_y + bx \qquad (2\text{-}77a)$$

$$y'' = a - t_{a,n-2} s_y + bx \qquad (2\text{-}77b)$$

图 2-10 回归直线的置信区间

如图 2-10 所示,回归直线两端 y 值的置信区间较宽,即精密度较差;而在 x 按近 $\overline{x}$ 的区域内,y 值的置信区间较窄,即精密度较高。

在实际分析工作中,一般是在制得标准曲线后,测定未知液的 y 值(如分光光度法中的吸光度),然后在标准曲线上查得相应的 x 值,从而求出未知数的浓度,也就是从因变量的值来反估自变量的值。通常对未知液作 m 次重复试验,得到其平均值 $\overline{y}_0$,再由回归方程算得相应的 x_0。

$$x_0 = \frac{\overline{y}_0 - a}{b} \qquad (2\text{-}78)$$

其标准偏差 s_x 为

$$s_x = s_E\sqrt{\frac{1}{m} + \frac{1}{n} + \frac{(x_0 - \overline{x})^2}{\Sigma(x_i - \overline{x})^2}} \tag{2-79}$$

由此可见,未知样重复测定次数 m 越大,反估的精密度越高;其他影响因素与 s_y 相同。

进行反估时,必须在回归直线的试验范围以内才有效,而且 x_0 越接近 $\overline{x}$,其反估精密度越高;如果外推到回归直线的试验范围以外进行反估,就有可能得到错误的结论。

对于所得到的反估值 x_0,在给定的置信度下,其置信区间为

$$x_0 \pm t_{a, n-2} s_x \tag{2-80}$$

其中 n 为求回归直线时 x_i 的个数。

例 2-16 用分光光度法测定 SiO_2 含量时,得到如下数据:

$x(SiO_2/\mu g)$	20	40	60	80	100	未知液
y(吸光度)	0.068	0.094	0.134	0.180	0.218	0.121

要求:(1) 确定标准曲线的回归方程;(2) 评价该回归方程的回归效果(置信度 95%);(3) 算出未知液中 SiO_2 的含量及其置信区间(置信度 95%)。

解 列出下列计算表

样号	x_i	y_i	$|x_i - \overline{x}|$	$(x_i - \overline{x})^2$	$|y_i - \overline{y}|$	$(y_i - \overline{y})^2$	$(x_i - \overline{x})(y_i - \overline{y})$
1	20	0.068	40	1600	0.071	0.00504	2.84
2	40	0.094	20	400	0.045	0.00202	0.90
3	60	0.134	0	0	0.005	0.00002	0
4	80	0.180	20	400	0.041	0.00168	0.82
5	100	0.218	40	1600	0.079	0.00624	3.16
Σ	300	0.694		4000		0.01500	7.72

$$\overline{x} = 60 \qquad \overline{y} = 0.139$$
$$Q_x = \Sigma(x_i - \overline{x})^2 = 4000$$
$$Q_y = \Sigma(y_i - \overline{y})^2 = 0.01500$$
$$Q_{xy} = \Sigma(x_i - \overline{x})(y_i - \overline{y}) = 7.72$$

(1) 确定标准曲线的回归方程

由式(2-58)

$$b = \frac{Q_{xy}}{Q_x} = \frac{7.72}{4000} = 0.00193$$

由式(2-56)

$$a = \overline{y} - b\overline{x} = 0.139 - 0.00193 \times 60 = 0.023$$

回归方程为

$$y = 0.023 + 0.00193x$$

(2) 回归方程的检验

由式(2-68)

$$\gamma = b\sqrt{\frac{Q_x}{Q_y}} = 0.00193 \times \sqrt{\frac{4000}{0.01500}} = 0.997$$

查表 2-9,$\gamma_\text{表} = 0.878$,可见 $\gamma > \gamma_\text{表}$,说明 x 与 y 的相关关系高度显著,回归方程的效果很好。

(3) 计算未知液中 SiO_2 的含量及其置信区间

此即由 y_0 值反估 x_0 值,由式(2-78)

$$x_0 = \frac{y_0 - a}{b} = \frac{0.121 - 0.023}{0.00193} = 50.8 \ (\mu g)$$

由式(2-79),其中 $m=1$,而由式(2-71)

$$s_E = \sqrt{\frac{Q_y - b^2 Q_x}{n-2}} = \sqrt{\frac{0.01500 - (0.00193)^2 \times 4000}{5-2}} = \sqrt{0.00003}$$

故

$$s_x = \sqrt{0.0003} \times \sqrt{1 + \frac{1}{5} + \frac{(50.8 - 60.0)^2}{4000}} = 0.006$$

查表知 $t_{0.05,3}=3.18$,因此 x_0 的置信区间为

$$x_0 \pm t_{0.05,3} s_x = 50.8 \pm 3.18 \times 0.006$$
$$= 50.8 \pm 0.1 \ (\mu g)$$

第六节　分析质量的保证和控制

影响分析结果好坏,即分析质量优劣的因素很多。分析全过程的各个步骤,都会对分析质量产生影响。其中包括:试样的采集和保存,试样的预处理,测定方法的选择,所用仪器和试剂的质量,分析操作的水平,以及数据处理的方法等。同时还与实验室的环境,分析人员的素质和管理制度等,也有密切关系。这里仅从测定过程和数据处理方面,介绍一些保证和控制分析质量的方法。

一、分析质量的保证

(一)选择合适的分析方法

测定某一组分可以有很多分析方法,在实际工作中要根据分析的要求、组分的含量和实验室条件等从中选择合适的方法。对组分含量较高、分析准确度要求较高的试样。一般采用化学分析法;而对组分含量较低、分析灵敏度要求较高的试样,则应采用仪器分析法。例如,要测定铁矿石中铁的含量,由于其含量较高,而且对分析准确度要求也高,就应选用滴定分析法;而要测定天然水中铁的含量,因其含量一般较低,用化学分析法无法测定,则应选用分光光度法等灵敏度较高的仪器分析法。此外,由于一般试样成分比较复杂,应尽量选用共存组分不会干扰的方法,即选择性较好的方法。例如,用重量法测定镍时,若用碱作沉淀剂,则会引入大量其他离子;而用丁二酮肟作沉淀剂,则干扰很少,有很好的选择性。

(二)减小测量误差

各测量值的误差会影响最后分析结果的准确度,因此提高测量值的准确度,就可减小分析结果的误差。在化学分析中,测量的量主要是质量和体积。

分析天平的称量误差为 0.1 mg,每个数据都通过两次称量得到,极值误差为 $2 \times 0.1 = 0.2$ (mg)。若要使称量的相对误差小于 1‰,则要求称样质量至少为

$$称样质量 = \frac{绝对误差}{相对误差} = \frac{0.2}{1‰} = 200 \ (mg)$$

可见分析试样或重量分析中的沉淀质量不应少于 200 mg。

在滴定分析中,滴定管的读数误差为 0.01 mL,每个数据都通过两次读数差减得到,极值误差为 $2 \times 0.01 = 0.02$ (mL)。若要使测量体积的相对误差小于 1‰,则要求消耗的溶液体积至少为

$$滴定体积 = \frac{0.02}{1‰} = 20 \text{ (mL)}$$

可见消耗的滴定剂体积应在 20 mL 以上。

若准确度的要求不同,则对称量和体积测量误差的要求也不同。例如在仪器分析中,由于被测组分含量较低,相对误差可允许达到 20‰,而且所称的试样量也较多,如可达 0.5 g,这时

$$称量的绝对误差 = 相对误差 \times 试样质量$$
$$= 20‰ \times 0.5 = 0.01 \text{ (g)}$$

也就是说不必用分析天平就可满足准确度的要求。

（三）减小随机误差

在分析过程中,随机误差是无法避免的,但根据统计学原理,通过增加测定次数,可提高平均值的精密度;但从图 2-6 可知,测定次数增加过多,效果并不明显。因此通常测定次数不超过 5 次,即使精密度要求较高时,一般也不超过 10 次。否则花费物力和时间较多,而精密度的提高并不很大,反而得不偿失。

（四）消除系统误差

对于系统误差,可根据误差来源分别采用以下不同方法予以消除。

(1) 校准仪器。天平砝码和容量器皿所带来的误差,可通过相应校准的办法来消除。将测量值加上校正值就可得到较准确的结果。

(2) 提纯试剂。作为基准物,其含量应在 99.9％以上,否则就要提纯。一般试剂和水中,不应含有被测成分或干扰组分,若对测定有影响,也应事先提纯。

(3) 空白试验。不加待测试样,而与待测试样同时进行平行试验,这样测得的数值称为空白值。它包含了试剂、蒸馏水或器皿中杂质带来的干扰。从待测试样的测定值中扣除空白值,就可消除上述因素带来的系统误差。如果空白值过高,则要找出原因,采取其他措施(如提纯试剂、更换容器等)来加以消除。

(4) 校正分析结果。如果分析方法本身造成系统误差,则可用其他分析方法对其结果加以校正。例如,用电解法不能将溶液中的铜全部析出,则可用分光光度法测出电解后溶液中残留的铜,将其结果加到电解法得到的结果中去,于是可得到较准确的结果。如果溶液中有杂质干扰,使分析结果偏高,则可用其他方法测出杂质含量,从已得到的结果中扣除相应数值,同样可提高分析结果的准确度。

二、分析质量的控制

为了保证分析质量,必须对实验室及实验人员的工作进行评价、考查和监督,这就需要采用各种质量控制方法。按照对实验室内和实验室间质量控制的不同情况,下面予以分别介绍。

（一）实验室内的质量控制

在实验室内部,对分析质量的控制,可采用下列方法。

1. 分析结果核对法

(1) 求和法。当作试样全分析时,可将各组分的质量百分数相加,如果总和接近 100％,则可认为结果可靠;如果明显高于或低于 100％,则说明分析结果有问题。

(2) 离子平衡法。当对试样中的各种离子进行全分析时,可分别计算出阳离子电荷和阴离子电荷总量,两者越接近,说明分析质量越高。

2. 对照试验法

为了解测定中有无系统误差,可进行对照实验,根据所得结果进行统计检验来加以判别。对照实验有以下几种类型:

(1)利用标准试样对照。标准试样是经过多个实验室,由许多经验丰富的熟练分析人员使用多种方法分析的,其中各组分的含量比较准确可靠,称为标准值。将测定标准试样所得结果与标准值进行比较,作显著性检验,就可判别是否有系统误差存在。由于标准试样种类繁多,应选择尽可能与被测试样成分相近的标准试样。本单位也可对某些试样事先进行反复的可靠分析,得到较准确的结果,来代替标准试样作对照实验,这种试样称为管理样。也可以利用纯化合物配制成与试样组分相近的"人工合成试样"来做对照实验。

(2)标准加入法。如果试样的组成不清楚,则可利用"标准加入法"进行试验。在化学分析中,可取两份被测试样,在其中一份中准确加入相当于质量百分数为 A 的待测组分;然后对两份试样进行同时测定。设加入 A 的试样分析结果为 B,未加 A 的试样分析结果为 x,则加入的被测组分的回收率为

$$回收率 = \frac{B-x}{A} \times 100\%$$

根据回收率的大小,可判断是否存在系统误差。

在某些仪器分析中,测量的物理量(y)与溶液度(x)有线性关系

$$y = bx \tag{2-81}$$

其中 b 为直线斜率。设试样中待测组分浓度为 x_0,则先测出其相应的物理量 y_0,即

$$y_0 = bx_0 \tag{2-82}$$

再在等量试样中分别加入不同已知量的待测组分,使其加入后溶液的浓度分别为 x_0+x_1,x_0+x_2, x_0+x_3 等,测出它们相应的物理量为 y_1, y_2, y_3 等。然后以 y 为纵坐标,以 $x-x_0$(即 x_1, x_2, x_3 等)为横坐标,得如图 2-11 中的直线。其中 y_0 是未加已知量组分的试样溶液(即 $x=x_0$)相应的物理量。由式(2-81)和(2-82)可得出该直线的方程为

$$y = y_0 + b(x - x_0) \tag{2-83}$$

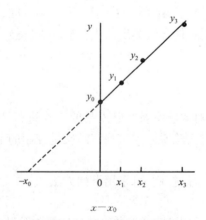

图 2-11 标准加入法原理示意图

将直线延长至与横坐标轴相交,由式(2-82)和(2-83)可知,交点的横坐标为($-x_0$),即交点到零点的距离为试样中待测组分的浓度值。该法可消除因干扰组分同时响应(增大或减小溶液

的 y 值)所造成的误差。

（3）与标准方法对照。标准方法是一般公认的比较可靠、准确的方法，通常是国际组织或各个国家部门公布的方法。将所选用的方法测定的结果与标准方法测定的结果作比较，可判断所选方法是否存在系统误差。

（4）进行"内检"和"外检"。"内检"是在本单位不同分析人员之间对照分析结果；"外检"是在不同单位之间对照分析结果，以便检查分析人员和实验室条件是否带来系统误差。

3. 质量控制图法

本方法是先多次测定质量控制样品中的相关成分，得出一定数量的测量值，然后计算有关统计量数值，再绘出控制图。质量控制样品的组成及其中待测成分的含量与实际样品应该相近，其测定方法和操作步骤应与实际样品完全一致；测量值在一定的间隔时间内测出（例如每天测定一个），并要保证足够的数量；统计量可以是平均值、极差或标准偏差。常用的单值质控图如图 2-12 所示。

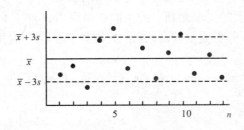

图 2-12　单值质控图

其中 $\bar{x}$ 是所得各次测量值的平均值，对应的是中心线；s 是标准偏差，相应于 $\bar{x} \pm 3s$ 的两条线为控制线；图中各点是依次(n)得到的各测量值。如果测量值落在控制线之外，或在中心线的一侧连续出现等于或多于 7 个点时，这些点应予以剔除，再增补新数据，重新计算统计量值并绘图；如果有 7 个或 7 个以上的测量值连续递增或连续递减，也作同样处理。这样最后得到的控制图，就可用于质量控制的实施。将上述质量控制样品和实际样品进行同时测定，把质量控制样品的测得值，在该控制图上顺序打点，根据落点的所在位置，以及是否连续递增或连续递减的趋势，按照上述原则，就可判断测定的结果有无异常。

（二）实验室间的质量控制

为了使不同实验室间的数据具有可比性，可对各实验室的工作进行评价和监督，需要实施实验室间的质量控制。这可通过发放考核样品，比较各实验室的分析结果来进行。

1. 考核样品分析结果的评价法

通常用标准试样作为考核样品，它带有保证值及其变动范围。对各实验室的分析结果，可用以下方法进行评价。

（1）相对误差法。以考核样品的保证值作为真值，计算各实验室测定值的相对误差，并与允许误差范围比较，从而作出分析质量好坏的评价。

（2）平均值置信范围法。将考核样品的变动范围适当放宽，看有关实验室分析结果的平均值是否落在该范围内，从而作出考核结果是否合格的判断。

2. 质量控制图法（Youden 试验法）

本方法是向每个实验室发放一对组成相同、待测成分含量相近的考核样品，各实验室提供一对分析结果,据此可绘出如图 2-13 所示的双样图。

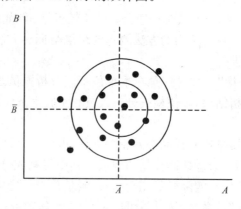

图 2-13　双样图

其中 $\overline{A}$ 和 $\overline{B}$ 分别为两个样品的真值,每一个黑点表示每一个实验室提供的分析结果,两个同心圆是按照不同精密度的要求而划出的范围。黑点离 $\overline{A}$ 和 $\overline{B}$ 的交点越远,说明其准确度越低。黑点若落在小圆内,分析质量较高;若落在大圆外,则为不合格。

第七节　有效数字及计算规则

一、有效数字

有效数字是在测量中能得到的有实际意义的数字,即所有准确数字加一位可疑数字。例如,分析天平可以称到 0.1 mg,如果试样质量称得是 1.3576 g,则其中前四位数字是准确数字,最后一位数字"6"是可疑数字,有效数字共有五位。超出仪器的准确度而记录下来的数字是无意义数字,即不是有效数字。

可按以下原则来判别某数据的有效数字位数:

(1)"0"是不是有效数字,要根据其在数字中的位置来确定。处于两个非"0"数字之间的是有效数字;处于非"0"数字之前的不是有效数字;处于非"0"数字之后的应是有效数字。例如,10.05 是四位有效数字,0.034 是两位有效数字,1.60 是三位有效数字。如果要改换单位,则要注意不能改变有效数字的位数。例如,"5.7 g"只有两位有效数字,若改用 mg 表示,就不能写成"5700 mg",因为这样表示变成了四位有效数字,是不合理的,而应表示成"5.7×10^3 mg"。

(2)首位数为"9"的数字的有效数字位数可多计一位。例如,"9.31"可认为是四位有效数字。

(3)计算式中的系数(倍数或分数)或常数(如 π,e 等)的有效数字位数,可以认为是无限制的。

(4)对数的有效数字位数取决于尾数部分的位数,例如,$\log K = 10.34$,为两位有效数字,pH = 2.08,也是两位有效数字。指数含小数点的,有效数字位数由小数点的位数决定,如 $10^{8.7}$,其有效数字只有一位,可写成 5×10^8。

二、数字的修约规则

在计算过程中，有时根据有效数字位数的需要须去掉多余的数字，这称为对数字进行修约。比较合理的修约方法是"四舍六入五成双"，即在需要保留位数的下位是 4 或 4 以下就舍去；是 6 或 6 以上就在上位数加"1"；是 5 则须根据上位数是奇数还是偶数来决定舍去或进位，奇数则进，偶数则舍，即要使上位数成为偶数；但若 5 后面还有其他不为 0 的数字，则须进位。

例 2-17 将下列各数修约为三位有效数字：1.5234，1.856，1.135，1.745，1.64501。

解 1.5234 的第四位数为 3，应舍去，修约为 1.52；

1.856 的第四位数为 6，应进位，修约为 1.86；

1.135 的第四位数为 5，而上位数为 3，是奇数，应进位，修约为 1.14；

1.1745 的第四位数也为 5，但上位数为 4，是偶数，而且后面没有其他数字，应舍去，修约为 1.74；

1.64501 的第四位为 5，虽然上位数为 4，是偶数，但后面有不为 0 的数字，故应进位，修约为 1.65。

修约时，如果舍去的数字不止一位，则应一次完成，不能连续修约。例如，要将 1.2346 修约成三位有效数字，则应一次修约成 1.23；而不能先修约成 1.235，再修约成 1.24。

在修约标准偏差时，通常要使其值变得更大一些，即只进不舍。例如，$s = 0.612$，修约成两位为 0.62，修约成一位为 0.7。

三、计算规则

在进行四则运算时，为了保证最后结果只保留一位可疑数字，应遵守下列计算规则。

(一)加减法

由于在加减法中误差按绝对误差传递，因此运算结果的绝对误差应与各数中绝对误差最大的相应，即以小数点后位数最少的数字为标准。例如，下列三数相加

$$6.4503 + 5.62 + 0.071$$

其中 5.62 的绝对误差最大，为 0.01，计算结果的有效数字位数应以它为标准，即保留到小数点后面第 2 位，为 12.14。该结果的绝对误差为 0.01，与 5.62 的绝对误差相应。运算时可先将各数字修约到小数点后第 2 位，再进行相加

$$6.45 + 5.62 + 0.07 = 12.14$$

(二)乘除法

由于在乘除法中误差按相对误差传递，因此运算结果的相对误差应与各数中相对误差最大的相应，即以有效数字位数最少的数字为标准。例如，上面所举的三个数字相乘时，其中 0.071 的相对误差最大

$$\frac{\pm 0.001}{0.071} \times 100\% \approx \pm 1\%$$

因此计算结果的有效数字位数应以 0.071 为标准，即保留两位有效数字，将计算器算出的结果 2.573798706 修约为 2.6，该值的相对误差为

$$\frac{\pm 0.1}{2.6} \times 100\% \approx \pm 4\%$$

与 0.071 相对误差的数量级相一致。运算时可先把各数字修约成三位有效数字，即多保留一

位有效数字,算出结果后再修约成两位

$$6.45 \times 5.62 \times 0.071 = 2.573679$$

最后修约为2.6。

四、分析结果有效数字位数的确定

分析结果通常以平均值 $\bar{x}$ 来表示,其有效数字位数除须遵守上述的计算规则外,还应考虑到平均值标准偏差 $s_{\bar{x}}$ 的数值,要使 $\bar{x}$ 修约到 $s_{\bar{x}}$ 能影响到的那位数。例如,$\bar{x}=19.62\%$,$s_{\bar{x}}=0.20\%$,平均值标准偏差已影响到平均值的小数点后面第一位,则平均值应修约为 19.6%。置信区间宽度的有效数字位数应根据平均值小数点后的位数来确定。如上例,当 $n=4$,置信度为95%时,$t_{0.05,3}=3.18$,平均值的置信区间应表示为

$$19.6 \pm 3.18 \times 0.20 = 19.6 \pm 0.7(\%)$$

即保留到小数点后一位,而且修约时只进不舍,不应表示为 $19.6 \pm 0.64(\%)$ 或 19.6 ± 0.6($\%$)。

在实际测定中,对质量百分数大于10%的分析结果,一般要求有四位有效数字;对1%~10%的分析结果,则一般要求有三位有效数字;对小于1%的微量组分,一般只要求有两位有效数字。

在有关化学平衡的计算中,一般保留2~3位有效数字。pH值的有效数字一般保留1~2位。有关误差的计算,一般也只保留1~2位有效数字。

习　　题

1. 分析过程中以下原因造成的误差,属于什么误差? 若是系统误差,应如何消除?
   (1) 使用了受损的砝码进行称量;　　　　　　(2) 滴定管最后一位读数估计不准;
   (3) 容量瓶体积未校准;　　　　　　　　　　(4) 天平零点在称量时稍有波动;
   (5) 容器吸附被测部分;　　　　　　　　　　(6) 洗涤沉淀时用水量过多。

2. 某标准试样中含铝百分数为21.24,经5次测定得到如下结果:21.30,21.28,21.27,21.25,21.31。求测定结果的平均值及其绝对误差和相对误差。

3. 测定某标准溶液的浓度,得到如下 4 个数据:0.1049,0.1052,0.1045,0.1050(mol·L^{-1})。试求分析结果的平均值、平均偏差、相对平均偏差、标准偏差和相对标准偏差。

4. 测得 $K_2Cr_2O_7$ 基准物中 Cr 的质量百分数为 35.38,35.31,35.46 和 35.28,求各测量值的绝对误差和相对误差,以及测量平均值的相对平均偏差和标准偏差。

5. 溶液的浓度 c 与电极电位 E 有以下关系

$$E = E^{\ominus} + 0.059 \log c$$

其中 $E^{\ominus}$ 为常数。若电位测量的标准偏差 s_E 为 0.001 V,则相应浓度的相对标准偏差为多少?

6. 在锥形瓶中用移液管移入 25.00 mL 未知碱溶液,用 0.1105 mol·L^{-1} 的 HCl 标准溶液滴定,到达终点时,消耗体积为 24.78 mL。已知移液管校正值为 -0.02 mL,滴定管读数校正值为 $+0.05$ mL,HCl 标准溶液浓度的校正值为 -0.002 mol·L^{-1}。求未知碱溶液的真实浓度和绝对误差。

7. 在某返滴定中,利用下式计算组分质量百分数:

$$x/\% = \frac{c(V_1 - V_2)\frac{M_X}{2}}{m \times 1000} \times 100$$

已知 $c=0.1044$ mol $\cdot$ L^{-1}, $V_1=50.00$ mL, $V_2=21.35$ mL, $m=0.2000$ g, $M_X=106.0$ g $\cdot$ mol^{-1}。若 $s_c=0.0002$ mol $\cdot$ L^{-1}, $s_{V_1}=s_{V_2}=0.02$ mL, $s_m=0.0002$ g,求 s_X。

8. 如果上题中,体积测量误差为 ±0.01 mL,称量误差为 ±0.1 mg,c 的误差为 ±0.0002 mol $\cdot$ L^{-1},则分析结果的相对极值误差为多少?

9. 某组数据符合正态分布 N(10.45, 0.05^2),分析结果落在 10.45 ± 0.10 范围内的概率为多少?结果小于 10.30 的概率为多少?

10. 多次测定某试样中铁的质量百分数,已知 $\mu=48.25\%$,$\sigma=0.10\%$,则小于 48.10% 的测量值出现的概率为多少?如果测定 100 次,则大于 48.45% 的测量值可能有多少个?

11. 测定某水样中的含汞量(μg $\cdot$ L^{-1}),得到 5 个数据:14.5, 13.8, 14.0, 13.6, 14.2。单次测量和平均值的标准偏差各为多少?

12. 某矿样中含 Si 百分数的测定值为:36.41, 36.46, 36.39, 36.45。分别写出置信度为 90% 和 95% 时平均值的置信区间。

13. 如果置信度为 95%,要使平均值的置信区间不超 $\pm s$,$\pm2s$,$\pm3s$,分别至少应平行测定多少次?

14. 标准合金试样含铜 6.32%,今测得四个数据为 6.24, 6.28, 6.30, 6.27。在测定中有无系统误差(置信度 95%)?

15. 用 A 法对试样进行了 8 次测定,标准偏差为 0.25;用 B 法对同一试样进行了 5 次测定,标准偏差为 0.35。A 法是否显著优于 B 法(置信度 95%)?

16. 甲、乙两人对同一试样得到如下分析结果:

甲　15.30, 15.34, 15.28, 15.33　乙　15.26, 15.23, 15.30, 15.22, 15.25

两人的分析结果有无显著性差异(置信度 90%)?

17. 测定一池塘中的含磷量(mg $\cdot$ L^{-1}),得到 10 个数据:8.3, 8.1, 7.9, 8.4, 8.7, 7.8, 8.4, 8.0, 8.3, 8.5。当有污水排入后,再进行磷含量的测定,得到 7 个数据:8.5, 8.1, 8.6, 7.9, 8.9, 8.2, 8.0。这时能否认定污水中含有磷(置信度 95%)?

18. 为对某厂生产的化肥作质量检验,从 5 批产品中取样,每批均匀分成两份,分别由甲、乙两实验室测定质量百分数,得到如下数据:

批号	1	2	3	4	5
甲	15.1	14.9	15.5	15.4	14.8
乙	15.2	15.3	15.6	15.2	15.2

问两实验室的结果之间有无显著性差异(置信度 95%)?

19. 标定 HCl 标准溶液时进行了 4 次滴定,消耗 NaOH 标准溶液的毫升数分别为 21.56, 21.61, 21.63, 21.64。试用 $4\bar{d}$ 法检验 21.56 这个数据能否舍去。

20. 测定某矿石中 Fe$_2$O$_3$ 的质量百分数,得到如下数据:72.93, 72.84, 72.88, 72.94, 73.09,用 Q 检验法判断 5 个数据是否都应保留,如果再测一个数据为 72.90,则情况如何(置信度 90%)?

21. 测定某水样中含铬量 7 次,所得数据的偏差(mg $\cdot$ L^{-1})为:0.4, $-$0.3, $-$0.7, 0.2, 0.3, $-$0.1, 0.2。用 Grubbs 法检验,其中 $-$0.7 对应的数据是否应保留(置信度 95%)。

22. 测定某水样中 As 的浓度(mg $\cdot$ L^{-1}),得到如下数据:0.36, 0.29, 0.19, 0.34, 0.61, 0.32。用 Grubbus 法检验有无可舍去的数据,并写出合理平均值的置信区间(置信度均为 95%)。

23. 试验不同温度下石棉纤维的失重情况得到下列数据:

温度/℃	500	600	700	800	900
失重/%	0.5	0.9	1.7	2.2	2.8

通过计算相关系数,判别在此温度范围内,棉纤维的失重与温度之间有无线性相关性(置信度 95%)。

24. 用分光光度法测定锰的含量,得到如下数据:

$m(Mn)/\mu g$	10	20	30	40	50	未知
吸光度	0.075	0.163	0.238	0.316	0.406	0.182

(1) 试确定标准曲线的回归方程;

(2) 用相关系数法检验线性相关的显著性(置信度 95%);

(3) 求未知溶液中锰的含量及其置信区间(置信度 95%)。

25. 用微量天平能称到 0.001 mg,用微量滴定管能读到 0.002 mL。为得到 2‰的准确度,至少应称取多少试样和使用多少溶液?

26. 配制 0.01000 mol·L^{-1} 的 Ca^{2+} 标准溶液,用分析天平称量 CaCO$_3$,若不考虑容量器皿的误差,为保证浓度准确度达到 2‰,至少应配制多少毫升?

27. 在测定某水样中的钴含量时,移取甲、乙两份试样,体积各为 50.0 mL。在甲试样中加入 2.00 mL 0.0100 mol·L^{-1} 的 CoCl$_2$ 溶液;然后将两份试样都稀释到 100 mL 进行测定,分别测得稀释后的甲、乙溶液中含钴浓度为 88.6 mg·L^{-1} 和 77.0 mg·L^{-1}。问加入钴量的回收率是多少?

28. 判别以下各数据的有效数字位数:

(1) 5.04　(2) 0.0025　(3) 71.00　(4) 2100　(5) 0.3050

(6) 9.21　(7) 0.42%　(8) 7.8×10^{-3}　(9) pH=0.05　(10) log$K$=9.2

29. 将下列各数据都修约成三位有效数字:

(1) 0.7437　(2) 0.01522　(3) 4.385　(4) 12.251　(5) 2.3746　(6) 0.6355

30. 计算下列分析结果:

(1) $\dfrac{0.401\times(31+5.43)}{3.2118}$;　(2) $\dfrac{3.16\times10^{-4}\times2.181}{9.4\times10^{-3}}$;　(3) pH=12.10,求[H$^+$]。

31. 称取 0.2000 g CaSO$_4\cdot\dfrac{1}{2}$H$_2$O 试样,加热除水后,用分析天平(称量误差为±0.1 mg)称出减少的质量,由此来测定结晶水的含量。分析结果可有几位有效数字?

32. 为测定某试样释出的 NH$_3$ 的量,先用 30.00 mL 0.1026 mol·L^{-1} 的 HCl 溶液将其吸收,再用 0.02010 mol·L^{-1} 的 NaOH 溶液滴定过量的 HCl 溶液,耗去 8.31 mL。被吸收的 NH$_3$ 有多少克?怎样才能提高该法分析结果的准确度?

第三章　酸碱滴定法

酸碱滴定法是利用质子传递反应进行定量分析的方法。它是滴定分析中重要的方法之一。酸碱滴定不存在速度问题,这是因为水溶液中质子传递的速度很快,所以能否获得准确的结果在于反应的完全程度。一般来说,滴定剂都选用强酸或强碱,如 HCl 或 NaOH 等,被滴定物质则是强度不同的酸或碱。要使滴定达到定量分析的要求,就需要了解滴定过程中溶液 pH 值随滴定剂加入而变化的情况,即各类型滴定曲线。在化学分析中,溶液的 pH 值是影响溶液中各类化学反应定量进行的重要因素。因此酸碱平衡的处理不仅是酸碱滴定的基础,也是其他分析方法所必须的。根据酸碱平衡的原理知道,不同强度的酸或碱之间的反应完全程度不同,只有那些在"化学计量点"前后有足够大的 pH 值改变、能引起检测信息响应的反应体系才能用于滴定分析。

第一节　活度、活度系数和平衡常数

一、离子的活度和活度系数

如以 m 代表离子的质量摩尔浓度,a 代表其活度,则它们之间的关系为

$$a = r_i \frac{m}{m^\ominus} \tag{3-1}$$

式中,$m^\ominus$ 为标准质量摩尔浓度,数值大小为 $1 \ mol \cdot L^{-1}$;比例系数 r_i 称为 i 种离子的活度系数,它是衡量实际溶液和理想溶液之间偏差大小的尺度。对于强电解质溶液,当溶液的浓度极稀时,离子之间的距离是如此之大,以致离子之间的相互作用小至可以忽略不计,这时活度系数就可以视为1,有

$$a = \frac{m}{m^\ominus} \tag{3-2}$$

目前,对于高浓度电解质溶液中离子的活度系数,由于情况太复杂,还没有较好的定量计算公式。但对于稀溶液(离子强度 $I \leqslant 0.1$)中离子的活度系数,德拜-休克尔(Debye-Hückel)公式能给出较好的结果

$$-\log r_i = 0.5082 \ z_i^2 \frac{\sqrt{I}}{1 + B\mathring{a}\sqrt{I}} \tag{3-3}$$

式中 z_i 为 i 种离子的电荷;B 为常数,25℃时为 0.328;$\mathring{a}$ 为离子体积参数,约等于水化离

59

子的有效半径,它与离子的种类和价态有关;I 是溶液中的离子强度,$I=\frac{1}{2}\sum m_i z_i^2$。

一些离子的 $\mathring{a}$ 值和相应离子强度下的活度系数,列于附表 1 中。

对于 $\mathring{a}$ 未知的离子,其离子强度可按平均 $\mathring{a}$ 值(一价为 4,二、三价为 5,四价为 6)代入上式计算;也可用戴维斯(Davis)经验公式

$$-\log r_i = 0.5085\, z_i^2 \left(\frac{\sqrt{I}}{1+\sqrt{I}} - 0.30I \right) \tag{3-4}$$

利用(3-4)公式简便,不需查表,但准确度要略差一些。当离子强度较小时($I<0.01$),不需要考虑离子的大小,活度系数可按德拜-休克尔极限公式计算

$$-\log r_i = 0.50 z_i^2 \sqrt{I} \tag{3-5}$$

通常因溶液较稀,可用 c(物质的量浓度)代表 m,则有

$$a = r_i c \tag{3-6}$$

例 3-1 计算 $0.10\ \text{mol} \cdot \text{L}^{-1}$ HCl 溶液中 H^+ 的活度。

解 $I=\frac{1}{2}\sum c_i z_i^2 = \frac{1}{2}[[H^+]z^2(H^+)+[Cl^-]z^2(Cl^-)] = \frac{1}{2}(0.10 \times 1^2 + 0.10 \times 1^2) = 0.10$

查表 H^+ 的 $\mathring{a}$ 值为 9,$I=0.1$ 时, $r(H^+)=0.83$

若用式(3-3)

$$-\log r(H^+) = 0.084 \qquad r(H^+)=0.82$$
$$a(H^+) = r(H^+)[H^+] = 0.82 \times 0.10 = 0.082\ (\text{mol} \cdot \text{L}^{-1})$$

若用式(3-4)

$$-\log r(H^+) = 0.105 \qquad r(H^+)=0.79$$
$$a(H^+) = r(H^+)[H^+] = 0.79 \times 0.10 = 0.079\ (\text{mol} \cdot \text{L}^{-1})$$

例 3-2 计算 $0.050\ \text{mol} \cdot \text{L}^{-1}$ $AlCl_3$ 溶液中 Cl^- 和 Al^{3+} 的活度。

解 $$a(Cl^-)=r(Cl^-)[Cl^-]=3 \times 0.050 r(Cl^-)$$

$$I = \frac{1}{2}\sum c_i z_i^2 = \frac{1}{2}\{([Al^{3+}]z^2(Al^{3+})+[Cl^-]z^2(Cl^-)\} = \frac{1}{2}(0.050 \times 3^2 + 3 \times 0.050 \times 1^2) = 0.30$$

对于 Cl^- $\mathring{a}=3$ $B=0.328$

$$-\log r(Cl^-) = 0.5085 \times 1^2 \frac{\sqrt{0.30}}{1+0.328 \times 3 \times \sqrt{0.30}} = 0.18$$
$$r(Cl^-) = 0.66$$
$$a(Cl^-) = 3 \times 0.050 \times 0.66 = 0.099\ (\text{mol} \cdot \text{L}^{-1})$$

对于 Al^{3+} $\mathring{a}=9$

$$-\log r(Al^{3+}) = 0.5085 \times 3^2 \frac{\sqrt{0.30}}{1+0.328 \times 9 \times \sqrt{0.30}} = 0.96$$
$$r(Al^{3+}) = 0.11$$
$$a(Al^{3+}) = 0.050 \times 0.11 = 0.0055\ (\text{mol} \cdot \text{L}^{-1})$$

比较 Al^{3+} 和 Cl^- 活度,可见离子强度对高价离子的影响要大得多。

根据德拜-休克尔电解质理论,对于溶液中的中性分子,由于它们在溶液中不是以离子状态存在的,故在任何离子强度的溶液中,其活度系数均为 1。

二、活度常数和浓度常数

在分析化学中,当处理溶液中化学平衡的有关计算时,常以各组分的浓度代替其活度。如弱酸 HB 在水中的离解

$$HB \Longrightarrow H^+ + B^-$$

$$K_a^\circ = \frac{a_{H^+} a_{B^-}}{a_{HB}} = \frac{[H^+]r_{H^+}[B^-]r_{B^-}}{[HB]r_{HB}} = K_a r_{H^+} r_{B^-} \tag{3-7}$$

其中 K_a° 称为弱酸 HB 的活度常数,又叫热力学常数,它与温度有关。上式中的 K_a 称为酸的浓度常数,K_a 不仅与温度有关,而且还与溶液的离子强度有关。

$$K_a = \frac{[H^+][B^-]}{[HB]} \tag{3-8}$$

一些常见的酸碱的活度常数见附表 2 和附表 3。

在酸碱平衡处理中,一般忽略离子强度的影响,这种处理能满足一般工作的要求。但当需要进行某种精确计算时,例如,对于标准缓冲溶液 pH 值的计算,则应该注意离子强度对化学平衡的影响。

第二节 酸碱质子理论

一、酸碱定义和共轭酸碱对

根据布郎斯特(Brønsted)的酸碱理论——质子理论,酸是能够给出质子的物质,碱是能够接受质子的物质。

酸与碱的关系可表示如下:

$$\underset{\text{酸}}{HB} \Longrightarrow H^+ + \underset{\text{碱}}{B^-}$$

可见酸碱是一种相互依存的关系,即 HB 与 B^- 是共轭的,HB 是 B^- 的共轭酸,B^- 是 HB 的共轭碱。HB 与 B^- 称为共轭酸碱对。

酸给出质子形成其共轭碱,或碱接受质子形成其共轭酸的反应称为酸碱半反应。下面是一些酸或碱的半反应。

酸		碱
H_2O	$\Longrightarrow$	$H^+ + OH^-$
HSO_4^-	$\Longrightarrow$	$H^+ + SO_4^{2-}$
$Fe(H_2O)_6^{3+}$	$\Longrightarrow$	$H^+ + Fe(H_2O)_5(OH)^{2+}$
$C_5H_5NH^+$	$\Longrightarrow$	$H^+ + C_5H_5N$

从上述酸碱的半反应可知,质子理论的酸碱概念较电离理论的酸碱概念具有更为广泛的含义,即酸碱可以是中性分子,也可以是阴离子或阳离子。质子理论的酸碱概念还具有相对性。

例如,在下面两个酸碱半反应中

$$H_2PO_4^- \Longrightarrow H^+ + HPO_4^{2-}$$

$$HPO_4^{2-} \Longrightarrow H^+ + PO_4^{3-}$$

同一 HPO_4^{2-} 在 $H_2PO_4^-$-HPO_4^{2-} 平衡中为碱,在 HPO_4^{2-}-PO_4^{3-} 平衡中为酸。

二、酸碱反应

酸碱反应的实质是酸与碱之间的质子转移,是两个共轭酸碱对相互作用的结果。例如酸 HB 在水中的离解便是 HB 分子与水分子之间的质子转移,是由 HB-B^- 与 H_3^+O-H_2O 两个共轭酸碱对相互作用的结果。即

$$HB \rightleftharpoons H^+ + B^-$$
$$H_2O + H^+ \rightleftharpoons H_3^+O$$
$$\overline{HB + H_2O \rightleftharpoons H_3^+O + B^-}$$

作为溶剂的水分子同时起着碱的作用,否则 HB 就无法实现其在水中的离解,质子(H^+)在水中不能单独存在,而是以水合质子状态存在,常写为 H_3^+O。为了书写方便,简写与 H^+。同理,氨与水的反应

$$NH_3 + H^+ \rightleftharpoons NH_4^+$$
$$H_2O \rightleftharpoons H^+ + OH^-$$
$$\overline{NH_3 + H_2O \rightleftharpoons NH_4^+ + OH^-}$$

同样,OH^- 也不能单独存在,也是以水合离子形式存在,一般记作 $H_7O_4^-$,此处也是用简化形式 OH^- 表示的。

从以上讨论可知,溶剂水既能给出质子又能接受质子,所以它是一种两性物质。在水分子之间产生的质子的转移反应叫做水的质子自递反应

$$H_2O + H_2O \rightleftharpoons H_3^+O + OH^-$$

该反应的平衡常数称为水的质子自递常数,又称为水的离子积(K_w),即

$$[H_3^+O][OH^-] = K_w$$

或
$$[H^+][OH^-] = K_w = 1.0 \times 10^{-14} (25℃)$$

所以
$$pK_w = -\log K_w = 14.00 \tag{3-9}$$

又如乙醇,其质子自递常数为

$$[C_2H_5OH_2^+][C_2H_5O^-] = K_s = 7.9 \times 10^{-20} (25℃)$$
$$pK_s = 19.10 \tag{3-10}$$

三、酸碱强度

酸的强度决定于它将质子给予溶剂分子的能力和溶剂分子接受质子的能力。碱的强度决定于它从溶剂分子中夺取质子的能力和溶剂分子给出质子的能力。这就是说,酸碱的强度与溶剂的性质有关。如 HAc 在水中表现为弱酸,而在液氨中其酸性显得强得多(和 HCl 相同)。这是因为液氨的碱性比水强得多,它较水容易接受质子,从而使 HAc 的酸性相对增强了。这就是溶剂(液氨)的拉平效应。而 HAc 和 HCl 在水中酸的强度明显不同,这就是溶剂(水)的区分效应。

在水溶液中,酸碱的强度决定于酸将质子给予水分子或碱从水分子中夺取质子的能力,通常用酸碱在水中的离解常数的大小来衡量,酸碱的离解常数越大,酸碱性越强。

例如　HCl　$K_a \gg 1$,HAc　$K_a = 1.8 \times 10^{-5}$,HCN　$K_a = 6.2 \times 10^{-10}$

三种酸的强弱顺序为　HCl＞HAc＞HCN

酸或碱在水中离解时,同时产生与其相应的共轭碱或共轭酸。某种酸本身的酸性越强(K_a越大),其共轭碱的碱性就越弱,反之亦然。

如
$$\text{Ac}^- + \text{H}_2\text{O} \Longrightarrow \text{HAc} + \text{OH}^- \qquad K_b = 5.6 \times 10^{-10}$$
$$\text{CN}^- + \text{H}_2\text{O} \Longrightarrow \text{HCN} + \text{OH}^- \qquad K_b = 1.6 \times 10^{-5}$$

Cl^-碱性太弱,以致于K_b测不出来。

于是这三种碱的强弱顺序为 $\quad \text{CN}^- > \text{Ac}^- > \text{Cl}^-$

这个顺序正好与它们的共轭酸的强弱顺序相反。由此可见,其离解常数K_a与K_b之间必然有一定的联系,现以HB-B^-为例说明它们之间存在怎样的联系。

$$\text{B}^- + \text{H}_2\text{O} \Longrightarrow \text{HB} + \text{OH}^- \qquad K_b = \frac{[\text{HB}][\text{OH}^-]}{[\text{B}^-]}$$

$$\text{HB} + \text{H}_2\text{O} \Longrightarrow \text{B}^- + \text{H}_3^+\text{O} \qquad K_a = \frac{[\text{B}^-][\text{H}^+]}{[\text{HB}]}$$

$$K_a K_b = \frac{[\text{H}^+][\text{B}^-]}{[\text{HB}]} \cdot \frac{[\text{HB}][\text{OH}^-]}{[\text{B}^-]} = [\text{H}_3^+\text{O}][\text{OH}^-] = K_w$$

即
$$\text{p}K_a + \text{p}K_b = \text{p}K_w \tag{3-11}$$

对非水溶剂
$$K_a K_b = K_s \tag{3-12}$$

对多元酸(碱),由于其在水溶液中是分级离解,存在着多个共轭酸碱对,这些共轭酸碱对的K_a与K_b之间也存在一定的关系,但情况较一元酸碱复杂些。

如磷酸的离解

$$\text{H}_3\text{PO}_4 \Longrightarrow \text{H}^+ + \text{H}_2\text{PO}_4^- \qquad K_{a_1} = \frac{[\text{H}^+][\text{H}_2\text{PO}_4^-]}{[\text{H}_3\text{PO}_4]}$$

$$\text{H}_2\text{PO}_4^- \Longrightarrow \text{H}^+ + \text{HPO}_4^{2-} \qquad K_{a_2} = \frac{[\text{H}^+][\text{HPO}_4^{2-}]}{[\text{H}_2\text{PO}_4^-]}$$

$$\text{HPO}_4^{2-} \Longrightarrow \text{H}^+ + \text{PO}_4^{3-} \qquad K_{a_3} = \frac{[\text{H}^+][\text{PO}_4^{3-}]}{[\text{HPO}_4^{2-}]}$$

其碱的水解

$$\text{PO}_4^{3-} + \text{H}_2\text{O} \Longrightarrow \text{HPO}_4^{2-} + \text{OH}^- \qquad K_{b_1} = \frac{[\text{HPO}_4^{2-}][\text{OH}^-]}{[\text{PO}_4^{3-}]}$$

$$\text{HPO}_4^{2-} + \text{H}_2\text{O} \Longrightarrow \text{H}_2\text{PO}_4^- + \text{OH}^- \qquad K_{b_2} = \frac{[\text{H}_2\text{PO}_4^-][\text{OH}^-]}{[\text{HPO}_4^{2-}]}$$

$$\text{H}_2\text{PO}_4^- + \text{H}_2\text{O} \Longrightarrow \text{H}_3\text{PO}_4 + \text{OH}^- \qquad K_{b_3} = \frac{[\text{H}_3\text{PO}_4][\text{OH}^-]}{[\text{H}_2\text{PO}_4^-]}$$

所以
$$K_{a_1} K_{b_3} = K_{a_2} K_{b_2} = K_{a_3} K_{b_1} = K_w = 1.0 \times 10^{-14}$$

第三节　酸碱溶液 pH 值的计算

一、溶液 pH 值对弱酸(碱)型体分布的影响

(一)分析浓度和平衡浓度

分析浓度是指某组分 B(包括所有存在型体)的总浓度,用c_B表示;平衡浓度是指平衡状态时,在溶液中存在的各种型体的浓度,用符号[B]表示。

如 HCN 溶于水后,有 HCN 和 CN^- 两种存在型体,则

$$c(\text{HCN}) = [\text{HCN}] + [\text{CN}^-]$$

对 HCl 来说，$c(\text{HCl}) = [\text{H}^+] = [\text{Cl}^-]$，而$[\text{HCl}] \approx 0$。

因此，处理酸碱平衡的问题时，对于弱酸、弱碱溶液和较稀($< 0.1\ \text{mol} \cdot \text{L}^{-1}$)的强酸和强碱溶液，都将浓度视为活度，作近似处理。

(二)溶液中酸碱组分的分布

酸碱平衡体系中，通常同时存在多种酸碱型体，这种型体的浓度占其总浓度的分数，称为分布分数，以 δ 表示。分布分数的大小，能定量说明溶液中的各种酸碱型体的分布情况。知道了分布分数，便可求得溶液中酸碱型体的平衡浓度，这在分析化学中是十分重要的。

以一元弱酸醋酸为例，它在溶液中只能以 HAc 和 Ac^- 两种形式存在

$$\text{HAc} \Longleftrightarrow \text{H}^+ + \text{Ac}^- \qquad K_a = \frac{[\text{H}^+][\text{Ac}^-]}{[\text{HAc}]}$$

则
$$\delta(\text{HAc}) = \frac{[\text{HAc}]}{[\text{HAc}] + [\text{Ac}^-]} = \frac{[\text{H}^+]}{[\text{H}^+] + K_a}$$

$$\delta(\text{Ac}^-) = \frac{[\text{Ac}^-]}{[\text{HAc}] + [\text{Ac}^-]} = \frac{K_a}{[\text{H}^+] + K_a}$$

同理，对多元酸，以磷酸为例，H_3PO_4 在溶液中有 H_3PO_4、H_2PO_4^-、HPO_4^{2-}、PO_4^{3-} 四种型体

$$\text{H}_3\text{PO}_4 \Longleftrightarrow \text{H}^+ + \text{H}_2\text{PO}_4^- \qquad K_{a_1} = \frac{[\text{H}^+][\text{H}_2\text{PO}_4^-]}{[\text{H}_3\text{PO}_4]}$$

$$\text{H}_2\text{PO}_4^- \Longleftrightarrow \text{H}^+ + \text{HPO}_4^{2-} \qquad K_{a_2} = \frac{[\text{H}^+][\text{HPO}_4^{2-}]}{[\text{H}_2\text{PO}_4^-]}$$

$$\text{HPO}_4^{2-} \Longleftrightarrow \text{H}^+ + \text{PO}_4^{3-} \qquad K_{a_3} = \frac{[\text{H}^+][\text{PO}_4^{3-}]}{[\text{HPO}_4^{2-}]}$$

对应的分布分数为 δ_0、δ_1、δ_2、δ_3，同一元弱酸的处理办法，可得

$$\delta_0 = \frac{[\text{H}^+]^3}{[\text{H}^+]^3 + K_{a_1}[\text{H}^+]^2 + K_{a_1}K_{a_2}[\text{H}^+] + K_{a_1}K_{a_2}K_{a_3}}$$

$$\delta_1 = \frac{K_{a_1}[\text{H}^+]^2}{[\text{H}^+]^3 + K_{a_1}[\text{H}^+]^2 + K_{a_1}K_{a_2}[\text{H}^+] + K_{a_1}K_{a_2}K_{a_3}}$$

$$\delta_2 = \frac{K_{a_1}K_{a_2}[\text{H}^+]}{[\text{H}^+]^3 + K_{a_1}[\text{H}^+]^2 + K_{a_1}K_{a_2}[\text{H}^+] + K_{a_1}K_{a_2}K_{a_3}}$$

$$\delta_3 = \frac{K_{a_1}K_{a_2}K_{a_3}}{[\text{H}^+]^3 + K_{a_1}[\text{H}^+]^2 + K_{a_1}K_{a_2}[\text{H}^+] + K_{a_1}K_{a_2}K_{a_3}}$$

在处理酸碱平衡时，当 pH 值为已知时，可根据型体的分布舍去一些分布分数很小的型体，使计算简化。如在酸性溶液中，HPO_4^{2-} 和 PO_4^{3-} 可以省去，而在碱性介质中 H_3PO_4 和 H_2PO_4^- 可以省去。同时，根据 pH 值，可判断物质在溶液中主要以何种型体存在，有利于对问题的正确处理。

二、处理酸碱平衡的方法

从质子理论来看，酸碱反应就是酸与碱之间的质子转移。因此，在处理溶液中酸碱反应的平衡问题时，可用质子转移的平衡关系来进行计算。在酸碱反应中，质子转移的平衡关系称为质子条件。列出质子条件，也就是列出计算酸碱平衡的关系式，从而可方便算出溶液的 pH

值。当然,也可由物料平衡和电荷平衡来处理酸碱平衡,列出平衡方程式,算出溶液的 pH 值。

（一）由物料平衡导出的关系式

在平衡状态时某一组分的分析浓度等于该组分的各种型体平衡浓度之和。物质在化学反应中所遵守的这一规律,称为物料平衡（或质量平衡）,它的数学表达式叫做物料平衡式或叫质量平衡式（MBE）。例如:

$$c \ \text{mol} \cdot \text{L}^{-1} \text{HAc} \qquad [\text{HAc}] + [\text{Ac}^-] = c$$

$$c \ \text{mol} \cdot \text{L}^{-1} \text{H}_3\text{PO}_4 \qquad [\text{H}_3\text{PO}_4] + [\text{H}_2\text{PO}_4^-] + [\text{HPO}_4^{2-}] + [\text{PO}_4^{3-}] = c$$

$$c \ \text{mol} \cdot \text{L}^{-1} \text{Na}_2\text{SO}_3 \qquad [\text{H}_2\text{SO}_3] + [\text{HSO}_3^-] + [\text{SO}_3^{2-}] = c \qquad [\text{Na}^+] = 2c$$

（二）由电荷平衡导出的关系式

根据电中性原则,单位体积溶液中阳离子所带正电荷的总量（mol）应等于阴离子所带电荷的总量（mol）。也就是说,当反应处于平衡状态时,溶液中正电荷的总浓度必等于负电荷的总浓度。这一规律称为电荷平衡,它的数学表达式叫做电荷平衡式（CBE）。当然,对于水溶液必须考虑到水电离出的 H^+ 和 OH^-。例如

$$c \ \text{mol} \cdot \text{L}^{-1} \text{NaCN} \qquad\qquad [\text{H}^+] + [\text{Na}^+] = [\text{OH}^-] + [\text{CN}^-]$$

$$c \ \text{mol} \cdot \text{L}^{-1} \text{CaCl}_2 \qquad\qquad [\text{H}^+] + 2[\text{Ca}^{2+}] = [\text{OH}^-] + [\text{Cl}^-]$$

从离子的浓度关系来看,$[\text{Ca}^{2+}]$乘以 2,才能保持正负离子浓度的平衡关系。

$$c \ \text{mol} \cdot \text{L}^{-1} \text{H}_3\text{PO}_4 \qquad [\text{H}^+] = [\text{OH}^-] + [\text{H}_2\text{PO}_4^-] + 2[\text{HPO}_4^{2-}] + 3[\text{PO}_4^{3-}]$$

（三）由质子得失关系导出质子条件

酸碱反应达到平衡时,酸失去的质子数应等于碱得到的质子数,利用这种平衡关系可直接写出质子条件。它的数学表达式叫质子等衡式（PBE）。

质子条件反映了溶液中质子转移的数量关系,根据溶液中的得质子后产物与失质子后产物的浓度,可直接列出质子条件。

这里,通常选择一些参与酸碱平衡的组分作参考,以它们作为水准,来考虑质子的得失。这个水准称为质子参考水准（零水准）。溶液中其他酸碱组分与它们相比较,质子少了,就是失质子产物;质子多了,就是得质子产物。参考水准通常就是原始的酸碱组分,在很多情况下,也就是溶液中大量存在的并与质子转移直接有关的酸碱组分。在选择好质子参考水准后,将溶液中其他的酸碱组分与其相比较,把所有得质子后产物的浓度的总和写在等式一端,所有失质子后产物的浓度总和写在等式的另一端,注意对于得失质子数超过 1 的要乘上相应的系数,以保证与得失质子的浓度相应。如:

(1) $c \ \text{mol} \cdot \text{L}^{-1} \text{NaH}_2\text{PO}_4$（选 H_2PO_4^- 和 H_2O 为参考水准;Na^+ 不参与酸碱平衡,不予考虑）

$$[\text{H}^+] + [\text{H}_3\text{PO}_4] = [\text{OH}^-] + [\text{HPO}_4^{2-}] + 2[\text{PO}_4^{3-}]$$

(2) $c \ \text{mol} \cdot \text{L}^{-1} \text{NaNH}_4\text{HPO}_4$ （选 NH_4^+、HPO_4^{2-} 和 H_2O 为参考水准;Na^+ 不参与酸碱平衡,不予考虑）

$$[\text{H}^+] + [\text{H}_2\text{PO}_4^-] + 2[\text{H}_3\text{PO}_4] = [\text{OH}^-] + [\text{PO}_4^{3-}] + [\text{NH}_3]$$

(3) $c \ \text{mol} \cdot \text{L}^{-1} \text{NaH}_2\text{PO}_4 - a \ \text{mol} \cdot \text{L}^{-1} \text{HCl}$ （选 H_2PO_4^- 和 H_2O 为参考水准）

$$[\text{H}^+] + [\text{H}_3\text{PO}_4] = [\text{OH}^-] + [\text{HPO}_4^{2-}] + 2[\text{PO}_4^{3-}] + a$$

(4) $c_1 \ \text{mol} \cdot \text{L}^{-1} \text{NaH}_2\text{PO}_4 - c_2 \ \text{mol} \cdot \text{L}^{-1} \text{Na}_2\text{HPO}_4$ 可以选 H_2PO_4^- 为参考水准,但要扣

除原加入的 HPO_4^- 浓度：
$$[H^+]+[H_3PO_4]=[OH^-]+[HPO_4^{2-}]-c_2+2[PO_4^{3-}]$$
也可以 HPO_4^{2-} 为参考水准，扣除原加入的 $H_2PO_4^-$ 浓度：
$$[H^+]+[H_2PO_4^-]-c_1+2[H_3PO_4]=[OH^-]+[PO_4^{3-}]$$
上述两个方程是等效的，可以相互转换。

三、各类酸碱溶液 pH 值的计算

(一)强酸(碱)溶液 pH 值的计算

强酸强碱在溶液中全部离解，故在一般情况下，pH 值的计算比较简单。

例如，c mol·L^{-1} HCl。以 HCl 为参考水准，得出的质子条件为
$$[H^+]=[OH^-]+c$$
当 $c \geqslant 20[OH^-]$ 时，$[OH^-]$ 可忽略，得最简式
$$[H^+]=c \qquad (3-13)$$
此时，c 应满足：$c \geqslant 20[OH^-]$，因
$$20[OH^-]=20\frac{K_w}{[H^+]} \approx 20\frac{K_w}{c}$$
所以 $\qquad c \geqslant 4.5 \times 10^{-7}$ mol·L^{-1}

否则要考虑水的离解，得准确式
$$[H^+]=[OH^-]+c=\frac{K_w}{[H^+]}+c$$
$$[H^+]=\frac{c+\sqrt{c^2+4K_w}}{2} \qquad (3-14)$$

同理对强碱

当 $c \geqslant 4.5 \times 10^{-7}$ mol·L^{-1} 时，得最简式
$$[OH^-]=c \qquad (3-15)$$
$c < 4.5 \times 10^{-7}$ mol·L^{-1} 时，得准确式
$$[OH^-]=\frac{c+\sqrt{c^2+4K_w}}{2} \qquad (3-16)$$

(二)一元弱酸(碱)溶液 pH 值的计算

以弱酸 HB 为例，选 HB 为参考水准，则质子条件为
$$[H^+]=[B^-]+[OH^-]=\frac{K_a c}{[H^+]+K_a}+\frac{K_w}{[H^+]}$$
若 $[H^+] \geqslant 20K_a$，则有 $[H^+]^2=(K_a c+K_w)$，有近似式
$$[H^+]=\sqrt{K_a c+K_w} \qquad (3-17)$$
上式中，若 $K_a c \geqslant 20K_w$，得最简式
$$[H^+]=\sqrt{K_a c} \qquad (3-18)$$

由此可知，若 $[H^+] \geqslant 20K_a$，即 $\sqrt{K_a c} \geqslant 20K_a$，所以还要求 $c/K_a \geqslant 400$ 才可用最简式。

若 $\qquad K_a c \geqslant 20K_w, \quad c/K_a < 400$

则 $\qquad$ $[H^+] = [B^-] = \dfrac{K_a c}{[H^+] + K_a}$

即 $\qquad$ $[H^+]^2 + K_a[H^+] - K_a c = 0$

可得近似式 $\qquad$ $[H^+] = \dfrac{-K_a + \sqrt{K_a^2 + 4K_a c}}{2}$ $\qquad$ (3-19)

若 $c/K_a < 400, K_a c < 20K_w$，可用上面近似式计算，然后代入准确式反复逼近，直到满足误差要求。

同上可知，对一元弱碱

$$[OH^-] = \sqrt{K_b c} \qquad (c/K_b \geqslant 400, K_b c \geqslant 20K_w) \qquad (3-20)$$

$$[OH^-] = \sqrt{K_b c + K_w} \qquad (c/K_b \geqslant 400, K_b c < 20K_w) \qquad (3-21)$$

$$[OH^-] = \dfrac{-K_b + \sqrt{K_b^2 + 4K_b c}}{2} \qquad (c/K_b < 400, K_b c \geqslant 20K_w) \qquad (3-22)$$

（三）多元弱酸（碱）溶液 pH 值计算

以二元酸为例，设二元弱酸 H_2B 的浓度为 c mol·L^{-1}，离解常数为 K_{a_1}、K_{a_2}，则此溶液的质子条件为

$$[H^+] = [HB^-] + 2[B^{2-}] + [OH^-]$$

根据平衡关系，得到

$$[H^+]^2 = [H_2B]K_{a_1}\left(1 + \dfrac{2K_{a_2}}{[H^+]}\right) + K_w$$

这是计算二元酸 pH 值的准确式。

若 $\dfrac{2K_{a_2}}{[H^+]} \approx \dfrac{2K_{a_2}}{\sqrt{K_{a_1}c}} \leqslant 0.05$，则上式可简化为

$$[H^+]^2 = [H_2B]K_{a_1} + K_w$$

与一元弱酸的计算公式类似，在这种情况下，二元酸可按一元酸处理。

同理，若 $\dfrac{2K_{b_2}}{\sqrt{K_{b_1}c}} \leqslant 0.05$，则二元碱可按一元碱处理。

例 3-3 计算 0.10 mol·L^{-1} $H_2C_2O_4$ 溶液的 pH 值。

解 已知 $c = 0.10$ mol·L^{-1}，$K_{a_1} = 5.9 \times 10^{-2}$，$K_{a_2} = 6.4 \times 10^{-5}$

$$cK_{a_1} > 20K_w, c/K_{a_1} = 0.10/5.9 \times 10^{-2} < 400$$

$$\dfrac{2K_{a_2}}{\sqrt{K_{a_1}c}} = \dfrac{2 \times 6.4 \times 10^{-5}}{\sqrt{5.9 \times 10^{-2} \times 0.10}} < 0.05$$

可用一元弱酸近似式

$$[H^+] = \dfrac{-K_{a_1} + \sqrt{K_{a_1}^2 + 4K_{a_1}c}}{2} = \dfrac{-5.9 \times 10^{-2} + \sqrt{(5.9 \times 10^{-2})^2 + 4 \times 5.9 \times 10^{-2} \times 0.10}}{2}$$

$$= 5.3 \times 10^{-2} (\text{mol·}L^{-1})$$

$$pH = 1.28$$

(四)弱酸和强酸混合溶液 pH 值的计算

以 c mol $\cdot$ L^{-1} HAc 和 c_a mol $\cdot$ L^{-1} HCl 的混合溶液为例,其质子条件为

$$[H^+]=[Ac^-]+c_a+[OH^-]$$

酸性溶液中[OH$^-$]可忽略,所以

$$[H^+]=[Ac^-]+c_a=\frac{K_a c}{[H^+]+K_a}+c_a$$

$$[H^+]^2+K_a[H^+]=K_a c+c_a[H^+]+c_a K_a$$

$$[H^+]^2-(c_a-K_a)[H^+]-K_a(c+c_a)=0$$

$$[H^+]=\frac{c_a-K_a+\sqrt{(c_a-K_a)^2+4K_a(c+c_a)}}{2} \tag{3-23}$$

当 $\qquad c_a\geqslant 20\dfrac{K_a c}{[H^+]+K_a}$,即 $c_a\geqslant 20\dfrac{K_a c}{c_a+K_a}$

则 $\qquad\qquad\qquad [H^+]\approx c_a \tag{3-24}$

例 3-4 计算下列混合溶液的 pH 值:

(1) 0.10 mol $\cdot$ L^{-1} HAc 和 0.010 mol $\cdot$ L^{-1} HCl;

(2) 0.10 mol $\cdot$ L^{-1} HAc 和 0.0010 mol $\cdot$ L^{-1} HCl。

解 (1)$c=0.10$ mol $\cdot$ L^{-1}, $c_a=0.010$ mol $\cdot$ L^{-1}

$$20\frac{K_a c}{c_a+K_a}=3.6\times10^{-3}\text{ mol}\cdot\text{L}^{-1}<c_a,\text{可用式(3-24)计算}$$

$$[H^+]=c_a=1.0\times10^{-2}\text{ mol}\cdot\text{L}^{-1}$$

$$pH=2.00$$

(2) $c=0.10$ mol $\cdot$ L^{-1}, $c_a=1.0\times10^{-3}$ mol $\cdot$ L^{-1},

$$20\frac{K_a c}{c_a+K_a}=3.6\times10^{-2}\text{ mol}\cdot\text{L}^{-1}>c_a,\text{应用式(3-23)计算}$$

$$[H^+]=\frac{c_a-K_a+\sqrt{(c_a-K_a)^2+4K_a(c+c_a)}}{2}$$

$$=\frac{1.0\times10^{-3}-1.8\times10^{-5}+\sqrt{(1.0\times10^{-3}-1.8\times10^{-5})^2+4\times1.8\times10^{-5}\times0.10}}{2}$$

$$=1.9\times10^{-3}(\text{mol}\cdot\text{L}^{-1})$$

$$pH=2.72$$

(五)弱酸(碱)混合溶液 pH 值的计算

设有一元酸 HA 和 HB 的混合溶液,其浓度分别为 c_{HA} 和 c_{HB},离解常数为 K_{HA} 和 K_{HB}。质子条件为

$$[H^+]=[A^-]+[B^-]+[OH^-]$$

$$[H^+]=\frac{K_{HA}[HA]}{[H^+]}+\frac{K_{HB}[HB]}{[H^+]}+\frac{K_w}{[H^+]}$$

溶液为弱酸性,[OH$^-$]可忽略

$$[H^+]^2=K_{HA}[HA]+K_{HB}[HB]$$

$$=\frac{K_{HA}}{[H^+]+K_{HA}}c_{HA}+\frac{K_{HB}}{[H^+]+K_{HB}}c_{HB} \tag{3-25}$$

当[H$^+$]大于或等于 $20K_{HA}$ 和 $20K_{HB}$ 时,有近似式

$$[H^+] = \sqrt{K_{HA}c_{HA} + K_{HB}c_{HB}} \tag{3-26}$$

所以,一般先用式(3-26)计算,然后再检验[H$^+$]是否大于或等于 $20K_{HA}$ 和 $20K_{HB}$。若[H$^+$]小于 $20K_{HA}$ 和 $20K_{HB}$,则再代入式(3-25)再算出[H$^+$],如此经过 2~3 次逼近,可得准确结果。

例 3-5 计算 $0.10\ \text{mol} \cdot \text{L}^{-1}\ \text{HF}$ 和 $0.10\ \text{mol} \cdot \text{L}^{-1}\ \text{HAc}$ 混合液的 pH 值。

解 先用式(3-26)计算

$$[H^+] = \sqrt{K(HF)c(HF) + K(HAc)c(HAc)}$$
$$= \sqrt{6.6 \times 10^{-4} \times 0.10 + 1.8 \times 10^{-5} \times 0.10} = 8.7 \times 10^{-3} (\text{mol} \cdot \text{L}^{-1})$$

可见,[H$^+$]<20K(HF),用上式计算误差较大。但可将上式的计算结果代入下式算出[H$^+$]′:

$$[H^+]' = \frac{K(HF)}{[H^+] + K(HF)}c(HF) + \frac{K(HAc)}{[H^+] + K(HAc)}c(HAc)$$
$$= \frac{6.6 \times 10^{-4}}{8.7 \times 10^{-3} + 6.6 \times 10^{-4}} \times 0.10 + \frac{1.8 \times 10^{-5}}{8.7 \times 10^{-3} + 1.8 \times 10^{-5}} \times 0.10$$
$$= 7.9 \times 10^{-3} (\text{mol} \cdot \text{L}^{-1})$$

再将[H$^+$]′代入上式,直到两次计算结果相差小于 5%,得[H$^+$]=$8.0 \times 10^{-3}\ \text{mol} \cdot \text{L}^{-1}$,

故 $$pH = 2.10$$

(六)两性物质溶液 pH 值的计算

1. 酸式盐溶液

设二元酸的酸式盐为 NaHB,其浓度为 $c\ \text{mol} \cdot \text{L}^{-1}$

$$[H^+] + [H_2B] = [B^{2-}] + [OH^-]$$

$$[H^+] = [B^{2-}] - [H_2B] + [OH^-] = K_{a_2}\frac{[HB^-]}{[H^+]} - \frac{[H^+][HB^-]}{K_{a_1}} + \frac{K_w}{[H^+]}$$

$$[H^+] = \sqrt{\frac{K_{a_1}(K_{a_2}[HB^-] + K_w)}{K_{a_1} + [HB^-]}} \tag{3-27}$$

若 $K_{a_2}[HB^-] \geqslant 20K_w$,$[HB^-] \geqslant 20K_{a_1}$,得最简式

$$[H^+] = \sqrt{K_{a_1}K_{a_2}} \tag{3-28}$$

因 $$[HB^-] = \frac{cK_{a_1}[H^+]}{[H^+]^2 + K_{a_1}[H^+] + K_{a_1}K_{a_2}}$$

若 $$K_{a_1}[H^+] \geqslant 20([H^+]^2 + K_{a_1}K_{a_2}) \tag{3-29}$$

则 $$[HB^-] \approx c$$

将式(3-28)代入式(3-29),可导出 $K_{a_1}/K_{a_2} \geqslant 1600$。

由此可知使用最简式(3-28)的条件为

$$K_{a_2}c \geqslant 20K_w,\ c \geqslant 20K_{a_1},\ K_{a_1}/K_{a_2} \geqslant 1600$$

若 $$c < 20K_{a_1},\quad K_{a_2}c \geqslant 20K_w$$

$$[H^+] = \sqrt{\frac{K_{a_1}K_{a_2}c}{K_{a_1} + c}} \tag{3-30}$$

若 $$c \geqslant 20K_{a_1},\quad K_{a_2}c < 20K_w$$

$$[H^+] = \sqrt{\frac{K_{a_1}(K_{a_2}c + K_w)}{c}} \qquad (3\text{-}31)$$

若 $\qquad\qquad c < 20K_{a_1}, \quad K_{a_2}c < 20K_w$

$$[H^+] = \sqrt{\frac{K_{a_1}(K_{a_2}c + K_w)}{K_{a_1} + c}} \qquad (3\text{-}32)$$

例 3-6 计算 5.0×10^{-3} mol·L^{-1} 酒石酸氢钾溶液的 pH 值。

解 已知 $K_{a_1} = 9.1 \times 10^{-4}$，$K_{a_2} = 4.3 \times 10^{-5}$

$K_{a_2}c > 20K_w$，$c < 20K_{a_1}$ 但 $K_{a_1}/K_{a_2} < 1600$

先用式(3-30)求$[H^+] = \sqrt{\dfrac{K_{a_1}K_{a_2}c}{K_{a_1} + c}}$

$$= \sqrt{\frac{9.1 \times 10^{-4} \times 4.3 \times 10^{-5} \times 5.0 \times 10^{-3}}{9.1 \times 10^{-4} + 5.0 \times 10^{-3}}} = 1.82 \times 10^{-4}\ (\text{mol·L}^{-1})$$

将算出的 H$^+$ 浓度代入

$$\delta_{HB^-} = \frac{K_{a_1}[H^+]}{[H^+]^2 + K_{a_1}[H^+] + K_{a_1}K_{a_2}}$$

$$= \frac{9.1 \times 10^{-4} \times 1.82 \times 10^{-4}}{(1.82 \times 10^{-4})^2 + 9.1 \times 10^{-4} \times 1.82 \times 10^{-4} + 9.1 \times 10^{-4} \times 4.3 \times 10^{-5}} = 0.70$$

可见用 c 代替$[HB^-]$误差较大，用 δ_{HB^-} 校正 c 代入式(3-30)计算

$$[H^+] = \sqrt{\frac{K_{a_1}K_{a_2}c\delta_{HB^-}}{K_{a_1} + c\delta_{HB^-}}} = \sqrt{\frac{9.1 \times 10^{-4} \times 4.3 \times 10^{-5} \times 5.0 \times 10^{-3} \times 0.70}{9.1 \times 10^{-4} + 5.0 \times 10^{-3} \times 0.70}} = 1.76 \times 10^{-4}\ (\text{mol·L}^{-1})$$

所以

$$\text{pH} = 3.75$$

同理对三元酸盐 Na$_2$HB(如 Na$_2$HPO$_4$ 等)，可推出不同条件下的$[H^+]$计算式

$$[H^+] = \sqrt{\frac{K_{a_2}(K_{a_3}c + K_w)}{K_{a_2} + c}} \qquad (3\text{-}33)$$

$$[H^+] = \sqrt{\frac{K_{a_2}(K_{a_3}c + K_w)}{c}} \qquad (3\text{-}34)$$

$$[H^+] = \sqrt{\frac{K_{a_2}K_{a_3}c}{K_{a_2} + c}} \qquad (3\text{-}35)$$

$$[H^+] = \sqrt{K_{a_2}K_{a_3}} \qquad (3\text{-}36)$$

例 3-7 计算 0.033 mol·L^{-1} Na$_2$HPO$_4$ 溶液的 pH 值。

解 已知 $K_{a_1} = 7.6 \times 10^{-3}$，$K_{a_2} = 6.3 \times 10^{-8}$，$K_{a_3} = 4.4 \times 10^{-13}$

$c > 20K_{a_2}$，$K_{a_3}c < 20K_w$，$K_{a_2}/K_{a_3} > 1600$，用式(3-34)计算

$$[H^+] = \sqrt{\frac{K_{a_2}(K_{a_3}c + K_w)}{c}} = \sqrt{\frac{6.3 \times 10^{-8}(4.4 \times 10^{-13} \times 0.033 + 1.0 \times 10^{-14})}{0.033}} = 2.2 \times 10^{-10}\ (\text{mol·L}^{-1})$$

$$\text{pH} = 9.66$$

2. 弱酸弱碱盐溶液

弱酸 HA 与弱碱 B 形成的盐为 BH^+A^-（如 NH_4Ac），在溶液中 BH^+ 是弱酸，A^- 是弱碱。设 BH^+ 的离解常数为 K_a，A^- 的共轭酸 HA 的离解常数为 K'_a。

同酸式盐，可推出

$$[H^+]=\sqrt{\frac{K'_a(K_a c + K_w)}{K'_a + c}} \qquad (3\text{-}37)$$

其最简式

$$[H^+]=\sqrt{K'_a K_a} \qquad (3\text{-}38)$$

用最简式应同时满足 $K_a c \geqslant 20 K_w$，$c \geqslant 20 K'_a$，$K'_a / K_a \geqslant 1600$。

可以此类推。

氨基酸溶液以及弱酸和弱碱的混合溶液，都属于两性物质溶液，这些溶液的 pH 值的计算公式。

例 3-8 计算 $0.10\ mol \cdot L^{-1} NH_4Ac$ 溶液 pH 值。

解 NH_4^+ 的离解常数 $K_a = 5.6 \times 10^{-10}$，$Ac^-$ 共轭酸 HAc 的离解常数 $K'_a = 1.8 \times 10^{-5}$

$K'_a / K_a \geqslant 1600$，$K_a c = 5.6 \times 10^{-10} \times 0.10 > 20 K_w$，$20 K'_a = 20 \times 1.8 \times 10^{-5} < c$，可用最简式

$$[H^+] = \sqrt{K'_a K_a} = \sqrt{1.8 \times 10^{-5} \times 5.6 \times 10^{-10}} = 1.0 \times 10^{-7} (mol \cdot L^{-1})$$

$$pH = 7.00$$

例 3-9 计算 $0.010\ mol \cdot L^{-1}$ 氨基乙酸溶液的 pH 值。

解 氨基乙酸是两性物质。

作为酸：

$$NH_2CH_2COOH \rightleftharpoons NH_2CH_2COO^- + H^+$$

$$K_a = K_{a_2} = 2.5 \times 10^{-10}$$

作为碱：

$$NH_2CH_2COOH + H_2O \rightleftharpoons NH_3^+CH_2COOH + OH^-$$

它的共轭酸的

$$K'_a = K_{a_1} = 4.5 \times 10^{-3}$$

因为 $K_a c > 20 K_w$，但 $c < 20 K'_a$，所以可用式(3-37)计算

$$[H^+] = \sqrt{\frac{K'_a K_a c}{K'_a + c}} = \sqrt{\frac{4.5 \times 10^{-3} \times 2.5 \times 10^{-10} \times 0.010}{4.5 \times 10^{-3} + 0.010}} = 8.8 \times 10^{-7} (mol \cdot L^{-1})$$

$$pH = 6.06$$

第四节　酸碱缓冲溶液

酸碱缓冲溶液是一种用于控制溶液 pH 值的溶液。它一般由浓度较大的弱酸及其共轭碱所组成，如 $HAc\text{-}Ac^-$，$NH_4^+\text{-}NH_3$ 等。在高浓度的强酸强碱溶液中，由于 H^+ 或 OH^- 的浓度本来就很高，故外加少量酸或碱不会对溶液的 pH 值产生太大的影响，在这种情况下，强酸强碱也是缓冲溶液。它们主要是 pH<2 和 pH>12 时的缓冲溶液。

一、缓冲溶液 pH 值的计算

（一）一般缓冲溶液

现以一元弱酸及其共轭碱缓冲体系 $HB\text{-}B^-$ 为例

设 HB 的浓度为 c_{HB} mol·L^{-1}，B^- 的浓度为 c_{B^-} mol·L^{-1}。

由电离平衡

$$HB \rightleftharpoons H^+ + B^-$$

$$B^- + H_2O \rightleftharpoons HB + OH^-$$

HB 和 B^- 的平衡浓度分别为

$$[HB] = c_{HB} - [H^+] + [OH^-]$$

$$[B^-] = c_B - [OH^-] + [H^+]。$$

$$[H^+] = K_a \frac{[HB]}{[B^-]} = K_a \frac{c_{HB} - [H^+] + [OH^-]}{c_{B^-} - [OH^-] + [H^+]} \tag{3-39}$$

当 c_{HB}、c_{B^-} 分别大于 $20[H^+]$ 和 $20[OH^-]$ 时，有最简式

$$[H^+] = K_a \frac{c_{HB}}{c_{B^-}} \tag{3-40}$$

或

$$pH = pK_a + \log \frac{c_{B^-}}{c_{HB}} \tag{3-41}$$

一般情况，首先按上式计算出 $[H^+]$，再判定 c_{HB}、c_{B^-} 是否大于 $20[H^+]$ 或 $20[OH^-]$。若是，则计算正确。否则，再按下面公式计算

$$[H^+] = K_a \frac{c_{HB} - [H^+]}{c_{B^-} + [H^+]} \tag{3-42}$$

$$[H^+] = \frac{-(c_{B^-} + K_a) + \sqrt{(c_{B^-} + K_a)^2 + 4K_a c_{HB}}}{2} \tag{3-43}$$

或

$$[H^+] = K_a \frac{c_{HB} + [OH^-]}{c_{B^-} - [OH^-]} \tag{3-44}$$

$$[H^+] = \frac{(K_w + c_{HB} K_a) + \sqrt{(c_{HB} K_a + K_w)^2 + 4K_a K_w}}{2c_{B^-}} \tag{3-45}$$

例 3-10 计算下列溶液 pH 值：(1) 0.20 mol·L^{-1} NH_3—0.30 mol·L^{-1} NH_4Cl 缓冲溶液；(2) 往 400 mL 该缓冲溶液中加入 100 mL 0.050 mol·L^{-1} NaOH 溶液；(3) 往 400 mL 该缓冲溶液中加入 100 mL 0.050 mol·L^{-1} HCl 溶液。

解 (1) 先按式(3-41)计算 $pH = pK_a + \log \frac{c_{B^-}}{c_{HB}} = 9.26 + \log(0.20/0.30) = 9.08$

c_{B^-} 和 c_{HB} 分别代表 NH_3 和 NH_4Cl 的分析浓度，因为 c_{HB}、c_{B^-} 分别大于 $20[H^+]$ 和 $20[OH^-]$，可用最简式。

(2) 加入 100 mL 0.050 mol·L^{-1} NaOH 溶液后，NH_3 和 NH_4Cl 的分析浓度分别为

$$c_{B^-} = (400 \times 0.20 + 100 \times 0.050)/500 = 0.17 \ (mol·L^{-1})$$

$$c_{HB} = (400 \times 0.30 - 100 \times 0.050)/500 = 0.23 \ (mol·L^{-1})$$

$$pH = pK_a + \log \frac{c_{B^-}}{c_{HB}} = 9.26 + \log(0.17/0.23) = 9.13$$

(3) 加入 100 mL 0.050 mol·L^{-1} HCl 溶液后，NH_3 和 NH_4Cl 的分析浓度分别为

$$c_{B^-} = (400 \times 0.20 - 100 \times 0.050)/500 = 0.15 \ (mol·L^{-1})$$

$$c_{HB} = (400 \times 0.30 + 100 \times 0.050)/500 = 0.25 \ (mol·L^{-1})$$

$$pH = pK_a + \log \frac{c_{B^-}}{c_{HB}} = 9.26 + \log(0.15/0.25) = 9.04$$

可见缓冲溶液对溶液的 pH 值起稳定作用。

（二）标准缓冲溶液

标准缓冲溶液的 pH 值是经过实验准确地确定的，即测得的是 H^+ 的活度。因此，若用有关公式进行理论计算时，必须作活度校正。

例 3-11　考虑离子强度，计算 $0.025\ \mathrm{mol \cdot L^{-1}}\ KH_2PO_4—0.025\ \mathrm{mol \cdot L^{-1}}\ Na_2HPO_4$ 缓冲溶液的 pH 值，并与标准值（pH=6.86）相比较。

解　因为缓冲溶液各组分浓度均明显大于 H^+ 浓度，可用最简式

$$I = \frac{1}{2}[0.025 \times 1^2 + 0.025 \times 1^2 + 0.025 \times 2 \times 1^2 + 0.025 \times 2^2] = 0.10$$

查表 $\gamma(H_2PO_4^-)=0.77$，$\gamma(HPO_4^{2-})=0.355$

$$a(H^+) = K_{a_2}\frac{a(H_2PO_4^-)}{a(HPO_4^{2-})} = K_{a_2}\frac{[H_2PO_4^-]\gamma(H_2PO_4^-)}{[HPO_4^{2-}]\gamma(HPO_4^{2-})} = K_{a_2}\frac{\gamma(H_2PO_4^-)}{\gamma(HPO_4^{2-})}$$

$$= 6.2 \times 10^{-8} \times \frac{0.77}{0.355} = 1.4 \times 10^{-7}$$

$$pH = -\log a(H^+) = 6.86$$

由上例可知，尽管 $H_2PO_4^-$ 和 HPO_4^{2-} 的浓度相同，但由于它们的体积和电荷数不同，受离子间力影响的程度不同，因此彼此表现出不同的化学活性，对溶液的 pH 值产生不同的影响。

二、缓冲指数、缓冲容量和有效缓冲范围

由前述可知，缓冲溶液是一种能对溶液 pH 值起稳定作用的溶液，但这种稳定作用是有一定限度的，当加入的强酸浓度接近缓冲体系的共轭碱的浓度，或加入的强碱浓度接近其共轭酸的浓度时，缓冲溶液的缓冲能力将会消失，因而就失去了它的缓冲作用。对一种缓冲溶液而言，只能在加入一定数量的酸或碱才能保持溶液的 pH 值基本上不变。所以，每一种缓冲溶液只具有一定的缓冲强度和缓冲能力。

（一）缓冲指数

溶液的缓冲强度可用缓冲指数 β 来表示

$$\beta = \left|\frac{\mathrm{d}c}{\mathrm{dpH}}\right| \tag{3-46}$$

是指加入强酸或强碱 $\mathrm{d}c$ 时，溶液 pH 值变化为 dpH 值。上式的物理意义是相关酸碱组分分布曲线的斜率，反映溶液在指定 pH 值下的缓冲强度。

设 HB、B^- 分别为 $c_{HB}\ \mathrm{mol \cdot L^{-1}}$、$c_{B^-}\ \mathrm{mol \cdot L^{-1}}$，总浓度为 $c\ \mathrm{mol \cdot L^{-1}}$。今加入强碱 c_b $\mathrm{mol \cdot L^{-1}}$，则质子条件

$$c_b = -[H^+] + [OH^-] + [B^-] - c_{B^-}$$

$$\beta = \frac{\mathrm{d}c_b}{\mathrm{dpH}} = -\frac{\mathrm{d}[H^+]}{\mathrm{dpH}} + \frac{\mathrm{d}[OH^-]}{\mathrm{dpH}} + \frac{\mathrm{d}[B^-]}{\mathrm{dpH}}$$

$$pH = -\log[H^+] = -\frac{1}{2.3}\ln[H^+],\ \mathrm{dpH} = -\frac{\mathrm{d}[H^+]}{2.3[H^+]},\ \frac{1}{\mathrm{dpH}} = -\frac{2.3[H^+]}{\mathrm{d}[H^+]}$$

$$\beta = \frac{\mathrm{d}c_b}{\mathrm{dpH}} = 2.3[H^+]\frac{\mathrm{d}\left\{[H^+] - [OH^-] - \dfrac{K_a c}{[H^+] + K_a}\right\}}{\mathrm{d}[H^+]}$$

$$= 2.3[\text{H}^+] + 2.3[\text{OH}^-] + 2.3\frac{[\text{H}^+]K_a c}{([\text{H}^+] + K_a)^2} \tag{3-47}$$

当 pH 值不是太高或太低时

$$\beta \approx 2.3\frac{[\text{H}^+]K_a c}{([\text{H}^+] + K_a)^2} \tag{3-48}$$

即
$$\beta = 2.3 c \delta_{\text{HB}} \delta_{\text{B}^-} \tag{3-49}$$

可见 β 是 c 和 $[\text{H}^+]$ 的函数,当 $[\text{H}^+] = K_a$ 时,有极大值

$$\beta_{\max} = 2.3\frac{c}{4} = 0.58c \tag{3-50}$$

可见 $\beta_{\max}$ 仅与 c 有关,而与 K_a 和 $[\text{H}^+]$ 无关。

从以上的结果,我们可得到以下结论:

(1) 总浓度一定时,缓冲组分的浓度比越接近 $1:1$,即 $[\text{H}^+]$ 与 K_a 越接近,缓冲指数越大。

(2) 在缓冲组分的浓度比相同时,总浓度越大,缓冲指数越大。

但总浓度也受溶解度限制,同时也要考虑到盐效应对反应体系的影响。

(二)缓冲容量

溶液的缓冲能力则用缓冲容量 α 来表示

$$\alpha = \Delta c = \int_{\text{pH}_1}^{\text{pH}_2} \beta \, d\text{pH} \tag{3-51}$$

是指加入强酸或强碱为 Δc 时,溶液 pH 值变化为 ΔpH($\text{pH}_2 - \text{pH}_1$)。它的物理意义是在 ΔpH 值区间内酸碱分布曲线下的面积,反映溶液在 ΔpH 值范围内的缓冲能力。

对 HB-B$^-$ 缓冲体系,α 为 ΔpH 值范围内 HB 或 B$^-$ 的增量(Δc),它的数值:

$$\alpha = \Delta c = (\delta_2 - \delta_1)c_{\text{HB}} \tag{3-52}$$

加入强酸时
$$\alpha = \left(\frac{10^{\text{p}K_a - \text{pH}_2}}{10^{\text{p}K_a - \text{pH}_2} + 1} - \frac{10^{\text{p}K_a - \text{pH}_1}}{10^{\text{p}K_a - \text{pH}_1} + 1}\right)c_{\text{HB}} \tag{3-53}$$

加入强碱时
$$\alpha = \left(\frac{10^{\text{pH}_2 - \text{p}K_a}}{10^{\text{pH}_2 - \text{p}K_a} + 1} - \frac{10^{\text{pH}_1 - \text{p}K_a}}{10^{\text{pH}_1 - \text{p}K_a} + 1}\right)c_{\text{HB}} \tag{3-54}$$

α 和 β 的关系见图 3-1。

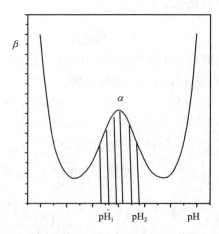

图 3-1　缓冲指数(β)、缓冲容量(α)与 pH 值的关系

（三）有效缓冲范围

缓冲组分的浓度相差越大，缓冲指数越小，甚至会失去缓冲作用。因此，任何缓冲溶液的缓冲作用都有一个有效的缓冲范围。通常定义 $pH = pK_a \pm 1$ 为有效缓冲范围。当 $pH = pK_a \pm 1$ 时，$\alpha = 0.82c$，$\beta = 0.19c$。

例如，HAc—NaAc 体系中，$pK_a = 4.74$，有效缓冲范围 pH 值为 $3.74 \sim 5.74$。超出这个范围，缓冲溶液就难以保证它的缓冲作用。

三、缓冲溶液的选择

缓冲溶液选择的原则是：

（1）缓冲溶液对分析过程应没有干扰。例如，需配制 $pH = 5.0$ 左右的缓冲溶液，可选择 HAc-NaAc（$pK_a = 4.74$）或六亚甲基四胺-HCl 体系（$pK_a = 8.85$）。但若配位滴定测定 Pb^{2+}，则最好选择后者，因 Pb^{2+} 与 Ac^- 有反应发生。

（2）所需控制的 pH 值应在缓冲溶液的有效缓冲范围之内，即 $pH = pK_a \pm 1$。

（3）缓冲溶液应有足够大的缓冲指数。通常缓冲组分的浓度在 $0.01\ mol \cdot L^{-1} \sim 1\ mol \cdot L^{-1}$ 之间。

若分析反应要求溶液的 pH 值稳定在 $0 \sim 2$ 或 $12 \sim 14$ 的范围内，则可用强酸或强碱来控制。

在实际工作中，有时要求在很宽的 pH 值范围内都有缓冲作用，这时可采用多元酸和碱组成的缓冲体系，或由几种 pK_a 值不同的弱酸混合后加入不同量的强碱制成缓冲溶液。在这样的体系中，因其中存在许多 pK_a 值不同的共轭酸碱，所以它们能在广泛的 pH 值范围内起缓冲作用。

一些常用的缓冲溶液和标准缓冲溶液列于附表 4 和附表 5。

例 3-12 欲配制 $pH = 5.0$ 缓冲溶液 500 mL，已用去 $6.0\ mol \cdot L^{-1}$ 的 HAc 34 mL，问需要加入 $NaAc \cdot 3H_2O$ 多少克？

解 溶液中 HAc 的浓度为

$$c(HAc) = 6.0 \times \frac{34}{500} = 0.41\ (mol \cdot L^{-1})$$

则

$$[H^+] = K_a \frac{c(HAc)}{c(Ac^-)}$$

$$c(Ac^-) = K_a \frac{c(HAc)}{[H^+]} = 1.8 \times 10^{-5} \times \frac{0.41}{1.0 \times 10^{-5}} = 0.73\ (mol \cdot L^{-1})$$

在 500 mL 溶液中，需 $NaAc \cdot 3H_2O$ 质量为

$$136.1 \times 0.73 \times 0.500 = 50\ (g)$$

第五节　酸碱滴定法基本原理

一、酸碱指示剂

（一）指示剂的作用原理

酸碱指示剂是一些有机的弱酸或弱碱，它们的酸式和碱式具有不同的颜色。故常借助酸碱指示剂的颜色变化来指示滴定的化学计量点。当溶液的 pH 值改变时，指示剂失去质子由酸式变为碱式。或得到质子由碱式变为酸式，由于结构上的变化从而引起颜色的变化。

例如甲基橙(MO)

$$(H_3C)_2\overset{+}{N}=\!=\!\!\!\!\!\!\!\!\!\!N-NH-\!\!\!\!\!\!\!\!\!\!\!\!\!\!\!\!=\!\!\!\!\!\!\!\!\!\!SO_3^- \Longleftrightarrow (H_3C)_2N-\!\!\!\!\!\!\!\!\!\!\!\!\!\!\!\!=\!\!\!\!\!\!\!\!\!\!N=N-\!\!\!\!\!\!\!\!\!\!\!\!\!\!\!\!=\!\!\!\!\!\!\!\!\!\!SO_3^- + H^+$$

$$\text{pH}<3.1 \qquad\qquad\qquad\qquad\qquad \text{pH}>4.4$$

由平衡关系可以看出,增大溶液 H^+ 的浓度,反应向左进行,甲基橙主要以醌式(酸色型)存在,溶液呈红色;降低溶液 H^+ 的浓度,主要以偶氮式(碱式色)存在,溶液呈黄色。

又如酚酞(PP)

$$\text{pH}<8.3 \qquad\qquad\qquad\qquad\qquad \text{pH}>10$$

由平衡关系可以看出,pH<8.3 的溶液中,酚酞以各种无色形式存在;在 pH>10.0 的溶液中,转化为醌式后显红色。

(二)指示剂的变色范围

指示剂在不同 pH 值的溶液中,显示出不同的颜色。但是否溶液 pH 值稍有变化时,我们就能看到它的颜色变化呢? 事实并不是这样,必须是溶液的 pH 值改变大到一定的范围,我们才能看得出指示剂的颜色变化。指示剂的变色范围,可由指示剂在溶液中的离解平衡来确定。

指示剂的酸式 HIn 和碱式 In$^-$ 的溶液达到平衡

$$\text{HIn} \Longleftrightarrow \text{H}^+ + \text{In}^-$$

$$K_{\text{HIn}} = \frac{[\text{H}^+][\text{In}^-]}{[\text{HIn}]} \qquad\qquad \frac{[\text{In}^-]}{[\text{HIn}]} = \frac{K_{\text{HIn}}}{[\text{H}^+]}$$

由此可见,比值 $\dfrac{[\text{In}^-]}{[\text{HIn}]}$ 是 $[\text{H}^+]$ 的函数。

如果 $\dfrac{[\text{In}^-]}{[\text{HIn}]} \geqslant 10$,看到的是 In$^-$ 颜色,即 $\dfrac{K_{\text{HIn}}}{[\text{H}^+]} \geqslant 10$,这时

$$[\text{H}^+] \leqslant \frac{K_{\text{HIn}}}{10}, \qquad \text{pH} \geqslant \text{p}K_{\text{HIn}} + 1$$

如果 $\dfrac{[\text{In}^-]}{[\text{HIn}]} \leqslant 0.1$,看到的是 HIn 的颜色,即 $\dfrac{K_{\text{HIn}}}{[\text{H}^+]} \leqslant 0.1$,这时

$$[\text{H}^+] \geqslant 10K_{\text{HIn}}, \qquad \text{pH} \leqslant \text{p}K_{\text{HIn}} - 1$$

如果 $0.1 \leqslant \dfrac{[\text{In}^-]}{[\text{HIn}]} \leqslant 10$,看到的是 In$^-$ 和 HIn 的混合色。

因此,当溶液的 pH 值由 $\text{p}K_{\text{HIn}} - 1$ 变化到 $\text{p}K_{\text{HIn}} + 1$,就能明显地看到指示剂由酸式色变为碱式色。所以,pH=$\text{p}K_{\text{HIn}} \pm 1$ 就是指示剂变色的 pH 值范围,即指示剂变色范围。但由于人眼对不同颜色的辨别能力不同,指示剂的实际变色范围会稍有变化。

如甲基橙 $\text{p}K_{\text{HIn}} = 3.4$,其变色范围应为 2.4~4.4。但实际上是 3.1~4.4。这是人眼对红色敏锐而对黄色不敏锐的缘故。同理可理解酚酞的实际变色范围是 8.0~9.6。

一些常用酸碱指示剂参见附表 6。

(三)影响指示剂变色范围的因素

1. 温度

因为温度影响 K_{HIn} 和 K_w，因而影响变色范围。所以酸碱滴定应在室温下进行，有必要加热煮沸时，最好将溶液冷却后再滴定。

2. 溶剂

不同溶剂中指示剂的 K_{HIn} 值不同，因而影响变色范围。

由于不同溶剂的介电常数不同，直接影响指示剂的离解，而使指示剂的变色范围发生很大改变。在水溶液中滴定时，有时为了某种需要而加入一些与水混溶的有机溶剂，也会影响指示剂的变色范围。

3. 盐类

盐类的存在，一是影响指示剂颜色的深度，这是由于盐类具有吸收不同波长光波的性质所引起的，指示剂颜色深度的改变，势必影响指示剂变色的敏锐性；二是增加了溶液的离子强度，从而影响指示剂的离解常数。

一般说来，电解质的存在使酸性指示剂的变色范围向 pH 值较低的方向移动，碱性指示剂则向 pH 值较高的方向移动。

4. 指示剂的用量

指示剂用量的影响可分两个方面：(1) 指示剂用量过多会使终点颜色变化不明显，且指示剂本身也会多消耗一些滴定剂，从而带来误差；(2) 指示剂用量改变，会引起单色指示剂变色范围移动。

如酚酞，其酸式 HIn 是无色的，碱式 In⁻ 是红色的。在一定体积的溶液中，人眼感觉到酚酞的 In⁻ 颜色时，其最低浓度为一定值。设酚酞浓度为 c_{HIn}，能感觉到 In⁻ 颜色时的最低浓度为 [In⁻]，则

$$[\text{In}^-] = \delta_{\text{In}^-} c_{HIn} = c_{HIn} \frac{K_{HIn}}{[\text{H}^+] + K_{HIn}}$$

可见，当 c_{HIn} 改变时，[H⁺]也必须改变，以保持[In⁻]不变，即 c_{HIn} 升高，[H⁺]也升高，也就是说，对这类单色指示剂用量过多时其变色范围向 pH 值低的方向发生移动。

(四)混合指示剂

在一些酸碱滴定中，如某些弱酸碱的滴定，化学计量点前后 pH 值的改变很小，需要把滴定终点限制在很窄的 pH 值范围内，以达到一定的准确度。单一指示剂的变色范围约 2 个 pH 值单位，而且目测终点还有 0.3 个 pH 值单位出入，这就难以达到要求，这时可采用混合指示剂。

从附表 6 中可看出，单色指示剂的变色范围一般都较宽，不易辨别颜色变化。混合指示剂则有变色范围窄，变色明显等优点。

混合指示剂是利用颜色互补的原理使终点观测明显，按其原理分为两类。一类是由两种酸碱指示剂混合，由于颜色互补使变色范围变窄，颜色变化敏锐。例如，甲酚红(pH7.2～8.8，黄—红)和百里酚蓝(pH8.0～9.6，黄—蓝)按 1：3 混合，其变色范围为 pH8.2(粉红)～8.4(紫)。另一类是由一种酸碱指示剂与一种惰性染料相混合，后者非酸碱指示剂(颜色不随 pH 值变化)，由于颜色互补使变色敏锐，但其变色范围并不变。例如，甲基橙(pH3.1～4.4，红—黄)与靛蓝磺酸钠(蓝色)混合后，pH≤3.1 时为紫色(红＋蓝)，pH＝4.4 时为灰色，pH≥4.4

时为绿色(黄＋蓝)，颜色变化很敏锐。

一些常用的混合酸碱指示剂列于附表7。

二、滴定曲线

为了选择合适的酸碱指示剂指示终点，就必须了解滴定过程中，尤其是化学计量点前后溶液 pH 值的变化情况，以确保滴定误差控制在允许的范围内。溶液 pH 值随滴定剂加入量的变化规律，可用滴定曲线来描述。

(一)强酸(碱)的滴定

现以强碱(NaOH 溶液)滴定强酸(HCl 溶液)为例讨论。

设 HCl 的浓度 c_0 为 0.1000 mol·L^{-1}，体积 V_0 为 20.00 mL；NaOH 的浓度 c 为 0.1000 mol·L^{-1}，滴定时，加入的体积为 V mL

1. 滴定前

$$[H^+] = c_0 = 0.1000\ \text{mol·}L^{-1}$$
$$pH = 1.00$$

2. 滴定开始至化学计量点前，HCl 有剩余，则

$$[H^+] = \frac{V_0 - V}{V_0 + V} c_0$$

当 $V = 18.00$ mL 时，$[H^+] = \dfrac{20.00 - 18.00}{20.00 + 18.00} \times 0.1000 = 5.3 \times 10^{-3}$ (mol·L^{-1})

$$pH = 2.28$$

同理当 $V = 19.98$ mL 时，pH=4.3。

3. 化学计量点时

产物为 NaCl，这时，由电荷平衡可知

$$[H^+] + [Na^+] = [Cl^-] + [OH^-]$$
$$[H^+] = [OH^-]$$
$$pH = 7.00$$

4. 化学计量点后

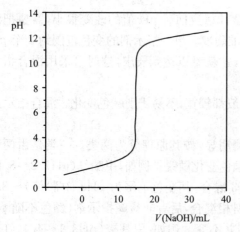

图 3-2 0.1000 mol·L^{-1}NaOH 滴定
0.1000 mol·L^{-1}HCl 的滴定曲线

NaOH 过量，则 $[OH^-] = \dfrac{V - V_0}{V + V_0} c$

当 $V = 20.02$ mL 时，

$$[OH^-] = \frac{20.02 - 20.00}{20.02 + 20.00} \times 0.1000$$
$$= 5 \times 10^{-5} (\text{mol·}L^{-1})$$
$$pOH = 4.3$$
$$pH = 9.7$$

如此类推，可算出一系列值。若以加入的体积为横坐标。以其相应的 pH 值为纵坐标，可得下面的滴定曲线(图 3-2)。

曲线刚开始时变化不大，这是因为 HCl 浓度较大，HCl 本身就是缓冲剂，加入少量 NaOH

对 pH 值影响不大；快到化学计量点时，HCl 浓度已减到很少，失去缓冲能力，于是 pH 值发生突跃；但 NaOH 过量较多时，NaOH 本身也是缓冲剂，曲线又变得平坦。

从图中可看出，在化学计量点前后，从滴定不足 0.1% 到过量 0.1%，溶液的 pH 值从 4.3 变化到 9.7，变化 5.4 个单位，形成滴定曲线中的"突跃"部分。相对误差 ±0.1% 范围内溶液的 pH 值之变化，在分析化学中称为滴定的 pH 值突跃范围，简称突跃范围。指示剂的选择主要是以此为依据。显然，最理想的指示剂应该恰好在化学计量点变色。但实际上，凡在 pH4.3～9.7 以内变色的指示剂，都可保证测定有足够的准确度。因此，甲基红（pH4.4～6.2）、酚酞（pH8.6～9.6）和甲基橙（pH3.1～4.4）均可用。

反过来，如果改用 0.1 mol·L⁻¹HCl 滴定 0.1 mol·L⁻¹ 的 NaOH，滴定曲线的开头与前图成镜面对称。此时，酚酞和甲基红都可作指示剂。但如果用甲基橙作指示剂，从黄色滴到橙色（pH=4.0），将有 ±0.2% 以上的误差，需要校正。

必须指出，滴定突跃范围的大小与溶液的浓度有关。浓度越大，滴定突跃范围越宽，如图 3-3 所示。

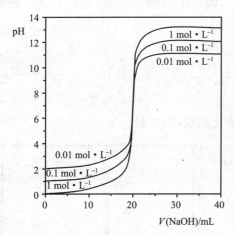

图 3-3　强碱滴定不同浓度强酸时的滴定曲线

(二)一元弱酸(碱)的滴定

1. 滴定曲线的计算

弱酸或弱碱通常用强碱或强酸来滴定。现以 NaOH 滴定 HAc 为例，讨论强碱滴定弱酸时滴定曲线的计算和指示剂的选择。

设 NaOH 浓度 c 为 0.1000 mol·L⁻¹，加入的 NaOH 体积为 V mL；HAc 浓度 c_0 为 0.1000 mol·L⁻¹，HAc 的体积为 20.00 mL，HAc 的离解常数为 K_a。

(1) 滴定前

只有 HAc，又因为 $K_a c_0 > 20 K_w$，$c_0/K_a > 400$

$$[H^+] = \sqrt{K_a c_0} = \sqrt{1.8 \times 10^{-5} \times 0.1000} = 1.34 \times 10^{-3}(\text{mol·L}^{-1})$$
$$pH = 2.87$$

(2) 滴定开始至化学计量点前

体系为 HAc-NaAc，当 Ac⁻ 浓度不是很小时，可用缓冲溶液最简式计算

$$pH = pK_a + \log \frac{c(\text{Ac}^-)}{c(\text{HAc})}$$

$$c(\text{Ac}^-) = \frac{V}{V_0 + V} c, \quad c(\text{HAc}) = \frac{c_0 V_0 - cV}{V_0 + V}$$

因 $c = c_0$，故

$$\text{pH} = \text{p}K_a + \log \frac{V}{V_0 - V}$$

当 $V = 19.98$ mL 时，$\text{pH} = \text{p}K_a + \log \dfrac{19.98}{20.00 - 19.98} = 7.7$

（3）化学计量点时

产物为 NaAc，由于等浓度滴定，这时溶液的体积增加了一倍，其浓度（c^{sp}）为 0.05000 mol·L^{-1}，Ac$^-$ 的 K_b 为 5.6×10^{-10}。因 $K_b c^{sp} > 20 K_w$，$c^{sp} > 400 K_b$

$$[\text{OH}^-] = \sqrt{K_b c^{sp}} = \sqrt{5.6 \times 10^{-10} \times 0.050} = 5.3 \times 10^{-10} (\text{mol·L}^{-1})$$
$$\text{pH} = 8.72$$

（4）化学计量点后

溶液体系为 Ac$^-$＋OH$^-$，因 NaOH 滴入过量，抑制了 Ac$^-$ 的水解，溶液的 pH 值决定于过量 NaOH 浓度。

如当 $V = 20.02$ mL 时

$$[\text{OH}^-] = \frac{20.02 - 20.00}{20.02 + 20.00} \times 0.1000 = 5 \times 10^{-5} (\text{mol·L}^{-1})$$
$$\text{pH} = 9.7$$

如此逐一计算，并以此绘制滴定曲线（图 3-4）。

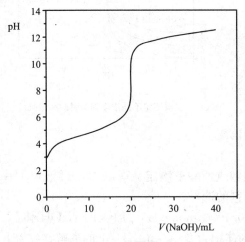

图 3-4　0.1000 mol·L^{-1} NaOH 滴定 0.1000 mol·L^{-1} HAc 的滴定曲线

2. 滴定曲线的特点

（1）NaOH-HAc 滴定曲线的起点比 NaOH-HCl 滴定曲线高，因 HAc 离解度比等浓度的 HCl 小。

（2）滴定开始后，NaOH-HAc 滴定曲线的坡度比 NaOH-HCl 滴定曲线更倾斜，这是因为 HAc 的离解度小，一旦滴入 NaOH 后，部分的 HAc 被中和生成 NaAc，由于 Ac$^-$ 的同离子效应，使 HAc 的离解度更加变小，因而 H$^+$ 浓度迅速降低，pH 值增大。

（3）当继续滴入 NaOH 时，由于 NaAc 的不断生成，在构成 NaAc-HAc 缓冲体系后，pH 值增加缓慢。因此，这一段曲线较为平坦。

（4）接近化学计量点时，由于溶液中 HAc 已很少，溶液的缓冲作用减弱。所以继续滴入 NaOH 时，溶液 pH 值的变化速度又逐渐加快。直到化学计量点时，由于 HAc 浓度急剧减小，使溶液的 pH 值发生突变。

（5）化学计量点后，都是过量的 NaOH 影响溶液的 pH 值，NaOH-HAc 和 NaOH-HCl 两条曲线吻合。

由于上述原因，NaOH-HAc 滴定曲线的 pH 值突跃范围（7.7～9.7）较 NaOH-HCl 的pH 值突跃范围（4.3～9.7）小得多，所以能用的指示剂也较少，如酚酞可用。而且，弱酸、弱碱的滴定曲线其突跃范围不仅与浓度 c 有关，还与被滴定的酸或碱的 $K_a(K_b)$ 有关。$K_a c(K_b c)$ 越大，突跃范围越宽；当 $K_a c(K_b c)$ 很小时，已没有明显的突跃了，如图 3-5 和图 3-6 所示。

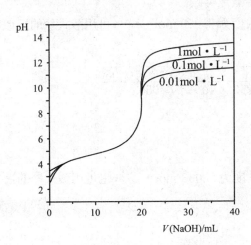

图 3-5　强碱滴定不同浓度醋酸时滴定曲线

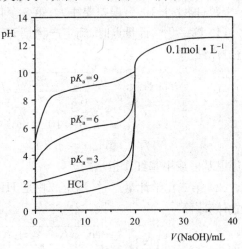

图 3-6　强碱滴定不同强度酸时的滴定曲线

3. 滴定弱酸、弱碱可行性的判断

如用指示剂来检测终点，要求滴定终点的误差≤0.1％，这就要求滴定到化学计量点前后 0.1％时，人眼要能借助指示剂的变色准确判断出来。但要使人眼判断正确，溶液的 pH 值变化一般要在 0.2 单位以上。所以保证化学计量点附近相差 0.1％时有 0.2 单位 pH 值的变化，是用指示剂准确滴定的最低要求。当然，如采用某些分析仪器来判断终点，要求的 pH 值变化范围可以更小一些。

经推算，$K_a c^{sp} \geq 10^{-8}$ 或 $K_b c^{sp} \geq 10^{-8}$ 是一元弱酸、弱碱能被准确滴定的条件，c^{sp} 是被滴溶液在化学计量点时的分析浓度。

若一元弱酸、弱碱不能满足上述条件，有时也可通过下列适当的方法来达到能准确滴定的目的：

（1）改变检测终点的方法。如用电位滴定仪等。

（2）改变溶剂。如苯酚 $K_a = 1.1 \times 10^{-10}$，在水溶液中不能准确滴定；但在二乙胺中可准确滴定，这种在非水溶液中的滴定称非水滴定。

（3）利用化学反应。如 H_3BO_3（$K_a = 5.7 \times 10^{-10}$），加入甘露醇后，生成稳定的配合物，大大提高了 H_3BO_3 的离解常数，从而可准确滴定。

（三）多元酸（碱）的滴定

对多元酸，采用 NaOH 滴定时，终点误差大小还取决于 K_{a_1} 和 K_{a_2} 比值大小。现以二元弱酸 H_2B 为例，设 H_2B 两级离解常数分别为 K_{a_1} 和 K_{a_2}，若 $K_{a_1}/K_{a_2} \geqslant 10^6$ 时，终点误差可控制在 $\pm 0.1\%$ 以内；若 $K_{a_1}/K_{a_2} \geqslant 10^5$ 时，终点误差可控制在 $\pm 0.3\%$ 以内。对多元酸碱或复杂的体系，误差可适当放宽一些。

如 $0.100\ mol \cdot L^{-1}$ NaOH 滴定 $20.00\ mL$ $0.10\ mol \cdot L^{-1}$ H_3PO_4，对 H_3PO_4

$$c^{sp_1}K_{a_1} = 0.050 \times 7.5 \times 10^{-3} > 10^{-8} \qquad\qquad 10^6 > K_{a_1}/K_{a_2} > 10^5$$

$$c^{sp_2}K_{a_2} = 0.033 \times 6.3 \times 10^{-8} = 0.23 \times 10^{-8} < 10^{-8} \qquad 10^6 > K_{a_1}/K_{a_2} > 10^5$$

$$c^{sp_3}K_{a_3} = 0.025 \times 4.4 \times 10^{-13} < 10^{-8}$$

可见，用 NaOH 滴定 H_3PO_4 在第 1 和第 2 化学计量点形成两个突跃，即可分步滴定，但因 $c^{sp_2}K_{a_2}$ 略小于 10^{-8}，误差要略大；第 3 个化学计量点无突跃。

（1）第一化学计量点时，滴定产物是 $H_2PO_4^-$，浓度为 $0.050\ mol \cdot L^{-1}$，可用酸式盐的近似式计算 $[H^+]$

$$[H^+]_{sp_1} = \sqrt{\frac{K_{a_1}K_{a_2}c^{sp_1}}{K_{a_1} + c^{sp_1}}} = \sqrt{\frac{7.5 \times 10^{-3} \times 6.3 \times 10^{-8} \times 0.050}{7.5 \times 10^{-3} + 0.050}}$$

$$= 2.0 \times 10^{-5} (mol \cdot L^{-1})$$

$$pH_{sp_1} = 4.70$$

可用甲基橙或甲基红作指示剂。

（2）第二化学计量点时，滴定产物是 HPO_4^{2-}，浓度为 $0.033\ mol \cdot L^{-1}$，也可用酸式盐的近似式计算 $[H^+]$

$$[H^+]_{sp_2} = \sqrt{\frac{K_{a_2}(K_{a_3}c^{sp_2} + K_w)}{c^{sp_2}}}$$

$$= \sqrt{\frac{6.3 \times 10^{-8} \times (4.4 \times 10^{-13} \times 0.033 + 1.0 \times 10^{-14})}{0.033}}$$

$$= 2.2 \times 10^{-10} (mol \cdot L^{-1})$$

$$pH_{sp_2} = 9.66$$

可选酚酞或百里酚酞作指示剂。

多元碱用强酸滴定时，其情况与多元酸的滴定相似。例如用 HCl 滴定 $0.10\ mol \cdot L^{-1}$ Na_2CO_3 溶液，其 $c^{sp_1}K_{b_1} = 0.050 \times 1.8 \times 10^{-4} > 10^{-8}$，$c^{sp_2}K_{b_2} = 0.033 \times 2.4 \times 10^{-8} < 10^{-8}$，$K_{b_1}/K_{b_2} \approx 10^4$。因此其第一级电离的 OH^- 可被滴定，并在第一化学计量点附近形成突跃。第一化学计量点时，因为 $K_{b_2}c^{sp_1} > 20K_w$，$c^{sp_1} > 20K_{b_1}$，可用最简式

$$[OH^-] = \sqrt{K_{b_1}K_{b_2}} = \sqrt{1.8 \times 10^{-4} \times 2.4 \times 10^{-8}} = 2.1 \times 10^{-6} (mol \cdot L^{-1})$$

$$pH = 8.32$$

可用酚酞作指示剂。但由于 K_{b_1}/K_{b_2} 不够大，加之 $NaHCO_3$ 的缓冲作用，突跃不明显。为能准确判断第一终点，常用 $NaHCO_3$ 作参比溶液，或使用酚红—百里酚蓝混合指示剂。

Na_2CO_3 第二级离解的 OH^-，虽可被滴定，但由于 K_{b_2} 不够大，滴定也不理想。第二化学计量点时溶液是 CO_2 的饱和溶液，H_2CO_3 的浓度约为 $0.040\ mol \cdot L^{-1}$，因为 H_2CO_3 的 K_{a_2} 远

小于 K_{a_1}，可按一元酸来处理。又因为 $K_{a_1}c > 20K_w$，$c/K_{a_1} > 400$，所以可用最简式

$$[H^+] = \sqrt{K_{a_1}c} = \sqrt{4.2 \times 10^{-7} \times 0.040} = 1.3 \times 10^{-4}(mol \cdot L^{-1})$$

$$pH = 3.89$$

可用甲基橙作指示剂。

（四）混合酸（碱）的滴定

现以 NaOH 滴定 HA 和 HB 为例。若 HA 和 HB 均为强酸，滴定曲线仅有一个突跃，测定的是两者的合量。若其中一个是强酸，另一个是弱酸，且满足 $cK_a \geq 10^{-8}$，则滴定曲线有两个突跃，测定的是两者的分量，即可以分别滴定；而当弱酸 $cK_a < 10^{-8}$，只有一个突跃，仅能测定强酸。若两者均是弱酸，且均满足 $cK_a \geq 10^{-8}$，$c_{HA}K_{HA}/c_{HB}K_{HB} \geq 10^6$，则测量的也是两者的分量；若其中一个弱酸 $cK_a < 10^{-8}$，则只能测定其中一个分量。

如 $0.1000\ mol \cdot L^{-1}$ NaOH 滴定 $0.1000\ mol \cdot L^{-1}$ HCl 和 $0.200\ mol \cdot L^{-1}$ H_3BO_3 的混合溶液，因为 H_3BO_3 的酸性很弱，用 NaOH 滴定 HCl 时，不干扰；所以滴定的产物应为 $NaCl + H_3BO_3$。化学计量点的 pH 值可用弱酸的公式计算。

化学计量点时，H_3BO_3 的浓度为 $0.1000\ mol \cdot L^{-1}$，$c/K_a > 400$，$cK_a > 20K_w$，可用最简式

$$[H^+]_{sp} = \sqrt{K_ac} = \sqrt{5.8 \times 10^{-10} \times 0.10} = 7.6 \times 10^{-6}(mol \cdot L^{-1})$$

$$pH_{sp} = 5.12$$

可用甲基红作指示剂。

三、终点误差

在酸碱滴定中，一般采用指示剂来确定终点。但是，滴定的终点与滴定的化学计量点往往不一致，这就造成了滴定误差，我们也把这种误差称为"终点误差"，它不包括滴定操作本身所引起的误差。可用下式定义终点误差 E_t

$$E_t = \frac{过量（或不足）OH^-（或 H^+）的量}{被滴的 H^+（或 OH^-）的总量} \times 100\% \tag{3-55}$$

（一）强酸（碱）的滴定

设用浓度为 $c\ mol \cdot L^{-1}$ 的 NaOH 滴定浓度为 $c_0\ mol \cdot L^{-1}$，体积为 $V_0\ mL$ 的 HCl，化学计量点时，用去 NaOH 的体积为 $V_{sp}\ mL$，则 $c_0V_0 = cV_{sp}$；如果滴定至终点时，用去 NaOH 的体积为 $V_{ep}\ mL$，$c_0V_0 \neq cV_{ep}$，从而产生终点误差。

设终点时过量的 NaOH 的浓度为 $\Delta c_{ep}\ mol \cdot L^{-1}$（若不足，$\Delta c_{ep} < 0$），根据质子平衡方法

$$[H^+]_{ep} + \Delta c_{ep} = [OH^-]_{ep}$$

$$\Delta c_{ep} = [OH^-]_{ep} - [H^+]_{ep}$$

根据终点误差定义

$$E_t = \frac{\Delta c_{ep}(V_{ep}+V_0)}{c_0V_0} \times 100\% = \frac{\Delta c_{ep}}{c_0\dfrac{V_0}{V_{ep}+V_0}} \times 100\%$$

$$= \frac{[OH^-]_{ep} - [H^+]_{ep}}{c^{sp}(HCl)} \times 100\% \tag{3-56}$$

$E_t > 0$ 为正误差，$E_t < 0$ 为负误差。

同理，强酸滴强碱（NaOH）的终点误差

$$E_t = \frac{[H^+]_{ep} - [OH^-]_{ep}}{c^{sp}(NaOH)} \times 100\% \tag{3-57}$$

（二）一元弱酸(碱)的滴定

设用浓度为 c mol·L^{-1} 的 NaOH 滴定浓度为 c_0 mol·L^{-1}，体积为 V_0 mL 的弱酸 HB，终点时用去 NaOH 的体积为 V_{ep} mL，其过量的浓度为 Δc_{ep} mol·L^{-1}，则

$$\Delta c_{ep} + [HB]_{ep} + [H^+]_{ep} = [OH^-]_{ep}$$

$$\Delta c_{ep} = [OH^-]_{ep} - [HB]_{ep} - [H^+]_{ep}$$

此时，终点误差为

$$E_t = \frac{\Delta c_{ep}}{c_0 \dfrac{V_0}{V_{ep}+V_0}} \times 100\% = \frac{[OH^-]_{ep} - [HB]_{ep} - [H^+]_{ep}}{c_{HB}^{sp}} \times 100\% \tag{3-58}$$

$E_t > 0$ 为正误差，$E_t < 0$ 为负误差。

同理，强酸滴弱碱(B)的终点误差为

$$E_t = \frac{[H^+]_{ep} - [B^-]_{ep} - [OH^-]_{ep}}{c_B^{sp}} \times 100\% \tag{3-59}$$

例 3-13　用 0.1000 mol·L^{-1} HCl 滴定 0.1000 mol·L^{-1} NH_3，(1) 计算化学计量点时的 pH 值；(2) 若用甲基红作指示剂($pH_{ep}=5.0$)，终点误差是多少？

解　(1) 化学计量点时的产物是 NH_4Cl(弱酸)，$c=0.050$ mol·L^{-1}

$K'_a = K_w/K_b = 1.0 \times 10^{-14}/1.8 \times 10^{-5} = 5.6 \times 10^{-10}$，$c/K'_a > 400$，$K'_a c > 20K_w$，可用最简式

$$[H^+]_{sp} = \sqrt{K'_a c^{sp}} = \sqrt{5.6 \times 10^{-10} \times 0.050} = 5.3 \times 10^{-6}(mol \cdot L^{-1})$$

$$pH_{sp} = 5.28$$

(2) 设终点时过量 HCl 浓度为 Δc_{ep}，则终点时的质子条件为

$$[H^+]_{ep} = [NH_3]_{ep} + [OH^-]_{ep} + \Delta c_{ep}$$

即为

$$\Delta c_{ep} = -[NH_3]_{ep} + [H^+]_{ep} - [OH^-]_{ep}$$

因 $[H^+]_{ep} = 1.0 \times 10^{-5}$，故 $[OH^-]_{ep} = 1.0 \times 10^{-9}$

$$[NH_3]_{ep} = \frac{[OH^-]_{ep}}{[OH^-]_{ep} + K_b} c^{sp}(NH_3) = \frac{1.0 \times 10^{-9}}{1.0 \times 10^{-9} + 1.8 \times 10^{-5}} \times 0.050$$

$$= 2.8 \times 10^{-6}(mol \cdot L^{-1})$$

$$E_t = \frac{\Delta c_{ep}}{c^{sp}(NH_3)} \times 100\% = \frac{-[NH_3]_{ep} - [OH^-]_{ep} + [H^+]_{ep}}{c^{sp}(NH_3)} \times 100\%$$

$$= \frac{-2.8 \times 10^{-6} - 1.0 \times 10^{-9} + 1.0 \times 10^{-5}}{0.050} \times 100\% = 0.02\%$$

（三）多元酸(碱)的滴定

以 0.1000 mol·L^{-1} NaOH 滴定 20.00 mL 0.1000 mol·L^{-1} H_3PO_4 为例。

(1) 第一个化学计量点时，产物 $H_2PO_4^-$，浓度为 0.050 mol·L^{-1}，$pH_{sp_1} = 4.70$(见多元酸滴定曲线计算部分)。

第一个化学计量点时的质子条件为

$$[H^+]_{sp_1} + [H_3PO_4]_{sp_1} = [HPO_4^{2-}]_{sp_1} + 2[PO_4^{3-}]_{sp_1} + [OH^-]_{sp_1}$$

因为 $pH_{sp_1} = 4.70$，故 $[PO_4^{3-}]_{sp_1}$ 和 $[OH^-]_{sp_1}$ 可忽略

$$[H^+]_{sp_1} + [H_3PO_4]_{sp_1} \approx [HPO_4^{2-}]_{sp_1}$$

第一个滴定终点时，设过量 NaOH 浓度为 Δc_{ep_1}，则质子条件为

$$\Delta c_{ep_1} = [HPO_4^{2-}]_{ep_1} - [H^+]_{ep_1} - [H_3PO_4]_{ep_1}$$

于是
$$E_t = \frac{\Delta c_{ep_1}}{c^{sp_1}(H_3PO_4)} \times 100\%$$

$$= \frac{[HPO_4^{2-}]_{ep_1} - [H^+]_{ep_1} - [H_3PO_4]_{ep_1}}{c^{sp_1}(H_3PO_4)} \times 100\%$$

若用甲基橙作指示剂，$pH_{ep_1} = 4.4$

$$[H^+]_{ep_1} = 4.0 \times 10^{-5} \text{ mol} \cdot L^{-1}$$

而
$$[HPO_4^{2-}]_{ep_1} = \frac{K_{a_2}[H_2PO_4^-]_{ep_1}}{[H^+]_{ep_1}}$$

其中
$$[H_2PO_4^-]_{ep_1} \approx c^{sp_1}(H_3PO_4)$$

则
$$[HPO_4^{2-}]_{ep_1} = \frac{K_{a_2} c^{sp_1}(H_3PO_4)}{[H^+]_{ep_1}}$$

同理
$$[H_3PO_4]_{ep_1} = \frac{[H^+]_{ep_1} c^{sp_1}(H_3PO_4)}{K_{a_1}}$$

所以
$$E_t = \left(\frac{K_{a_2}}{[H^+]_{ep_1}} - \frac{[H^+]_{ep_1}}{c^{sp_1}(H_3PO_4)} - \frac{[H^+]_{ep_1}}{K_{a_1}} \right) \times 100\%$$

$$= \left(\frac{6.3 \times 10^{-8}}{4.0 \times 10^{-5}} - \frac{4.0 \times 10^{-5}}{0.050} - \frac{4.0 \times 10^{-5}}{7.5 \times 10^{-3}} \right) \times 100\%$$

$$= -0.45\%$$

(2) 第二个化学计量点时，产物是 HPO_4^{2-}，其浓度为 $0.033 \text{ mol} \cdot L^{-1}$，$pH_{sp_2} = 9.66$。

$$[H^+]_{sp_2} + [H_2PO_4^-]_{sp_2} + 2[H_3PO_4]_{sp_2} = [OH^-]_{sp_2} + [PO_4^{3-}]_{sp_2}$$

溶液为碱性，$[H^+]_{sp_2}$、$[H_3PO_4]_{sp_2}$ 可省略，所以

$$[H_2PO_4^-]_{sp_2} = [OH^-]_{sp_2} + [PO_4^{3-}]_{sp_2}$$

第二个滴定终点时，设过量 NaOH 浓度为 Δc_{ep_2}，同前推导可知

$$\Delta c_{ep_2} = [OH^-]_{ep_2} + [PO_4^{3-}]_{ep_2} - [H_2PO_4^-]_{ep_2}$$

$$E_t = \frac{[OH^-]_{ep_2} + [PO_4^{3-}]_{ep_2} - [H_2PO_4^-]_{ep_2}}{2c^{sp_2}(H_3PO_4)} \times 100\%$$

$$[PO_4^{3-}]_{ep_2} = \frac{K_{a_3} c^{sp_2}(H_3PO_4)}{[H^+]_{ep_2}}$$

$$[H_2PO_4^-]_{ep_2} = \frac{[H^+]_{ep_2} c^{sp_2}(H_3PO_4)}{K_{a_2}}$$

若用百里酚酞作指示剂($pH_{ep_2} = 10.0$)，则终点误差

$$E_t = \frac{1}{2} \left(\frac{[OH^-]_{ep_2}}{c^{sp_2}(H_3PO_4)} + \frac{K_{a_3}}{[H^+]_{ep_2}} - \frac{[H^+]_{ep_2}}{K_{a_2}} \right) \times 100\%$$

$$= \frac{1}{2} \left(\frac{1.0 \times 10^{-4}}{0.033} + \frac{4.4 \times 10^{-13}}{1.0 \times 10^{-10}} - \frac{1.0 \times 10^{-10}}{6.3 \times 10^{-8}} \right) \times 100\% = 0.29\%$$

(四)混合酸(碱)的滴定

现以 $0.1000 \text{ mol} \cdot L^{-1}$ NaOH 滴定 $0.1000 \text{ mol} \cdot L^{-1}$ HCl 和 $0.2000 \text{ mol} \cdot L^{-1}$ H_3BO_3 的

混合溶液为例。化学计量点时,H_3BO_3 的浓度为 $0.1000\ mol \cdot L^{-1}$,$pH_{sp} = 5.12$,滴定产物是 $NaCl + H_3BO_3$。

若用甲基红指示剂,$pH_{ep} = 5.00$,这时的质子条件为

$$\Delta c_{ep} = [H_2BO_3^-]_{ep} + [OH^-]_{ep} - [H^+]_{ep}$$

溶液偏酸性,$[OH^-]_{ep}$ 可忽略,所以

$$E_t = \frac{[H_2BO_3^-]_{ep} - [H^+]_{ep}}{c^{sp}(HCl)} \times 100\%$$

其中

$$[H^+]_{ep} = 1.0 \times 10^{-5} (mol \cdot L^{-1})$$

$$[H_2BO_3^-]_{ep} = \frac{K_a c^{sp}(H_3BO_3)}{[H^+]_{ep} + K_a}$$

$$= \frac{5.8 \times 10^{-10} \times 0.10}{1.0 \times 10^{-5} + 5.8 \times 10^{-10}} = 5.8 \times 10^{-6} (mol \cdot L^{-1})$$

$$E_t = \frac{5.8 \times 10^{-6} - 1.0 \times^{-5}}{0.050} \times 100\% = -0.01\%$$

第六节　酸碱滴定法的应用

一、酸碱标准溶液的配制和标定

(一)酸标液

常用的酸标液是 HCl 溶液,有时也可用 H_2SO_4。HNO_3 有氧化性和腐蚀性,因而一般不用。大多数的氯化物易溶于水,且不干扰滴定,反应简单。另外,稀盐酸的稳定性也较好。

用于标定酸的基准物质:

1. 无水碳酸钠(Na_2CO_3)

pH 值突跃范围 5.0～3.5,可用甲基橙和甲基红等作指示剂。

2. 硼砂($Na_2B_4O_7 \cdot 10H_2O$)

设用 $0.1000\ mol \cdot L^{-1}$ HCl 滴定 $0.05000\ mol \cdot L^{-1}$ $Na_2B_4O_7 \cdot 10H_2O$,因为 $Na_2B_4O_7 \cdot 10H_2O$ 在水中会发生水解

$$B_4O_7^{2-} + 5H_2O \rightleftharpoons 2H_3BO_3 + 2H_2BO_3^-$$

用 HCl 溶液滴定时　　　　　　　　$H^+ + H_2BO_3^- \rightleftharpoons H_3BO_3$

所以化学计量点时　　　　　　$c^{sp}(H_3BO_3) = 0.1000\ mol \cdot L^{-1}$

$$[H^+]_{sp} = \sqrt{K_a c^{sp}(H_3BO_3)} = \sqrt{5.8 \times 10^{-10} \times 0.10} = 7.6 \times 10^{-6} (mol \cdot L^{-1})$$

$$pH_{sp} = 5.12$$

可用甲基红作指示剂。

(二)碱标液

常用的碱标液是 NaOH 标准溶液,因 NaOH 比 KOH 便宜。NaOH 标准溶液一般用塑料瓶装。

NaOH 易吸收 CO_2、易潮解,需常标定。用于碱标定的常用的基准物质为 $KHC_8H_4O_4$

$(pH_{sp}=9.10)$，可用酚酞作指示剂；$H_2C_2O_4 \cdot 2H_2O(pH_{sp}=8.4)$，可用酚酞作指示剂。

二、应用

（一）直接滴定法

若被测的物质满足 $c^{sp}K_a$ 或 $c^{sp}K_b \geqslant 10^{-8}$，则可直接滴定。

1. 烧碱中 NaOH 和 Na_2CO_3 含量测定

（1）双指示剂法。该法是采用两种不同的指示剂，得到两个终点。首先，在样品溶液中加入酚酞指示剂，用浓度为 c mol·L^{-1} HCl 标准溶液滴到溶液刚从红色变为无色，记下消耗的 HCl 溶液的体积 V_1 mL；再加入甲基橙指示剂，溶液呈黄色，继续用 HCl 标准溶液滴到刚变橙色，记下消耗的 HCl 溶液的体积 V_2 mL；最后，由试样质量 m_s 以及 V_1 和 V_2，计算各成分的含量。

$$w(Na_2CO_3)/\% = \frac{cV_2M(Na_2CO_3)}{1000m_s} \times 100 \tag{3-60}$$

$$w(NaOH)/\% = \frac{c(V_1-V_2)M(NaOH)}{1000m_s} \times 100 \tag{3-61}$$

由上述所知，体系的组成为 $NaOH$-Na_2CO_3 时，$V_1 > V_2 > 0$。

（2）氯化钡法。该法也是采用两种不同指示剂，但需用两份相同的溶液。先在一份溶液中加入甲基橙指示剂，用 c mol·L^{-1} HCl 标准溶液滴定至甲基橙刚变色，记下消耗的 HCl 溶液体积 V_1 mL；另取一份溶液加入氯化钡后，再加入酚酞作指示剂，用 HCl 标准溶液滴定至无色，记下消耗的 HCl 溶液的体积 V_2 mL。最后，根据 V_1 和 V_2，计算各成分的含量。

$$w(NaOH)/\% = \frac{cV_2M(NaOH)}{1000m_s} \times 100 \tag{3-62}$$

$$w(Na_2CO_3)/\% = \frac{c(V_1-V_2)M(Na_2CO_3)}{2000m_s} \times 100 \tag{3-63}$$

式中，m_s 为每份溶液中所含的样品的质量。

2. 纯碱中 Na_2CO_3 和 $NaHCO_3$ 含量测定

（1）双指示剂法。将质量为 m_s 的样品制成溶液后，先在溶液中加入酚酞指示剂，用 c mol·L^{-1} HCl 标准溶液滴至刚变色，记下消耗的 HCl 溶液的体积 V_1 mL；再加入甲基橙指示剂，用 HCl 标准溶液滴至颜色由黄变橙，记下消耗的 HCl 溶液的体积 V_2。由此来计算纯碱中 Na_2CO_3 和 $NaHCO_3$ 含量。

$$w(Na_2CO_3)/\% = \frac{cV_1M(Na_2CO_3)}{1000m_s} \times 100 \tag{3-64}$$

$$w(NaHCO_3)/\% = \frac{c(V_2-V_1)M(NaHCO_3)}{1000.m_s} \times 100 \tag{3-65}$$

由上述可知，体系的组成为 $Na_2CO_3 + NaHCO_3$ 时，$V_2 > V_1 > 0$。

（2）氯化钡法。先取一份溶液，加入甲基橙指示剂，用 c mol·L^{-1} HCl 标准溶液滴至刚变橙色，记下消耗的 HCl 溶液的体积 V_1 mL；另取一份相同体积的试液，加入 V_2 mL 过量的 c' mol·L^{-1} NaOH 标准溶液，再加入过量的 $BaCl_2$ 溶液，加入酚酞作指示剂，用 HCl 标准溶液滴至无色，记下消耗的 HCl 的体积 V_3 mL。由此来计算纯碱中 Na_2CO_3 和 $NaHCO_3$ 含量。

$$w(NaHCO_3)/\% = \frac{(c'V_2 - cV_3)M(NaHCO_3)}{1000m_s} \times 100 \quad (3-66)$$

$$w(Na_2CO_3)/\% = \frac{[cV_1 - (c'V_2 - cV_3)]M(Na_2CO_3)}{2000m_s} \times 100 \quad (3-67)$$

式中 m_s 为每份溶液中所含的样品的质量。

例 3-14 称取含惰性杂质的两种碱的混合试样 1.200 g,溶于水后,用 0.5000 mol·L^{-1} 的 HCl 溶液滴至酚酞褪色,耗酸 30.00 mL,然后,加入甲基橙指示剂,用 HCl 溶液继续滴定至橙色出现,又耗酸 5.00 mL,问试样由哪两种成分组成(除惰性杂质外)? 各成分质量百分数为多少?

解 因为 $V_1 > V_2 > 0$ 所以组成为 NaOH 和 Na$_2$CO$_3$

$$w(Na_2CO_3)/\% = \frac{0.5000 \times 5.00 \times 106.0}{1000 \times 1.200} \times 100 = 22.1$$

$$w(NaOH)/\% = \frac{0.5000 \times (30.00 - 5.00) \times 40.00}{1000 \times 1.200} \times 100 = 41.68$$

(二)间接滴定法

有些弱酸或弱碱因 cK_a 或 cK_b 小于 10^{-8},如 H$_3$BO$_3$、NH$_4$Cl 等;有些弱酸或弱碱难溶于水,如 ZnO、SiO$_2$ 等;还有些物质不具有酸或碱的性质,但通过化学反应能释放出酸或碱。以上这几种情况都不能直接滴定,故需采用间接滴定法。

1. 铵盐中氮的测定

(1)蒸馏法。试样用浓 H$_2$SO$_4$ 分解,生成 (NH$_4$)$_2$SO$_4$,再加浓 NaOH,加热将 NH$_3$ 蒸馏出来,再用过量的 H$_3$BO$_3$ 吸收,然后用 HCl 标准溶液滴定,各步反应如下

$$NH_4^+ + OH^- \Longrightarrow NH_3 + H_2O$$

$$NH_3 + H_3BO_3 \Longrightarrow NH_4BO_2 + H_2O$$

$$HCl + NH_4BO_2 + H_2O \Longrightarrow NH_4Cl + H_3BO_3$$

H$_3$BO$_3$ 是极弱酸,过量的 H$_3$BO$_3$ 不影响 NH$_3$ 的滴定。化学计量点时 pH$_{sp}$=4.9,可用甲基红和溴甲酚绿混合指示剂(pH$_{ep}$=5.1),由绿色变为红色为终点。若 HCl 标准溶液的浓度为 c mol·L^{-1},消耗的体积为 V mL,氮的摩尔质量为 M_N,则

$$w(N)/\% = \frac{cVM_N}{1000m_s} \times 100 \quad (3-68)$$

式中, m_s 为试样的质量。也可用一定量过量的 HCl 标准溶液来吸收 NH$_3$,再用标准 NaOH 溶液滴定剩余的 HCl。

$$w(N)/\% = \frac{(cV - c'V')M_N}{1000m_s} \times 100 \quad (3-69)$$

式中, C、V 分别是 HCl 标准溶液的浓度和体积, c'、V' 分别是 NaOH 标准溶液的浓度和体积。

(2)甲醛法。在溶液中加入甲醛,它与 NH$_4^+$ 发生如下反应

$$4NH_4^+ + 6HCHO \Longrightarrow (CH_2)_6N_4H^+ + 3H^+ + 6H_2O$$

然后,用酚酞作指示剂,用 NaOH 标准溶液滴定。

$$w(N)/\% = \frac{cVM_N}{1000m_s} \times 100 \quad (3-70)$$

式中, c、V 分别是 NaOH 标准溶液的浓度和体积, m_s 为试样的质量。

若试样中有游离的酸,则需事先中和。此时,可用甲基红作指示剂;若用酚酞作指示剂,NH_4^+ 也将被中和。

2. 硅氟酸钾法测定硅

硅酸盐试样中 SiO_2 含量的测定,可采用重量法或硅氟酸钾滴定法,下面介绍硅氟酸钾法。

试样用 KOH 熔融,使其转化可溶性硅酸盐。硅酸盐在强酸性介质中与 KF 形成难溶的硅氟酸钾沉淀,反应如下

$$K_2SiO_3 + 6HF \Longrightarrow K_2SiF_6 \downarrow + 3H_2O$$

由于沉淀溶解度较大,沉淀时需加入一定量的固体 KCl 以降低其溶解度。用滤纸过滤,用氯化钾-乙醇溶液洗涤沉淀。然后将沉淀放入原烧杯中,加入氯化钾-乙醇溶液,以 NaOH 中和游离酸至酚酞变红。再加入沸水,使硅氟酸钾水解而释放出 HF。反应式为

$$K_2SiF_6 + 3H_2O \Longrightarrow 2KF + H_2SiO_3 + 4HF$$

立即用 NaOH 标准溶液滴定生成的 HF,根据消耗的 NaOH 标准溶液体积计算试样中 SiO_2 的含量。

$$w(SiO_2)/\% = \frac{cVM(SiO_2)}{1000m_s} \times 100 \tag{3-71}$$

式中,c、V 分别是 NaOH 标准溶液的浓度和体积,$M(SiO_2)$ 是 SiO_2 的摩尔质量,m_s 是试样的质量。

3. 酸碱滴定法测定磷

磷的测定可用酸碱滴定法。试样经处理后,将磷转化为 H_3PO_4,然后在硝酸介质中加入钼酸铵,使之生成黄色磷钼酸铵沉淀。其反应式

$$PO_4^{3-} + 12MoO_4^{2-} + 2NH_4^+ + 25H^+ \Longrightarrow (NH_4)_2H[PMo_{12}O_{40}] \cdot H_2O + 11H_2O$$

沉淀过滤后,用水洗涤(不用盐洗,因会造成组分变化)至沉淀不显酸性为止。将沉淀溶于一定量过量碱标准溶液中,然后以酚酞为指示剂,用 HNO_3 标准溶液返滴至红色褪去。其溶解和滴定的反应如下

$$(NH_4)_2H[PMo_{12}O_{40}] \cdot H_2O + 24OH^- \Longrightarrow HPO_4^{2-} + 12MoO_4^{2-} + 2NH_4^+ + 13H_2O$$

所以

$$w(P)/\% = \frac{(cV - c'V')\dfrac{M(P)}{24}}{1000m_s} \times 100 \tag{3-72}$$

式中,c、V 分别是 NaOH 标准溶液的浓度和体积,c'、V' 分别是 HNO_3 标准溶液的浓度和体积,m_s 为试样的质量。

习　　题

1. 某溶液中 $BaCl_2$ 和 HCl 的浓度分别为 $0.0050\ mol \cdot L^{-1}$ 和 $0.010\ mol \cdot L^{-1}$,计算该溶液 H^+ 的活度。

2. 已知某弱碱活度常数为 K_b^0,浓度常数为 K_b,则 K_b^0 和 K_b 之间的关系如何?(设 B 和 HB^+ 的活度系数分别为 γ_B 和 γ_{HB})。

3. 按照酸碱质子理论,下列哪些物质是酸?哪些物质是碱?哪些物质是两性物质?

(1) $NaHCO_3$;　　(2) Na_2SO_4;　　(3) NH_4Cl;　　(4) NaAc;

(5) $Na_2C_2O_4$;　　(6) NH_4F;　　(7) Na_2S;　　(8) $(NH_4)_2SO_4$

4. 已知某三元酸的 $K_{a_1} \sim K_{a_3}$ 分别为 6.0×10^{-3}，1.0×10^{-8}，9.0×10^{-12}，问其对应的共轭碱 K_{b_2} 为多少？

5. 计算 1.0×10^{-2} mol·L^{-1} HCl 溶液和 0.11 mol·L^{-1} NaOH 溶液等体积混合后，溶液中的 H$^+$ 浓度。

6. 计算 pH=4.00 时，0.050 mol·L^{-1} 酒石酸（以 H$_2$A 表示）溶液中酒石酸根离子的浓度 $[\mathrm{A}^{2-}]$。

7. 计算 pH=4.74 时，1.0×10^{-2} mol·L^{-1} NH$_4$Cl 溶液中 NH$_4^+$ 浓度等于多少？

8. 分别计算 pH=3.00 和 pH=5.00 时，草酸溶液中 C$_2$O$_4^{2-}$ 的分布分数。

9. 写出下列酸碱组分的质子条件

(1) c_a mol·L^{-1} HCl＋NH$_4$Cl

(2) c_a mol·L^{-1} HAc＋c_b mol·L^{-1} NaAc

(3) c_{a_1} mol·L^{-1} HCl＋c_{a_2} mol·L^{-1} H$_2$SO$_4$

(4) c_{b_1} mol·L^{-1} NaOH＋c_{b_2} mol·L^{-1} NaCN

(5) c_{a_1} mol·L^{-1} HAc＋c_{a_2} mol·L^{-1} NH$_4$Cl

(6) c_{a_1} mol·L^{-1} H$_3$PO$_4$＋c_{a_2} mol·L^{-1} HCl

(7) c mol·L^{-1} (NH$_4$)$_2$CO$_3$

(8) c_{b_1} mol·L^{-1} Na$_3$PO$_4$＋c_{b_2} mol·L^{-1} NaOH

(9) c mol·L^{-1} NH$_4$H$_2$PO$_4$

(10) c mol·L^{-1} NaAc

10. 计算下列溶液的 pH 值：

(1) 1000 mL 纯水中有固体 NaOH 4.0 μg，计算溶液的 pH 值；

(2) 5.0×10^{-6} mol·L^{-1} HCl 溶液；

(3) 1.0×10^{-2} mol·L^{-1} HCN 溶液；

(4) 0.10 mol·L^{-1} 一氯乙酸溶液；

(5) 0.10 mol·L^{-1} 甲酸钠溶液；

(6) 0.10 mol·L^{-1} 六亚甲基四胺溶液；

(7) 0.10 mol·L^{-1} NaAc 溶液；

(8) 浓度均为 0.10 mol·L^{-1} 的 HCl 和 HAc 的混合溶液；

(9) 0.010 mol·L^{-1} Na$_2$SO$_4$ 溶液；

(10) 0.10 mol·L^{-1} Na$_2$C$_2$O$_4$ 溶液；

(11) 0.10 mol·L^{-1} H$_2$SO$_4$ 溶液；

(12) 0.10 mol·L^{-1} NaHSO$_4$ 溶液；

(13) 0.10 mol·L^{-1} Na$_2$H$_2$Y（乙二胺四乙酸二钠盐）溶液；

(14) 0.10 mol·L^{-1} NH$_4$CN 溶液；

(15) 0.0010 mol·L^{-1} 氨基乙酸溶液；

(16) 0.10 mol·L^{-1} HCl 溶液滴定 0.050 mol·L^{-1} Na$_2$B$_4$O$_7$ 溶液到化学计量点时；

(17) 0.20 mol·L^{-1} NaAc 与 0.10 mol·L^{-1} HCl 等体积的混合溶液；

(18) 1.0×10^{-2} mol·L^{-1} 柠檬酸二钠溶液；

(19) 1.0×10^{-2} mol·L^{-1} NH$_4$F 溶液；

(20) 0.10 mol·L^{-1} Na$_2$S 溶液。

11. 某一溶液由 HCl、KH$_2$PO$_4$、HAc 混合而成，其浓度分别为 0.10 mol·L^{-1}、1.0×10^{-3} mol·L^{-1}、2.0×10^{-6} mol·L^{-1}，计算该溶液的 pH 值及 $[\mathrm{Ac}^-]$ 和 $[\mathrm{PO}_4^{3-}]$。

12. 某同学在计算 NaH$_2$A（c_1）—Na$_2$HA（c_2）缓冲溶液 pH 值时，直接采用公式 $[\mathrm{H}^+] = K_{a_2}[\mathrm{H}_2\mathrm{A}^-]/[\mathrm{HA}^{2-}] \approx K_{a_2}c_1/c_2$ 计算。试论证其可行性（已知 $c_1 > 0.10$ mol·L^{-1}，$c_2 > 0.10$ mol·L^{-1}，H$_3$A 的 p$K_{a_1} \sim$ pK_{a_3} 分别为 3.0、8.0、13.0）。

13. 配制 500 mL pH=3.00 的氯乙酸缓冲溶液,使其总浓度为 0.50 mol·L^{-1},应称取氯乙酸钠试剂多少克? 量取 2.0 mol·L^{-1} HCl 溶液多少毫升?

14. 配制 1000 mL HAc-NaAc 缓冲液,使用时需稀释 10 倍,如果要求在 100 mL 操作液中加入 $1.0×10^{-3}$ mol 的强酸或强碱时(忽略体积变化),pH 值改变不超过 0.30 个单位,应如何配制? 取冰醋酸(17 mol·L^{-1})多少毫升? 醋酸钠($CH_3COONa·3H_2O$)多少克?

15. 简要回答下列问题:在用 NaOH 标准溶液滴定草酸时有几个 pH 值突跃? 应选用何种指示剂?

16. 考虑离子强度影响,计算 0.0500 mol·L^{-1} 邻苯二甲酸氢钾溶液的 pH 值,并与实验结果(pH=4.008)相比较。

17. 称取结晶状的纯二元弱酸 H_2B 0.3658 克,溶于适量水后,以 0.09540 mol·L^{-1} NaOH 进行电位滴定,从绘制的滴定曲线上,可以得到两个明显的突跃。采用最简式和以下数据,计算二元弱酸 H_2B 的摩尔质量和离解常数 K_{a_1} 和 K_{a_2} 的值。

加入 NaOH 溶液体积(mL)	溶液 pH 值
18.42	2.85
36.34(第一化学计量点)	4.26
54.51	5.66
72.68(第二化学计量点)	8.50

18. 用酸碱滴定法测定磷,先将其生成 $(NH_2)_2H[PMo_{12}O_{40}]·H_2O$ 沉淀,经处理后,溶解于一定量过量的 NaOH 溶液中,剩余的用 HNO_3 标准溶液返滴定至酚酞刚褪色为终点(pH=8.0)。现假设化学计量点时的 HPO_4^{2-} 总浓度为 0.01 mol·L^{-1},则化学计量点时的 pH 值为多少?

19. 下列酸和碱能否准确滴定:

(1) 0.10 mol·L^{-1} 甲酸;

(2) 0.10 mol·L^{-1} 一氯乙酸;

(3) $1.0×10^{-2}$ mol·L^{-1} NH_4F;

(4) 0.10 mol·L^{-1} 六亚甲基四胺;

(5) 0.10 mol·L^{-1} NaAc;

(6) 0.50 mol·L^{-1} NaH_2PO_4。

20. 下列酸的溶液能否准确进行分步滴定或分别滴定:

(1) 0.10 mol·L^{-1} 酒石酸;

(2) 0.10 mol·L^{-1} HCl—0.50 mol·L^{-1} HAc;

(3) 0.10 mol·L^{-1} H_2S;

(4) 0.10 mol·L^{-1} $H_2C_2O_4$;

(5) 0.10 mol·L^{-1} 一氯乙酸—0.10 mol·L^{-1} 硼酸;

(6) 0.10 mol·L^{-1} HCl—0.50 mol·L^{-1} H_2CO_3。

21. 计算用甲基橙(pH$_{ep}$=4.0)作指示剂,用 0.1000 mol·L^{-1} HCl 滴定 0.1000 mol·L^{-1} NH_3 溶液的终点误差是多少?

22. 以 0.1000 mol·L^{-1} NaOH 滴定 0.1000 mol·L^{-1} HAc 和 0.2000 mol·L^{-1} NH_4Cl 的混合溶液。

(1) 计算化学计量点时溶液的 pH 值;

(2) 应选用何种指示剂;

(3) 若终点时 pH 值比化学计量点时 pH 值高 0.50 个单位,计算终点误差。

23. 用甲基红作指示剂(pH$_{ep}$=5.20),用 0.1000 mol·L^{-1} NaOH 滴定 0.1000 mol·L^{-1} HCl 和未知浓度的 H_3BO_3 混合溶液,问 H_3BO_3 的浓度超过多少时,会干扰 HCl 的滴定(以 E_t≤±0.10% 为准)? 当 H_3BO_3 为最大允许浓度时,化学计量点时溶液的 pH 值是多少?

24. 试拟出用 0.01000 mol·L^{-1} NaOH 标准溶液滴定 0.01000 mol·L^{-1} HCl 和 0.01000 mol·L^{-1} 某一

元弱酸 HA(K_a=4.0×10^{-6})混合液中的 HA 的实验方案(请写出简明的实验步骤)。

25. 有一磷酸盐混合试液,今用标准酸溶液滴定至酚酞终点时耗去酸的体积为 V_1 mL;继续以甲基橙为指示剂时又耗去酸的体积为 V_2 mL。试依据 V_1 和 V_2 的关系判断试液的组成:

(1) 当 $V_1＝V_2$ 时的组成;

(2) 当 $V_1＜V_2$ 时的组成;

(3) 当 $V_1＝0$,而 $V_2＞0$ 时的组成;

(4) 当 $V_1＝V_2＝0$ 时的组成。

26. 准确称取含 Na_3PO_4 和 Na_2HPO_4 样品(不含与酸或碱作用的其他物质)1.0000 g,用 0.1000 mol·L^{-1}HCl 滴定,用酚酞作指示剂,消耗 HCl 溶液的体积 20.00 mL;再加甲基橙继续滴定,又消耗 HCl 溶液的体积30.00 mL。问此样品中 P 以及 P_2O_5 的质量百分数为多少?

27. 有 a、b 两份碱液,其组成可能是 NaOH、Na_2CO_3 或 $NaHCO_3$ 的混合液。取 25.00 mL 试液,用酚酞作指示剂,用 0.1200 mol·L^{-1} HCl 溶液滴定,所消耗的体积为 V_1 mL,继续用甲基橙作指示剂,两次滴定共用去上述 HCl 溶液的体积 V_2 mL,问:

(1) 各溶液的组分是什么?

(2) 各组分的质量浓度(mg·mL^{-1})为多少?

	V_1(mL)	V_2(mL)
a	15.67	42.13
b	29.64	36.42

28. 某试样含有 Na_2CO_3 和 $NaHCO_3$,称取 0.3010 g,用酚酞作指示剂滴定时用去 0.1060 mol·L^{-1} HCl 溶液 20.10 mL,继续用甲基橙作指示剂。两次共用去 HCl 溶液 47.70 mL。计算试样中 Na_2CO_3 和 $NaHCO_3$ 的质量百分数。

29. 测定蛋白质中含 N 量时,称取试样 0.2051 g,采用蒸馏法产生的 NH_3 用 50.00mL 0.1200 mol·L^{-1} HCl 溶液吸收,过量的盐酸用 12.32 mL 0.1247 mol·L^{-1} NaOH 溶液回滴(设用盐酸溶液吸收 NH_3 过程中溶液体积不变)问:

(1) 蛋白质中含 N 量是多少?

(2) 这一滴定须选用何种指示剂?

(3) 若用甲基橙作指示剂,滴定误差是多少?

30. 测定 N 含量时,加碱蒸馏用过量盐酸吸收,过量盐酸用氢氧化钠滴定,若此时氢氧化钠、盐酸浓度均小于 0.10 mol·L^{-1},问应选用何种指示剂?

31. 将 25.00 mL 0.4000 mol·L^{-1} H_3PO_4 和 30.00 mL 0.5000 mL Na_3PO_4 溶液混合,并稀释至 100.0 mL,问最后溶液组成成分是什么?

(1) 若取该溶液 25.00 mL,用甲基橙作指示剂滴定至终点,需消耗 0.1000 mol·L^{-1} HCl 溶液多少毫升?

(2) 另取 25.00 mL 该溶液,用百里酚酞作指示剂滴定至终点,需消耗 0.1000 mol·L^{-1} NaOH 溶液多少毫升?

第四章 配位滴定法

配位滴定法又称络合滴定法,是通过金属离子与配位剂作用形成配合物进行滴定的分析方法。配合物在分析化学中有广泛的应用。在定性分析、重量分析、光度分析、分离和掩蔽等方面都涉及到配合物的形成。因此需要了解有关的化学平衡问题及其处理方法。本章介绍利用副反应系数处理配位平衡的方法,在此基础上再介绍配位滴定的原理及其应用。

第一节 概 述

一、配位化合物

配位化合物简称配合物,是依靠配位键而形成的化合物。配合物种类很多,其中有一个中心离子与一元配体形成的二元配合物,也有一个中心离子与多种配体形成的多元配合物(混配化合物),还有多个中心离子与一种或多种配体形成的多核配合物等等。在配位滴定中,主要应用的是二元配合物。二元配合物中,根据配体中配位原子的数目不同,又可分为简单配合物和螯合物两类。

(一)简单配合物

如果配体中只有一个配位原子,这种配体就称为单齿配体,它与中心离子结合而成的配合物称为简单配合物或单合配体化合物。

例如,F^-、Cl^-、NH_3、CN^-、OH^- 等配体中,只有一个原子能提供电子对与中心离子形成配位键,它们都属单齿配体。当一种配体与中心离子结合时,为了满足一定的配位数,就需要多个单齿配体。这种简单配合物是分级形成的,故又称分级配合物。例如,Cu^{2+} 离子与 NH_3 的配合物如下分级形成

$$Cu^{2+} + NH_3 \rightleftharpoons Cu(NH_3)^{2+}$$
$$Cu(NH_3)^{2+} + NH_3 \rightleftharpoons Cu(NH_3)_2^{2+}$$
$$Cu(NH_3)_2^{2+} + NH_3 \rightleftharpoons Cu(NH_3)_3^{2+}$$
$$Cu(NH_3)_3^{2+} + NH_3 \rightleftharpoons Cu(NH_3)_4^{2+}$$
$$Cu(NH_4)_4^{2+} + NH_3 \rightleftharpoons Cu(NH_3)_5^{2+}$$

在溶液中上述 5 个平衡同时存在,而且每一个平衡都有相应的平衡常数,各平衡常数的大小都比较接近。因此,这种配合物在溶液中有多种形式同时存在,平衡体系复杂,各级配合物稳定性差,在分析化学中的应用受到限制,常用于掩蔽或光度分析。

（二）螯合物

如果配体中有两个或两个以上配位基团,这种配体称为多齿配体,它与中心离子结合时就形成环状配合物,这种配合物称为螯合物。形成螯合物的配体物质称为螯合剂。螯合基团可以是能形成配位键的配位基,如—O—、$\diagdown$C=O、$\diagdown$C=S、$\diagdown$N— 等;也可以是含有能被金属离子置换的氢离子的酸性基,如—OH、—SH、—COOH 等。常见螯合原子主要是 N、O 和 S,它们可形成种类繁多的不同类型的螯合物。

1. OO 型螯合物

酒石酸$\left[\begin{array}{c} CH(OH)COOH \\ | \\ CH(OH)COOH \end{array}\right]$与 Al^{3+} 离子形成如下螯合物

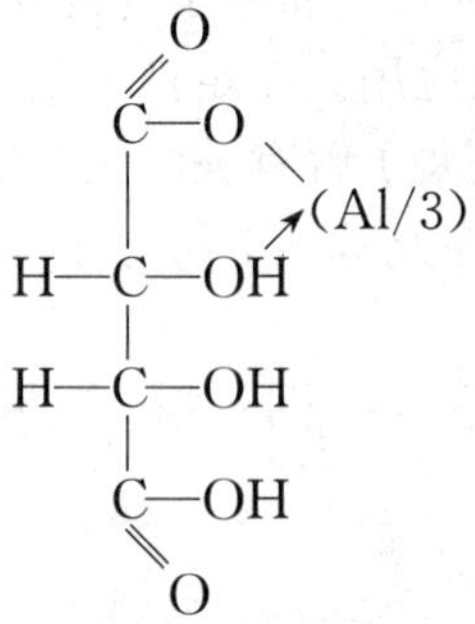

2. NN 型螯合物

邻二氮菲($C_{12}H_8N_2$)与 Fe^{2+} 离子形成如下螯合物

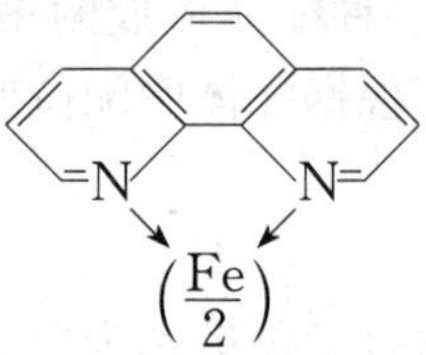

3. SS 型螯合物

铜试剂[二乙胺基二硫代甲酸盐,如($C_2H_5)_2NCSSNa$]与 Cu^{2+} 离子形成如下螯合物

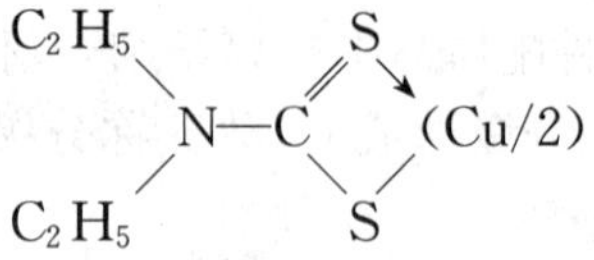

4. NO 型螯合物

8-羟基喹啉(C_9H_6NOH)与 Al^{3+} 离子形成如下螯合物

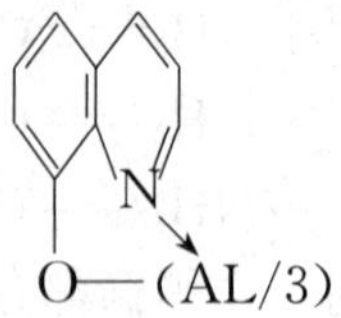

5. SO 型螯合物

巯基乙酸[$CH_2(SH)COOH$]与 Cd^{2+} 离子形成如下螯合物

$$
\begin{array}{c}
O \\
\parallel \\
C-O \\
\mid \qquad\quad\searrow \\
H_2C-S \quad (Cd/2) \\
\mid \\
H
\end{array}
$$

6. SN 型螯合物

巯基乙胺[$NH_2(CH_2)_2SH$]与 Hg^{2+} 离子形成如下螯合物

$$
\begin{array}{c}
\qquad\quad H_2 \\
CH_2-N \\
\mid \qquad\quad\searrow \\
\mid \qquad\quad (Hg/2) \\
CH_2-S
\end{array}
$$

螯合物由于形成了一个或多个五元环或六元环,稳定性较好(SS 型螯合物则以四元环为稳定);而且分级配位情况较少,溶液中成分比较简单,选择性较高,因此在分析化学中应用很广。常用的滴定剂、显色剂、萃取剂和掩蔽剂多为螯合剂。

二、EDTA 及其螯合物

(一)EDTA

很多金属离子易与螯合剂中的氧原子形成配位键,也有很多离子易与螯合剂中的氮原子形成配位键。如果在同一配体中既有氧原子,又有氮原子,则必然具有很强的螯合能力,可形成 NO 型稳定螯合物。同时具有氨型氮和羧基的氨羧化合物就是这一类螯合剂,其中在滴定分析中应用最广的是乙二胺四乙酸,简称 EDTA,表示为 H_4Y。其化学式如下

$$
\begin{array}{c}
HOOCH_2C \qquad\qquad\qquad CH_2COOH \\
\diagdown \qquad\qquad\qquad\qquad \diagup \\
N-CH_2-CH_2-N \\
\diagup \qquad\qquad\qquad\qquad \diagdown \\
HOOCH_2C \qquad\qquad\qquad CH_2COOH
\end{array}
$$

它是一种白色晶体粉末,微溶于水。通常使用的是其二钠盐 Na_2H_2Y,也简称为 EDTA 或 EDTA 二钠盐,它在水中溶解度较大。

H_4Y 是一四元酸,但其中两个羧基上的 H^+ 离子会与自身分子中的 N 原子发生质子自递作用,形成双偶极离子;在强酸性溶液中,羧基上还可接受两个 H^+ 离子,形成 H_6Y^{2+}。因此实际上相当于六元酸,这时有六级离解平衡。

$$H_6Y^{2+} \rightleftharpoons H^+ + H_5Y^+ \qquad K_{a_1} = \dfrac{[H^+][H_5Y^+]}{[H_6Y^{2+}]} \qquad pK_{a_1} = 0.9$$

$$H_5Y^+ \rightleftharpoons H^+ + H_4Y \qquad K_{a_2} = \dfrac{[H^+][H_4Y]}{[H_5Y^+]} \qquad pK_{a_2} = 1.6$$

$$H_4Y \rightleftharpoons H^+ + H_3Y^- \qquad K_{a_3} = \dfrac{[H^+][H_3Y^-]}{[H_4Y]} \qquad pK_{a_3} = 2.0$$

$$H_3Y^- \rightleftharpoons H^+ + H_2Y^{2-} \qquad K_{a_4} = \dfrac{[H^+][H_2Y^{2-}]}{[H_3Y^-]} \qquad pK_{a_4} = 2.67$$

$$H_2Y^{2-} \rightleftharpoons H^+ + HY^{3-} \qquad K_{a_5} = \dfrac{[H^+][HY^{3-}]}{[H_2Y^{2-}]} \qquad pK_{a_5} = 6.16$$

$$HY^{3-} \Longrightarrow H^+ + Y^{4-} \qquad K_{a_6} = \frac{[H^+][Y^{4-}]}{[HY^{3-}]} \qquad pK_{a_6} = 10.26$$

因此，在水溶液中同时有 H_6Y^{2+}、H_5Y^+、H_4Y^+、H_3Y^-、H_2Y^{2-}、HY^{3-} 和 Y^{4-} 等七种形式存在。各形式的分布分数与溶液 pH 值的关系如图 4-1 所示。

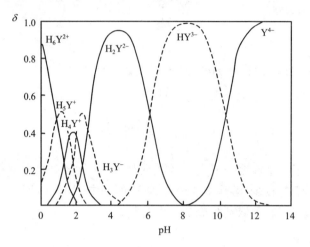

图 4-1　EDTA 各种存在形式的分布图

由图 4-1 可见，在 pH<1 的强酸溶液中，主要存在形式为 H_6Y^{2+}，在 pH 值范围为 2.67～6.16 时，主要为 H_2Y^{2-}；在 pH>10.26 时，溶液中主要是 Y^{4-}。

（二）EDTA 的金属螯合物

EDTA 与大多数金属离子形成组成比为 1∶1 的螯合物，即不存在分级形成过程，溶液体系比较简单，以 EDTA 二钠盐为代表，有如下反应

$$M^{2+} + H_2Y^{2-} \Longrightarrow MY^{2-} + 2H^+$$
$$M^{3+} + H_2Y^{2-} \Longrightarrow MY^- + 2H^+$$
$$M^{4+} + H_2Y^{2-} \Longrightarrow MY + 2H^+$$

少数高价金属离子不与 EDTA 形成 1∶1 的螯合物，如 Mo(V) 与 EDTA 形成的螯合物为 $(MoO_2)_2Y^{2-}$。一般金属离子的 EDTA 螯合物中，可有多至五个五元环，因此非常稳定，其立体结构如图 4-2 所示。

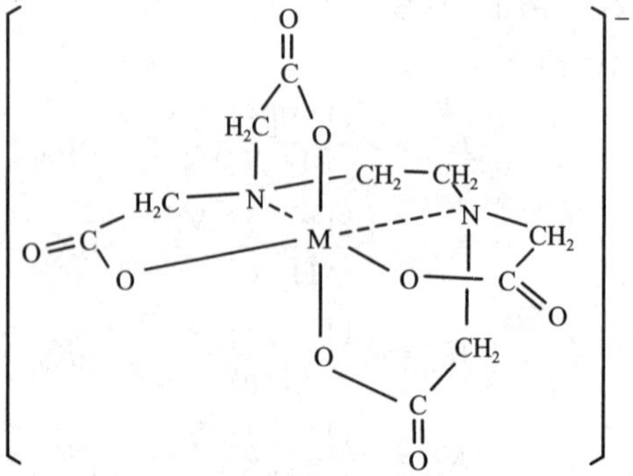

图 4-2　EDTA-M^{3+}螯合物的立体结构

96

在酸性溶液中,EDTA与金离子可形成酸式螯合物 MHY(省略电荷表示,下同);在碱性溶液中,可形成碱式螯合物 M(OH)Y;当有其他配体存在时,也可形成混配化合物,如在氨性溶液中形成 M(NH₃)Y。但由于这些螯合物都很不稳定,通常可忽略不计。

无色的金属离子与 EDTA 形成的螯合物也为无色,不妨碍滴定时终点的观察。而有色的金属离子与 EDTA 形成的螯合物一般颜色加深,会妨碍终点的观察,但有时可用于显色反应,用分光光度法测定这些离子。例如 CoY^- 为紫红色,CrY^- 为深紫色,MnY^- 为紫红色,NiY^{2-} 为蓝绿色。

大多数金属离子 EDTA 反应很快,但也有的在室温下反应甚慢,如 Cr^{3+} 和 Al^{3+},需煮沸片刻后方能与 EDTA 反应完全。

三、配位滴定法分类

根据所使用的滴定剂的不同,配位滴定法可分为以下几类:

(一)汞量法

用 $Hg(NO_3)_2$ 或 $Hg(ClO_4)_2$ 溶液作滴定剂,可用于测定 Cl^- 或 SCN^- 离子,它们形成较稳定的配合物

$$Hg^{2+} + 2Cl^- \Longrightarrow HgCl_2$$

$$Hg^{2+} + 2SCN^- \Longrightarrow Hg(SCN)_2$$

可用二苯氨基脲作指示剂,终点时与过量 Hg^{2+} 形成蓝紫色配合物。

利用上述原理也可用 KSCN 溶液作滴定剂来测定 Hg^{2+} 离子,这时用 Fe^{3+} 作指示剂,滴至终点时与过量 SCN^- 形成红色配合物。

(二)氰量法

用 KCN 溶液作滴定剂,可用于测定 Ag^+、Ni^{2+} 等离子,它们形成稳定的配离子

$$Ag^+ + 2CN^- \Longrightarrow Ag(CN)_2^-$$

$$Ni^{2+} + 4CN^- \Longrightarrow Ni(CN)_4^{2-}$$

以少量 AgI 沉淀作指示剂,滴至终点时过量的 CN^- 与 AgI 中的 Ag^+ 形成配离子,使沉淀消失。

另外,也可用 $AgNO_3$ 溶液作滴定剂来测定 CN^- 离子,这时可用试银灵作指示剂,滴至终点时与过量 Ag^+ 生成橙红色配合物。

(三)EDTA 滴定法

由前所述,EDTA 有很强的螯合能力,可与很多金属离子形成稳定的、易溶于水的螯合物;绝大多数金属离子与 EDTA 螯合物的组成比都是 1:1 的,无分级配位现象,溶液中体系简单,计算简便;大多数金属离子与 EDTA 的反应比较迅速。由于这些优点,EDTA 滴定法已得到了广泛应用。本章下面将对 EDTA 滴定法作较详细的讨论。

(四)其他螯合滴定法

化学结构上与 EDTA 类似的氨羧类配位剂也有不少,它们与金属离子也能形成组成比多为 1:1 的稳定的螯合物,因此也可用于配位滴定。例如下列化合物在滴定分析中皆有应用。

1. 氨三乙酸(NTA)

$$\begin{matrix} & CH_2COOH \\ N & -CH_2COOH \\ & CH_2COOH \end{matrix}$$

2. 2-羟乙基乙二胺三乙酸(HEDTA)

$$\begin{matrix} & & CH_2COOH \\ CH_2 & -N & \\ & & CH_2COOH \\ & & CH_2COOH \\ CH_2 & -N & \\ & & CH_2CH_2OH \end{matrix}$$

3. 环己二胺四乙酸(CyDTA,CDTA,DCTA)

$$\begin{matrix} CH_2 & & & CH_2COOH \\ CH_2 & CH & -N & \\ & & & CH_2COOH \\ & & & CH_2COOH \\ CH_2 & CH & -N & \\ CH_2 & & & CH_2COOH \end{matrix}$$

4. 乙二醇双(2-氨基乙醚)四乙酸(EGTA)

$$\begin{matrix} & & & CH_2COOH \\ CH_2 & -O-CH_2-CH_2 & -N & \\ & & & CH_2COOH \\ & & & CH_2COOH \\ CH_2 & -O-CH_2-CH_2 & -N & \\ & & & CH_2COOH \end{matrix}$$

5. 乙二胺四丙酸(EDTP)

$$\begin{matrix} & & CH_2CH_2COOH \\ CH_2 & -N & \\ & & CH_2CH_2COOH \\ & & CH_2CH_2COOH \\ CH_2 & -N & \\ & & CH_2CH_2COOH \end{matrix}$$

第二节　配位平衡

　　在配位滴定中所涉及的只是二元配合物,为研究配位反应用于定量测定的条件,就须涉及配位平衡问题,其中主要是 EDTA 与金属离子的配位平衡问题。

一、配合物的稳定常数

(一)稳定常数

金属离子 M 和配位体 L(略去电荷,下同)形成配合物 ML 时,在溶液中存在下列平衡

$$M + L \rightleftharpoons ML$$

该平衡的平衡常数称为配合物 ML 的稳定常数或形成常数

$$K = \frac{[ML]}{[M][L]}$$

稳定常数的数值与溶液的温度和离子强度有关,通常以其对数值 $\log K$ 表示,各金属离子之 EDTA 螯合物的 $\log K$ 值见附表 8。

(二)逐级稳定常数

多个配体与金属离子形成 ML_n 型配合物时,会产生分级配位现象,每一级平衡均有相应的稳定常数,称为逐级稳定常数

$$M + L \rightleftharpoons ML \qquad K_1 = \frac{[ML]}{[M][L]}$$

$$ML + L \rightleftharpoons ML_2 \qquad K_2 = \frac{[ML_2]}{[ML][L]}$$

$$\cdots\cdots \qquad\qquad \cdots\cdots$$

$$ML_{n-1} + L \rightleftharpoons ML_n \qquad K_n = \frac{[ML_n]}{[ML_{n-1}][L]} \tag{4-1}$$

以上各 K_i 值均为逐级稳定常数。

(三)累积稳定常数

对 ML_n 型配合物,也可用累积稳定常数来表示其各级配合物的稳定性

$$M + L \rightleftharpoons ML \qquad \beta_1 = \frac{[ML]}{[M][L]} = K_1$$

$$M + 2L \rightleftharpoons ML_2 \qquad \beta_2 = \frac{[ML_2]}{[M][L]^2} = K_1 K_2$$

$$\cdots\cdots \qquad\qquad \cdots\cdots$$

$$M + nL \rightleftharpoons ML_n \qquad \beta_n = \frac{[ML_n]}{[M][L]^n} = K_1 K_2 \cdots K_n \tag{4-2}$$

以上各 β_i 值为累积稳定常数,它可由逐级稳定常数计算而得。最后一级累积稳定常数称为总稳定常数。

累积稳定常数通常以其对数值表示,由式(4-2)可知

$$\log\beta_i = \log K_1 + \log K_2 + \cdots + \log K_i \tag{4-3}$$

(四)不稳定常数

配合物的平衡常数,除用稳定常数表示外,也可用不稳定常数(或称离解常数)$K_{\text{不}}$ 表示,其值越大,配合物越不稳定。

$$ML_n \rightleftharpoons ML_{n-1} + L \qquad K_{\text{不}1} = \frac{[ML_{n-1}][L]}{[ML_n]}$$

$$ML_{n-1} \Longleftrightarrow ML_{n-2} + L \qquad K_{\text{不}2} = \frac{[ML_{n-2}][L]}{[ML_{n-1}]}$$

$$\cdots\cdots\cdots \qquad\qquad \cdots\cdots\cdots$$

$$ML \Longleftrightarrow M + L \qquad K_{\text{不}n} = \frac{[M][L]}{[ML]}$$

可见,逐级不稳定常数与逐级稳定常数的关系为

$$K_{\text{不}i} = \frac{1}{K_{n-i+1}}$$

同样,定义累积不稳定常数 $\beta_{\text{不}i}$

$$\beta_{\text{不}i} = K_{\text{不}1} K_{\text{不}2} \cdots K_{\text{不}i}$$

最后一级累积不稳定常数称作总不稳定常数,它为总稳定常数的倒数。

目前较普遍使用的是稳定常数,因此,下面都采用稳定常数来处理配位平衡问题。一些常见配合物的稳定常数列于附表9。

二、配合物的分布分数

在 ML_n 型配合物的溶液中,会有多种形式同时存在。类似于酸碱平衡中酸碱各种存在形式的分布分数,在配位平衡中也可计算出各级配合物的分布分数。

设金属离子总浓度为 c_M,由物料平衡可知

$$c_M = [M] + [ML] + [ML_2] + \cdots + [ML_n] \tag{4-4}$$

由式(4-2)有

$$[ML] = \beta_1 [M][L]$$
$$[ML_2] = \beta_2 [M][L]^2$$
$$\cdots\cdots$$
$$[ML_n] = \beta_n [M][L]^n \tag{4-5}$$

代入式(4-4),得到

$$c_M = [M] + \beta_1 [M][L] + \beta_2 [M][L]^2 + \cdots + \beta_n [M][L]^n$$
$$= [M](1 + \beta_1 [L] + \beta_2 [L]^2 + \cdots + \beta_n [L]^n)$$
$$= [M]\left(1 + \sum_{i=1}^{n} \beta_i [L]^i\right) \tag{4-6}$$

某级配合物的分布分数为该级配合物的平衡浓度与金属离子总浓度之比。设 δ_0 为游离金属离子的分布分数,δ_i 与 ML_i 的分布分数,则可计算出各级配合物的分布分数

$$\delta_0 = \frac{[M]}{c_M} = \frac{[M]}{[M](1 + \Sigma \beta_i [L]^i)} = \frac{1}{1 + \Sigma \beta_i [L]^i}$$

$$\delta_1 = \frac{[ML]}{c_M} = \frac{\beta_1 [M][L]}{[M](1 + \Sigma \beta_i [L]^i)} = \frac{\beta_1 [L]}{1 + \Sigma \beta_i [L]^i}$$

$$\cdots\cdots \qquad\qquad \cdots\cdots \qquad\qquad \cdots\cdots$$

$$\delta_n = \frac{[ML_n]}{c_M} = \frac{\beta_n [M][L]^n}{[M](1 + \Sigma \beta_i [L]^i)} = \frac{\beta_n [L]^n}{1 + \Sigma \beta_i [L]^i} \tag{4-7}$$

由上可见,各分布分数是配体平衡浓度 $[L]$ 的函数,而与金属离子总浓度无关。根据分布

分数 δ 与[L]的关系,可画出不同[L]时各组分的分布图 δ-log[L]。

例 4-1 在含 Cu^{2+} 的溶液中,计算$[NH_3]=1.0\times10^{-3}\mathrm{mol\cdot L^{-1}}$时各 δ_i 值。

解 查表得知,各铜氨配离子的累积稳定常数 $\log\beta_i$ 依次为 4.31,7.98,11.02,13.32,12.86。于是

$$1+\Sigma\beta_i[NH_3]^i=1+10^{4.31}\times10^{-3.00}+10^{7.98}\times10^{-6.00}$$
$$+10^{11.02}\times10^{-9.00}+10^{13.32}\times10^{-12.00}+10^{12.86}\times10^{-15.00}$$
$$=1+20.4+95.5+105+20.9+0.0072=243$$

$$\delta_0=\frac{1}{243}=4.1\times10^{-3} \qquad \delta_1=\frac{20.4}{243}=8.4\times10^{-2}$$

$$\delta_2=\frac{95.5}{243}=0.39 \qquad \delta_3=\frac{105}{243}=0.43$$

$$\delta_4=\frac{20.9}{243}=8.6\times10^{-2} \qquad \delta_5=\frac{0.0072}{243}=3\times10^{-5}$$

如果计算出不同$[NH_3]$时的各 δ_i 值,并以 δ_i 对 $\log[NH_3]$ 作图,则可得到如图 4-3 所示的分布图。

由图 4-3 可见,随着$[NH_3]$的增加,形成高配位数配离子的趋势增大;但由于相邻两级配离子的稳定性非常接近,因此在很大范围内,溶液中多种配离子同时存在,不能得到 δ 接近 1 的单一配离子,因而不能用 NH_3 作滴定剂来测定 Cu^{2+} 离子。

Hg^{2+}-Cl^- 体系的各级配合物的分布图与 Cu^{2+}-NH_3 体系不同,如图 4-4 可见,当 $\log[Cl^-]$为-5 至 -3 时,$HgCl_2$ 的分布分数基本上为 1,即 Cl^- 在此浓度范围内,能与 Hg^{2+} 形成

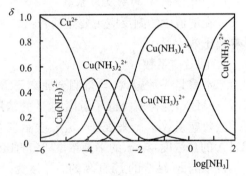

图 4-3 Cu^{2+}-NH_3 各级配合物的分布图

组成恒定、单一的稳定配合物 $HgCl_2$,因此可用于配位滴定,这就是前述的汞量法。

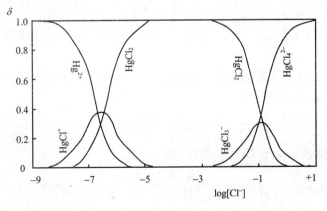

图 4-4 Hg^{2+}-Cl^- 各级配合物的分布图

101

三、副反应系数

在 EDTA 滴定过程中，EDTA 与金属离子 M 之间的反应是主反应，但该反应受到溶液中其他物质的干扰，伴随着各种副反应，如下所示。

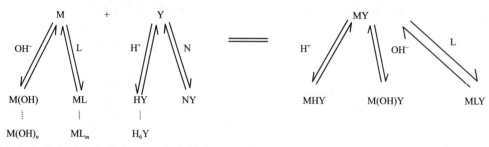

溶液中共存的 H^+ 或 OH^-，或有能与 Y 发生配位反应的其他金属离子 N，或有能与 M 配位的其他配体 L，都会引起各种副反应，从而会改变主反应中 M、Y 和 MY 的平衡浓度。各种副反应的影响程度，可用相应的副反应系数来表征。

（一）螯合剂 Y 的副反应系数

Y 在溶液中的副反应主要是两种：H^+ 离子所引起的酸效应和共存金属离子 N 所引起的共存离子效应。

1. 酸效应系数

Y 本身是一种碱，在与待测金属离子 M 结合的同时，也与溶液中的 H^+ 结合，形成 HY、H_2Y、$\cdots H_6Y$，这样就降低了游离的 Y 的浓度，影响了主反应的进行。这种影响称为酸效应，可用酸效应系数 $\alpha_{Y(H)}$ 来表征。$\alpha_{Y(H)}$ 表示未参加主反应的 EDTA 的总浓度（即未与 M 结合的 EDTA 的总浓度）与 Y 的平衡浓度 $[Y]$ 的比值。

设未与 M 结合的 EDTA 的总浓度为 $[Y']$，则

$$[Y'] = [Y] + [HY] + [H_2Y] + \cdots + [H_6Y]$$

酸效应系数

$$\alpha_{Y(H)} = \frac{[Y']}{[Y]} \tag{4-8}$$

当 $[Y'] = [Y]$ 时，无副反应，$\alpha_{Y(H)} = 1$。酸效应越严重，即与 H^+ 结合的 EDTA 越多，$[Y']$ 越大，则 $\alpha_{Y(H)}$ 越大。

由于 $[Y']$ 是参与酸碱平衡的 EDTA 的总浓度，根据酸碱存在形式的分布分数的定义，Y 的酸碱平衡分布分数 δ_Y 应为

$$\delta_Y = \frac{[Y]}{[Y']} \tag{4-9}$$

可见 $\alpha_{Y(H)}$ 是 δ_Y 的倒数。由于 EDTA 是六元酸，因此

$$\delta_Y = \frac{K_{a_1} K_{a_2} \cdots K_{a_6}}{[H^+]^6 + K_{a_1}[H^+]^5 + \cdots + K_{a_1} K_{a_2} \cdots K_{a_6}}$$

$$\alpha_{Y(H)} = \frac{1}{\delta_Y} = 1 + \frac{[H^+]}{K_{a_6}} + \frac{[H^+]^2}{K_{a_5} K_{a_6}} + \cdots + \frac{[H^+]^6}{K_{a_1} \cdots K_{a_6}} \tag{4-10}$$

根据溶液中 H^+ 离子的浓度和 EDTA 的各级酸离解常数，可以算出 $\alpha_{Y(H)}$ 值。

EDTA 的各级酸式离解平衡过程，可以看成是 Y 与质子（H^+）结合的平衡过程，它们有相

应的质子化常数

$$Y + H^+ \rightleftharpoons HY \qquad K_1^H = \frac{[HY]}{[H^+][Y]} = \frac{1}{K_{a_6}}$$

$$HY + H^+ \rightleftharpoons H_2Y \qquad K_2^H = \frac{[H_2Y]}{[H^+][HY]} = \frac{1}{K_{a_5}}$$

$$\cdots\cdots \qquad\qquad \cdots\cdots$$

$$H_5Y + H^+ \rightleftharpoons H_6Y \qquad K_6^H = \frac{[H_6Y]}{[H^+][H_5Y]} = \frac{1}{K_{a_1}}$$

各 K_i^H 值为 EDTA 的逐级质子化常数,由它可计算出各累积质子化常数 β_i^H

$$\beta_i^H = K_1^H K_2^H \cdots K_i^H \tag{4-11}$$

或

$$\log\beta_i^H = \log K_1^H + \log K_2^H + \cdots + \log K_i^H \tag{4-12}$$

将各 K_i^H 和 β_i^H 代入式(4-10),得到

$$\alpha_{Y(H)} = 1 + K^H[H^+] + K_1^H K_2^H[H^+]^2 + \cdots + K_1^H K_2^H \cdots K_6^H[H^+]^6$$
$$= 1 + \beta_1^H[H^+] + \beta_2^H[H^+]^2 + \cdots + \beta_6^H[H^+]^6 \tag{4-13}$$

由式(4-13)可见,$[H^+]$ 越大,则 $\alpha_{Y(H)}$ 越大,也就是说酸效应越严重。由 EDTA 的各级酸式离解常数 K_a 可算出对应的逐级质子化常数 K^H,然后可算出累积质子化常数 β^H,最后代到式(4-13)中,可算出不同 $[H^+]$ 条件下的 $\alpha_{Y(H)}$ 值。在不同 pH 值条件下 $\log\alpha_{Y(H)}$ 的数值见附表11。

除 EDTA 外,其他有酸式离解的配体物质也可按如上方法计算其酸效应系数。设配体 L 可形成的最高级酸为 H_nL,则其酸效应系数 $\alpha_{L(H)}$ 为

$$\alpha_{L(H)} = 1 + \sum_{i=1}^{n} \beta_i^H[H^+]^i \tag{4-14}$$

例 4-2 EGTA 的四级酸式离解,pK_a 值依次为 2.08,2.73,8.93,9.54。求其溶液的 pH 值为 2.00 时的酸效应系数。

解 质子化常数与酸离解常数有以下关系

$$K_1^H = \frac{1}{K_{a_4}}, \ K_2^H = \frac{1}{K_{a_3}}, \ K_3^H = \frac{1}{K_{a_2}}, \ K_4^H = \frac{1}{K_{a_1}}$$

因此, $\log K_1^H = pK_{a_4}$,$\log K_2^H = pK_{a_3}$,$\log K_3^H = pK_{a_2}$,$\log K_4^H = pK_{a_1}$。

由式(4-12)有

$$\log\beta_1^H = \log K_1^H = 9.54$$
$$\log\beta_2^H = \log K_1^H + \log K_2^H = 9.54 + 8.93 = 18.47$$
$$\beta_3^H = \log K_1^H + \log K_2^H + \log K_3^H = 18.47 + 2.73 = 21.20$$
$$\beta_4^H = \log K_1^H + \cdots + \log K_4^H = 21.20 + 2.08 = 23.28$$

当 pH=2.00 时,$[H^+]=10^{-2.00}$,代入式(4-14)

$$\alpha_{L(H)} = 1 + 10^{9.54} \times 10^{-2.00} + 10^{18.47} \times 10^{-4.00} + 10^{21.20} \times 10^{-6.00} + 10^{23.28} \times 10^{-8.00}$$
$$= 1 + 10^{7.54} + 10^{14.47} + 10^{15.20} + 10^{15.28} = 3.8 \times 10^{15}$$

或

$$\log\alpha_{L(H)} = 15.58$$

2. 共存离子效应系数

如果在溶液中除欲测金属离子 M 外,还有另一金属离子 N,它也能与 EDTA 形成配合物

NY,则有如下副反应

$$N + Y \Longrightarrow NY$$

其稳定常数 K_{NY} 为

$$K_{NY} = \frac{[NY]}{[N][Y]} \tag{4-15}$$

由于 N 的存在,降低了 Y 的平衡浓度,影响了主反应的进行,这称为共存离子效应。在这种情况下,如果不考虑酸效应,则未与 M 配位的 Y 的总浓度 $[Y']$ 为

$$[Y'] = [Y] + [NY] \tag{4-16}$$

用共存离子效应系数 $\alpha_{Y(N)}$ 来反映 N 对 Y 的影响

$$\alpha_{Y(N)} = \frac{[Y']}{[Y]} \tag{4-17}$$

当 $[Y'] = [Y]$ 时,无副反应,有 $\alpha_{Y(N)} = 1$。N 的影响越大,则 $[Y']$ 越大,$\alpha_{Y(N)}$ 也就越大。将式(4-15)代入式(4-16)

$$[Y'] = [Y] + K_{NY}[N][Y]$$

于是

$$\alpha_{Y(N)} = \frac{[Y] + K_{NY}[N][Y]}{[Y]} = 1 + K_{NY}[N] \tag{4-18}$$

可见,N 的浓度越大,它与 Y 形成的螯合物越稳定,则共存离子效应越严重。

3. Y 的总副反应系数

由于溶液中 H^+ 和 N 的同时存在,对 Y 的总的影响,须用 Y 的总副反应系数 α_Y 来表示,这时未与 M 结合的 Y 的总浓度 $[Y']$ 为

$$[Y'] = [Y] + [HY] + \cdots + [H_6Y] + [NY]$$

$$\begin{aligned}
\alpha_Y &= \frac{[Y']}{[Y]} = \frac{[Y] + [HY] + \cdots + [H_6Y] + [NY]}{[Y]} \\
&= \frac{[Y] + [HY] + \cdots + [H_6Y]}{[Y]} + \frac{[NY] + [Y]}{[Y]} - \frac{[Y]}{[Y]} \\
&= \alpha_{Y(H)} + \alpha_{Y(N)} - 1
\end{aligned} \tag{4-19}$$

通常 $\alpha_{Y(H)}$ 或 $\alpha_{Y(N)}$ 都比 1 大得多,因此有

$$\alpha_Y \approx \alpha_{Y(H)} + \alpha_{Y(N)}$$

当溶液中酸效应为主时,$\alpha_Y \approx \alpha_{Y(H)}$;当溶液中共存离子效应为主时,$\alpha_Y \approx \alpha_{Y(N)}$。当溶液中共存金属离子不止一种,而有 N_1、$N_2 \cdots N_p$ 等 p 种时,可导出

$$\alpha_Y = \alpha_{Y(H)} + \alpha_{Y(N_1)} + \cdots + \alpha_{Y(N_p)} - p \tag{4-20}$$

但一般只有一两种金属离子的影响是主要的,其他均可忽略不计。

(二)金属离子 M 的副反应系数

1. 配位效应系数

M 在溶液中除了与 Y 发生反应外,还可能与其他共存的配体 L 相结合,形成 ML、ML_2、$\cdots$、ML_n 等各级配合物。这样就使游离的 M 浓度降低,这种影响称为配位效应。在 L 存在的情况下,未与 Y 结合的 M 的总浓度设为 $[M']$,则

$$[M'] = [M] + [ML] + [ML_2] + \cdots + [ML_n] \tag{4-21}$$

用配位效应系数 $\alpha_{M(L)}$ 来表示 L 对 M 的影响

$$\alpha_{M(L)} = \frac{[M']}{[M]} \tag{4-22}$$

当 $[M']=[M]$ 时,无副反应,有 $\alpha_{M(L)}=1$。配位效应越严重,则 $[M']$ 越大,$\alpha_{M(L)}$ 也就越大。将式(4-5)代入式(4-21)后,有

$$[M'] = [M] + \beta_1[M][L] + \beta_2[M][L]^2 + \cdots + \beta_n[M][L]^n \tag{4-23}$$

再代入式(4-22)

$$\begin{aligned}
\alpha_{M(L)} &= \frac{[M] + \beta_1[M][L] + \beta_2[M][L]^2 + \cdots + \beta_n[M][L]^n}{[M]} \\
&= 1 + \beta_1[L] + \beta_2[L]^2 + \cdots + \beta_n[L]^n \\
&= 1 + \sum_{i=1}^{n} \beta_i[L]^i
\end{aligned} \tag{4-24}$$

可见,配体 L 的浓度越大,或它与 M 形成的各级配合物越稳定,则配位效应越严重。

式(4-24)与式(4-7)相比,$\alpha_{M(L)}$ 即配合物分布分数的分母,或游离金属离子分布分数 δ_0 的倒数。因此配位效应系数 $\alpha_{M(L)}$ 也可应用于 M-L 型各级配合物分布分数的计算。

2. M 的总副反应系数

如果溶液中同时存在两种配体 L 和 A,它们都能与 M 配位,则未与 Y 配位的金属离子 M 的浓度为

$$[M'] = [M] + [ML] + \cdots + [ML_n] + [MA] + \cdots + [MA_m]$$

代入式(4-22),得到 M 的总副反应系数 α_M

$$\begin{aligned}
\alpha_M &= \frac{[M']}{[M]} = \frac{[M] + [ML] + \cdots + [ML_n] + [MA] + \cdots + [MA_m]}{[M]} \\
&= \frac{[M] + [ML] + \cdots + [ML_n]}{[M]} + \frac{[M] + [MA] + \cdots + [MA_m]}{[M]} - \frac{[M]}{[M]} \\
&= \alpha_{M(L)} + \alpha_{M(A)} - 1
\end{aligned} \tag{4-25a}$$

当有 L_1、L_2、$\cdots L_p$ 等 p 种配体存在时,可导出 M 的总副反应系数为

$$\alpha_M = \alpha_{M(L_1)} + \alpha_{M(L_2)} + \cdots + \alpha_{M(L_p)} - (p-1) \tag{4-25b}$$

通常只有一两种配体的影响是主要的,而其他配体的影响均可忽略不计。值得注意的是,溶液中存在的 OH^- 也是一种配体,它可与多种金属离子结合成氢氧基配合物,特别是在碱性溶液中,往往不能忽略。这种影响也可称为水解效应,用副反应系数 $\alpha_{M(OH)}$ 来表征。一些金属离子在不同 pH 值条件下的 $\log\alpha_{M(OH)}$ 值见附表 12。

例 4-3 在 pH 值为 11.00 的 Zn^{2+} 离子的氨性溶液中,游离 NH_3 浓度为 $0.10 \text{ mol} \cdot L^{-1}$,求 α_{Zn}。

解 查表知,Zn^{2+}-NH_3 各级配合物 $\log\beta$ 值依次为 2.37,4.81,7.31,9.46。于是

$$\begin{aligned}
\alpha_{Zn(NH_3)} &= 1 + \beta_1[NH_3] + \beta_2[NH_3]^2 + \beta_3[NH_3]^3 + \beta_4[NH_3]^4 \\
&= 1 + 10^{2.37} \times 10^{-1.00} + 10^{4.81} \times 10^{-2.00} + 10^{7.31} \times 10^{-3.00} + 10^{9.46} \times 10^{-4.00} \\
&= 1 + 10^{1.37} + 10^{2.81} + 10^{4.31} + 10^{5.46} = 3.1 \times 10^5
\end{aligned}$$

在 pH=11.00 时,$\log\alpha_{Zn(OH)}=5.4$。即 $\alpha_{Zn(OH)}=2.5\times10^5$。由式(4-25)

$$\alpha_{Zn} = \alpha_{Zn(NH_3)} + \alpha_{Zn(OH)} - 1 = 3.1\times10^5 + 2.5\times10^5 = 5.6\times10^5$$

（三）MY 的副反应系数

在一定条件下，M 与 Y 发生主反应的同时，也会形成酸式配合物、碱式配合物或多元配合物，这些可通称为混合配位效应。

1. 酸式配合物

当溶液中 H^+ 浓度较高时，可发生如下配位反应，形成酸式配合物 MHY

$$MY + H^+ \rightleftharpoons MHY$$

生成物的稳定常数用 K_{MHY}^H 表示

$$K_{MHY}^H = \frac{[MHY]}{[MY][H^+]} \tag{4-26}$$

这时 M 与 Y 形成的螯合物的总浓度 $[MY']$ 为

$$[MY'] = [MY] + [MHY]$$

MY 的副反应系数 $\alpha_{MY(H)}$ 为

$$\alpha_{MY(H)} = \frac{[MY']}{[MY]} = \frac{[MY] + [MHY]}{[MY]}$$

$$= 1 + K_{MHY}^H[H^+] \tag{4-27}$$

可见，溶液中 $[H^+]$ 越大，$\alpha_{MY(H)}$ 也越大，这时 M 与 Y 形成的螯合物的总浓度也越大，对主反应越有利。

2. 碱式配合物

在强碱性溶液中，可发生如下配位反应，形成碱式配合物 M(OH)Y

$$MY + OH^- \rightleftharpoons M(OH)Y$$

生成物的稳定常数用 $K_{M(OH)Y}^{OH}$ 表示

$$K_{M(OH)Y}^{OH} = \frac{[M(OH)Y]}{[MY][OH^-]} \tag{4-28}$$

这时 M 与 Y 形成的螯合物的总浓度 $[MY']$ 为

$$[MY'] = [MY] + [M(OH)Y]$$

MY 的副反应系数 $\alpha_{MY(OH)}$ 为

$$\alpha_{MY(OH)} = \frac{[MY']}{[MY]} = \frac{[MY] + [M(OH)Y]}{[MY]}$$

$$= 1 + K_{M(OH)Y}^{OH}[OH^-] \tag{4-29}$$

可见，溶液中 $[OH^-]$ 越大，$\alpha_{MY(OH)}$ 也越大，M 与 Y 形成的螯合物总浓度也越大，对主反应越有利。

3. 多元配合物

当有其他配体 L 存在时，有可能形成多元配合物 MLY

$$MY + L \rightleftharpoons MLY$$

生成物的稳定常数用 K_{MLY}^L 表示

$$K_{MLY}^L = \frac{[MLY]}{[MY][L]} \tag{4-30}$$

这时 M 与 Y 形成的螯合物的总浓度 $[MY']$ 为

$$[MY'] = [MY] + [MLY]$$

MY 的副反应系数 $\alpha_{MY(L)}$ 为

$$\alpha_{MY(L)} = \frac{[MY']}{[MY]} = \frac{[MY] + [MLY]}{[MY]}$$

$$= 1 + K_{MLY}^{L}[L] \tag{4-31}$$

当溶液中[L]变大时,$\alpha_{MY(L)}$也变大,M 与 Y 形成的螯合物的总浓度也变大,对主反应是有利的。

由以上讨论可见,MY 的副反应均有利于主反应的进行,但由于通常生成物 MHY、M(OH)Y 和 MLY 的稳定性较差,这种影响一般不予考虑。

四、条件稳定常数

对于金属离子 M 与 Y 的螯合反应

$$M + Y \Longrightarrow MY$$

有稳定常数

$$K_{MY} = \frac{[MY]}{[M][Y]}$$

附表 5 中所给出的金属离子之 EDTA 螯合物的稳定常数是无任何副反应时的数值。但由于溶液中副反应的影响,当反应达到平衡时,实际上未与 Y 结合的 M 的总浓度为[M'];未与 M 结合的 Y 的总浓度为[Y'];M 与 Y 结合的总浓度为[MY'],因此实际稳定常数也发生了变化。定义 K'_{MY} 为

$$K'_{MY} = \frac{[MY']}{[M'][Y']} \tag{4-32}$$

[M']、[Y']和[MY']的大小与溶液中的氢离子、氢氧根离子、共存的其他金属离子和配体的浓度有关,即随溶液的条件而变化,因此 K'_{MY} 称为条件稳定常数,或有效稳定常数,[M']、[Y'] 和[MY']称为表观浓度,因此 K'_{MY} 也可称为表观稳定常数。

由前面有关副反应系数的讨论可知

$$[M'] = \alpha_M[M], \quad [Y'] = \alpha_Y[Y], \quad [MY'] = \alpha_{MY}[MY]$$

代入式(4-32),得到

$$K'_{MY} = \frac{\alpha_{MY}[MY]}{\alpha_M[M]\alpha_Y[Y]} = K_{MY} \frac{\alpha_{MY}}{\alpha_M \alpha_Y} \tag{4-33}$$

将其写成对数形式,有

$$\log K'_{MY} = \log K_{MY} - \log \alpha_M - \log \alpha_{MY} \tag{4-34}$$

可见,M 和 Y 的副反应会使 MY 的条件稳定常数减小,而 MY 的副反应会使条件稳定常数增大。由于 MY 的副反应影响一般可忽略,因此常用公式

$$\log K'_{MY} = \log K_{MY} - \log \alpha_M - \log \alpha_Y \tag{4-35}$$

如果共存金属离子 N 对 Y 的影响和配体 L 对 M 的影响(包括水解效应)均可忽略,则可得到最简计算式

$$\log K'_{MY} = \log K_{MY} - \log \alpha_{Y(H)} \tag{4-36}$$

例 4-4 计算 pH=5.00,$[F^-]=1.0\times10^{-3}$ mol·L^{-1},$[Mn^{2+}]=0.010$ mol·L^{-1} 的溶液中 AlY 的条件稳定常数。

解 查附表 11 知,$\log \alpha_{Y(H)} = 6.45$。由于 Mn^{2+} 的存在,产生共存离子效应。查表知 $\log K_{MnY} = 13.87$,由式(4-18)

$$\alpha_{Y(Mn)} = 1 + K(MnY)[Mn^{2+}]$$

$$= 1 + 10^{13.87} \times 10^{-2.00} = 10^{11.87}$$

由式(4-19)

$$\alpha_Y = \alpha_{Y(H)} + \alpha_{Y(Mn)} - 1$$
$$= 10^{6.45} + 10^{11.87} \approx 10^{11.87}$$

即这时酸效应可以忽略。

查附表 12 知,$\log\alpha_{Al(OH)} = 0.4$,即 $\alpha_{Al(OH)} = 10^{0.4}$。

由于 F^- 的存在,会产生配位效应,$Al^{3+}—F^-$ 各级配合物的 $\log\beta$ 依次为 6.13,11.15,15.00,17.75,19.37,19.84。按式(4-24)计算 $\alpha_{Al(F)}$

$$\alpha_{Al(F)} = 1 + 10^{6.13} \times 10^{-3.00} + 10^{11.15} \times 10^{-6.00} + 10^{15.00} \times 10^{-9.00}$$
$$+ 10^{17.75} \times 10^{-12.00} + 10^{19.37} \times 10^{-15.00} + 10^{19.84} \times 10^{-18.00}$$
$$= 1 + 10^{3.13} + 10^{5.15} + 10^{6.00} + 10^{5.75} + 10^{4.37} + 10^{1.84}$$
$$= 10^{6.24}$$

由式(4-25a),有

$$\alpha_{Al} = \alpha_{Al(F)} + \alpha_{Al(OH)} - 1 = 10^{6.24} + 10^{0.4} - 1 = 10^{6.24}$$

于是

$$\log K'_{AlY} = \log K_{AlY} - \log\alpha_Y - \log\alpha_{Al} = 16.3 - 11.87 - 6.24 = -1.8$$

由于各种副反应的存在,这时的条件稳定常数与附表 8 所列稳定常数相比明显下降。

第三节 配位滴定法基本原理

一、滴定曲线

用 EDTA 溶液滴定溶液中的金属离子 M 时,随着滴入的 Y 量逐渐增加,被滴溶液中的 M 的浓度逐渐下降。与酸碱滴定相似,可以绘制出 Y 滴入量(或滴入百分数)与溶液中未与 Y 结合的 M 的浓度之间的关系曲线,这就是配位滴定的滴定曲线。其纵坐标是[M]的负对数 pM,当考虑 M 的副反应时,其平衡浓度为[M′],这时坐标则以 pM′ 来表示。

(一)滴定过程中 pM 的计算

当 M 与 Y 形成的螯合物比较稳定,即 K_{MY} 值较大时,可用下列方法来计算配位滴定过程中的 pM 值。

设用 $0.1000\ mol \cdot L^{-1}$ 的 EDTA 溶液滴定 $20.00\ mL\ 0.1000\ mol \cdot L^{-1}$ 的 Ca^{2+} 溶液,设在滴定中始终保持溶液的 pH 值为 10.00。在该条件下,CaY 的条件稳定常数为

$$\log K'(CaY) = \log K(CaY) - \log\alpha_{Y(H)} = 10.69 - 0.45 = 10.24$$

(1) 滴定前。溶液中只有 Ca^{2+},$[Ca^{2+}] = 0.1000\ mol \cdot L^{-1}$,pCa = 1.00。

(2) 化学计量点前。由于 CaY 较稳定,滴入的 Y 与 Ca^{2+} 反应较完全,可忽略 CaY 的离解。

当滴入的 EDTA 溶液体积为 18.00 mL,即滴入百分数为 90% 时

$$[Ca^{2+}] = \frac{2.00 \times 0.1000}{20.00 + 18.00} = 5.26 \times 10^{-3}(mol \cdot L^{-1})$$

$$pCa = -\log[Ca^{2+}] = 2.28$$

当滴入的 EDTA 溶液体积为 19.98 mL,即滴入百分数为 99.9% 时

$$[Ca^{2+}] = \frac{0.02 \times 0.1000}{20.00 + 19.98} = 5 \times 10^{-5} (mol \cdot L^{-1})$$

$$pCa = 4.3$$

（3）化学计量点时。在化学计量点时，对于一般滴定反应

$$M + Y \Longrightarrow MY$$

有条件稳定常数

$$K'_{MY} = \frac{[MY]_{sp}}{[M']_{sp}[Y']_{sp}} \tag{4-37}$$

其中$[MY]_{sp}$、$[M']_{sp}$和$[Y']_{sp}$表示在化学计量点时相应的浓度。这时$[M']_{sp} = [Y']_{sp}$，由此可算出

$$[M']_{sp} = \sqrt{\frac{[MY]_{sp}}{K'_{MY}}} \tag{4-38}$$

当 MY 足够稳定时，$[MY]_{sp}$可用化学计量点时 M 的总浓度 c_M^{sp} 表示，于是式（4-38）成为

$$[M']_{sp} = \sqrt{\frac{c_M^{sp}}{K'_{MY}}} \tag{4-39}$$

或

$$pM'_{sp} = \frac{1}{2}(\log K'_{MY} - \log c_M^{sp}) \tag{4-40}$$

对于本例 EDTA 滴定 Ca^{2+} 的情况，在化学计量点

$$c^{sp}(Ca) = \frac{1}{2} \times 0.1000 = 5.000 \times 10^{-2} (mol \cdot L^{-1})$$

$$[Ca^{2+}]_{sp} = \sqrt{\frac{c^{sp}(Ca)}{K'(CaY)}} = \sqrt{\frac{5.000 \times 10^{-2}}{10^{10.24}}} = 1.7 \times 10^{-6} (mol \cdot L^{-1})$$

$$pCa = 5.77$$

（4）化学计量点后。化学计量点后再滴入 EDTA 时，Y 过量。

当滴入的 EDTA 溶液体积为 20.02 mL，即滴入百分数为 100.1%时

$$[Y'] = \frac{0.02 \times 0.1000}{20.00 + 20.02} = 5 \times 10^{-5} (mol \cdot L^{-1})$$

$$[CaY] \approx \frac{20.00 \times 0.1000}{20.00 + 20.02} = 5.00 \times 10^{-2} (mol \cdot L^{-1})$$

$$[Ca^{2+}] = \frac{[CaY]}{[Y']K'(CaY)} = \frac{5.00 \times 10^{-2}}{5 \times 10^{-5} \times 10^{10.24}}$$

$$= 6 \times 10^{-8} (mol \cdot L^{-1})$$

$$pCa = 7.2$$

当滴入的 EDTA 溶液体积为 40.00 mL，即滴入百分数为 200%时

$$[Y'] = \frac{20.00 \times 0.1000}{20.00 + 40.00} = 3.33 \times 10^{-2} (mol \cdot L^{-1})$$

$$[CaY] \approx \frac{20.00 \times 0.1000}{20.00 + 40.00} = 3.33 \times 10^{-2} (mol \cdot L^{-1})$$

$$[Ca^{2+}] = \frac{3.33 \times 10^{-2}}{3.33 \times 10^{-2} \times 10^{10.24}} = 5.8 \times 10^{-11} (mol \cdot L^{-1})$$

$$pCa = 10.24$$

按上述方法可算出不同滴入百分数时的 pCa 值,如表 4-1 所示。

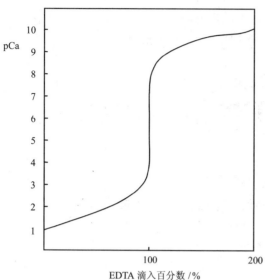

图 4-5　0.1000 mol·L⁻¹EDTA 滴定
20.00 mL 0.1000 mol·L⁻¹Ca²⁺ 的滴定曲线

表 4-1　0.100 mol·L⁻¹ EDTA 滴定
20.00 mL 0.1000 mol·L⁻¹ Ca²⁺
($\log K'(CaY) = 10.24$)

加入 EDTA (mL)	滴入百分数 (%)	[Ca²⁺] (mol·L⁻¹)	pCa
0.00	0.0	1.000×10^{-1}	1.00
18.00	90.0	5.26×10^{-3}	2.28
19.80	99.0	5.0×10^{-4}	3.30
19.98	99.9	5×10^{-5}	4.3
20.00	100.0	1.7×10^{-6}	5.77
20.02	100.1	6×10^{-8}	7.2
20.20	101.0	5.8×10^{-9}	8.24
22.00	110.0	5.8×10^{-10}	9.24
40.00	200.0	5.8×10^{-11}	10.24

以 EDTA 滴入百分数为横坐标,pCa 为纵坐标,绘出 EDTA 滴定 Ca²⁺ 的滴定曲线,如图 4-5 所示。与酸碱滴定曲线相似,在化学计量点附近,pCa 有一急剧变化。EDTA 滴入百分数在 99.9%～100.1% 的范围内,pCa 值由 4.3 迅速增加至 7.2,形成了滴定突跃。

(二)影响滴定突跃的因素

由滴定曲线的计算可知,当 Y 滴定 M,滴入百分数为 99.9% 时

$$[M']_1 = 1.0 \times 10^{-3} c_M^{sp} \qquad pM'_1 = 3.0 - \log c_M^{sp}$$

滴入百分数为 100.1% 时

$$[M']_2 = \frac{[MY]}{[Y']_2 K'_{MY}}$$

而

$$[MY] \approx c_M^{sp} \qquad [Y']_2 = 1.0 \times 10^{-3} c_M^{sp}$$

则

$$[M']_2 = \frac{1}{1.0 \times 10^{-3} K'_{MY}} \qquad pM'_2 = \log K'_{MY} - 3.0$$

于是滴定突跃范围

$$\Delta pM' = pM'_2 - pM'_1 = \log K'_{MY} + \log c_M^{sp} - 6.0$$

可见滴定突跃范围受到螯合物条件稳定常数和被滴金属离子初始浓度两个因素的影响。

1. 螯合物的条件稳定常数的影响

当固定 Y 和 M 的浓度均为 0.01 mol·L⁻¹,而改变 $\log K'_{MY}$ 时,得到如图 4-6 所示的一系列滴定曲线。

由图可见,随着 $\log K'_{MY}$ 的增大,滴定突跃也增大。因此,影响条件稳定常数的各种因素,如溶液中氢离子浓度,其他共存离子或配体的存在都会影响滴定突跃的大小。在配位滴定中常用的缓冲溶液、掩蔽剂等往往会产生酸效应和配位效应,增大 $\log \alpha_{Y(H)}$ 和 $\log \alpha_{M(L)}$ 值,从而使 $\log K'_{MY}$ 减小,滴定突跃也随之减小。

2. 被滴金属离子初始浓度的影响

当固定 $\log K'_{MY}$ 为 10,而改变 M 的初始浓度 c_M 进行等浓度滴定时,可得到如图 4-7 所示的一系列滴定曲线。

由图可见,当金属离子的初始浓度增大时,有利于滴定突跃加大;若 c_M 过小,则无明显突跃出现,无法进行准确滴定。

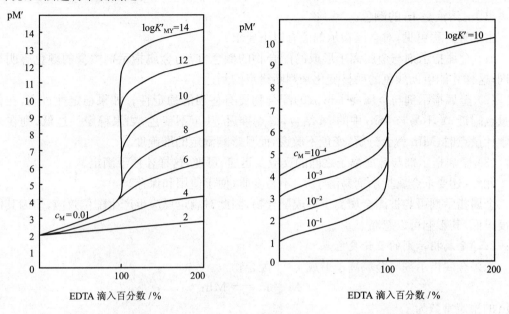

图 4-6　不同 $\log K'_{MY}$ 时滴定曲线($c_M = c_Y = 0.01\ \text{mol} \cdot \text{L}^{-1}$)　　图 4-7　不同 c_M 时的滴定曲线($c_Y = c_M$)

二、金属指示剂

(一)配位滴定指示剂分类

在配位滴定中,为了用目测法观察终点,需使用在化学计量点附近能变色的指示剂,其中常用的是金属指示剂,有时也用其他指示剂。

1. 金属指示剂

这种指示剂能与金属离子形成配合物,当溶液中金属离子浓度发生变化时,会发生颜色的明显变化,根据指示剂本身是否有色可分为以下两类:

(1) 无色的金属指示剂。这类指示剂本身无色或呈浅色,而与金属离子结合后生成有色配合物。例如硫氰酸铵或磺基水杨酸,本身无色,而与 Fe^{3+} 结合后呈红色。

(2) 有色的金属指示剂。这在指示剂本身有色,而与金属离子结合后生成的配合物具有与之不同的颜色。

2. 其他指示剂

如果在配位滴定中溶液 H^+ 浓度发生明显变化,可利用酸碱指示剂指示终点。如果金属离子具有氧化还原性质,则可利用适宜的氧化还原指示剂来指示金属离子浓度的变化。但这些指示剂的使用受到很多条件的限制,应用不广泛。

(二)金属指示剂作用原理

用 In 表示金属指示剂的配位基团(省略电荷,下同),它在溶液中与金属离子 M 有如下反

111

应
$$M + In \rightleftharpoons MIn$$

这时溶液呈 MIn 的颜色,当滴入 EDTA 溶液后,Y 先与游离的 M 结合;在化学计量点附近,Y 夺取 MIn 中的 M

$$MIn + Y \rightleftharpoons MY + In$$

游离出 In,溶液呈 In 的颜色。

由上述过程可见,对金属指示剂应有以下要求:

(1) 金属指示剂与金属离子形成的配合物的颜色,应与金属指示剂本身的颜色有明显的不同,这样才能借助颜色的明显变化来判断终点的到达。

(2) 金属指示剂与金属离子形成的配合物要有适当的稳定性。如果稳定性过高,在化学计量点附近,Y 不易与 MIn 中的 M 结合,终点推迟,甚至不变色;如果稳定性过低,则在未到化学计量点时,MIn 就会分解,变色不敏锐,而且影响滴定的准确度。

(3) 金属指示剂与金属离子之间的反应要迅速、可逆,这样才便于滴定。

此外,还要求金属指示剂易溶于水,不易变质,便于使用和保存。

金属指示剂可与被测金属离子形成配合物,因此对滴定反应也产生配位效应,但因其使用浓度很低,其影响可以忽略。

(三)金属指示剂的理论变色点

如果金属指示剂与金属离子形成 1∶1 配合物

$$M + In \rightleftharpoons MIn$$

MIn 的稳定常数为

$$K_{MIn} = \frac{[MIn]}{[M][In]}$$

由于一般的金属指示剂具有酸碱性,在溶液中会产生酸效应,因此有其条件稳定常数

$$K'_{MIn} = \frac{[MIn]}{[M][In']} \tag{4-41}$$

$$\log K'_{MIn} = \log K_{MIn} - \log \alpha_{In(H)} \tag{4-42}$$

其中 $\alpha_{In(H)}$ 是金属指示剂的酸效应系数,可按前面讨论过的方法算得。

将式(4-41)两边取对数

$$\log K'_{MIn} = pM + \log \frac{[MIn]}{[In']}$$

与酸碱指示剂类似,当[MIn]=[In']时为金属指示剂的理论变色点,这通常作为滴定的终点,这时金属离子浓度的负对数为 pM_t

$$pM_t = \log K'_{MIn} = \log K_{MIn} - \log \alpha_{In(H)} \tag{4-43}$$

本书附表 13 中列出了几种常用金属指示剂的 $\log \alpha_{In(H)}$ 值和金属指示剂理论变色点的 pM_t 值。

在滴定终点时,如果不考虑 M 的副反应,$pM_{ep} = pM_t$;如果要考虑 M 的副反应,则

$$K'_{MIn} = \frac{[MIn]}{[M'][In']} \tag{4-44}$$

$$\log K'_{MIn} = \log K_{MIn} - \log \alpha_{In(H)} - \log \alpha_M \tag{4-45}$$

其中 α_M 是 M 的副反应系数。这种情况下,金属离子浓度的负对数为 pM'_{ep},则

$$\mathrm{pM}'_{ep} = \log K'_{MIn} = \log K_{MIn} - \log \alpha_{In(H)} - \log \alpha_M \qquad (4\text{-}46)$$

比较式(4-43)和式(4-46)可知

$$\mathrm{pM}'_{ep} = \mathrm{pM}_t - \log \alpha_M \qquad (4\text{-}47)$$

例 4-5 在 pH 值为 11.00 的 Zn^{2+} 的氨性溶液中,游离氨浓度为 $0.10\ mol \cdot L^{-1}$,计算铬黑 T 在理论变色点时的 pZn'_{ep}。

解 在附表 13 中查得铬黑 T 在 pH=11.0 时的 pZn_t 值为 13.9。考虑到 NH_3 和 OH^- 对 Zn^{2+} 的配位效应,需计算 α_{Zn}。由例 4-3 结果,$\alpha_{Zn}=5.6\times10^5$,因此

$$pZn'_{ep} = pZn_t - \log \alpha_{Zn} = 13.9 - \log 5.6\times10^5 = 8.2$$

(四)金属指示剂的封闭和僵化

配位滴定要求在终点时指示剂有敏锐的颜色变化,但有时指示剂却不变色或变色缓慢,这种现象应设法避免。

1. 指示剂的封闭现象

在滴定终点只显示指示剂与金属离子形成的配合物的颜色,而不转变成指示剂本身的颜色,这称为指示剂的封闭现象。例如,在用 EDTA 滴定 Ca^{2+}、Mg^{2+} 时,用铬黑 T 作指示剂,如果溶液中同时存在 Fe^{3+}、Al^{3+} 等离子,由于它们与铬黑 T 形成的配合物比与 EDTA 形成的螯合物稳定,因此在滴定终点不会变成铬黑 T 的颜色。遇此情况,通常可在溶液中加入掩蔽剂,来消除 Fe^{3+}、Al^{3+} 等离子的干扰。又例如,用 EDTA 直接滴定 Al^{3+} 时,若用二甲酚橙作指示剂,由于 Al^{3+} 与二甲酚橙形成的配合物与 EDTA 反应缓慢,在终点时溶液颜色实际上没有改变,这可通过采用适当的滴定方式来避免。

2. 指示剂的僵化现象

如果指示剂或它与金属离子形成的配合物难溶于水,则会影响到它们的反应速度,在终点时不能迅速变色,使终点拖长,这种现象称为指示剂的僵化现象。例如,用 PAN 作指示剂时,它与很多金属离子形成难溶于水的配合物,这时就须向溶液中加入乙醇,或将溶液加热,增大其溶解度来消除僵化现象。

(五)常用的金属指示剂

1. 铬黑 T(EBT)

铬黑 T 的化学名称为 1-(1-羟基-2-萘偶氮)-6-硝基-2-萘酚-4-磺酸,常用其钠盐,化学结构式如下

它是三元酸,通常使用时主要涉及到后两级酸的离解

$$\mathrm{H_2In} \underset{pK_{a_2}=6.3}{\rightleftharpoons} \mathrm{HIn^{2-}} \underset{pK_{a_3}=11.55}{\rightleftharpoons} \mathrm{In^{3-}}$$

紫红　　　　　　　蓝　　　　　　　橙

它与很多金属离子形成红色配合物,因此在 pH<6.3 或 pH>11.55 时,铬黑 T 呈紫红或

橙色,与配合物的红色相近,不能用于滴定。适用的 pH 值范围为 6.3～11.5,此时铬黑 T 呈蓝色,与配合物的颜色有明显差别。实际上常在 pH=10 时用于直接滴定 Mg^{2+}、Pb^{2+}、Zn^{2+}、Cd^{2+}、Hg^{2+} 等离子,尤其适宜于 Mg^{2+} 的滴定。Co^{2+}、Ni^{2+}、Cu^{2+}、Al^{3+}、Fe^{3+}、Ti^{4+} 等离子会封闭铬黑 T。

铬黑 T 的水溶液很不稳定,会发生聚合反应和氧化还原反应,加入三乙醇胺或乙二胺可防止聚合,加入盐酸羟胺或抗坏血酸可防止空气氧化;但常用其与 NaCl 的比例为 1:100 的固体混合物,可长期稳定。

2. 二甲酚橙(XO)

二甲酚橙的化学名称为 3,3′-双(二羧甲基氨甲基)-邻甲酚磺酞,化学结构式如下

二甲酚橙为一六元酸,可表示为 H_6In,其离解产物中,除 HIn^{5-} 和 In^{6-} 是红色外,均为黄色,作为酸碱指示剂的变色点的 pH 值为 6.3

$$H_2In^{4-} \xrightleftharpoons{pK_{a_5}=6.3} HIn^{5-}$$
$$\text{黄} \qquad\qquad \text{红紫}$$

它与很多金属离子形成红紫色配合物,因此适用于在 pH<6 的酸性溶液中的滴定。pH<1 时可测定 ZrO^{2+},pH 值范围为 1～2 时可测定 Bi^{3+},pH 值范围为 2.5～3.5 时可测定 Th^{4+},pH 值范围为 3～3.2 时可测定 Tl^{3+},pH 值范围为 5～6 时可测定 Zn^{2+}、Cd^{2+}、Hg^{2+}、Pb^{2+}、Sc^{3+}、Y^{3+} 和稀土等离子。Fe^{3+}、Al^{3+}、Cu^{2+}、Co^{2+}、Ni^{2+}、Ti^{4+} 和 pH 值范围为 5～6 时的 Th^{4+} 对二甲酚橙有封闭作用。

二甲酚橙可配制成 0.5% 的水溶液使用,可稳定 2～3 周;也可制成与 KCl 之比为 1:100 的固体混合物使用。

3. PAN

PAN 的化学名称是 1-(2-吡啶偶氮)-2-萘酚,原称 o-PAN,其化学结构式为

PAN 难溶于水,但可溶于碱、氨溶液或甲醇、乙醇中,常用 0.1% 乙醇溶液。质子化后有两级酸式离解

$$H_2In^+ \xrightleftharpoons{pK_{a_1}=1.9} HIn \xrightleftharpoons{pK_{a_2}=12.2} In^-$$
$$\text{黄绿} \qquad\qquad \text{黄} \qquad\qquad \text{淡红}$$

PAN 与很多金属离子形成红色配合物,因此可在 pH 值为 2～12 范围内使用,用于滴定 Cu^{2+}、Zn^{2+}、Cd^{2+}、Hg^{2+}、Pb^{2+}、Bi^{3+}、Fe^{2+}、Mn^{2+}、In^{3+}、Th^{4+} 和稀土等离子。由于其金属配合物难溶于水,与 EDTA 反应很慢,影响滴定终点的观察,故须在近沸的溶液中进行滴定,或加

入乙醇或丙酮增大其金属配合物的溶解度。Ni^{2+} 和 Co^{2+} 对 PAN 有封闭作用。

直接用 PAN 作指示剂,除 Cu^{2+} 外,滴定其他金属离子时,其颜色变化不够明显,若在溶液中加入少许 CuY 和 PAN 的混合液,则终点颜色变化就十分敏锐。CuY 呈蓝色,PAN 呈黄色,故混合液呈黄绿色,将它加到无色金属离子 M 的溶液中,会发生置换反应

$$CuY + PAN + M \Longrightarrow MY + Cu\text{-}PAN$$
$$\quad\ \text{蓝}\quad\ \text{黄}\qquad\qquad\qquad\quad \text{红}$$

溶液呈红色。在此情况下,即使 MY 的稳定常数小于 CuY 的稳定常数,也会发生置换反应,因为 Cu^{2+} 与 PAN 的配合物非常稳定,由于配位效应减小了 CuY 的条件稳定常数。当滴入 EDTA 时,Y 先与游离的 M 结合,在终点时发生如下反应

$$Cu\text{-}PAN + Y \Longrightarrow CuY + PAN$$
$$\quad\ \text{红}\qquad\qquad\quad \text{蓝}\quad\ \text{黄}$$

溶液从红色变为 CuY-PAN 指示剂的黄绿色。这时生成的 CuY 的量与原来加入的 CuY 的量是相等的,不影响测定结果。

利用 CuY-PAN 指示剂可使许多不与 PAN 显色的金属离子(如 Ca^{2+}、Mg^{2+} 等)也能测定,扩大了 PAN 的应用范围。另外,由于 CuY-PAN 指示剂可在很宽的 pH 值范围内应用,只要调节溶液的 pH 值,就能在一份溶液中连续测定多种金属离子,这就避免了由于使用多种指示剂而产生了颜色干扰的问题。

4. 钙指示剂(NN)

钙指示剂又称钙羧酸指示剂,化学名称为 2-羟基-1-(2-羟基-4-磺酸基-1-萘偶氮基)-3-萘甲酸,化学结构式为

钙指示剂与 Ca^{2+} 形成红色配合物。在 pH 值范围为 12~13 滴定 Ca^{2+} 时,终点呈蓝色,Mg^{2+} 不干扰;Fe^{3+}、Al^{3+} 等离子有封闭作用。钙指示剂的水溶液和乙醇溶液都不稳定,常用其与 NaCl 的固体混合物。

三、终点误差

(一)终点误差公式

与酸碱滴定类似,可如下定义配位滴定的终点误差

$$E_t = \frac{[Y']_{ep} - [M']_{ep}}{c_M^{ep}} \times 100\% \tag{4-48}$$

其中,$[Y']_{ep}$、$[M']_{ep}$ 分别表示终点时 Y 和 M 的表观浓度;c_M^{ep} 表示终点时 M 的总浓度,如果是等浓度滴定,则为 M 的初始浓度的二分之一。

由式(4-48)可见,如果 $[Y']_{ep} = [M']_{ep}$,则 $E_t = 0$,终点与化学计量点一致;如果 $[Y']_{ep} > [M']_{ep}$,即 EDTA 过量,$E_t > 0$,为正误差;如果 $[Y']_{ep} < [M']_{ep}$,即 EDTA 不足,$E_t < 0$,为负误差。

在实际应用中,通常涉及到化学计量点与终点时 pM' 的差值,设

$$\Delta pM' = pM'_{ep} - pM'_{sp}$$

条件稳定常数可用化学计量点或终点时各组分表观浓度表示

$$K'_{MY} = \frac{[MY]_{sp}}{[M']_{sp}[Y']_{sp}} = \frac{[MY]_{ep}}{[M']_{ep}[Y']_{ep}}$$

而 $[MY]_{sp} \approx [MY]_{ep}$，故有

$$\frac{[M']_{ep}}{[M']_{sp}} = \frac{[Y']_{sp}}{[Y']_{ep}}$$

左式为

$$\frac{[M']_{ep}}{[M']_{sp}} = \frac{10^{-pM'_{ep}}}{10^{-pM'_{sp}}} = 10^{-(pM'_{ep}-pM'_{sp})} = 10^{-\Delta pM'}$$

或

$$[M']_{ep} = [M']_{sp} \cdot 10^{-\Delta pM'} \tag{4-49}$$

右式为

$$\frac{[Y']_{sp}}{[Y']_{ep}} = 10^{-\Delta pM'}$$

即

$$[Y']_{ep} = \frac{[Y']_{sp}}{10^{-\Delta pM'}} = [Y']_{sp} \cdot 10^{\Delta pM'} \tag{4-50}$$

又由于化学计量点时，$[Y']_{sp} = [M']_{sp}$，于是式(4-50)可写成

$$[Y']_{ep} = [M']_{sp} \cdot 10^{\Delta pM'} \tag{4-51}$$

将式(4-49)和式(4-51)代入式(4-48)，得到

$$E_t = \frac{[M']_{sp}(10^{\Delta pM'} - 10^{-\Delta pM'})}{c_M^{ep}} \times 100\%$$

根据式(4-39)，可算出 $[M']_{sp}$

$$[M']_{sp} = \sqrt{\frac{c_M^{sp}}{K_{MY}}}$$

由于 $c_M^{ep} \approx c_M^{sp}$，因此得到

$$E_t = \frac{10^{\Delta pM'} - 10^{-\Delta pM'}}{\sqrt{c_M^{sp}K'_{MY}}} \times 100\% \tag{4-52}$$

该公式称为林邦(Ringbom)误差公式。由此可见，MY 的条件稳定常数 K'_{MY} 越大，M 的初始浓度 c_M 越大，以及终点与化学计量点越接近（$\Delta pM'$ 越小），则终点误差越小。为计算方便，设 $f = 10^{\Delta pM'} - 10^{-\Delta pM'}$，并制成 f 与 $\Delta pM'$ 的换算表，见附表14。这时式(4-52)可写成

$$E_t = \frac{f}{\sqrt{c_M^{sp}K'_{MY}}} \times 100\% \tag{4-53}$$

(二)准确滴定判别式

为判断在一定条件下进行的滴定能否达到所要求的准确度，即能否准确滴定，可利用下面推导出的判别式。

由式(4-53)，对于给定的 $\Delta pM'$ 值(即 f 值)和所要求的准确度，可按下式算出准确滴定所需的 $c_M^{sp}K'_{MY}$ 取值范围

$$c_M^{sp}K'_{MY} \geqslant \left(\frac{f}{E_t}\right)^2$$

两边取对数

$$\log c_M^{sp}K'_{MY} \geqslant 2(\log|f| - \log|E_t|) \tag{4-54}$$

该式就是配位滴定的准确滴定判别式。一般目测指示剂变色时，$\Delta pM'$ 至少有 ± 0.2 单位的不确定性，如果要求的准确度达到 0.1%，则可以算出一般情况下，准确滴定要求的条件。这时

116

$|\Delta pM'|=0.2$,相应的$|f|$值可由附表 14 查出,为 0.954,代入式(4-54)

$$\log c_M^{sp} K'_{MY} \geqslant 2[\log 0.954 - \log(1\times 10^{-3})]$$

$$\log c_M^{sp} K'_{MY} \geqslant 6$$

如果改变$\Delta pM'$值或改变对准确度的要求,则应按式(4-54)计算相应的$\log c_M^{sp} K'_{MY}$值。

例 4-6 在 pH=8.00 溶液中,用2.0×10^{-3} mol·L^{-1}EDTA 溶液滴定2.0×10^{-3} mol·L^{-1}Zn^{2+}溶液,终点时溶液中游离 NH$_3$ 的浓度为 0.10 mol·L^{-1},在此条例上能否准确确定 Zn^{2+}? 如果要求终点误差小于 0.3%,则要求$\Delta pZn'$为多少?

解 pH=8.00 时,$\log\alpha_{Y(H)}=2.27$,这时$\log\alpha_{Zn(OH)}$可忽略不计。查表知 Zn^{2+}-NH$_3$ 各级配合物的$\log\beta$依次为 2.37,4.81,7.31,9.46。

$$\alpha_{Zn(NH_3)} = 1 + 10^{2.37}\times 10^{-1.00} + 10^{4.81}\times 10^{-2.00} + 10^{7.31}\times 10^{-3.00} + 10^{9.46}\times 10^{-4.00}$$

$$= 1 + 10^{1.37} + 10^{2.81} + 10^{4.31} + 10^{5.46} = 10^{5.49}$$

因此

$$\log K'(ZnY) = \log K(ZnY) - \log\alpha_{Y(H)} - \log\alpha_{Zn(NH_3)}$$

$$= 16.50 - 2.27 - 5.49 = 8.74$$

$$c^{sp}(Zn) = \frac{1}{2}c(Zn) = 1.0\times 10^{-3}\ \text{mol·L}^{-1}$$

$$\log c^{sp}(Zn) = -3.00$$

于是

$$\log c^{sp}(Zn)K'(ZnY) = \log c^{sp}(Zn) + \log K'(ZnY) = -3.00 + 8.47 = 5.74 < 6$$

因此难以达到 0.1% 的准确度。但如果只要求$|E_t| < 0.3\%$,则由式(4-54)可计算出这时所需$\Delta pZn'$对应的$|f|$值。

$$\log|f| \leqslant \frac{1}{2}\log c^{sp}(Zn)K'(ZnY) + \log|E_t|$$

$$\log|f| \leqslant \frac{1}{2}\times 5.74 + \log(3\times 10^{-3})$$

$$\log|f| \leqslant 0.34$$

$$\log|f| \leqslant 2.22$$

查附表 14 可知,$|\Delta pZn'| \leqslant 0.41$,这时使用一般指示剂基本上能满足所要求的准确度。

例 4-7 用2.0×10^{-3} mol·L^{-1}EDTA 溶液滴定 pH=5.00 的等浓度的 Pb^{2+}溶液,以二甲酚橙作指示剂时,终点误差为多少? 如果终点时溶液中含有 S$_2$O$_3^{2-}$ 的平衡浓度为 0.010 mol·L^{-1},这时终点误差为多少?

解 (1) 无 S$_2$O$_3^{2-}$ 时,不考虑 Pb^{2+} 的副反应

$$\log K'(PbY) = \log K(PbY) - \log\alpha_{Y(H)} = 18.04 - 6.45 = 11.59$$

由式(4-40)计算 pPb$'_{sp}$,这时$c^{sp}(Pb) = \frac{1}{2}c(Pb) = 1.0\times 10^{-3}$ mol·L^{-1},于是

$$pPb'_{sp} = \frac{1}{2}[\log K'(PbY) - \log c^{sp}(Pb)] = \frac{1}{2}(11.59 + 3.00) = 7.30$$

查附表 13 知,二甲酚橙在 pH=5.0 时的 pPb$_t$=7.0,因 Pb^{2+}无副反应,故有

$$pPb'_{ep} = pPb_t = 7.0$$

$$\Delta pPb' = pPb'_{ep} - pPb'_{sp} = 7.0 - 7.30 = -0.3$$

代入式(4-52)计算终点误差

$$E_t = \frac{10^{-0.3} - 10^{0.3}}{\sqrt{1.0\times 10^{-3}\times 10^{11.59}}}\times 100\% = -0.01\%$$

(2) 当存在 S$_2$O$_3^{2-}$ 时,它会与 Pb^{2+}发生副反应,查得 Pb^{2+}-S$_2$O$_3^{2-}$ 配合物的$\log\beta_1 = 5.1$,$\log\beta_3 = 6.4$,计算$\alpha_{Pb(S_2O_3)}$

$$\alpha_{Pb(S_2O_3)} = 1 + 10^{5.1} \times 10^{-2.00} + 10^{6.4} \times 10^{-6.00}$$

$$= 1 + 10^{3.1} + 10^{0.4} \approx 10^{3.1}$$

于是
$$\log K'(PbY) = \log K(PbY) - \log \alpha_{Y(H)} - \log \alpha_{Pb(S_2O_3)}$$

$$= 18.04 - 6.45 - 3.1 = 8.49$$

$$pPb'_{sp} = \frac{1}{2}(8.49 + 3.00) = 5.74$$

由于 Pb^{2+} 有副反应,故按式(4-47)计算 pPb'_{ep}

$$pPb'_{ep} = pPb_t - \log \alpha_{Pb(S_2O_3)} = 7.0 - 3.1 = 3.9$$

$$\Delta pPb' = pPb'_{ep} - pPb'_{sp} = 3.9 - 5.74 = -1.84$$

$$E_t = \frac{10^{-1.84} - 10^{1.84}}{\sqrt{1.0 \times 10^{-3} \times 10^{8.49}}} \times 100\% \approx -13\%$$

可见这时由于 $S_2O_3^{2-}$ 的配位效应,滴定的终点误差很大。

四、被滴溶液 pH 值的控制

由前面讨论可知,配位滴定的终点误差与 $\Delta pM'$ 有关,即与 pM'_{sp} 和 pM'_{ep} 有关;而 pM'_{sp} 与 K'_{MY} 有关,pM'_{ep} 与 K'_{MIn} 有关;K'_{MY} 和 K'_{MIn} 又与溶液 pH 值密切相关。因此在配位滴定中要得到准确的结果,控制溶液的 pH 值有很重要的作用。

(一)缓冲溶液的作用

当 pH<10.26 时,EDTA 在溶液中的主要存在形式不是 Y,而是 Y 的各级质子化产物,这时与 M 作用的结果,会放出 H^+

$$M + H_2Y \Longrightarrow MY + 2H^+$$

因此,在滴定过程中,溶液中 H^+ 的浓度不断增大,也就是说 EDTA 的酸效应系数不断增大,K'_{MY} 不断减小,使终点误差变大;与此同时,K'_{MIn} 数值也发生变化,使指示剂变色点发生变化。为保持滴定过程中溶液的 pH 值基本不变,就须加入缓冲溶液。但很多缓冲剂会被测金属离子发生配位作用,从而降低 K'_{MY}。例如,$HAc-Ac^-$ 缓冲溶液中的 Ac^- 会与 Pb^{2+}、Tl^{3+} 等离子形成较稳定的配合物;氨性缓冲溶液中的 NH_3 会与 Cu^{2+}、Co^{2+}、Ni^{2+}、Zn^{2+} 等离子形成稳定配合物,因此在选用缓冲剂时要注意它们可能产生的影响。

(二)适宜 pH 值范围

为了得到准确的滴定结果,须在适宜的 pH 值范围的溶液中进行滴定,这范围由最低 pH 值和最高 pH 值两者所决定。

1. 最低 pH 值

由式(4-54)可知,如果金属离子初始浓度 c_M 和终点检测的 $\Delta pM'$(即 f 值)固定后,为要保证一定的准确度,就要求 K'_{MY} 不能低于下列数值

$$\log K'_{MY} = 2(\log|f| - \log|E_t|) - \log c_M^{sp} \tag{4-55}$$

如果溶液中其他共存离子和配体的影响可以忽略不计,即看成单一离子的滴定时,影响 K'_{MY} 的只是酸效应

$$\log K'_{MY} = \log K_{MY} - \log \alpha_{Y(H)}$$

结合式(4-55),得到允许的 $\log \alpha_{Y(H)}$ 的最高值为

$$\log\alpha_{Y(H)} = \log K_{MY} - \log K'_{MY}$$

$$= \log K_{MY} + \log c_M^{sp} - 2(\log|f| - \log|E_t|) \qquad (4\text{-}56a)$$

算出 $\log\alpha_{Y(H)}$ 值后,再从附表 11 查出相应的 pH 值,这就是滴定的最低 pH 值。也就是说,在比该 pH 值高的条件下进行滴定才有可能满足所需的准确度。当 $|\Delta pM'| = 0.2$,$|E_t| = 0.1\%$,$c_M = 2 \times 10^{-2}$ mol·L^{-1} 时,

$$\log\alpha_{Y(H)} = \log K_{MY} - 8 \qquad (4\text{-}56b)$$

例 4-8 用 2×10^{-2} mol·L^{-1} EDTA 溶液滴定 2×10^{-2} mol·L^{-1} Fe^{3+} 溶液,$\Delta pFe = \pm 0.2$,要求终点误差不大于 $\pm 0.1\%$,试求滴定时允许的最低 pH 值。

解 由于是等浓度滴定,在化学计量点时,$c^{sp}(Fe) = \frac{1}{2}c(Fe) = 1 \times 10^{-2}$ mol·L^{-1},查表知,$\log K(FeY) = 25.1$ 由式(4-56b)算得

$$\log\alpha_{Y(H)} = 25.1 - 8 = 17.1$$

查附表 11 知,溶液相应的最低 pH 值为 1.2。

如果对不同 $\log K_{MY}$ 的各种金属离子,计算 $c_M = c_Y = 2 \times 10^{-2}$ mol·L^{-1},$\Delta pM = \pm 0.2$,$E_t = \pm 0.1\%$ 条件下滴定的最低 pH 值,可绘出配位滴定最低 pH 值与 $\log K_{MY}$ 的关系曲线,如图 4-8 所示。从图上可查出在上述条件下滴定相应金属离子的最低 pH 值。如果条件变化,则应按式(4-56a)进行计算。

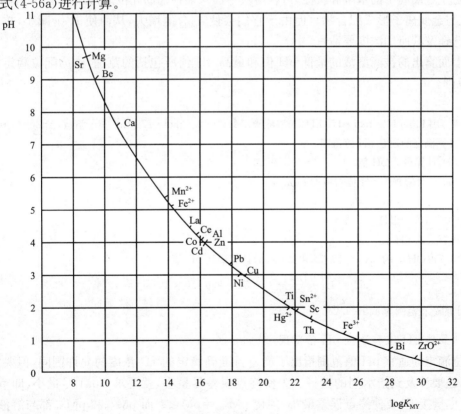

图 4-8　配位滴定最低 pH 值与 $\log K_{MY}$ 的关系曲线

119

2. 最高 pH 值

当溶液 pH 值增大时,可使 K'_{MY} 变大;但如果 pH 值过高,有些金属离子会发生水解,甚至生成沉淀,这样就影响了反应速度和改变了滴定的计量关系,使滴定实际上难以进行,因此将金属离子刚生成沉淀时的 pH 值作为配位滴定的最高 pH 值,这可由金属离子氢氧化物沉淀的溶度积常数算得。设生成的沉淀为 $M(OH)_n$,则溶度积常数

$$K_{sp} = [M^{n+}][OH^-]^n$$

于是

$$[OH^-] = \left(\frac{K_{sp}}{[M^{n+}]}\right)^{\frac{1}{n}}$$

考虑到在滴定开始时就不应有沉淀,因此以 $[M^{n+}] = c_M$ 代入

$$[OH^-] = \left(\frac{K_{sp}}{c_M}\right)^{\frac{1}{n}} \tag{4-57}$$

或

$$pOH = \frac{1}{n}(pK_{sp} + \log c_M) \tag{4-58}$$

$$pH = 14.00 - \frac{1}{n}(pK_{sp} + \log c_M) \tag{4-59}$$

对会发生水解或沉淀的金属离子,滴定应在低于式(4-59)算得的 pH 值(即最高 pH 值)的溶液中进行。由于在该计算中未考虑 OH^- 对金属离子的配位效应和溶液离子强度的影响,也未考虑沉淀的再溶解现象,因此只能大致地估计滴定允许的最高 pH 值。

为防止金属离子的水解和沉淀,可在溶液中加入某种辅助配位剂,如酒石酸、柠檬酸、氨水等,使之与金属离子形成配合物。但由于它们会使 $\alpha_{M(L)}$ 值增大,从而使 K'_{MY} 减小,故此类配位剂的选择及其所用浓度要适宜。

由上面算出的被滴溶液的最低 pH 值和最高 pH 值所包括的范围,称为配位滴定的适宜 pH 值范围。

例 4-9　用 1.0×10^{-2} mol·L^{-1} EDTA 溶液滴定 1.0×10^{-2} mol·L^{-1} Zn^{2+} 离子溶液,$\Delta pZn = \pm 0.3$,$E_t = \pm 0.2\%$,计算滴定的适宜 pH 值范围。

解　(1) 计算最低 pH 值

由式(4-56)计算最低 pH 值对应的 $\log\alpha_{Y(H)}$

$$\log\alpha_{Y(H)} = 16.50 + \log(5.0 \times 10^{-3}) - 2[\log 1.49 - \log(2 \times 10^{-3})] = 8.45$$

查附表 11 知,对应的最低 pH 值为 4.0。

(2) 计算最高 pH 值

查表知 $Zn(OH)_2$ 的 $pK_{sp} = 15.52$,由式(4-59)计算最高 pH 值

$$pH = 14.00 - \frac{1}{2}[(15.52 + \log(1.0 \times 10^{-2})] = 7.24$$

因此,滴定的适宜范围为 4.0～7.24。

(三) 最佳 pH 值和最佳 pH 值范围

配位滴定的适宜 pH 值范围指出了能进行准确滴定的 H^+ 浓度的允许区间,但要实现准确滴定,还要涉及到指示剂的选择。为使终点误差尽量小,就要求 $\Delta pM'$ 尽量小,即 pM'_{ep} 与 pM'_{sp} 要尽量接近;要使终点误差最小,须使 $pM'_{ep} = pM'_{sp}$。而 pM'_{ep} 和 pM'_{sp} 都与溶液的 pH 值有关。能使终点与化学计量点一致,即 $pM'_{ep} = pM'_{sp}$ 时溶液的 pH 值称为配位滴定的最佳

pH 值。有时不一定要求 $\Delta pM'=0$，而只要求 $\Delta pM'$ 小到能满足终点误差的要求即可，这时的允许 pH 值范围，称为配位滴定的最佳 pH 值范围。

最佳 pH 值可利用 pM'_{ep}-pH 关系曲线和 pM'_{sp}-pH 关系曲线求得。两线交点处 $pM'_{ep}=pM'_{sp}$，对应的 pH 值就是最佳 pH 值。在最佳 pH 值处，虽然 $\Delta pM'=0$，但由于指示剂存在变色区间，故仍有 $\Delta pM=\pm0.2$ 的不确定性。

例 4-10 用 1.0×10^{-2} mol·L^{-1} EDTA 溶液滴定 1.0×10^{-2} mol·L^{-1} Mg^{2+} 溶液，以铬黑 T 作指示剂，求被滴溶液的最佳 pH 值和满足准确度为 $\pm0.1\%$ 的最佳 pH 值范围。

解 为求最佳 pH 值，可先计算 pMg'_{sp} 与 pH 值的关系，以及 pMg'_{ep} 与 pH 值的关系。

(1) pMg'_{sp} 与 pH 值的关系。由式(4-40)有

$$pMg'_{sp}=\frac{1}{2}(\log K'(MgY)-\log c^{sp}(Mg))$$

其中

$$c^{sp}(Mg)=\frac{1}{2}c(Mg)=5.0\times10^{-3} \text{mol}\cdot\text{L}^{-1}$$

$$\log K'(MgY)=\log K(MgY)-\log\alpha_{Y(H)}-\log\alpha_{Mg(OH)}$$

而 $\alpha_{Mg(OH)}=1+\beta[OH^-]$，查得 $\log\beta=2.6$。对于不同 pH 值，可计算出相应的 $\log\alpha_{Mg(OH)}$ 值和查得相应的 $\log\alpha_{Y(H)}$ 值，于是可得到相应的 $\log K'(MgY)$ 和 pMg'_{sp}，画出 pMg'_{sp}-pH 关系图。

(2) pMg'_{ep} 与 pH 值的关系。由式(4-46)有

$$pMg'_{ep}=\log K(MgEBT)-\log\alpha_{EBT(H)}-\log\alpha_{Mg(OH)}$$

其中 $\log K(MgEBT)=7.0$，$\log\alpha_{Mg(OH)}$ 同上，不同 pH 值时的 $\log\alpha_{EBT(H)}$ 可由铬黑 T 的酸离解常数算得。于是可得到 pMg'_{ep}-pH 关系图。

下表列出了 pH 值在 9.0～10.5 范围内相应的 pMg'_{sp}、pMg'_{ep} 和 $\Delta pMg'$ 值，并根据 $\Delta pMg'$ 值算出了相应的终点误差 E_t。

pH	pMg'_{sp}	pMg'_{ep}	$\Delta pMg'$	$E_t/\%$
9.0	4.86	4.40	-0.46	-0.70
9.2	4.95	4.60	-0.35	-0.70
9.4	5.04	4.80	-0.24	-0.21
9.6	5.12	5.00	-0.12	-0.08
9.8	5.20	5.19	-0.01	-0.01
10.0	5.27	5.38	0.11	0.05
10.2	5.33	5.55	0.22	0.10
10.5	5.38	5.85	0.47	0.22

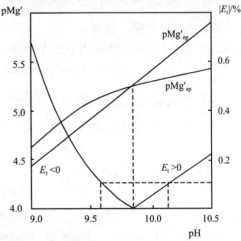

图 4-9 pMg'、E_t 与 pH 值的关系

pMg'_{sp}-pH，pMg'_{ep}-pH 与 E_t-pH 关系曲线如图 4-9 所示。由图中可看出，pMg'_{sp}-pH 与 Mg'_{ep}-pH 两线交点所对应的 pH 值约为 9.8，这就是用铬黑 T 作指示剂滴定 Mg^{2+} 的最佳 pH 值，这时对应的终点误差最小。

由图上还可看出，对应于 $E_t=\pm0.1\%$，pH 值范围约为 9.6～10.1，这就是最佳 pH 值范围。在此范围内滴定可满足所要求的准确度 $\pm0.1\%$。如果降低对准确度的要求，则对应的最佳 pH 值范围随之增大。

第四节　混合离子的选择滴定

前面讨论的是滴定单一金属离子的体系,但实际情况比较复杂,在溶液中往往有其他金属离子同时存在,它们也有可能与 EDTA 结合。在此情况下能否准确测定其中某种金属离子,或连续滴定几种金属离子,就须涉及到滴定的选择性问题,其中包括选择滴定判别式,选择滴定中溶液 pH 值的控制,以及提高选择性的途径等问题。

一、选择滴定判别式

溶液中如果同时存在两种金属离子 M 和 N,且 $K_{MY} > K_{NY}$,为了选择滴定其中的 M,根据前面讨论,必须满足下式[即式(4-54)],才能达到要求的准确度

$$\log c_M^{sp} K'_{MY} \geqslant 2(\log | f | - \log | E_t |)$$

其中 $\log K'_{MY}$ 为

$$\log K'_{MY} = \log K_{MY} - \log \alpha_Y - \log \alpha_M$$

当有 N 存在时

$$\alpha_Y = \alpha_{Y(H)} + \alpha_{Y(N)} - 1 \approx \alpha_{Y(H)} + \alpha_{Y(N)}$$

其中 $\alpha_{Y(N)}$ 为

$$\alpha_{Y(N)} = 1 + K_{NY}[N] \approx K_{NY}[N]$$

将 α_Y 算出后,再计算 $\log K'_{MY}$,然后代入式(4-54)进行判别。在以下两种情况下,计算可以简化:

(1) 当 $\alpha_{Y(H)} \gg \alpha_{Y(N)}$ 时,通常认为 $\dfrac{\alpha_{Y(H)}}{\alpha_{Y(N)}} \geqslant 20$,或 $\log \alpha_{Y(H)} - \log \alpha_{Y(N)} \geqslant 1.3$ 时(计算误差不大于 5%),$\alpha_{Y(N)}$ 可忽略。这时 $\alpha_Y \approx \alpha_{Y(H)}$,酸效应为主,只要 N 不与指示剂显色干扰终点,与单一金属离子存在时情况相同,用下式算得的 $\log K'_{MY}$ 进行判别

$$\log K'_{MY} = \log K_{MY} - \log \alpha_{Y(H)} - \log \alpha_M$$

(2) 当 $\alpha_{Y(H)} \ll \alpha_{Y(N)}$ 时,通常认为 $\dfrac{\alpha_{Y(N)}}{\alpha_{Y(H)}} \geqslant 20$,或 $\log \alpha_{Y(N)} - \log \alpha_{Y(H)} \geqslant 1.3$ 时,$\alpha_{Y(H)}$ 可忽略。这时 $\alpha_Y \approx \alpha_{Y(N)}$,条件稳定常数可按下式计算

$$\log K'_{MY} = \log K_{MY} - \log \alpha_{Y(N)} - \log \alpha_M \tag{4-60}$$

如果 M 的副反应可以忽略,则为

$$\log K'_{MY} = \log K_{MY} - \log \alpha_{Y(N)}$$
$$\approx \log K_{MY} - \log K_{NY} - \log[N]$$

$$\log K'_{MY} = \Delta \log K - \log[N] \tag{4-61a}$$

或

$$\log K'_{MY} = \Delta \log K + pN \tag{4-61b}$$

其中

$$\Delta \log K = \log K_{MY} - \log K_{NY}$$

一般是按滴定终点时的溶液状况来判别能否准确滴定的,因此,[N]是化学计量点附近 N 的平衡浓度,如果 N 与 Y 形成的 NY 浓度很低(通常 $\Delta \log K \geqslant 6$ 即可满足),而且溶液中无其他配体与 N 结合,即 $[N]_{sp} \approx c_N^{sp}$。这时,式(4-61a)变成

$$\log K'_{MY} = \log K_{MY} - \log K_{NY} - \log c_N^{sp} \tag{4-62}$$

等式两边各加 $\log c_M^{sp}$，合并后可得到

$$\log c_M^{sp} K'_{MY} = \log c_M^{sp} K_{MY} - \log c_N^{sp} K_{NY}$$
$$= \log c_M K_{MY} - \log c_N K_{NY}$$
$$= \Delta \log cK \tag{4-63}$$

这时的准确滴定判别式变为

$$\Delta \log cK \geqslant 2(\log|f| - \log|E_t|) \tag{4-64a}$$

可见，当 $\Delta pM'$ 固定时（即 f 固定时），$\Delta \log cK$ 越大，滴定准确度越高；也就是说，$c_M K_{MY}$ 越大，或 $c_N K_{NY}$ 越小，滴定的准确度越高。

设 $\Delta pM' = \pm 0.2$，$E_t = \pm 0.1\%$ 时，这时能准确选择滴定的条件为

$$\Delta \log cK \geqslant 2[\log 0.954 - \log(1 \times 10^{-3})]$$
$$\Delta \log cK \geqslant 6 \tag{4-64b}$$

但如果 $\Delta pM'$ 和 E_t 数值改变，则对 $\Delta \log cK$ 的要求随之改变。需要注意的是，如果 N 在溶液中发生其他化学反应，则要用式(4-61a)来计算 $\log K'_{MY}$，再代入式(4-54)进行判别。

例 4-11 用 2.0×10^{-3} mol·L^{-1} EDTA 溶液滴定 pH=5.50，2.0×10^{-3} mol·L^{-1} La^{3+} 溶液，在下面两种情况下，能否准确滴定 La^{3+}？

(1) 溶液中含有 2.0×10^{-5} mol·L^{-1} Mg^{2+}；

(2) 溶液中含有 5.0×10^{-2} mol·L^{-1} Mg^{2+}。

解 已知 $\log K(\text{LaY}) = 15.50$，$\log K(\text{MgY}) = 8.7$，$c^{sp}(\text{La}) = \dfrac{1}{2} c_{(\text{La})} = 1.0 \times 10^{-3}$ mol·L^{-1}，pH=5.50 时，$\log \alpha_{Y(H)} = 5.51$。

(1) 当 $c(\text{Mg}) = 2.0 \times 10^{-5}$ mol·L^{-1} 时，由于溶液中 Mg^{2+} 无其他化学反应，因此在化学计量点附近

$$\alpha_{Y(Mg)} = 1 + K(\text{MgY})[\text{Mg}^{2+}]_{sp} = 1 + K(\text{MgY})c^{sp}(\text{Mg})$$
$$= 1 + 10^{8.7} \times 1.0 \times 10^{-5} = 10^{3.7}$$
$$\log \alpha_{Y(H)} - \log \alpha_{Y(Mg)} = 5.51 - 3.7 = 1.8 > 1.3$$

这时酸效应为主，与 La^{3+} 单独存在时情况相同

$$\log K'(\text{LaY}) = \log K(\text{LaY}) - \log \alpha_{Y(H)} = 15.50 - 5.51 = 9.99$$
$$\log c^{sp}(\text{La})K'(\text{LaY}) = \log(1.0 \times 10^{-3}) + 9.99 = 6.99 > 6$$

因此可以准确滴定 La^{3+}。

(2) 当 $c(\text{Mg}) = 5.0 \times 10^{-2}$ mol·L^{-1} 时，$c^{sp}(\text{Mg}) = 2.5 \times 10^{-2}$ mol·L^{-1}

$$\alpha_{Y(Mg)} = 1 + 10^{8.7} \times 2.5 \times 10^{-2} = 10^{7.1}$$
$$\log \alpha_{Y(Mg)} - \log \alpha_{Y(H)} = 7.1 - 5.51 = 1.6 > 1.3$$

这时酸效应可以忽略，可利用式(4-64b)判别

$$\Delta \log cK = \log c(\text{La})K(\text{LaY}) - \log c(\text{Mg})K(\text{MgY})$$
$$= \log(2.0 \times 10^{-3} \times 10^{15.50}) - \log(5.0 \times 10^{-2} \times 10^{8.7})$$
$$= 5.4 < 6$$

因此不能准确滴定 La^{3+}，即滴定的终点误差会大于 0.1%。

二、选择滴定中溶液 pH 值的控制

(一)适宜 pH 值范围

在滴定金属离子 M 时，若有另一金属离子 N 共存，为达到滴定所需的准确度，仍要根据

式(4-55)计算出$\log K'_{MY}$的最低值。而

$$\log K'_{MY} = \log K_{MY} - \log\alpha_Y - \log\alpha_M$$

当 M 的副反应可忽略时，则可由下式求出滴定允许的 Y 副反应系数的最高值$(\alpha_Y)_{max}$

$$\log(\alpha_Y)_{max} = \log K_{MY} - \log K'_{MY}$$

当$|\Delta pM'| = 0.2$，$|E_t| = 0.1\%$，$c_M = 2\times10^{-2}\,mol\cdot L^{-1}$时

$$\log(\alpha_Y)_{max} = \log K_{MY} - 8 \tag{4-65}$$

考虑到共存离子效应，Y 的实际副反应系数

$$\alpha_Y = \alpha_{Y(H)} + \alpha_{Y(N)} - 1$$

若$\alpha_{Y(N)} > (\alpha_Y)_{max}$，由于$\alpha_{Y(H)} \geqslant 1$，于是有$\alpha_Y > (\alpha_Y)_{max}$。说明 N 与 Y 的副反应严重，Y 的实际副反应系数超过了滴定允许的 Y 副反应系数的最高值，这时不能准确滴定 M。

若$\alpha_{Y(N)} \leqslant (\alpha_Y)_{max}$，则可用式(4-66)计算出滴定允许的酸效应系数的最高值

$$\alpha_{Y(H)} = (\alpha_Y)_{max} - \alpha_{Y(N)} + 1$$
$$= (\alpha_Y)_{max} - K_{NY}[N]_{sp} \tag{4-66}$$

其对应的 pH 值为滴定允许的最低 pH 值。

滴定允许的最高 pH 值与单一离子体系相同，由$M(OH)_n$的溶度积所决定，但这时共存离子不应与所用的指示剂显色。

例 4-12 用$2.0\times10^{-2}\,mol\cdot L^{-1}$EDTA 于$2.0\times10^{-2}\,mol\cdot L^{-1}La^{2+}$—$2.0\times10^{-2}\,mol\cdot L^{-1}Mg^{2+}$混合溶液中选择滴定$La^{3+}$，求滴定的适宜 pH 值范围。

解 (1)求最低 pH 值

未具体指明滴定要求时，即指$\Delta pLa = \pm0.2$，$E_t = \pm0.1\%$。今有$c_{La} = 2.0\times10^{-2}\,mol\cdot L^{-1}$，则最低$\log K'_{LaY} = 8$。由式(4-65)

$$\log(\alpha_Y)_{max} = 15.50 - 8 = 7.50 \qquad 即 \quad (\alpha_Y)_{max} = 10^{7.50}$$

而 $$\alpha_{Y(Mg)} = 1 + K(MgY)[Mg^{2+}]_{sp} = 1 + 10^{8.7}\times10^{-2.00} = 10^{6.7}$$

可见$\alpha_{Y(Mg)} < (\alpha_Y)_{max}$，可用式(4-66)计算滴定允许的酸效应系数的最高值

$$\alpha_{Y(H)} = (\alpha_Y)_{max} - K(MgY)[Mg^{2+}]_{sp} = 10^{7.50} - 10^{6.7} = 10^{7.43}$$

对应 pH 值大于 4.5。

(2)求最高 pH 值

$La(OH)_3$的$pK_{sp} = 20.7$，由式(4-59)

$$pH = 14.00 - \frac{1}{3}(20.7 + \log2.0\times10^{-2}) = 7.7$$

因此，滴定的适宜 pH 值范围为 4.5～7.7。

(二)最佳 pH 值和最佳 pH 值范围

与单一金属离子体系的情况相同，在应用指示剂进行混合离子滴定时，$pM'_{ep} = pM'_{sp}$时溶液的 pH 值称为最佳 pH 值；能满足准确度要求的 pH 值范围，称为最佳 pH 值范围。

最佳 pH 值同样可由混合离子体系的pM'_{sp}-pH 曲线和pM'_{ep}-pH 曲线的交点确定。

最佳 pH 值范围与单一离子体系求法相同，根据规定的准确度（通常为$\pm0.1\%$）在pM'-pH 关系图上确定。

三、掩蔽法的应用

在溶液中当共存离子效应远大于酸效应时,如前面讨论,条件稳定常数按下式计算

$$\log K'_{MY} = \Delta\log K - \log[N]$$

要使 M 能准确滴定,也就是要使 $\log K'_{MY}$ 足够大,可采用配位掩蔽法和沉淀掩蔽法降低[N]值;或采用氧化还原掩蔽法改变离子价态,从而增大 $\Delta\log K$。

(一)配位掩蔽法

配位掩蔽法是利用某种配体和共存离子生成足够稳定的配合物的方法,使共存离子的游离浓度降低。如果共存离子在溶液中的总浓度为 c_N,N 的游离浓度为[N],加入配体 L 后形成 NL_i 各级配合物时,其配位效应系数 $\alpha_{N(L)}$ 可利用 NL_i 各级累积稳定常数算出

$$\alpha_{N(L)} = 1 + \sum \beta_i[L]^i$$

进而可算出[N]

$$[N] = \frac{c_N}{\alpha_{N(L)}}$$

在这种情况下,被滴定离子 M 的条件稳定常数 $\log K'_{MY}$ 为

$$\log K'_{MY} = \log K_{MY} - \log(\alpha_{Y(H)} + \alpha_{Y(N)} - 1)$$

其中 $\alpha_{Y(N)} = 1 + K_{NY}[N]$。当 $\alpha_{Y(N)} \gg \alpha_{Y(H)}$,且在化学计量点附近时,上式变为

$$\log K'_{MY} = \log K_{MY} - \log K_{NY} - \log c_N^{sp} + \log\alpha_{N(L)} \tag{4-67}$$

与式(4-62)相比,增加了一项 $\log\alpha_{N(L)}$,也就是说,通过加入掩蔽剂 L,使 MY 的条件稳定常数增大,有利于 M 的滴定,提高了滴定的选择性。$\log\alpha_{N(L)}$ 称为掩蔽指数,其数值越大,掩蔽效果越好。但如果 L 也与 M 形成配合物,则会降低 $\log K'_{MY}$

$$\log K'_{MY} = \log K_{MY} - \log K_{NY} - \log c_N^{sp} + \log\alpha_{N(L)} - \log\alpha_{M(L)} \tag{4-68}$$

因此在选择掩蔽剂时,要使 $\alpha_{N(L)}$ 尽量大,而 $\alpha_{M(L)}$ 尽量小;同时希望配合物的生成不致造成溶液 pH 值的明显变化和对终点颜色的干扰。常见离子的常用掩蔽剂列于表 4-2 中。在应用掩蔽剂时要注意其适用的 pH 值范围和加入的量。

表 4-2 常见离子的常用掩蔽剂

掩蔽剂	适用 pH 范围	Ag+	Al3+	Bi3+	Cd2+	Co2+	Cr3+	Cu2+	Fe3+	Hg2+	Mn2+	Ni2+	Sb3+	Sn4+	Th4+	Ti4+	Zn2+	Zr4+
磺基水杨酸	酸性		+						+						+			+
硫脲	弱酸性	+		+				+		+								
氟化物	>4		+						+					+	+	+		+
乙酰丙酮	5~6		+						+									
邻二氮菲	5~6				+	+				+	+	+					+	
柠檬酸	中性		+		+	+		+	+			+					+	
氰化物	>8	+			+	+		+	+	+		+					+	
氨水	氨性	+			+	+		+				+					+	
酒石酸	氨性		+	+			+		+				+	+	+			+
草酸	氨性								+		+				+		+	+
三乙醇胺	10		+						+		+			+		+		
2,3-二疏基丙醇	10			+	+			+		+			+	+			+	

125

例 4-13 溶液中 Ca^{2+} 和 Zn^{2+} 的浓度均为 2.0×10^{-2} mol·L^{-1},用 2.0×10^{-2} mol·L^{-1} EDTA 溶液滴定 Ca^{2+} 到终点时,$[CN^-] = 0.10$ mol·L^{-1}。

(1) 问能否准确滴定 Ca^{2+}?

(2) 求滴定 Ca^{2+} 的适宜 pH 值范围。

(3) 若保持溶液 pH=11.00,用铬黑 T 作指示剂,终点误差为多少? Zn^{2+} 是否会与铬黑 T 显色?

解 (1) 判别能否准确滴定 Ca^{2+}。这时只需判别符合准确滴定 Ca^{2+} 时允许的 pH 值所对应的 α_Y 是否大于 $\alpha_{Y(Zn)}$ 即可。

通常认为可准确滴定的条件为:$|\Delta pM'| = 0.2$,$|E_t| = 0.1\%$。而 $c(Ca) = 2.0 \times 10^{-2}$ mol·L^{-1},因此,允许 α_Y 最高值为

$$\log(\alpha_Y)_{max} = \log K(CaY) - 8 = 10.69 - 8 = 2.69$$

因 CN^- 对 Zn^{2+} 有掩蔽作用,已知它们的配合物的 $\log\beta_4 = 16.7$,则

$$\alpha_{Zn(CN)} = 1 + \beta_4[CN^-]^4 = 1 + 10^{16.7} \times 10^{-4.00} = 10^{12.7}$$

只要 pH 值不大于 12,OH^- 对 Zn^{2+} 的配位作用可忽略,因此

$$[Zn^{2+}]_{sp} = \frac{c^{sp}(Zn)}{\alpha_{Zn(CN)}} = \frac{1.0 \times 10^{-2}}{10^{12.7}} = 10^{-14.7} \text{ mol·}L^{-1}$$

$$\alpha_{Y(Zn)} = 1 + K(ZnY)[Zn^{2+}]_{sp} = 1 + 10^{16.50} \times 10^{-14.7} = 10^{1.8}$$

可见,$\alpha_Y > \alpha_{Y(Zn)}$,$Ca^{2+}$ 可被准确滴定。

(2) 求滴定 Ca^{2+} 的适宜 pH 值范围。

最低 pH 值:由式(4-66)计算对应的 $\alpha_{Y(H)}$

$$\alpha_{Y(H)} = (\alpha_Y)_{max} - K(ZnY)[Zn]_{sp} = 10^{2.69} - 10^{1.8} = 10^{2.63}$$

查表知,对应 pH=7.7。

最高 pH 值:已知 $Ca(OH)_2$ 的 $pK_{sp} = 5.19$

$$pH = 14.00 - \frac{1}{2}[pK_{sp} + \log c(Ca)]$$

$$= 14.00 - \frac{1}{2}[5.19 + \log(2.0 \times 10^{-2})] = 12.25$$

因此,滴定 Ca^{2+} 的适宜 pH 值范围为 7.7~12.25。

(3) 计算滴定 Ca^{2+} 的终点误差。

已知 pH=11.00 时,$\log\alpha_{Y(H)} = 0.07$,相对于 $\log\alpha_{Y(Zn)}$ 可予忽略。

$$\log K'(CaY) = \log K(CaY) - \log\alpha_{Y(Zn)} = 10.69 - 1.8 = 8.89$$

$$pCa'_{sp} = \frac{1}{2}(\log K'(CaY) - \log c^{sp}(Ca)) = \frac{1}{2}(8.89 + 2.00) = 5.44$$

$$pCa'_{ep} = pCa_t = 4.7$$

$$\Delta pCa' = 4.7 - 5.44 = -0.74$$

$$E_t = \frac{10^{-0.74} - 10^{0.74}}{\sqrt{1.0 \times 10^{-2} \times 10^{8.89}}} \times 100\% = -0.2\%$$

在 pH=11.00 时,铬黑 T 的 $pZn_t = 13.9$,即 $[Zn^{2+}] \geqslant 10^{-13.9}$ mol·L^{-1} 时才会与铬黑 T 显色,现 $[Zn^{2+}]_{sp} = 10^{-14.7}$ mol·L^{-1},比前者小,因此 Zn^{2+} 不会与铬黑 T 显色。

(二)沉淀掩蔽法

若向溶液中加入某种化合物与共存离子 N 形成沉淀,而该沉淀在 EDTA 存在时也不溶解,在这种情况下,就可不将沉淀分离而直接进行滴定,这种方法称为沉淀掩蔽法。由于形成难溶化合物,被滴溶液中[N]明显降低,这就可保证 K'_{MY} 足够大,提高了滴定的选择性。常见

的沉淀掩蔽剂如表 4-3 所列。

表 4-3　常见的沉淀掩蔽剂

掩蔽剂	适用 pH	被掩蔽离子	被滴定离子	指示剂
H_2SO_4	1	Pb^{2+}	Bi^{3+}	二甲酚橙
KI	$5\sim6$	Cu^{2+}	Zn^{2+}	PAN
NH_4F	10	Ba^{2+}、Sr^{2+}、Ca^{2+}、Mg^{2+}	Zn^{2+}、Cd^{2+}、Mn^{2+}	铬黑 T
Na_2SO_4	10	Ba^{2+}、Sr^{2+}	Ca^{2+}、Mg^{2+}	铬黑 T
K_2CrO_4	10	Ba^{2+}	Sr^{2+}	MgY+铬黑 T
Na_2S 或铜试剂	10	Bi^{3+}、Cu^{2+}、Cd^{2+}	Ca^{2+}、Mg^{2+}	铬黑 T
NaOH	12	Mg^{2+}	Ca^{2+}	钙指示剂

　　由于一些沉淀反应不完全,掩蔽效率不高,形成的沉淀往往会吸附被滴定离子,影响滴定的准确度;有的沉淀颜色深、体积大,而且对指示剂也有吸附作用,会影响终点的观察,因此沉淀掩蔽法应用不够广泛。

　　(三)氧化还原掩蔽法

　　如果共存离子有变价,则可加入某种氧化剂或还原剂,改变其价态,使其 EDTA 配合物的稳定常数减小,也就是增大了 $\Delta\log K$ 值,使 $\log K'_{MY}$ 也相应增大,提高了滴定的选择性,这种方法称为氧化还原掩蔽法。例如,$\log K$[Fe(Ⅲ)Y]$=25.1$,若用抗坏血酸或盐酸羟胺将 Fe(Ⅲ)还原成 Fe(Ⅱ),而 $\log K$[Fe(Ⅱ)Y]$=14.32$,稳定常数大为降低,对很多离子的滴定不干扰。又如,将 Tl^{3+} 还原为 Tl^+,将 Hg^{2+} 还原为金属汞,将 Cr^{3+} 氧化为 CrO_4^{2-},都属于这种掩蔽方法。

　　(四)利用解蔽法

　　若向溶液中加入某种化合物,使已被掩蔽的离子重新释放出来,这种作用称为解蔽,加入的这种化合物称为解蔽剂。例如,在 $Zn(CN)_4^{2-}$ 溶液中,加入甲醛后,有如下反应

$$Zn(CN)_4^{2-}+4HCHO+4H_2O\Longleftrightarrow Zn^{2+}+4CH_2(OH)CN+4OH^-$$

原先被 CN^- 掩蔽的 Zn^{2+},重新又被释放出来,甲醛即为解蔽剂。将掩蔽和解蔽这两种方法结合起来,也可提高滴定的选择性。例如,根据氰配合物的稳定性,可将金属离子分成三组:

　　第一组　Cu^{2+}、Co^{2+}、Ni^{2+}、Hg^{2+} 等离子,它们的氰化物很稳定,不能被甲醛解蔽;

　　第二组　Zn^{2+}、Cd^{2+} 等离子,它们的氰化物有一定稳定性,但能被甲醛解蔽;

　　第三组　Ca^{2+}、Mg^{2+}、Pb^{3+} 及稀土等离子,它们的氰化物很不稳定,不能用 CN^- 掩蔽。

　　如果上述每组各有一种离子共存于溶液中,则利用它们对 CN^- 作用的这种差异,可在溶液中进行同时测定。先用 EDTA 测出三组离子的总量;然后另取一份试样,在 pH＝10 时加 KCN 掩蔽第一、二组离子,用 EDTA 测出第三组离子含量;再在这份溶液中加入甲醛,解蔽出第二组离子,用 EDTA 测出其含量;最后用差减法算出第一组离子的含量。

四、其他配位滴定剂的应用

　　当用 EDTA 滴定时,在 $\Delta\log K$ 较小的情况下,改用其他滴定剂有可能使 $\Delta\log K$ 增大,从而提高滴定的选择性。附表 10 列出了一些氨羧螯合剂与金属形成的配合物的稳定常数,可供选择时参考。

　　(一)2-羟乙基乙二胺三乙酸(HEDTA)

　　该滴定剂与金属离子螯合物的稳定性一般不如相应的 EDTA 螯合物,但滴定稳定常数较

高的金属离子时,其选择性有时优于 EDTA。例如,Cu^{2+}、Ni^{2+} 和 Mn^{2+} 的稳定常数分别对比如下:

	Cu^{2+}	Ni^{2+}	Mn^{2+}
$logK_{M-EDTA}$	18.80	18.62	13.87
$logK_{M-HEDTA}$	17.6	17.3	10.9

可见,用 EDTA 滴定时,Cu^{2+} 或 Ni^{2+} 与 Mn^{2+} 的 $\Delta logK$ 都小于 6,难以准确滴定;而用 HEDTA 时,$\Delta logK$ 大于 6,可消除 Mn^{2+} 对 Cu^{2+} 或 Ni^{2+} 的干扰。

（二）环己二胺四乙酸(CyDTA)

CyDTA 与金属离子螯合物的稳定性比相应的 EDTA 螯合物高,特别是对滴定 Ca^{2+}、Mg^{2+} 等离子较为有利。

	Ca^{2+}	Mg^{2+}	Sr^{2+}	Ba^{2+}
$logK_{M-EDTA}$	10.69	8.7	8.73	7.86
$logK_{M-C_yTA}$	13.20	11.02	10.59	8.69

可见在碱性溶液中滴定 Ca^{2+}、Mg^{2+} 的准确度会提高,而且 Ba^{2+} 对 Ca^{2+} 的干扰大为减小。

（三）乙二醇双(2-氨基乙醚)四乙酸(EGTA)

用 EGTA 滴定时,有利于消除 Mg^{2+} 对 Ca^{2+} 的干扰:

	Ca^{2+}	Mg^{2+}
$logK_{M-EDTA}$	10.69	8.7
$logK_{M-EGTA}$	10.97	5.21

两者的 $\Delta logK$ 值由 EDTA 螯合物的 2.0 增加为 EGTA 螯合物的 5.76,Mg^{2+} 基本上不干扰 Ca^{2+} 的滴定。

（四）乙二胺四丙酸(EDTP)

EDTP 与金属离子螯合物的稳定性一般比相应的 EDTA 螯合物差,但 Cu-EDTP 螯合物仍有较高稳定性:

	Cu^{2+}	Zn^{2+}	Cd^{2+}	Mn^{2+}
$logK_{M-EDTA}$	18.80	16.50	16.46	13.87
$logK_{M-EDTP}$	15.4	7.8	6.0	4.7

因此,利用 EDTP 滴定 Cu^{2+} 时,Zn^{2+}、Cd^{2+}、Mn^{2+} 等均不干扰。

（五）三乙撑四胺(Trien)

三乙撑四胺是一种多胺类螯合剂,其化学结构式为

$$CH_2-NH-CH_2-CH_2-NH_2$$
$$|$$
$$CH_2-NH-CH_2-CH_2-NH_2$$

它与 Cu^{2+}、Ni^{2+}、Co^{2+}、Zn^{2+}、Cd^{2+}、Hg^{2+} 等离子形成稳定的螯合物,而与 Ca^{2+}、Mg^{2+}、Mn^{2+}、Fe^{3+}、Al^{3+}、Pb^{2+} 等离子则不生成稳定的螯合物:

	Hg^{2+}	Cu^{2+}	Ni^{2+}	Pb^{2+}	Mn^{2+}
$logK_{M-EDTA}$	21.7	18.80	18.62	18.04	13.87
$logK_{M-Trien}$	25.26	20.4	14.0	10.4	4.9

因此,用 Trien 作滴定剂可提高滴定 Hg^{2+}、Cu^{2+}、Ni^{2+} 等离子的选择性。

第五节　滴定方式及其应用

配位滴定与一般滴定分析法相同,有直接滴定、返滴定、置换滴定和间接滴定等各种滴定方式,根据被测溶液的性质,采用适宜的滴定方法,可扩大配位滴定的应用范围和提高滴定的选择性。

一、直接滴定法

直接滴定法是直接用 EDTA 溶液进行滴定,在被测溶液中加入适宜的缓冲溶液来控制其 pH 值,加入金属指示剂来指示滴定终点。

加入的缓冲剂不应与被测离子发生配位作用。例如,在 pH=5 时滴定 Pb^{2+},不宜用 $HAc-Ac^-$ 缓冲体系,因 Ac^- 会与 Pb^{2+} 结合,而应采用六亚甲基四胺作缓冲剂。

有时为了防止金属离子水解或沉淀,需要加入另一配位剂与之结合,这种物质的种类和用量也要注意控制,应防止被测定离子的条件稳定常数下降过大。

如果溶液中的共存离子有干扰,则应加入适当的掩蔽剂。例如,Ca^{2+} 和 Mg^{2+} 共存时,为了准确滴定其中的 Ca^{2+},须加入 NaOH 溶液调节 pH 值约为 12,使 Mg^{2+} 沉淀,再用 EDTA 滴定。

直接滴定法的优点是简单、快速、引入误差较少,通常尽可能采用这种方法。大多数金属离子都可以采用直接滴定,但必须符合以下条件:

(1) 被测金属离子的浓度要足够大,它与 EDTA 形成的螯合物要足够稳定,以满足准确滴定的要求;

(2) 有适宜的金属指示剂可用,且无封闭和僵化现象;

(3) 螯合物的形成速度要快;

(4) 被测离子不发生水解和形成沉淀,或加入适当的化合物可防止其水解和沉淀。

二、返滴定法

如果不能满足直接滴定所要求的条件,则可考虑采用返滴定法。这种方法是在被测溶液中先准确加入已知量过量的 EDTA 溶液,然后用另一金属离子的标准溶液来滴定过量的 EDTA,用差减法计算被测离子的量。

例如,由于 Al^{3+} 与 EDTA 配位反应速度很慢,溶液中 H^+ 浓度不高时会发生水解,形成多核氢氧基配合物,而且 Al^{3+} 对二甲酚橙等指示剂有封闭作用,故不能用直接滴定法。采用返滴定法是在含 Al^{3+} 的溶液中先加入已知过量的 EDTA 标准溶液,调节 pH 值约为 3.5,煮沸溶液使其反应完全;再调节溶液的 pH 值为 5~6 范围内,以二甲酚橙作指示剂,用 Zn^{2+} 标准溶液滴定至溶液由柠檬黄变为紫红色。根据加入的 EDTA 的量和所消耗的 Zn^{2+} 标准溶液的量可算出 Al^{3+} 的量。

通常,为了保证被测离子 M 与 EDTA 的螯合物 MY 不与返滴定时作标准溶液的离子 N 发生作用,要求 $logK_{MY}>logK_{NY}$。在用 Zn^{2+} 返滴定 Al^{3+} 时,虽然 $logK(AlY)<logK(ZnY)$,但由于 AlY 的离解速度很慢,在滴定过程中 Zn^{2+} 不易置换 AlY 中的 Al^{3+},因此不影响滴定的结果。另外,进行返滴定时,由于 Al^{3+} 已与过量 EDTA 配位形成 AlY,故也消除了 Al^{3+} 对二甲

酚橙的封闭作用。

三、置换滴定法

不能进行直接滴定时,除了利用返滴定法外,也可采用置换滴定法,根据置换反应的类型不同,可有以下几种:

1. 置换金属离子

当金属离子 M 不能直接滴定时,可使其与另一金属离子的配合物 NL 反应,置换出 N

$$M + NL \Longrightarrow ML + N$$

然后用 EDTA 滴定 N,根据 N 与 M 的反应比,可由 EDTA 消耗量算出 M 的量。

例如,Ag^+ 与 EDTA 形成的螯合物很不稳定,用 EDTA 直接滴定不能得到准确的结果,但它与 CN^- 的配合物很稳定,Ag^+ 可从 $Ni(CN)_4^{2-}$ 中置换出相应量的 Ni^{2+}

$$2Ag^+ + Ni(CN)_4^{2-} \Longrightarrow 2Ag(CN)_2^- + Ni^{2+}$$

然后用 EDTA 直接滴定置换出的 Ni^{2+},根据 Ni^{2+} 的量可推算出 Ag^+ 的量。

2. 置换 EDTA

如果与被测离子 M 共存的其他金属离子种类较多或难以掩蔽时,可先向溶液中加入一定量过量的 EDTA,再用另一金属离子溶液与过量的 EDTA 结合,然后加入只能与 M 形成稳定配合物的配体 L,而且要求 ML 比 MY 更稳定,这时会有如下置换反应

$$MY + L \Longrightarrow MY + Y$$

置换出的 Y 再用另一金属离子的标准溶液来滴定,于是可算得相应 M 的量。

例如,测定 Sn^{4+} 时,溶液中同时存在 Zn^{2+}、Cd^{2+}、Pb^{2+}、Bi^{3+} 等离子,这时可向溶液中加入过量 EDTA 溶液,然后用 Zn^{2+} 溶液滴定过量的 EDTA,再向溶液中加入 NH_4F,发生如下反应

$$SnY + 6F^- \Longrightarrow SnF_6^{2-} + Y^{4-}$$

再用 Zn^{2+} 标准溶液准确滴定置换出的 EDTA,这时所耗 Zn^{2+} 的量即待测的 Sn^{4+} 的量。除 Sn^{4+} 外,Al^{3+}、Ti^{4+}、Zr^{4+}、Th^{4+} 等离子都可用这种方法测定。

3. 间接金属指示剂

使用间接金属指示剂时,也利用了置换反应。例如,用 CuY+PAN 作间接金属指示剂时,滴定前被测金属离子 M 会置换 CuY 中的 Cu^{2+},生成 MY;而到终点时,Y 又置换了 Cu-PAN 中的 PAN,生成与原来相同量的 CuY。通过这些作用,扩大了 PAN 的应用范围。此外,在滴定 Ca^{2+} 时,由于 K (Ca-EBT) 值较小,终点颜色不明显,可加入少量 MgY 和铬黑 T 的混合溶液,由于 CaY 比 MgY 稳定,有如下置换反应

$$Ca^{2+} + MgY + EBT \Longrightarrow CaY + Mg\text{-}EBT$$

滴定前溶液显示 Mg-EBT 的红色;在终点时,滴入的 EDTA 又置换出 Mg-EBT 中的 EBT

$$Mg\text{-}EBT + Y \Longrightarrow MgY + EBT$$

又产生了与原来相等量的 MgY,溶液显示出铬黑 T 的蓝色。实际上是以 Mg^{2+} 的终点代替了 Ca^{2+} 的终点,由于 K (Mg-EBT) 数值较大,因此终点变色明显。

四、间接滴定法

如果某一离子不与 EDTA 直接发生配位反应,则可通过一定的化学反应,使其转变成组成一定的另一化合物,而此化合物中的另一组分可用 EDTA 滴定,这种方法称为间接滴定法。

例如，K^+ 不与 EDTA 反应，但可使其沉淀为 $K_2NaCo(NO_2)_6 \cdot 6H_2O$，将该沉淀分离出以后，再使其溶解，然后用 EDTA 滴定其中的 Co^{3+}，于是根据沉淀中 K^+ 与 Co^{3+} 的化学计量关系，可计算出 K^+ 的量。另外，很多阴离子也可利用间接滴定法进行测定。例如，为测定 PO_4^{3-}，可使其沉淀为 $MgNH_4PO_4$，过滤、洗涤后，用 HCl 溶液溶解，再加入过量的 EDTA 标准溶液与 Mg^{2+} 作用，最后用 Mg^{2+} 标准溶液返滴定过量的 EDTA，这样也可推算出原来 PO_4^{3-} 的量。由于间接滴定法一般要经过较多步骤处理，误差往往较大。

习　　题

1. 由 Hg^{2+} 与 Cl^- 配合物的累积稳定常数计算其各级配合物的逐级稳定常数。

2. 已知 Cd^{2+} 与 Br^- 的配合物的 $\log K_1 \sim \log K_4$ 依次为 1.75，0.59，0.98，0.38。计算各级配合物的累积稳定常数。当 $[Br^-] = 0.10 \, \text{mol} \cdot \text{L}^{-1}$，Cd 各种存在形式的分布分数为多少？

3. $1.0 \times 10^{-4} \, \text{mol} \cdot \text{L}^{-1} Zn^{2+}$ 溶液中，NH_4Cl 和 NH_3 的总浓度为 $0.10 \, \text{mol} \cdot \text{L}^{-1}$，当 pH=9.00 时，计算 Zn^{2+}-NH_3 各级配合物的分布分数。

4. 计算柠檬酸在 pH=5.00 时的酸效应系数。

5. 在 pH=1.5 时，用 EDTA 滴定 Bi^{3+}，有 $1.0 \times 10^{-3} \, \text{mol} \cdot \text{L}^{-1} Pb^{2+}$ 共存，求 α_Y。

6. 在 100 mL 溶液中，含 Hg^{2+} 2 mg，KI 1.66 g，计算 $\log \alpha_{Hg(I)}$。

7. 计算 $0.10 \, \text{mol} \cdot \text{L}^{-1} NH_4^+$ —$0.20 \, \text{mol} \cdot \text{L}^{-1} NH_3$ 溶液中 CuY 的条件稳定常数。

8. 当 pH=10.00，$[Mg^{2+}] = 0.010 \, \text{mol} \cdot \text{L}^{-1}$，酒石酸 $(H_2L)[L] = 0.10 \, \text{mol} \cdot \text{L}^{-1}$ 时，计算 PbY 的条件稳定常数。

9. 在 pH=2.00 时，用 $0.010 \, \text{mol} \cdot \text{L}^{-1}$ EDTA 溶液滴定 $0.010 \, \text{mol} \cdot \text{L}^{-1} Fe^{3+}$，溶液中 $[Fe^{2+}] = 0.010 \, \text{mol} \cdot \text{L}^{-1}$，滴定到化学计量点时 $pFe(\text{III})'_{sp}$ 为多少？

10. 计算在 pH=5.5 的条件下，用 $2.0 \times 10^{-3} \, \text{mol} \cdot \text{L}^{-1}$ EDTA 滴定 $2.0 \times 10^{-3} \, \text{mol} \cdot \text{L}^{-1} Zn^{2+}$ 的滴定突跃范围大小。

11. 在 pH=10.00 时，用 EDTA 滴定 Zn^{2+}，以 PAN 作指示剂，计算 PAN 理论变色点时的 pZn'。设这时溶液中 $[NH_3] = 0.010 \, \text{mol} \cdot \text{L}^{-1}$。

12. 铬蓝黑 B 是一三元弱酸，其 H_2In^- 为红色，HIn^{2-} 为蓝色，In^{3-} 为橙色；$pK_{a_2} = 6.3$，$pK_{a_3} = 12.5$；与 Ca^{2+}、Mg^{2+} 等离子形成酒红色配合物。它在 pH 值什么范围内可用作 EDTA 滴定 Ca^{2+}、Mg^{2+} 的指示剂？终点颜色如何变化？

13. 在 pH=10.00 的氨性溶液中，以铬黑 T 作指示剂，用 $2.0 \times 10^{-2} \, \text{mol} \cdot \text{L}^{-1}$ EDTA 溶液滴定等浓度的 Ca^{2+}，求终点误差。如果滴定等浓度的 Mg^{2+}，则终点误差又为多少？

14. 在 pH=5.00 时，以 HAc-NaAc 作缓冲剂，用 $2.0 \times 10^{-3} \, \text{mol} \cdot \text{L}^{-1}$ EDTA 溶液滴定 $2.0 \times 10^{-3} \, \text{mol} \cdot \text{L}^{-1} Pb^{2+}$，二甲酚橙作指示剂，终点时 $[Ac^-] = 0.20 \, \text{mol} \cdot \text{L}^{-1}$，这时终点误差为多少？若改用六亚甲基四胺作缓冲剂，则终点误差为多少？（已知 Pb^{2+}-Ac^- 的 $\log \beta_1 = 1.9$，$\log \beta_2 = 3.3$）

15. 用 $1 \times 10^{-2} \, \text{mol} \cdot \text{L}^{-1}$ EDTA 溶液滴定 $5 \times 10^{-3} \, \text{mol} \cdot \text{L}^{-1}$ M 离子，终点检测灵敏度 pM=0.3，若要使准确度达到 0.1%，则要求 $\log K'_{MY}$ 至少为多少？

16. 用 $2.0 \times 10^{-3} \, \text{mol} \cdot \text{L}^{-1}$ EDTA 溶液滴定 $2.0 \times 10^{-3} \, \text{mol} \cdot \text{L}^{-1} Cu^{2+}$，$\Delta pCu' = \pm 0.5$，$E_t = \pm 0.1\%$，计算滴定的适宜 pH 值范围。

17. 在 pH 值为 5.00，含 $2.0 \times 10^{-2} \, \text{mol} \cdot \text{L}^{-1} Pb^{2+}$ 和 $2.0 \times 10^{-2} \, \text{mol} \cdot \text{L}^{-1} Ba^{2+}$ 的溶液中，用 $2.0 \times 10^{-2} \, \text{mol} \cdot \text{L}^{-1}$ EDTA 溶液能否准确滴定其中的 Pb^{2+}？

18. 在 pH=5.00，含 $2.0 \times 10^{-2} \, \text{mol} \cdot \text{L}^{-1} Ni^{2+}$ 和 $2.0 \times 10^{-2} \, \text{mol} \cdot \text{L}^{-1} Fe^{2+}$ 的溶液中，$\Delta pNi' = 0.3$，用 $2.0 \times 10^{-2} \, \text{mol} \cdot \text{L}^{-1}$ EDTA 溶液滴定其中的 Ni^{2+}，误差是否会大于 0.5%？

19. 溶液中含 2.0×10^{-2} mol·L^{-1} Co^{2+} 和 0.10 mol·L^{-1} Mg^{2+},用 2.0×10^{-2} mol·L^{-1} EDTA 滴定其中的 Co^{2+}。

(1) 求滴定 Co^{2+} 的适宜 pH 值范围;

(2) 如用 PAN 作指示剂,求滴定的最佳 pH 值。

20. 溶液中含 2.0×10^{-2} mol·L^{-1} Pb^{2+} 和 2.0×10^{-2} mol·L^{-1} Th^{4+},在 pH=5.00 时用 2.0×10^{-2} mol·L^{-1} EDTA 溶液滴定其中的 Pb^{2+}。在终点时溶液中 $[C_2O_4^{2-}]$ 至少应为多少,才能有效地配位掩蔽 Th^{4+},而能准确地滴定 Pb^{2+}?

21. 溶液含 2.0×10^{-2} mol·L^{-1} Zn^{2+} 和 2.0×10^{-3} mol·L^{-1} Cd^{2+},用 2.0×10^{-2} mol·L^{-1} EDTA 滴定其中的 Zn^{2+},加 KI 掩蔽 Cd^{2+},在终点时 $[I^-]=1.0$ mol·L^{-1}。

(1) 能否准确滴定 Zn^{2+}?

(2) 求滴定 Zn^{2+} 的适宜 pH 值范围;

(3) 在 pH=5.00 时,若以二甲酚橙作指示剂,终点误差为多少?

22. 取含钙、镁的试液 50.00 mL,在 pH=10 时以铬黑 T 作指示剂,用 0.02035 mol·L^{-1} EDTA 溶液滴定至溶液变蓝,耗去 EDTA 34.33 mL。另取上述试液 50.00 mL,pH 值在 12~13 范围内以钙指示剂作指示剂,用上述浓度的 EDTA 溶液滴定至溶液变蓝,耗去 EDTA 28.08 mL。求溶液中钙和镁的含量($g·L^{-1}$)。

23. 在 10.0 mL 含 CN^- 的试液中,加入 50.00 mL 0.01502 mol·L^{-1} Ni^{2+} 标准溶液,继续用 0.01147 mol·L^{-1} EDTA 滴定游离的 Ni^{2+},耗去 28.53 mL,求试液中 CN^- 的浓度。

24. 称取含镁、镍和锌的试样 0.2000 g,溶解后加入 50.00 mL 0.05013 mol·L^{-1} EDTA 溶液,反应完全后,用 0.02032 mol·L^{-1} Mg^{2+} 溶液滴定至指示剂变色,耗去 23.41 mL;在该溶液中,再加入二巯基丙醇,再用上述 Mg^{2+} 溶液滴定释放出来的 EDTA,耗去 22.75 mL;最后向溶液中加入 KCN,仍用上述 Mg^{2+} 溶液滴定,耗去 26.08 mL。求试样中镁、镍和锌的质量百分数。

第五章 氧化还原滴定法

氧化还原反应是指反应物之间有电子交换的一类反应,其特征是组成物质的元素在反应前后有价态变化。氧化还原反应机理一般比较复杂,除了主反应外,还经常伴有各种副反应,而且许多氧化还原反应是分步进行的,反应速度较慢。因此,不仅要从平衡的观点判断氧化还原反应进行的方向和程度,而且还要从动态的角度考虑反应速度和反应条件。

氧化还原滴定法是以氧化还原反应为基础的滴定方法。在氧化还原滴定中有多种氧化或还原滴定剂,据此可分为多种滴定方法,各种方法都有其特点和应用范围,根据测定对象选择适宜的滴定反应和反应条件是十分重要的。氧化还原滴定法应用非常广泛,能直接和间接测定许多无机物和有机物。在分析化学中,氧化还原反应除了应用于滴定方法外,还常常应用于其他有关的分离和测定步骤中。

第一节 氧化还原平衡

一、标准电极电位

氧化剂和还原剂的强弱,可以用有关电对的电极电位来衡量。电对的电位越高,其氧化态的氧化能力越强;电对的电位越低,其还原态的还原能力越强。因此,作为一种氧化剂,它可以氧化电位比它低的还原剂;作为一种还原剂,它可以还原电位比它高的氧化剂。由此可见,根据有关电对的电位,可以判断反应进行的方向。

氧化还原电对通常分为可逆电对与不可逆电对两大类。可逆氧化还原电对系指在氧化还原反应的任一瞬间,能按氧化还原半反应所示,迅速地建立起氧化还原平衡,其实测电位与按能斯特(Nernst)公式计算所得的理论电位相符,或相差甚小。例如 Fe^{3+}/Fe^{2+}、$Fe(CN)_6^{3-}/Fe(CN)_6^{4-}$、$I_2/I^-$ 等。不可逆电对的情况与可逆电对不同,它们不能在氧化还原反应的任一瞬间立即建立符合反应方程式的平衡,其实际电位对能斯特公式偏离较大。一般有中间价态的含氧酸及电极反应中有气体的电对,多为不可逆电对。例如,MnO_4^-/Mn^{2+}、$Cr_2O_7^{2-}/Cr^{3+}$、$CO_2/C_2O_4^{2-}$ 等,它们的电位与理论电位相差较大(相差 100 mV 或 200 mV 以上)。然而,对于不可逆电对,用能斯特公式的计算结果作为初步判断,仍然具有一定的实际意义。

对于可逆氧化还原电对的电位,可用能斯特公式表示。例如,O/R 电对,其电极半反应和能斯特公式为

$$O + ne \rightleftharpoons R$$

$$E = E^{\ominus} + \frac{0.059}{n}\log\frac{a_O}{a_R} \quad (25℃) \tag{5-1a}$$

式中 O 为氧化态，R 为还原态，E 是电对的电位，$E^{\ominus}$ 是电对的标准电位，a_O 为氧化态的活度，a_R 为还原态的活度，n 为反应中电子转移数。

对于更复杂的氧化还原半反应，能斯特公式中还应该包括有关反应物和生成物的活度。纯金属、纯固体的活度为1，溶剂的活度为常数，它们的影响已反映在 $E^{\ominus}$ 里，不必再列入能斯特公式中。

对于同一价态元素，由于其存在形式不同，与它有关的氧化还原电对可能有好几个，而每一电对的标准电位又各不相同。例如：

$$Ag^+ + e \rightleftharpoons Ag \qquad E^{\ominus}_{Ag^+/Ag} = 0.7996 \text{ V}$$
$$AgCl + e \rightleftharpoons Ag + Cl^- \qquad E^{\ominus}_{AgCl/Ag} = 0.22233 \text{ V}$$
$$AgBr + e \rightleftharpoons Ag + Br^- \qquad E^{\ominus}_{AgBr/Ag} = 0.07133 \text{ V}$$
$$AgI + e \rightleftharpoons Ag + I^- \qquad E^{\ominus}_{AgI/Ag} = -0.15224 \text{ V}$$

比较上述各电对的标准电极电位，可以看到，沉淀（电对中的氧化态）的溶解度越小，标准电位越低。其他化学平衡对氧化还原电对的标准电位的影响也是这样。凡是使氧化态活度降低的，标准电位就低；凡是使还原态活度降低的，标准电位就高。

同一价态元素的不同电对的标准电位，可以根据有关的平衡常数，用能斯特公式求出它们之间的关系。附表15中列出常用物质的标准电极电位。

在处理氧化还原平衡时，还应注意到对称电对和不对称电对之间的区别。对称电对是指在电极半反应中，氧化态与还原态的系数相同的电对，如 Fe^{3+}/Fe^{2+}、MnO_4^-/Mn^{2+} 等。不对称电对，在其电极半反应中，氧化态与还原态的系数不同，如 I_2/I^-、$Cr_2O_7^{2-}/Cr^{3+}$ 等。当涉及到不对称电对的有关计算时，情况复杂一些，要注意到系数的影响。

二、条件电极电位

在实际工作中，通常知道的是物质在溶液中的浓度，而不是其活度，为简化起见，常常忽略溶液中离子强度的影响，用浓度值代替活度值进行计算。但是只有在浓度极稀时，这种处理方法才是正确的。当浓度较大，尤其是高价离子参与电极反应时，或有其他强电解质存在下，计算结果就会与实际测定值发生较大偏差。因此，若以浓度代替活度，应引入相应的活度系数 γ_O 及 γ_R，即

$$a_O = \gamma_O[O] \qquad a_R = \gamma_R[R]$$

此外，当溶液中介质不同，或氧化态还原态发生某些副反应时，如 pH 值的改变、沉淀与配合物的形成等，都会使电位发生更大的变化。所以还必须考虑到副反应的发生，引入相应的副反应系数 α_O、α_R，则得

$$a_O = \gamma_O[O] = \gamma_O c_O/\alpha_O$$
$$a_R = \gamma_R[R] = \gamma_R c_R/\alpha_R$$

将以上关系式代入式(5-1a)，得

$$E = E^{\ominus} + \frac{0.059}{n}\log\frac{\gamma_O\alpha_R}{\gamma_R\alpha_O} + \frac{0.059}{n}\log\frac{c_O}{c_R} \tag{5-1b}$$

式中 c_O 和 c_R 分别表示氧化态和还原态的总浓度，即分析浓度。当 $c_O = c_R = 1 \text{ mol} \cdot \text{L}^{-1}$ 时，

得到

$$E^{\ominus'} = E^{\ominus} + \frac{0.059}{n} \log \frac{\gamma_O \alpha_R}{\gamma_R \alpha_O} \tag{5-2}$$

$E^{\ominus'}$ 称为条件电极电位,它是在一定的介质条件下,氧化态和还原态的总浓度均为 1 mol·L^{-1} 时的实际电极电位。条件电极电位反映了离子强度和各种副反应的影响的总结果,它在一定条件下为一常数。

标准电极电位 $E^{\ominus}$ 与条件电极电位 $E^{\ominus'}$ 的关系类似于配位反应中稳定常数 K 与条件稳定常数 K' 的关系。式(5-2)表明,在有关常数已知时,可用标准电极电位、活度系数及副反应系数计算电对的条件电极电位。但在实际上,溶液中常常同时存在几种副反应,而且其有关常数不易齐全,尤其是当溶液的离子强度较大时,活度系数很难获得。因此,用计算方法求得 $E^{\ominus'}$ 是比较困难的,一般都是通过实验测得条件电极电位的数值。附表 16 中列有部分氧化还原电对的 $E^{\ominus'}$。

条件电位的大小,表示在外界因素的影响下,氧化还原电对的实际氧化还原能力,应用条件电极电位比用标准电极电位能更正确地判断氧化还原反应的方向、次序和反应完成的程度。在进行氧化还原平衡计算时,应采用与给定介质条件相同的条件电极电位。若缺乏相同条件的 $E^{\ominus'}$ 数值,可采用介质条件相近的条件电极电位数据。对于没有相应条件电极电位的氧化还原电对,则采用标准电极电位。

对于有 H$^+$ 参加的氧化还原反应,如

$$O + mH^+ + ne \Longrightarrow R$$

则其电位计算的能斯特公式可表示为

$$
\begin{aligned}
E &= E^{\ominus}_{O/R} + \frac{0.059}{n} \log \frac{a_{H^+}^m a_O}{a_R} \\
&= E^{\ominus}_{O/R} + \frac{0.059}{n} \log \frac{\gamma_{H^+}^m [H^+]^m \gamma_O [O]}{\gamma_R [R]} \\
&= E^{\ominus}_{O/R} + \frac{0.059}{n} \log \frac{\gamma_{H^+}^m [H^+]^m \gamma_O \alpha_R c_O}{\gamma_R \alpha_O c_R} \\
&= E^{\ominus'}_{O/R} + \frac{0.059}{n} \log \frac{c_O}{c_R}
\end{aligned}
$$

由上式可以看到,对于有 H$^+$ 参加的氧化还原半反应,如果用 $E^{\ominus}$ 表示能斯特公式时,等式的右边应有相应的 H$^+$ 浓度项,若改用 $E^{\ominus'}$ 表示时,因为 H$^+$ 浓度的影响已包括在条件电极电位中,则不应再标出 H$^+$ 浓度项。

例 5-1 由标准电极电位计算在 pH=10.00,c_{NH_3}=0.10 mol·L^{-1} 的溶液中,Zn^{2+}/Zn 电对的条件电极电位(忽略离子强度的影响)。若锌盐的总浓度为 2.0×10^{-3} mol·L^{-1} 时,Zn^{2+}/Zn 电对的电位是多少?

解 Zn^{2+} 和 NH$_3$ 生成逐级配合物

$$Zn^{2+} + NH_3 \longrightarrow Zn(NH_3)^{2+} + \cdots + Zn(NH_3)_4^{2+}$$

$$\downarrow H^+$$

$$NH_4^+$$

已知锌氨配合物的 $\log\beta_1$=2.37,$\log\beta_2$=4.81,$\log\beta_3$=7.31,$\log\beta_4$=9.46,NH$_4^+$ 的酸形成常数 $K_{NH_4^+}^H$ =$10^{9.26}$

在 pH$=10.00$ 溶液中

$$\alpha_{NH_3(H)}=1+[H^+]K^H_{NH_4^+}=1+10^{-10.00}\times10^{9.26}=10^{0.07}$$

当 $c_{NH_3}=0.10\ mol\cdot L^{-1}$ 时，$[NH_3]=\dfrac{c_{NH_3}}{\alpha_{NH_3(H)}}=10^{-1.07}(mol\cdot L^{-1})$

$$\alpha_{Zn(NH_3)}=1+[NH_3]\beta_1+[NH_3]^2\beta_2+[NH_3]^3\beta_3+[NH_3]^4\beta_4$$
$$=1+10^{-1.07+2.37}+10^{-2.14+4.81}+10^{-3.21+7.31}+10^{-4.28+9.46}=10^{5.22}$$

由式(5-2)，可得

$$E^{\ominus'}_{Zn^{2+}/Zn}=E^{\ominus}+\frac{0.059}{2}\log\frac{1}{\alpha_{Zn(NH_3)}}=-0.7618+\frac{0.059}{2}\log10^{-5.22}=-0.92(V)$$

当 $c_{Zn^{2+}}=2.0\times10^{-3}\ mol\cdot L^{-1}$ 时，电对的实际电位为

$$E_{Zn^{2+}/Zn}=E^{\ominus'}+\frac{0.059}{2}\log c_{Zn^{2+}}=-0.92+\frac{0.059}{2}\log(2.0\times10^{-3})=-1.00(V)$$

例 5-2 计算 HCl 浓度为 $1.0\ mol\cdot L^{-1}$ 的溶液中，$c_{Ce^{4+}}=1.00\times10^{-2}\ mol\cdot L^{-1}$，$c_{Ce^{3+}}=1.00\times10^{-3}$ $mol\cdot L^{-1}$ 时，Ce^{4+}/Ce^{3+} 电对的电位。

解 $Ce^{4+}+e\Longrightarrow Ce^{3+}$ $\qquad E^{\ominus'}_{Ce^{4+}/Ce^{3+}}=1.28\ V$ ($1.0\ mol\cdot L^{-1}$ HCl 溶液)

$$E=E^{\ominus'}_{Ce^{4+}/Ce^{3+}}+0.059\log\frac{c_{Ce^{4+}}}{c_{Ce^{3+}}}=1.28+0.059\log\frac{1.00\times10^{-2}}{1.00\times10^{-3}}=1.34\ (V)$$

例 5-3 在 $1.0\ mol\cdot L^{-1}$ HCl 溶液中，$E^{\ominus'}_{Cr_2O_7^{2-}/Cr^{3+}}=1.00\ V$，计算用固体亚铁盐将 $0.100\ mol\cdot L^{-1}$ $K_2Cr_2O_7$ 还原至 50% 时溶液的电位。

解 $0.100\ mol\cdot L^{-1}$ $K_2Cr_2O_7$ 还原至 50% 时

$$c_{Cr_2O_7^{2-}}=0.0500\ mol\cdot L^{-1},\quad c_{Cr^{3+}}=2(0.100-c_{Cr_2O_7^{2-}})=0.100\ (mol\cdot L^{-1})$$

$$E=E^{\ominus'}+\frac{0.059}{6}\log\frac{c_{Cr_2O_7^{2-}}}{c^2_{Cr^{3+}}}=1.00+\frac{0.059}{6}\log\frac{0.0500}{(0.100)^2}=1.01\ (V)$$

三、影响电对电极电位的因素

在氧化还原反应中，有关电对电极电位的大小，是判断氧化还原反应方向的主要依据。电极电位的大小不仅取决于物质本性，而且还与反应的条件密切相关。反应条件的变化，会影响电极电位，从而可能改变氧化还原反应的方向。对电极电位的影响，主要表现在下列四个方面：氧化剂和还原剂本身的浓度，氢离子的浓度，生成沉淀，以及形成配合物等。掌握了这些影响因素，就可以利用反应条件控制反应方向和改变反应完全程度。

（一）氧化态和还原态浓度的影响

由能斯特公式可知，氧化还原电对的电极电位决定于物质的本性及氧化态与还原态的浓度比值。凡是能影响氧化态或还原态浓度的因素都会影响电对的电极电位，从而影响反应平衡。当增大氧化态的浓度或减小还原态的浓度时，会使电对的电极电位升高，而减小氧化态的浓度或增加还原态的浓度时将使电对的电极电位降低。当两个氧化还原电对的 $E^{\ominus}$ 或 $E^{\ominus'}$ 相差不大时，可通过改变氧化剂或还原剂的浓度来改变氧化还原反应的方向。

例 5-4 当 $[Sn^{2+}]=[Pb^{2+}]=1.0\ mol\cdot L^{-1}$ 及 $[Sn^{2+}]=1.0\ mol\cdot L^{-1}$，$[Pb^{2+}]=0.10\ mol\cdot L^{-1}$ 时，判断电对 Sn^{2+}/Sn 和电对 Pb^{2+}/Pb 之间反应进行的方向。

解 已知 $E^{\ominus}_{Sn^{2+}/Sn}=-0.1375\ V$，$E^{\ominus}_{Pb^{2+}/Pb}=-0.1262\ V$

当$[Sn^{2+}]=[Pb^{2+}]=1.0\ mol \cdot L^{-1}$时　$E_{Sn^{2+}/Sn}=E^{\ominus}_{Sn^{2+}/Sn}=-0.1375\ V$

$$E_{Pb^{2+}/Pb}=E^{\ominus}_{Pb^{2+}/Pb}=-0.1262\ V$$

根据$E_{Sn^{2+}/Sn}$较$E_{Pb^{2+}/Pb}$为负的事实，Sn 的还原性大于 Pb 的还原性。因此，下述反应

$$Pb^{2+}+Sn \Longrightarrow Pb+Sn^{2+}$$

应该自左向右进行。

而当$[Sn^{2+}]=1.0\ mol \cdot L^{-1}$，$[Pb^{2+}]=0.10\ mol \cdot L^{-1}$时，由能斯特公式，求得

$$E_{Sn^{2+}/Sn}=E^{\ominus}_{Sn^{2+}/Sn}=-0.1375\ V$$

$$E_{Pb^{2+}/Pb}=E^{\ominus}_{Pb^{2+}/Pb}+\frac{0.059}{2}\log[Pb^{2+}]$$

$$=-0.1262+\frac{0.059}{2}\log 0.10=-0.1557\ (V)$$

这时，由于浓度的改变，$E_{Sn^{2+}/Sn}$较$E_{Pb^{2+}/Pb}$稍大，即 Pb 的还原性大于 Sn 的还原性，上述反应的方向就变成自右向左进行了。

应该指出，上述氧化还原反应中，两个电对的$E^{\ominus}$值仅相差 0.01 V，所以只要简单地把 Pb^{2+}的浓度降低约 10 倍，就可引起反应方向的改变。如果两个电对的标准电极电位相差较大时，则难以通过小幅度增减某一氧化剂（或还原剂）的浓度来改变反应方向。

当溶液中发生沉淀、配位等反应时，会使电对的氧化态或还原态浓度大幅度地改变，从而影响到氧化还原反应方向。

（二）生成沉淀的影响

当加入一种沉淀剂，如果与氧化态生成沉淀，则可使电对的电极电位降低；若与还原态生成沉淀，则可使电对的电位升高，从而影响反应进行的方向。

例如，用碘量法测定铜时，是基于如下反应

$$2Cu^{2+}+4I^- \Longrightarrow 2CuI \downarrow +I_2$$

如果仅从标准电位 $E^{\ominus}_{Cu^{2+}/Cu^+}=0.153\ V$，$E^{\ominus}_{I_3^-/I^-}=0.536\ V$ 来判断，应当是 I_3^- 氧化 Cu^+。实际上，由于生成了溶解度很小的 CuI 沉淀，溶液中$[Cu^+]$极小，使 Cu^{2+}/Cu^+ 电对的电位显著提高，Cu^{2+} 就成为较强的氧化剂，因而 Cu^{2+} 氧化 I^- 的反应能够进行得很完全。

例 5-5　计算$[I^-]=1.0\ mol \cdot L^{-1}$时，$Cu^{2+}/Cu^+$电对的条件电极电位（忽略离子强度的影响）。

解　已知 $E^{\ominus}_{Cu^{2+}/Cu^+}=0.153\ V$，$K_{sp}(CuI)=1.1\times10^{-12}$，依据能斯特公式

$$E=E^{\ominus}_{Cu^{2+}/Cu^+}+0.059\log\frac{[Cu^{2+}]}{[Cu^+]}$$

$$=E^{\ominus}_{Cu^{2+}/Cu^+}+0.059\log\frac{[Cu^{2+}]}{K_{sp}/[I^-]}$$

$$=E^{\ominus}_{Cu^{2+}/Cu^+}+0.059\log\frac{[I^-]}{K_{sp}}+0.059\log[Cu^{2+}]$$

设 Cu^{2+} 没发生副反应，$[Cu^{2+}]=c_{Cu^{2+}}=1.0\ mol \cdot L^{-1}$，且$[I^-]=1.0\ mol \cdot L^{-1}$，故

$$E^{\ominus\prime}=E^{\ominus}_{Cu^{2+}/Cu^+}-0.059\log K_{sp}=0.153-0.059\log(1.1\times10^{-12})=0.859\ (V)$$

计算结果表明，由于生成 CuI 沉淀，使 Cu^{2+}/Cu^+ 电对的电位从 0.153 V 升高到 0.859 V，所以上述反应可定量向右进行。

（三）形成配合物的影响

在氧化还原反应中，加入能与氧化态或还原态形成稳定配合物的配体时，由于氧化态与还

原态浓度之比发生变化,从而引起电对的电极电位的改变。在氧化还原滴定中,常利用某一形态形成配合物的性质消除干扰,提高测定的准确度。例如用碘量法测定铜时,Fe^{3+} 也能氧化 I^-,从而干扰 Cu^{2+} 的测定。此时若加入 NaF,F^- 与 Fe^{3+} 形成稳定的配合物,使 Fe^{3+}/Fe^{2+} 电对的电极电位显著降低,从而消除 Fe^{3+} 的干扰。

例 5-6 计算 $pH=3.00$,$c_{F^-}=0.10\ mol \cdot L^{-1}$ 时,Fe^{3+}/Fe^{2+} 电对的条件电极电位(忽略离子强度的影响)。

解 已知铁(Ⅲ)氟配合物的 $\log\beta_1$—$\log\beta_3$ 分别是 5.28,9.30,12.06,$\log\beta_5$ 为 15.77;$\log K_{HF}^H=3.18$。

当 $pH=3.00$ 时

$$\alpha_{F(H)}=1+[H^+]K_{HF}^H$$
$$=1+10^{-3.00}\times 10^{3.18}=10^{0.40}$$

则
$$[F^-]=\frac{c_{F^-}}{\alpha_{F(H)}}=10^{-1.00}/10^{0.40}=10^{-1.40}\ (mol \cdot L^{-1})$$

$$\alpha_{Fe^{3+}(F)}=1+\beta_1[F^-]+\beta_2[F^-]^2+\beta_3[F^-]^3+\beta_5[F^-]^5$$
$$=1+10^{5.28}\times 10^{-1.40}+10^{9.30}\times 10^{-2.80}+10^{12.06}\times 10^{-4.20}+10^{15.77}\times 10^{-7.00}$$
$$=10^{8.82}$$

$$\alpha_{Fe^{2+}(F)}=1$$

根据条件电极电位的定义,则得

$$E^{\ominus '}_{Fe^{3+}/Fe^{2+}}=E^{\ominus}_{Fe^{3+}/Fe^{2+}}+0.059\log\frac{\alpha_{Fe^{2+}(F)}}{\alpha_{Fe^{3+}(F)}}=0.771+0.059\log\frac{1}{10^{8.82}}=0.251(V)$$

从上面计算可知,$E^{\ominus '}_{Fe^{3+}/Fe^{2+}}$ 小于 $E^{\ominus}_{I_3^-/I^-}$,由于加入配位剂 F^-,Fe^{3+}/Fe^{2+} 电对的条件电极电位大大降低,Fe^{3+} 就不再氧化 I^- 了。

(四)氢离子浓度的影响

不少氧化还原反应有 H^+ 或 OH^- 参加,有关电对的能斯特公式中包括 $[H^+]$ 或 $[OH^-]$ 项,因此就会直接影响电极电位值。一些物质的氧化态或还原态是弱酸或弱碱,$[H^+]$ 的变化将会影响其存在形式,这也会影响电对的电极电位。

例 5-7 分别计算溶液中 $[H^+]=4.0\ mol \cdot L^{-1}$ 和 $pH=8.00$ 时,$As(Ⅴ)/As(Ⅲ)$ 电对的条件电极电位,并判断与 I_3^-/I^- 电对进行反应的情况(忽略离子强度的影响)。

解 已知电极半反应为

$$H_3AsO_4+2H^++2e \Longleftrightarrow HAsO_2+2H_2O \qquad E^{\ominus}_{As(Ⅴ)/As(Ⅲ)}=0.560\ V$$
$$I_3^-+2e \Longleftrightarrow 3I^- \qquad E^{\ominus}_{I_3^-/I^-}=0.536\ V$$

根据能斯特公式

$$E=E^{\ominus}_{As(Ⅴ)/As(Ⅲ)}+\frac{0.059}{2}\log\frac{[H_3AsO_4][H^+]^2}{[HAsO_2]}$$

当 $[H^+]=4.0\ mol \cdot L^{-1}$,$c_{As(Ⅴ)}=[H_3AsO_4]=c_{As(Ⅲ)}=[HAsO_2]=1.0\ mol \cdot L^{-1}$ 时

$$E^{\ominus '}_{As(Ⅴ)/As(Ⅲ)}=E^{\ominus}_{As(Ⅴ)/As(Ⅲ)}+\frac{0.059}{2}\log[H^+]^2$$

$$=0.560+\frac{0.059}{2}\log 4.0^2=0.596\ (V)$$

H_3AsO_4 的 $K_{a_1}=10^{-2.20}$,$K_{a_2}=10^{-7.00}$,$K_{a_3}=10^{-11.50}$　　$HAsO_2$ 的 $K_a=10^{-9.22}$。

As(V)和As(Ⅲ)的存在形式受[H⁺]控制。pH=8.00时,As(V)主要以 $HAsO_4^{2-}$ 存在,而

$$[H_3AsO_4] = \delta_{H_3AsO_4} \cdot c_{As(V)}$$

$$= \frac{[H^+]^3 c_{As(V)}}{[H^+]^3 + [H^+]^2 K_{a_1} + [H^+] K_{a_1} K_{a_2} + K_{a_1} K_{a_2} K_{a_3}}$$

$$= \frac{10^{-24.00} c_{As(V)}}{10^{-24.00} + 10^{-16.00} \times 10^{-2.20} + 10^{-8.00} \times 10^{-9.20} + 10^{-20.70}}$$

$$= 10^{-6.84} c_{As(V)}$$

此时,$[HAsO_2] = \dfrac{[H^+]}{[H^+] + K_a} \cdot c_{As(Ⅲ)} = 10^{-0.03} c_{As(Ⅲ)}$,即得

$$E = E_{As(V)/As(Ⅲ)}^{\ominus} + \frac{0.059}{2} \log \frac{\delta_{H_3AsO_4}[H^+]^2}{\delta_{HAsO_2}} + \frac{0.059}{2} \log \frac{c_{As(V)}}{c_{As(Ⅲ)}}$$

$$E_{As(V)/As(Ⅲ)}^{\ominus'} = E_{As(V)/As(Ⅲ)}^{\ominus} + \frac{0.059}{2} \log \frac{\delta_{H_3AsO_4}[H^+]^2}{\delta_{HAsO_2}}$$

$$= 0.560 + \frac{0.059}{2} \log \left(\frac{10^{-6.84} \times 10^{-16.00}}{10^{-0.03}} \right)$$

$$= -0.113(V)$$

以上计算结果表明 As(V)/As(Ⅲ)电对的条件电极电位随 pH 值的变化而改变,但是 I_3^-/I^- 电对的电位几乎与 pH 值无关。因此,在强酸性溶液中,如[H⁺]=4.0 mol·L⁻¹时,$E_{As(V)/As(Ⅲ)}^{\ominus'}=0.596$ V。砷酸是较强的氧化剂,反应

$$H_3AsO_4 + 2H^+ + 3I^- \Longrightarrow HAsO_2 + I_3^- + 2H_2O$$

将向右进行,H_3AsO_4 氧化 I^-。据此,在溶液中加入过量 KI,可用间接碘量法测定 As(V)。在碱性溶液中,如 pH=8.00 时,$E_{As(V)/As(Ⅲ)}^{\ominus'}=-0.113$ V,$HAsO_2$ 成为较强的还原剂,上述反应则定量向左进行,据此可用碘标准溶液直接滴定 As(Ⅲ)。

在前面各例的计算中,忽略了离子强度对电极电位的影响。其结果必会与实际情况有所差异。之所以采取这样的处理方式,是由于各种副反应对电位的影响远比离子强度的影响为大,同时离子强度的影响又难以校正,因此在讨论各种副反应对电位以及氧化还原反应方向的影响时,一般都忽略离子强度的影响,用浓度代替活度,进行近似计算。

四、氧化还原平衡常数及化学计量点电位

(一)氧化还原平衡常数

在定量分析中,通常要求氧化还原反应定量进行完全,反应的完全程度可以用平衡常数的大小来衡量。

氧化还原反应的平衡常数,可以根据能斯特公式,从有关电对的标准电极电位或条件电极电位求得。

对下列电对

$$O_1 + n_1 e \Longrightarrow R_1$$

$$O_2 + n_2 e \Longrightarrow R_2$$

$$E_1 = E_1^{\ominus} + \frac{0.059}{n_1} \log \frac{[O_1]}{[R_1]}$$

$$E_2 = E_2^{\ominus} + \frac{0.059}{n_2} \log \frac{[O_2]}{[R_2]}$$

设 n 为 n_1 和 n_2 的最小公倍数,令 $\dfrac{n}{n_2}=n_1{'}$,$\dfrac{n}{n_1}=n_2{'}$;且 $E_1^{\ominus}>E_2^{\ominus}$,则有下列氧化还原反应:

$$n_2{'}O_1 + n_1{'}R_2 = n_1{'}O_2 + n_2{'}R_1$$

当反应达到平衡时,两电对的电位相等,$E_1=E_2$,则

$$E_1^{\ominus} + \frac{0.059}{n_1}\log\frac{[O_1]}{[R_1]} = E_2^{\ominus} + \frac{0.059}{n_2}\log\frac{[O_2]}{[R_2]}$$

整理后得该氧化还原反应平衡常数的对数

$$\log K = \log\left[\left(\frac{[R_1]}{[O_1]}\right)^{n_2{'}}\left(\frac{[O_2]}{[R_2]}\right)^{n_1{'}}\right] = \frac{n(E_1^{\ominus}-E_2^{\ominus})}{0.059} \tag{5-3a}$$

如果考虑溶液中各种副反应的影响,则应以相应的条件电极电位代入式中,算得的是条件平衡常数:

$$\log K{'} = \log\left[\left(\frac{c_{R_1}}{c_{O_1}}\right)^{n_2{'}}\left(\frac{c_{O_2}}{c_{R_2}}\right)^{n_1{'}}\right] = \frac{n(E_1^{\ominus'}-E_2^{\ominus'})}{0.059} \tag{5-3b}$$

对于有不对称电对参加的氧化还原反应,例如:

$$O_1 + n_1 e \Longrightarrow aR_1$$
$$O_2 + n_2 e \Longrightarrow R_2$$
$$n_1{'}O_1 + n_1{'}R_2 = n_2{'}O_2 + n_2{'}aR_1$$

可以证明,式(5-3a)及(5-3b)都是适用的。

例 5-8 计算在 $1\ mol \cdot L^{-1}$ HCl 溶液中,以下反应的条件平衡常数以及在化学计量点时反应进行的完全程度。

$$2Fe^{3+} + Sn^{2+} = 2Fe^{2+} + Sn^{4+}$$

解 已知 $E_{Fe^{3+}/Fe^{2+}}^{\ominus'}=0.68\ V$,$E_{Sn^{4+}/Sn^{2+}}^{\ominus'}=0.14\ V$。反应中电子转移数 $n=2$,按式(5-3b)计算,得

$$\log K{'} = \frac{n(E_1^{\ominus'}-E_2^{\ominus'})}{0.059} = \frac{2\times(0.68-0.14)}{0.059} = 18.30$$

$$K{'} = 2.0\times10^{18}$$

在化学计量点时,$c_{Fe^{3+}}=2c_{Sn^{2+}}$,$c_{Fe^{2+}}=2c_{Sn^{4+}}$,由平衡常数公式,得

$$K{'} = \left(\frac{c_{Fe^{2+}}}{c_{Fe^{3+}}}\right)^2\left(\frac{c_{Sn^{4+}}}{c_{Sn^{2+}}}\right) = \left(\frac{c_{Fe^{2+}}}{c_{Fe^{3+}}}\right)^3 = 2.0\times10^{18}$$

$$\frac{c_{Fe^{2+}}}{c_{Fe^{3+}}} = 1.3\times10^6$$

即溶液中的 Fe^{3+} 仅有 0.0001% 未被 Sn^{2+} 还原,因此反应是完全的。

从例 5-8 和式(5-3b)可以看到,两电对的条件电极电位相差越大,氧化还原反应的条件平衡常数 $K{'}$ 就越大,反应进行也越完全。对于滴定分析来说,要求滴定反应的完全度在 99.9% 以上。若以氧化剂 O_1 标准溶液滴定还原剂 R_2,在终点时允许还原剂 R_2 残留 0.1%,或氧化剂 O_1 过量 0.1%,即

$$\frac{c_{O_2}}{c_{R_2}} \geqslant \frac{99.9}{0.1} \approx 10^3$$

或

$$\frac{c_{R_1}}{c_{O_1}} \geqslant \frac{100}{0.1} \approx 10^3$$

当两电对的半反应中电子转移数 $n_1 = n_2 = 1$ 时,将上述关系式代入(5-3b)式

$$\log K' = \log \frac{c_{R_1} \cdot c_{O_2}}{c_{O_1} \cdot c_{R_2}} \geqslant \log(10^3 \times 10^3) = 6$$

$$E_1^{\ominus'} - E_2^{\ominus'} = \frac{0.059}{n} \log K' \geqslant \frac{0.059}{1} \times 6 \approx 0.35 \ (V)$$

所以对于 $n_1 = n_2 = 1$ 型反应,必须 $\log K' \geqslant 6$,即两电对的电位差 $\geqslant 0.35$ V,才能达到定量分析的要求。

若 $n_1 = 1, n_2 = 2$,则 $\qquad 2O_1 + R_2 \Longrightarrow 2R_1 + O_2$

此时 $\qquad \log K' = \log \left[\left(\frac{c_{R_1}}{c_{O_1}} \right)^2 \left(\frac{c_{O_2}}{c_{R_2}} \right) \right] \geqslant \log[(10^3)^2 \times 10^3] = 9$

$$E_1^{\ominus'} - E_2^{\ominus'} \geqslant 9 \times \frac{0.059}{2} \approx 0.27 \ (V)$$

对于氧化还原反应

$$n_2'O_1 + n_1'R_2 \Longrightarrow n_2'R_1 + n_1'O_2$$

则要求 $\qquad \log K' = \log \left[\left(\frac{c_{R_1}}{c_{O_1}} \right)^{n_2'} \left(\frac{c_{O_2}}{c_{R_2}} \right)^{n_1'} \right] \geqslant \log(10^{3n_2'} \times 10^{3n_1'}) = 3(n_2' + n_1')$

$$E_1^{\ominus'} - E_2^{\ominus'} \geqslant 3(n_1' + n_2') \times \frac{0.059}{n} \ (V)$$

上述讨论说明,要使各种类型的氧化还原反应达到完全,所要求的平衡常数及两电对的电位差是不同的。但是在一般情况下,两电对的条件电极电位(或标准电位)相差 0.3 V~0.4 V 以上,即可认为该反应能定量进行。

值得注意的是,有些氧化还原反应,涉及的两电对的电位差,虽然符合大于 0.4 V 的条件,但由于有其他副反应的发生,氧化剂与还原剂之间没有一定的计量关系,仍不能用于滴定分析中。例如 $K_2Cr_2O_7$ 不仅能将 $Na_2S_2O_3$ 氧化为 $S_4O_6^{2-}$,还能将其部分氧化至 SO_4^{2-},反应的计量关系不能确定,因此不能用 $K_2Cr_2O_7$ 标准溶液直接滴定 $Na_2S_2O_3$ 溶液。

(二)化学计量点电位

当氧化还原反应达到化学计量点时,反应体系的电位称为化学计量点电位,可以根据此时溶液中各有关组分的浓度关系,按能斯特公式求得。例如,对下列氧化还原反应:

$$n_2'O_1 + n_1'R_2 \Longrightarrow n_1'O_2 + n_2'R_1$$

有关电对为

$$O_1 + n_1 e \Longrightarrow R_1$$
$$O_2 + n_2 e \Longrightarrow R_2$$

$$E_1 = E_1^{\ominus} + \frac{0.059}{n_1} \log \frac{[O_1]}{[R_1]}$$

$$E_2 = E_2^{\ominus} + \frac{0.059}{n_2} \log \frac{[O_2]}{[R_2]}$$

当反应达到化学计量点时,两电对的电位相等,也就是化学计量点电位(E_{sp}),此时

$$E_1 = E_2 = E_{sp}$$

将 E_1 乘以 n_1,E_2 乘以 n_2,并且两式相加,整理得到

141

$$(n_1 + n_2)E_{sp} = n_1 E_1^\ominus + n_2 E_2^\ominus + 0.059 \log \frac{[O_1]_{sp}[O_2]_{sp}}{[R_1]_{sp}[R_2]_{sp}}$$

从反应式可以看出,在化学计量点时

$$\frac{[O_1]_{sp}}{[R_2]_{sp}} = \frac{n_2'}{n_1'}, \quad \frac{[O_2]_{sp}}{[R_1]_{sp}} = \frac{n_1'}{n_2'}$$

故
$$\log \frac{[O_1]_{sp}[O_2]_{sp}}{[R_1]_{sp}[R_2]_{sp}} = \log \frac{n_2' \times n_1'}{n_1' \times n_2'} = 0$$

整理后,可得化学计量点电位公式

$$E_{sp} = \frac{n_1 E_1^\ominus + n_2 E_2^\ominus}{n_1 + n_2} \tag{5-4a}$$

若以条件电极电位表示,则为

$$E_{sp} = \frac{n_1 E_1^{\ominus'} + n_2 E_2^{\ominus'}}{n_1 + n_2} \tag{5-4b}$$

对于有不对称电对参加的氧化还原反应,例如

$$n_2'O_1 + n_1'R_2 \Longrightarrow n_1'O_2 + n_2'aR_1$$

有关电对为

$$O_1 + n_1 e \Longrightarrow aR_1$$

$$O_2 + n_2 e \Longrightarrow R_2$$

$$E_1 = E_1^\ominus + \frac{0.059}{n_1} \log \frac{[O_1]}{[R_1]^a}$$

$$E_2 = E_2^\ominus + \frac{0.059}{n_2} \log \frac{[O_2]}{[R_2]}$$

当反应达到化学计量点时,$E_1 = E_2 = E_{sp}$。将 E_1 乘以 n_1,将 E_2 乘以 n_2,并且两式相加,得到

$$(n_1 + n_2)E_{sp} = n_1 E_1^\ominus + n_2 E_2^\ominus + 0.059 \log \frac{[O_1]_{sp}[O_2]_{sp}}{[R_1]_{sp}^a[R_2]_{sp}}$$

由反应式可以看出,化学计量点时

$$\frac{[O_1]_{sp}}{[R_2]_{sp}} = \frac{n_2'}{n_1'}, \quad \frac{[O_2]_{sp}}{[R_1]_{sp}} = \frac{n_1'}{n_2'a}$$

代入上式右边最后一项中,得到

$$0.059 \log \frac{[O_1]_{sp}[O_2]_{sp}}{[R_1]_{sp}^a[R_2]_{sp}} = 0.059 \log \frac{1}{a[R_1]_{sp}^{a-1}}$$

于是,可得

$$E_{sp} = \frac{n_1 E_1^\ominus + n_2 E_2^\ominus}{n_1 + n_2} + \frac{0.059}{n_1 + n_2} \log \frac{1}{a[R_1]_{sp}^{a-1}} \tag{5-5a}$$

若以条件电极电位表示,则为

$$E_{sp} = \frac{n_1 E_1^{\ominus'} + n_2 E_2^{\ominus'}}{n_1 + n_2} + \frac{0.059}{n_1 + n_2} \log \frac{1}{a(c_{R_1}^{sp})^{a-1}} \tag{5-5b}$$

从式(5-5a)和(5-5b)可以看到,有不对称电对参加的氧化还原反应,其化学计量点电位不仅与电对的 $E^\ominus$(或 $E^{\ominus'}$)有关,而且还与组分的浓度有关。

如果氧化还原反应中有 H^+ 参加,则式(5-4a)及(5-5a)右边还应有相应的$[H^+]$项,而式(5-4b)及(5-5b)保持不变,这是因为 H^+ 浓度的影响已包括在条件电极电位中。

例如对有 H^+ 参加的氧化还原反应,在下列反应中

$$n_2'O_1 + n_1'R_2 + n_2'xH^+ \Longrightarrow n_1'O_2 + n_2'R_1 + n_2'yH_2O$$

有关电对为

$$O_1 + xH^+ + n_1e \Longrightarrow R_1 + yH_2O$$

$$O_2 + n_2e \Longrightarrow R_2$$

则

$$E_{sp} = \frac{n_1E_1^{\ominus} + n_2E_2^{\ominus}}{n_1 + n_2} + \frac{0.059}{n_1 + n_2}\log[H^+]_{sp}^x \tag{5-6}$$

在有不对称电对参加的氧化还原反应中

$$n_2'O_1 + n_1'R_2 + n_2'xH^+ \Longrightarrow n_1'O_2 + n_2'aR_1 + n_2'yH_2O$$

有关电对为

$$O_1 + xH^+ + n_1e \Longrightarrow aR_1 + yH_2O$$

$$O_2 + n_2e \Longrightarrow R_2$$

则

$$E_{sp} = \frac{n_1E_1^{\ominus} + n_2E_2^{\ominus}}{n_1 + n_2} + \frac{0.059}{n_1 + n_2}\log\frac{1}{a[R_1]_{sp}^{a-1}} + \frac{0.059}{n_1 + n_2}\log[H^+]_{sp}^x \tag{5-7}$$

以上仅讨论了两种类型比较简单的氧化还原反应的平衡常数及化学计量点电位的计算问题。实际上,有些反应更复杂一些,但仍可用相似的方法,推导出有关的计算公式。

例 5-9 在合适的酸性溶液中,$E_{Cr_2O_7^{2-}/Cr^{3+}}^{\ominus'} = 1.00$ V,$E_{Fe^{3+}/Fe^{2+}}^{\ominus'} = 0.68$ V。以 0.01000 mol·L^{-1} $K_2Cr_2O_7$ 标准溶液滴定 0.06000 mol·$L^{-1}Fe^{2+}$ 溶液。计算反应的化学计量点电位。

解 氧化还原反应为

$$Cr_2O_7^{2-} + 6Fe^{2+} + 14H^+ \Longrightarrow 6Fe^{3+} + 2Cr^{3+} + 7H_2O$$

反应中有不对称电位 $Cr_2O_7^{2-}/Cr^{3+}$ 参加,可按式(5-5b)计算 E_{sp}。

化学计量点时,反应产物为 Fe^{3+} 和 Cr^{3+}。因为溶液浓度稀释了 1 倍,故此时 $c_{Fe^{3+}}^{sp} = 0.03000$ mol·L^{-1};$c_{Cr^{3+}}^{sp} = \frac{2}{6} \times 0.03000 = 0.01000$ mol·L^{-1}。$Cr_2O_7^{2-}/Cr^{3+}$ 电对 $n_1 = 6$,$a = 2$,Fe^{3+}/Fe^{2+} 电对 $n_2 = 1$。故得

$$E_{sp} = \frac{n_1E_1^{\ominus'} + n_2E_2^{\ominus'}}{n_1 + n_2} + \frac{0.059}{n_1 + n_2}\log\frac{1}{2c_{Cr^{3+}}^{sp}}$$

$$= \frac{6 \times 1.00 + 1 \times 0.68}{6 + 1} + \frac{0.059}{6 + 1}\log\frac{1}{2 \times 0.01000} = 0.969 \text{ (V)}$$

第二节 氧化还原反应的速度

在氧化还原反应中,根据有关电对的标准电位或条件电位,可以判断反应进行的方向和完全程度。然而这只能指出反应进行的可能性,并不能指出反应进行的速度。例如,下列反应

$$2Ce^{4+} + HAsO_2 + 2H_2O \Longrightarrow 2Ce^{3+} + H_3AsO_4 + 2H^+$$

在稀 H_2SO_4 中,$E_{Ce^{4+}/Ce^{3+}}^{\ominus'} = 1.44$ V,$E_{H_3AsO_4/HAsO_2}^{\ominus'} = 0.560$ V,由两电对条件电位可知

$$\log K' = \frac{2 \times (1.44 - 0.560)}{0.059} = 29.83, \quad K' = 6.8 \times 10^{29}$$

从平衡常数来看,此反应可以进行得很完全,实际上,其反应速度极慢,若不采取措施(如加催化剂)加快反应速度,就无法直接用 Ce^{4+} 标准溶液来滴定 $As(III)$。

又如水溶液中溶解氧的半反应

$$O_2 + 4H^+ + 4e \Longrightarrow 2H_2O \qquad E^{\ominus} = 1.229 \text{ V}$$

若仅从平衡上考虑,水溶液中的强氧化剂,当它的电极电位高于 $E_{O_2/H_2O}^{\ominus}$ 时,就会氧化水而放出

氧气；若水溶液中的还原剂，当其电极电位低于 $E_{O_2/H_2O}^{\ominus}$ 时就会被水中氧所氧化。而实际上许多氧化剂（如 Ce^{4+}，$E_{Ce^{4+}/Ce^{3+}}^{\ominus}=1.61$ V）和还原剂（Sn^{2+}，$E_{Sn^{4+}/Sn^{2+}}^{\ominus}=0.151$ V）的水溶液具有一定的稳定性，这也是反应速度慢的缘故。利用这一点，可以配制稳定的氧化剂和还原剂水溶液。

氧化还原反应的机理比酸碱反应、沉淀反应和配位反应要复杂得多。在许多氧化还原反应中，氧化剂和还原剂之间的电子转移会遇到很多阻力。如溶液中的溶剂分子和各种配位体，都可能阻碍电子转移。物质之间的静电作用力也是阻碍电子转移的因素之一。而且，由于价态的变化，原子或离子的电子层发生了改变，甚至引起有关化学键性质和物质组成的变化，从而阻碍电子的转移。氧化还原反应大多经历一系列的中间步骤，即反应是分步进行的。在这一系列反应中，只要有一步反应是慢的，就影响了总的反应速度。总的反应方程式所表示的仅是一系列反应总的结果，而没有指出反应的历程和速度。对于氧化还原反应，不仅要从平衡的观点来考虑反应的可能性，还应该从它的反应速度来考虑反应的现实性。

要深入了解反应速度，则必须了解反应机理。氧化还原反应机理很复杂，属于动力学问题，很多反应机理还有待更深入地研究。本节重点在于讨论影响氧化还原速度的因素，以便设法创造条件加速反应以满足滴定分析的要求。

影响氧化还原反应速度的因素，除了参加反应的氧化还原电对本身的性质外，还有反应条件，如浓度、温度、催化剂等。

一、反应物浓度对反应速度的影响

根据质量作用定律，反应速度与反应物的浓度乘积成正比。不过许多氧化还原反应是分步进行的，整个反应的速度由最慢的一步所决定。而总的氧化还原反应方程式仅仅反映了初态与终态的关系，不涉及到两态间所发生的历程，因此不能按总的氧化还原方程式中各反应物的系数来判断其浓度对速度的影响程度。但一般说来，反应物浓度越大，反应的速度越快。例如，在酸性溶液中，一定量的 $K_2Cr_2O_7$ 与 KI 反应

$$Cr_2O_7^{2-}+6I^-+14H^+ =\!=\!= 2Cr^{3+}+3I_2+7H_2O$$

此反应速度较慢，通常采用增大 I^- 的浓度（KI 过量约 5 倍）和提高溶液的 $[H^+]$（约 0.4 $mol \cdot L^{-1}$ 的 H^+）来加速反应，只需 3～5 分钟，反应就能进行完全。

二、温度对反应速度的影响

对大多数反应来说，升高溶液的温度可提高反应速度。通常每增高 10℃，反应速度约增大 2～3 倍。这是由于升高溶液温度，不仅增加了反应物之间的碰撞几率，更重要的是增加了活化分子或活化离子的数目，因而提高了反应速度。例如，在酸性溶液中 MnO_4^- 与 $C_2O_4^{2-}$ 的反应，在室温下反应速度缓慢，如果将溶液加热，则反应速度显著提高。故用 $KMnO_4$ 滴定 $H_2C_2O_4$ 时，通常将溶液加热至 70℃～80℃。

必须注意，用提高温度的方法来加快反应速度并非在所有情况下都是有利的。如上面所述的 $K_2Cr_2O_7$ 与 KI 的反应，如果用加热方法来加速反应速度，则生成的 I_2 就会挥发而造成损失。又如草酸溶液加热的温度过高，时间过长，由于草酸分解引起的误差也会增大。有些还原性物质如 Fe^{2+}、Sn^{2+} 等也会因加热而更容易被空气中的氧所氧化，从而产生误差，在这些情况下，只能采用别的方法提高反应速度。

三、催化剂与反应速度

在分析化学中,经常使用催化剂来改变反应速度。催化剂有正催化剂和负催化剂之分。正催化剂加快反应速度,负催化剂减慢反应速度,负催化剂又叫阻化剂。

催化剂是能够改变反应速度而不改变平衡的一种物质。虽然它以循环的方式进入反应历程,但是最终并不改变其状态和数量。

催化反应的机理很复杂,目前有各种不同解释。一般认为在催化反应中,由于催化剂的存在,可能产生不稳定的中间价态离子、游离基或者活泼的中间配合物,从而改变原来的氧化还原反应历程,或者降低了原来进行反应时所需的活化能,使反应速度发生变化。

例如,将 $KMnO_4$ 溶液逐滴加入温热的酸性草酸盐溶液中,最初一滴褪色很慢,在滴定过程中,反应速度逐步加快,这是由于反应自身产生的 Mn^{2+} 起催化作用所致。这种由反应产物起催化作用的现象称为自动催化作用。如果滴定前就加入少许 Mn^{2+},滴定反应就能很快进行。其反应机理可能是,在草酸盐存在下,Mn(II)迅速被氧化,形成数种 Mn(III)草酸盐配合物,如 $MnC_2O_4^+$、$Mn(C_2O_4)_2^-$、$Mn(C_2O_4)_3^{3-}$ 等。然后 Mn(III)配合物慢慢分解为 Mn(II)和 CO_2. 反应过程可能如下

$$Mn(VII) \xrightarrow{\text{Mn(II)}} Mn(VI) \quad + \quad Mn(III)$$

$$Mn(VI) \xrightarrow{\text{Mn(II)}} Mn(VI)$$

$$\xrightarrow{\text{Mn(II)}} Mn(III)$$

$$\xrightarrow{nC_2O_4^{2-}}$$

$$Mn(C_2O_4)_n^{(3-2n)} \longrightarrow Mn(II) + 2nCO_2$$

总反应式为

$$2MnO_4^- + 5C_2O_4^{2-} + 16H^+ = 2Mn^{2+} + 10CO_2 + 8H_2O$$

在反应中,增加 Mn(II)的浓度可加速最活泼形态离子 Mn(III)的生成,于是就加速了整个反应。Mn(II)参加了反应的中间步骤,加速了反应的进行,但在最后又重新产生出来,它在反应中起到催化剂的作用。

又如,Ce^{4+} 氧化 As(III)的反应很慢,但如果有微量 I^- 存在,反应便迅速进行。反应机理可能如下

$$Ce^{4+} + I^- \longrightarrow I + Ce^{3+}$$

$$2I \longrightarrow I_2$$

$$I_2 + H_2O \longrightarrow HIO + H^+ + I^-$$

$$AsO_3^{3-} + HIO \longrightarrow AsO_4^{3-} + H^+ + I^-$$

总反应
$$2Ce^{4+} + AsO_3^{3-} + H_2O = AsO_4^{3-} + 2Ce^{3+} + 2H^+$$

在这一反应中,I^- 是催化剂。利用这一反应,可以测定低至 $0.05\ \mu g$ 的碘。

以上讲的是正催化剂的情况,在分析化学中,还经常应用到负催化剂。例如,加入多元醇可以减慢 $SnCl_2$ 与空气中的氧反应;加入 AsO_3^{3-} 可以防止 SO_3^{2-} 与空气中氧反应等。

四、诱导反应

有些氧化还原反应在通常情况下并不发生或进行极慢,但另一反应进行时会促使它们的发生。例如,在酸性溶液中 $KMnO_4$ 氧化 Cl^- 的反应速度很慢,但是当溶液中同时存在 Fe^{2+} 时,$KMnO_4$ 氧化 Fe^{2+} 的反应加速了 $KMnO_4$ 氧化 Cl^- 的反应。这种由于一个反应的发生,促进另一个反应进行的现象,称为诱导作用,前者叫做诱导反应,后者则为受诱反应。

$$MnO_4^- + 5Fe^{2+} + 8H^+ = Mn^{2+} + 5Fe^{3+} + 4H_2O \quad (诱导反应)$$

$$2MnO_4^- + 10Cl^- + 16H^+ = 2Mn^{2+} + 5Cl_2 + 8H_2O \quad (受诱反应)$$

其中 MnO_4^- 称为作用体,Fe^{2+} 称为诱导体,Cl^- 称为受诱体。

诱导反应与催化反应不同,在催化反应中,催化剂参加反应后,又恢复其原来的状态与数量;在诱导反应中,诱导体参加反应后变成了其他物质。

诱导反应的产生,与氧化还原反应的中间步骤中产生的不稳定中间价态离子或游离基团等因素有关。例如,上述 $KMnO_4$ 氧化 Fe^{2+} 诱导了 Cl^- 的氧化,是由于 $KMnO_4$ 被 Fe^{2+} 还原时产生了一系列锰的中间产物 $Mn(Ⅵ)$、$Mn(Ⅴ)$、$Mn(Ⅳ)$、$Mn(Ⅲ)$ 等不稳定的离子,它们均能氧化 Cl^-,因而出现了诱导作用。若加入大量的 Mn^{2+},可使 $Mn(Ⅶ)$ 迅速转变为 $Mn(Ⅲ)$。在大量 Mn^{2+} 存在下,若又有磷酸与 $Mn(Ⅲ)$ 配位,则 $Mn(Ⅲ)/Mn(Ⅱ)$ 电对的电位降低,$Mn(Ⅲ)$ 就不能氧化 Cl^-,而只与 Fe^{2+} 起反应,从而减少了 Cl^- 对 $KMnO_4$ 的还原使用。所以在稀盐酸介质中用 $KMnO_4$ 滴定 Fe^{2+} 时,需加入 $MnSO_4$-H_3PO_4-H_2SO_4 混合溶液来消除 Cl^- 的干扰。

第三节 氧化还原滴定法基本原理

一、氧化还原滴定曲线

在氧化还原滴定中,随着滴定剂的加入,物质的氧化态和还原态的浓度逐渐改变,有关电对的电位也随之不断改变,这种电位变化的情况,可用滴定曲线来表示。各滴定点的电位可以用实验方法测量,也可以根据能斯特公式进行计算。以滴定剂滴入的百分数为横坐标,电对的电位 E 为纵坐标作图,可得到滴定曲线。

(一)可逆氧化还原体系的滴定曲线

以 $0.1000\ mol \cdot L^{-1} Ce(SO_4)_2$ 标准溶液滴定 $20.00\ mL\ 0.1000\ mol \cdot L^{-1} FeSO_4$ 溶液为例,溶液的介质为 $1.00\ mol \cdot L^{-1} H_2SO_4$。滴定反应为

$$Ce^{4+} + Fe^{2+} = Fe^{3+} + Ce^{3+}$$

在 $1.00\ mol \cdot L^{-1} H_2SO_4$ 溶液中,$E_{Ce^{4+}/Ce^{3+}}^{\ominus'} = 1.44\ V$,$E_{Fe^{3+}/Fe^{2+}}^{\ominus'} = 0.68\ V$。

滴定前为 Fe^{2+} 溶液,由于空气氧的氧化作用,溶液中必有极少量 Fe^{3+} 存在,但由于其浓度不知道,故此时的电位无法计算,在滴定曲线上这点也无法绘出来。

滴定开始,体系就同时存在两个电对。在滴定过程中任何一点,达到平衡时,两电对的电位相等,即

$$E = E_{Fe^{3+}/Fe^{2+}}^{\ominus'} + 0.059 \log \frac{c(Fe^{3+})}{c(Fe^{2+})} = E_{Ce^{4+}/Ce^{3+}}^{\ominus'} + 0.059 \log \frac{c(Ce^{4+})}{c(Ce^{3+})}$$

因此,在滴定的不同阶段,可选用便于计算的电对,按其能斯特公式计算体系的电位值。各滴

定点电位的计算方法如下：

1. 滴定开始到化学计量点前

在这个阶段中,滴入的 Ce^{4+} 几乎全部被还原为 Ce^{3+}。Ce^{4+} 的浓度极小,不易直接求得。相反,知道了滴定百分数,$c(Fe^{3+})/c(Fe^{2+})$ 比值就可以确定,这时可利用 Fe^{3+}/Fe^{2+} 电对来计算 E 值。

例如,滴入 2.00 mL Ce^{4+} 溶液,即 Fe^{2+} 反应了 10.0%,剩下 90.0%,则

$$c(Fe^{3+})/c(Fe^{2+})=1/9$$

$$E=E_{Fe^{3+}/Fe^{2+}}^{\ominus'}+0.059 \log \frac{c(Fe^{3+})}{c(Fe^{2+})}$$

$$0.68+0.059 \log \frac{1}{9}=0.62 \text{ (V)}$$

又如,滴入 10.00 mL Ce^{4+} 溶液,即滴定了 50.0% 的 Fe^{2+},剩余 $50.0\% Fe^{2+}$,$c(Fe^{3+})/c(Fe^{2+})=1$,$E=0.68$ V。

同样可求得：Ce^{4+} 滴入量为 99.9% 时,$c(Fe^{3+})/c(Fe^{2+})=999/1=10^3$,

$$E=0.68+0.059 \times 3=0.86 \text{ (V)}$$

2. 化学计量点时

化学计量点时,Ce^{4+} 滴入百分数为 100%,Ce^{4+} 和 Fe^{2+} 都定量转变为 Ce^{3+} 和 Fe^{3+}。此时 $c(Fe^{3+})=c(Ce^{3+})$,$c(Fe^{2+})=c(Ce^{4+})$,则式(5-4b)计算

$$E_{sp}=\frac{1.44+0.68}{1+1}=1.06 \text{ (V)}$$

3. 化学计量点后

化学计量点后,Fe^{2+} 几乎全部被氧化为 Fe^{3+},$c(Fe^{2+})$ 不易直接求得。但由加入过量 Ce^{4+} 的百分数就可知道 $c(Ce^{4+})/c(Ce^{3+})$ 的比值,此时可利用 Ce^{4+}/Ce^{3+} 电对计算 E 值。

例如,当加入过量 $0.1\% Ce^{4+}$ 时,$c(Ce^{4+})/c(Ce^{3+})=1/10^3$,

$$E=E_{Ce^{4+}/Ce^{3+}}^{\ominus'}+0.059 \log \frac{c(Ce^{4+})}{c(Ce^{3+})}=1.44-0.059 \times 3=1.26 \text{ (V)}$$

不同滴定点所算出的 E 值列于表 5-1,并绘成滴定曲线如图 5-1。

表 5-1　在 1 mol·$L^{-1} H_2SO_4$ 溶液中,用 0.1000 mol·$L^{-1} Ce(SO_4)_2$
滴定 20.00 mL 0.1000 mol·$L^{-1} Fe^{2+}$ 溶液

滴定 Ce^{4+} 溶液(mL)	滴入百分数(%)	电位(V)
1.00	5.0	0.60
2.00	10.0	0.62
4.00	20.0	0.64
8.00	40.0	0.67
10.00	50.0	0.68
12.00	60.0	0.69
18.00	90.0	0.74
19.80	99.0	0.80
19.98	99.9	0.86
20.00	100.0	1.06
20.02	100.1	1.26
22.00	110.0	1.38
30.00	150.0	1.42
40.00	200.0	1.44

从表 5-1 可以看出,用氧化剂滴定还原剂时,滴入百分数为 50% 处的电位,是还原剂电对的条件电极电位;滴入百分数为 200% 处的电位,是氧化剂的条件电极电位。这两个条件电位相差越大,化学计量点附近电位的突跃也越大,越容易准确滴定。

上述 Ce^{4+} 滴定 Fe^{2+} 的反应中,两电对电子转移数都是 1,化学计量点电位正好处于滴定突跃范围(0.86 V~1.26 V)的中心,化学计量点前后的曲线基本对称。

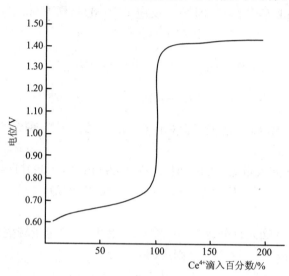

图 5-1 0.1000 mol · L^{-1} Ce^{4+} 滴定 0.1000 mol · L^{-1} Fe^{2+} 的滴定曲线(1 mol · L^{-1} H_2SO_4 介质)

对于电子转移数不同的对称电对之间的滴定反应

$$n_2{}'O_1 + n_1{}'R_2 \rightleftharpoons n_2{}'R_1 + n_1{}'O_2$$

相应两个半反应和条件电位分别是

$$O_1 + n_1 e \rightleftharpoons R_1 \qquad E_1^{\ominus'}$$
$$O_2 + n_2 e \rightleftharpoons R_2 \qquad E_2^{\ominus'}$$

化学计量点电位 E_{sp} 为

$$E_{sp} = \frac{n_1 E_1^{\ominus'} + n_2 E_2^{\ominus'}}{n_1 + n_2}$$

滴定突跃范围为 $\left(E_2^{\ominus'} + \frac{3 \times 0.059}{n_2}\right)$ 至 $\left(E_1^{\ominus'} - \frac{3 \times 0.059}{n_1}\right)$

此时,由于 $n_1 \neq n_2$,所以滴定曲线在化学计量点前后是不对称的,化学计量点电位不在滴定突跃范围的中心,而是偏向电子转移数较多的电对一方。例如,以 Fe^{3+} 滴定 Sn^{2+} 的反应(在 1 mol · L^{-1} HCl 介质中)

$$2Fe^{3+} + Sn^{2+} \rightleftharpoons 2Fe^{2+} + Sn^{4+}$$

$E_{Fe^{3+}/Fe^{2+}}^{\ominus'} = 0.68$ V,$E_{Sn^{4+}/Sn^{2+}}^{\ominus'} = 0.14$ V

反应化学计量点电位为

$$E_{sp} = \frac{1 \times 0.68 + 2 \times 0.14}{1 + 2} = 0.32 \text{ (V)}$$

其滴定突跃范围两端的值分别为

148

$$0.14+\frac{3\times0.059}{2}=0.23\ (\text{V})\ \text{和}\ 0.68-\frac{3\times0.059}{1}=0.50\ (\text{V})$$

即化学计量点电位偏向电子转移数多的 Sn^{4+}/Sn^{2+} 电对一方。

（二）不可逆氧化还原体系的滴定曲线

当氧化还原体系中涉及到有不可逆氧化还原电对参加反应时，由于不可逆电对的电位不遵从能斯特公式，因此，理论计算所得的滴定曲线与实测的滴定曲线有较大差异。这种差异通常出现在电位主要由不可逆氧化还原电对控制的时候。例如，在 H_2SO_4 溶液中用 $KMnO_4$ 滴定 Fe^{2+}，MnO_4^-/Mn^{2+} 为不可逆氧化还原电对，Fe^{3+}/Fe^{2+} 为可逆氧化还原电对。在化学计量点前，电位主要由 Fe^{3+}/Fe^{2+} 控制，故理论计算滴定曲线与实测滴定曲线无明显的差异。但是，在化学计量点后，当电位主要由 MnO_4^-/Mn^{2+} 电对控制时，理论滴定曲线与实测滴定曲线无论在形状还是数值上都有明显的差异。这种情况可从图5-2清楚地看出。

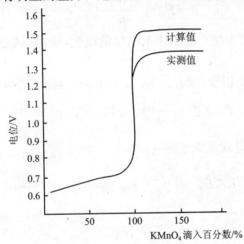

图 5-2　$KMnO_4$ 滴定 Fe^{2+}，理论与实测的滴定曲线的比较

二、氧化还原滴定中的指示剂

在氧化还原滴定中，除了用电位法确定终点外，还可利用某些物质在化学计量点附近时颜色的改变来指示滴定终点。应用于氧化还原滴定中的指示剂有以下三类：

（一）自身指示剂

有些标准溶液或被滴定物质本身有颜色，而反应后变成无色或浅色物质，则滴定时就不必另加指示剂。本身的颜色变化起着指示剂的作用，这种指示剂称为自身指示剂。例如，MnO_4^- 本身显紫红色，而被还原的产物 Mn^{2+} 则几乎无色，所以用 $KMnO_4$ 来滴定无色或浅色还原剂溶液时，一般不必另加指示剂，当滴定到化学计量点后，稍过量的 MnO_4^- 就可使溶液显粉红色。实验证明，MnO_4^- 浓度为 $2\times10^{-6}\ mol\cdot L^{-1}$ 就能观察到溶液呈粉红色，这一浓度相当于将 $0.01\ mL$ 的 $0.02\ mol\cdot L^{-1}KMnO_4$ 滴入 $100\ mL$ 溶液中。

（二）特殊指示剂

有些物质本身并不具有氧化还原性，但它能与氧化剂或还原剂产生特殊颜色，因而可指示滴定终点。例如，可溶性淀粉与 I_3^- 生成深蓝色吸附化合物，反应特效而灵敏，室温下，淀粉可检出约 $10^{-5}\ mol\cdot L^{-1}$ 的碘溶液。因此，碘量法中常用淀粉溶液作指示剂，以蓝色的出现或消失指示终点。又如,以 Fe^{3+} 滴定 Sn^{2+} 时,可用 KSCN 作指示剂,化学计量点后稍过量的 Fe^{3+} 与 SCN^- 形成红色配合物指示滴定终点。

(三)氧化还原指示剂

这类指示剂本身是氧化剂或还原剂,其氧化态和还原态具有不同的颜色。在滴定中因被还原或氧化而发生颜色突变指示终点。例如,用 $K_2Cr_2O_7$ 溶液滴定 Fe^{2+},常用二苯胺磺酸钠为指示剂。二苯胺磺酸钠的还原态为无色,氧化态为紫红色。当滴定到化学计量点后,过量一点 $K_2Cr_2O_7$ 就使二苯胺磺酸钠由还原态转变为氧化态,使溶液显紫红色,指示滴定终点。

若以 In(O) 和 In(R) 分别表示指示剂的氧化态和还原态,则其氧化还原半反应和相应的能斯特公式是

$$In(O) + ne \rightleftharpoons In(R)$$

$$E = E_{In}^{\ominus'} + \frac{0.059}{n} \log \frac{c_{In(O)}}{c_{In(R)}}$$

式中 $E_{In}^{\ominus'}$ 表示指示剂的条件电位。随着体系电位的改变,指示剂的 $c_{In(O)}/c_{In(R)}$ 随之变化,溶液的颜色也发生改变。

与酸碱指示剂变色情况相似,当 $c_{In(O)}/c_{In(R)} \geq 10$ 时,溶液呈现指示剂氧化态颜色。此时

$$E \geq E_{In}^{\ominus'} + \frac{0.059}{n} \log 10 = E_{In}^{\ominus'} + \frac{0.059}{n}$$

当 $c_{In(O)}/c_{In(R)} \leq \frac{1}{10}$ 时,溶液呈现还原态颜色,此时

$$E \leq E_{In}^{\ominus'} + \frac{0.059}{n} \log \frac{1}{10} = E_{In}^{\ominus'} - \frac{0.059}{n}$$

故指示剂变色范围为

$$E_{In}^{\ominus'} \pm \frac{0.059}{n} \quad (V) \tag{5-8}$$

当 $n=1$ 时,指示剂变色范围为 $E_{In}^{\ominus'} \pm 0.059$ V;$n=2$ 时,指示剂变色范围为 $E_{In}^{\ominus'} \pm 0.030$ V。

表 5-2 列出一些重要氧化还原剂的条件电位,这类指示剂不只是对某种离子特效,而是对氧化还原反应普遍适用的,因而是一种通用的指示剂,其应用范围比自身指示剂和特殊指示剂广泛。选择这类指示剂的原则是指示剂变色点的条件电位应当处于滴定体系的电位突跃范围内,并尽量与反应的化学计量点电位一致。

表 5-2 一些氧化还原指示剂的 $E^{\ominus'}$ 及颜色变化

指 示 剂	$E_{In}^{\ominus'}(V)$ $[H^+] = 1 \text{ mol} \cdot L^{-1}$	颜 色 变 化	
		氧 化 态	还 原 态
亚甲基蓝	0.53	蓝	无色
二苯胺	0.76	紫	无色
二苯胺磺酸钠	0.84	紫红	无色
邻苯氨基苯甲酸	0.89	紫红	无色
邻二氮菲-亚铁	1.06	浅蓝	红
硝基邻二氮菲-亚铁	1.25	浅蓝	紫红

例如,在 $1 \text{ mol} \cdot L^{-1} H_2SO_4$ 介质溶液中,用 Ce^{4+} 滴定 Fe^{2+} 时,体系的电位突跃范围是 0.86 V~1.26 V。显然选择邻苯氨基苯甲酸($E^{\ominus'} = 0.89$ V)与邻二氮菲-亚铁($E^{\ominus'} = 1.06$ V)作为指示剂是适宜的。又如,在 $1 \text{ mol} \cdot L^{-1}$ 盐酸介质中用 $0.017 \text{ mol} \cdot L^{-1} K_2Cr_2O_7$ 溶液滴定

$0.10\ mol \cdot L^{-1} Fe^{2+}$ 时, $E^{\ominus'}_{Fe^{3+}/Fe^{2+}} = 0.68\ V$, $E^{\ominus'}_{Cr_2O_7^{2-}/Cr^{3+}} = 1.00\ V$, 滴定突跃电位范围为 $0.86\ V$ $\sim 0.97\ V$, 若选用二苯胺磺酸钠 ($E^{\ominus'} = 0.84\ V$) 为指示剂, 则终点出现过早。但加入一些 H_3PO_4 后, 它与 Fe^{3+} 生成稳定的 $[Fe(HPO_4)_2]^-$, 可以降低 Fe^{3+}/Fe^{2+} 电对的条件电位, 使突跃范围扩大并向下延伸。例如, 在 $0.25\ mol \cdot L^{-1} H_3PO_4 - 1\ mol \cdot L^{-1} HCl$ 介质中, 用 $K_2Cr_2O_7$ 溶液滴定 Fe^{2+}, $E^{\ominus'}_{Fe^{3+}/Fe^{2+}} = 0.51\ V$, $E^{\ominus'}_{Cr_2O_7^{2-}/Cr^{3+}} = 1.00\ V$, 滴定突跃范围是 $0.69\ V \sim$ $0.97\ V$, 此时选用二苯胺磺酸钠作为指示剂就很适宜了。

一般用于氧化还原滴定的反应其完全程度都较高, 化学计量点附近电位突跃范围较大, 由于指示剂变色点不符合反应化学计量点所引起的终点误差不如其他类型滴定法那样严重。但值得注意的是, 氧化还原指示剂本身的氧化还原作用也要消耗一定量的标准溶液。例如, 每 $0.1\ mL\ 0.2\%$ 的二苯胺磺酸钠会消耗 $0.01\ mL\ 0.017\ mol \cdot L^{-1} K_2Cr_2O_7$ 溶液, 某些可逆性差的指示剂的消耗值还要大。因此, 若 $K_2Cr_2O_7$ 溶液浓度为 $0.01\ mol \cdot L^{-1}$ 或更稀, 应该进行指示剂的空白校正。

下面简单介绍两种常用的氧化还原指示剂。

1. 二苯胺磺酸钠

二苯胺磺酸钠易溶于水, 在酸性溶液中遇到强氧化剂时, 它首先被氧化为无色的二苯联苯胺磺酸, 然后再进一步氧化为二苯联苯胺磺酸紫的紫色化合物, 反应过程如下:

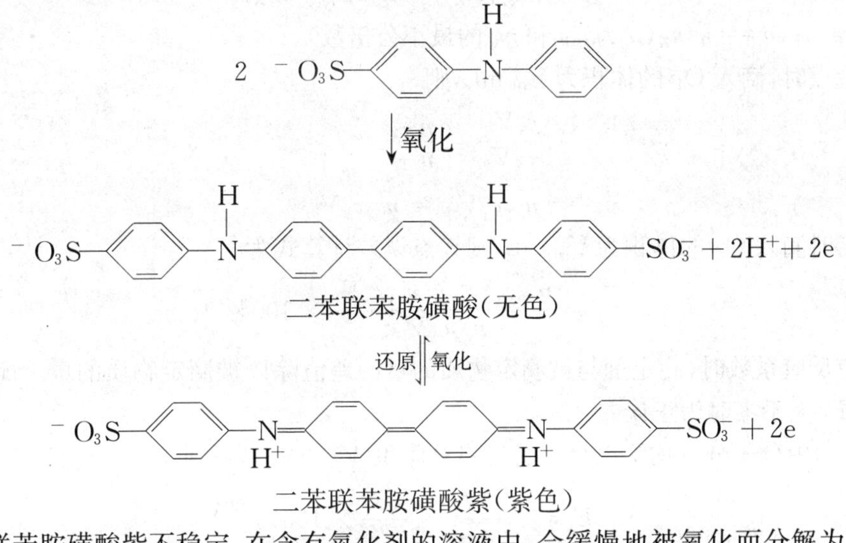

二苯联苯胺磺酸(无色)

二苯联苯胺磺酸紫(紫色)

二苯联苯胺磺酸紫不稳定, 在含有氧化剂的溶液中, 会缓慢地被氧化而分解为其他物质。因此滴定到终点后, 溶液的紫红色逐渐消失。

在 $[H^+] = 1\ mol \cdot L^{-1}$ 时, 二苯胺磺酸钠的条件电位为 $0.84\ V$, 可以在 H_3PO_4 存在下, 用 Ce^{4+}、$Cr_2O_7^{2-}$、VO_3^- 等滴定 Fe^{2+} 或者用 Fe^{2+} 滴定这些氧化剂物质时, 作为滴定的指示剂。

2. 邻二氮菲-亚铁

邻二氮菲亦称邻菲罗啉, 分子式为 $C_{12}H_8N_2$, 其结构式为

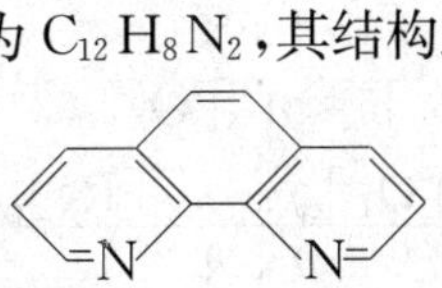

它与 Fe^{2+} 生成深红色的配离子, 而与 Fe^{3+} 形成的配离子呈现淡蓝色(稀溶液几乎为无色)。这

两种配离子之间的氧化还原半反应为

$$Fe(C_{12}H_8N_2)_3^{3+} + e \Longrightarrow Fe(C_{12}H_8N_2)_3^{2+}$$
$$\text{(淡蓝色)} \qquad\qquad \text{(深红色)}$$

$[H^+] = 1 \text{ mol} \cdot L^{-1}$时，$E_{In}^{\ominus'} = 1.06 \text{ V}$。

由于指示剂的条件电位较高，所以特别适用于以强氧化剂作滴定剂时的指示剂，如用于以 Ce^{4+} 滴定 Fe^{2+}、$Fe(CN)_6^{4-}$、VO^{2+} 时。邻二氮菲-亚铁溶液至少可稳定一年，强酸以及能与邻二氮菲形成稳定配合物的金属离子（如 Co^{2+}、Cu^{2+}、Ni^{2+}、Zn^{2+}、Cd^{2+} 等），会破坏邻二氮菲-亚铁配合物。

三、氧化还原滴定的终点误差

氧化还原滴定中的终点误差，是由指示剂变色点电位与反应化学计量点电位不一致引起的。

设用 $c_T \text{ mol} \cdot L^{-1}$ 氧化剂 O_T 作为滴定剂滴定 $V_0 \text{ mL}$ 浓度为 $c_X \text{ mol} \cdot L^{-1}$ 的还原剂 R_X，滴定产物为 R_T 及 O_X，相应的氧化还原半反应如下

$$O_T + n_T e \Longrightarrow R_T$$
$$O_X + n_X e \Longrightarrow R_X$$

总反应
$$n'_X O_T + n'_T R_X \Longrightarrow n'_T O_X + n'_X R_T$$

其中 $n'_X = n/n_T$，$n'_T = n/n_X$（n 为 n_T 和 n_X 的最小公倍数）

在化学计量点时，滴入 O_T 的体积为 $V_{sp} \text{ mL}$，则

$$\frac{c_T V_{sp}}{c_X V_0} = \frac{n'_X}{n'_T} \tag{5-9}$$

即

$$n'_T c_T V_{sp} = n'_X c_X V_0 \tag{5-10}$$

设终点时滴入 O_T 的体积为 $V_{ep} \text{ mL}$，则终点误差计算式为

$$E_t = \frac{n'_T c_T V_{ep} - n'_X c_X V_0}{n'_X c_X V_0} \times 100\% \tag{5-11}$$

即考虑相应反应系数时，滴定剂与被滴定物质的量的差值除以被滴定物质的量。E_t 小于零时为负误差，E_t 大于零时为正误差。

式(5-11)中分子分母均除以终点时溶液总体积($V_{sp} + V_0$)，得到

$$E_t = \frac{n'_T c_T^{ep} - n'_X c_X^{ep}}{n'_X c_X^{ep}} \times 100\% \tag{5-12}$$

终点时

$$c_T^{ep} = [O_T]_{ep} + [R_T]_{ep}$$
$$c_X^{ep} = [O_X]_{ep} + [R_X]_{ep}$$

代入式(5-12)，得

$$E_t = \frac{n'_T [O_T]_{ep} + n'_T [R_T]_{ep} - n'_X [O_X]_{ep} - n'_X [R_X]_{ep}}{n'_X c_X^{ep}} \times 100\% \tag{5-13}$$

终点在化学计量点附近，因此 $n'_T [R_T]_{ep} \approx n'_X [O_X]_{ep}$。

故

$$E_t = \frac{n'_T [O_T]_{ep} - n'_X [R_X]_{ep}}{n'_X c_X^{ep}} \times 100\% \tag{5-14}$$

利用能斯特方程，由终点电位可计算出上式中的有关浓度

$$E_{ep} = E_T^{\ominus} + \frac{0.059}{n_T} \log \frac{[O_T]_{ep}}{[R_T]_{ep}}$$

$$E_{ep} = E_X^{\ominus} + \frac{0.059}{n_X} \log \frac{[O_X]_{ep}}{[R_X]_{ep}}$$

其中，$[R_T]_{ep} \approx c_T^{ep}$，$[O_X]_{ep} \approx c_X^{ep}$。

若用还原剂 R_T 滴定氧化剂 O_X 时，两半反应为

$$O_T + n_T e \Longleftrightarrow R_T$$

$$O_X + n_X e \Longleftrightarrow R_X$$

对反应

$$n'_X R_T + n'_T O_X \Longrightarrow n'_X O_T + n'_T R_X$$

滴定误差公式为

$$E_t = \frac{n'_T [R_T]_{ep} - n'_X [O_X]_{ep}}{n'_X c_X^{ep}} \times 100\% \tag{5-15}$$

例 5-10 在 $1 \text{ mol} \cdot L^{-1} H_2SO_4$ 介质中，用 $0.1000 \text{ mol} \cdot L^{-1} Ce^{4+}$ 标准溶液滴定 $0.1000 \text{ mol} \cdot L^{-1} Fe^{2+}$ 溶液，用硝基邻二氮菲-亚铁为指示剂（$E_{In}^{\ominus'} = 1.25 \text{ V}$），求滴定的终点误差。已知 $E_{Ce^{4+}/Ce^{3+}}^{\ominus'} = 1.44 \text{ V}$，$E_{Fe^{3+}/Fe^{2+}}^{\ominus} = 0.68 \text{ V}$。

解 由于 $n_T = n_X = 1$，Ce^{4+} 溶液与 Fe^{2+} 溶液浓度相同，且一般终点与化学计量点很接近，可认为终点时溶液体积增加一倍，而且 Fe^{2+} 基本上都被氧化为 Fe^{3+}，即

$$c^{ep}(Fe^{3+}) \approx 0.05000 \text{ mol} \cdot L^{-1}, \quad c^{ep}(Ce^{3+}) \approx 0.05000 \text{ mol} \cdot L^{-1}$$

此时，由 Fe^{3+}/Fe^{2+} 电对的电位

$$E_{ep} = E_{In}^{\ominus'} = E_{Fe^{3+}/Fe^{2+}}^{\ominus'} + 0.059 \log \frac{c^{ep}(Fe^{3+})}{c^{ep}(Fe^{2+})}$$

$$1.25 = 0.68 + 0.059 \log \frac{0.05000}{c^{ep}(Fe^{2+})}$$

解之得到

$$c_{(Fe2+)}^{ep} = 1.1 \times 10^{-11} \text{ mol} \cdot L^{-1}$$

又由 Ce^{4+}/Ce^{3+} 电对的电位

$$E_{ep} = E_{Ce^{4+}/Ce^{3+}}^{\ominus'} + 0.059 \log \frac{c^{ep}(Ce^{4+})}{c^{ep}(Ce^{3+})}$$

即

$$1.25 = 1.44 + 0.059 \log \frac{c^{ep}(Ce^{4+})}{0.05000}$$

解之得到

$$c^{ep}(Ce^{4+}) = 3.0 \times 10^{-5} \text{ mol} \cdot L^{-1}$$

由式(5-14)，得

$$E_t = \frac{c^{ep}(Ce^{4+}) - c^{ep}(Fe^{2+})}{0.05000} \times 100\%$$

$$= \frac{3.0 \times 10^{-5} - 1.1 \times 10^{-11}}{0.05000} \times 100\%$$

$$= 0.06\%$$

例 5-11 在 $1 \text{ mol} \cdot L^{-1} HCl$ 介质中，用 $0.02000 \text{ mol} \cdot L^{-1}$ 的 $K_2Cr_2O_7$ 标准溶液滴定 $0.1200 \text{ mol} \cdot L^{-1}$ Fe^{2+}，$E_{ep} = 0.84 \text{ V}$，求终点误差。已知 $E_{Cr_2O_7^{2-}/Cr^{3+}}^{\ominus'} = 1.00 \text{ V}$，$E_{Fe^{3+}/Fe^{2+}}^{\ominus'} = 0.68 \text{ V}$。

解 滴定反应为

$$Cr_2O_7^{2-} + 6Fe^{2+} + 14H^+ \Longrightarrow 2Cr^{3+} + 6Fe^{3+} + 7H_2O$$

从反应式可知

$$n(Fe) : n(Cr) = 6 : 1$$

即

$$c(Fe)V(Fe) : c(Cr)V(Cr) = 6 : 1$$

$$\frac{V(\mathrm{Fe})}{V(\mathrm{Cr})}=\frac{6}{1}\times\frac{c(\mathrm{Cr})}{c(\mathrm{Fe})}=\frac{6}{1}\times\frac{0.02000}{0.1200}=1$$

终点时,溶液体积增加约 1 倍,故 $c^{ep}(\mathrm{Fe}^{3+})\approx0.06000\ \mathrm{mol\cdot L^{-1}}$,$c^{ep}(\mathrm{Cr}^{3+})\approx\frac{2}{6}\times0.06000\ (\mathrm{mol\cdot L^{-1}})$

根据能斯特公式

$$E_{ep}=0.84=0.68+0.059\ \log\frac{0.06000}{c^{ep}(\mathrm{Fe}^{2+})}$$

解之得 $\qquad\qquad\qquad c^{ep}(\mathrm{Fe}^{2+})=1.2\times10^{-4}\ \mathrm{mol\cdot L^{-1}}$

同理 $\qquad\qquad\qquad c^{ep}(\mathrm{Cr_2O_7^{2-}})=2.1\times10^{-20}\ \mathrm{mol\cdot L^{-1}}$

故 $\qquad E_t=\frac{6\times c^{ep}(\mathrm{Cr_2O_7^{2-}})-c^{ep}(\mathrm{Fe}^{2+})}{0.06000}\times100\%=\frac{6\times2.1\times10^{-20}-1.2\times10^{-4}}{0.06000}\times100\%=-0.20\%$

第四节　滴定前的预先氧化或还原处理

一、进行预先氧化或还原处理的必要性

用氧化还原滴定法分析试样时,被测组分所具有的价态,往往不是滴定反应所要求的价态,因此在滴定之前,必须预先进行氧化或还原处理,使被测组分转变为能与滴定剂快速而又定量反应的特定价态。

例如,测定铁矿中总铁含量,当用酸分解试样时,铁主要以 Fe^{3+} 离子存在,必须先用金属 Zn 或 $\mathrm{SnCl_2}$ 将 Fe^{3+} 还原为 Fe^{2+},才能用氧化剂 $\mathrm{K_2Cr_2O_7}$ 或 $\mathrm{Ce(SO_4)_2}$ 标准溶液滴定。

又如,欲测定某试样中 Mn^{2+}、Cr^{3+} 的含量,由于 $E^{\ominus'}_{\mathrm{MnO_4^-/Mn^{2+}}}$(1.507 V)和 $E^{\ominus'}_{\mathrm{Cr_2O_7^{2-}/Cr^{3+}}}$(1.232 V)都很高,比它们电位更高的只有 $(\mathrm{NH_4})_2\mathrm{S_2O_8}$ 等少数氧化剂,然而 $(\mathrm{NH_4})_2\mathrm{S_2O_8}$ 稳定性很差,反应速度又慢,不能用作滴定剂,但是可把它作为预氧化剂,将 Mn^{2+}、Cr^{3+} 分别氧化为高价态的 $\mathrm{MnO_4^-}$ 及 $\mathrm{Cr_2O_7^{2-}}$,然后再用还原剂(如 Fe^{2+})标准溶液直接滴定。

二、对预氧化剂或还原剂的要求

滴定前所选用的预氧化剂或还原剂应符合下列条件:

(1) 必须将欲测组分定量地氧化或还原到所需价态,反应速度尽可能快。

(2) 反应应具有一定的选择性。采用电位大小合适的氧化剂或还原剂,它只氧化(或还原)欲测组分成特定价态,而与其他共存组分不发生反应;也可以利用氧化还原速度的差异,达到选择氧化或还原的目的。

(3) 过量的氧化剂或还原剂易于除去。常用的除去方法有以下几种:

①加热分解。例如 $(\mathrm{NH_4})_2\mathrm{S_2O_8}$ 和 $\mathrm{H_2O_2}$ 可用加热分解法除去

$$2\mathrm{S_2O_8^{2-}}+2\mathrm{H_2O}\xrightarrow{\text{煮沸}}4\mathrm{HSO_4^-}+\mathrm{O_2}$$

②过滤。如 $\mathrm{NaBiO_3}$ 不溶于水,可过滤除去。

③利用化学反应。如用 $\mathrm{HgCl_2}$ 除去过量的 $\mathrm{SnCl_2}$

$$\mathrm{SnCl_2}+2\mathrm{HgCl_2}=\!=\!=\mathrm{SnCl_4}+\mathrm{Hg_2Cl_2}\downarrow$$

$\mathrm{Hg_2Cl_2}$ 沉淀不被一般滴定剂氧化,不必过滤除去。

三、预处理常用的氧化剂和还原剂

表 5-3 列出几种在预处理中常用的氧化剂。表 5-4 介绍几种常用的还原剂,在分析试样

时,可根据实际情况选择使用。

表 5-3 预处理常用的氧化剂

氧 化 剂	反 应 条 件	主 要 应 用	过量氧化剂除去方法
$(NH_4)_2S_2O_8$	酸性(HNO_3 或 H_2SO_4) 催化剂 $AgNO_3$	$Mn^{2+} \longrightarrow MnO_4^-$ $Ce^{3+} \longrightarrow Ce^{4+}$ $Cr^{3+} \longrightarrow Cr_2O_7^{2-}$ $VO^{2+} \longrightarrow VO_3^-$	煮沸分解
$NaBiO_3$	酸 性	同 上	过滤除去
$HClO_4$	浓、热 (遇有机物爆炸)	$Cr^{3+} \longrightarrow Cr_2O_7^{2-}$ $VO^{2+} \longrightarrow VO_3^-$ $I^- \longrightarrow IO_3^-$	放冷并冲稀
氯气(Cl_2) 溴水(Br_2)	酸性或中性	$I^- \longrightarrow IO_3^-$	煮沸或通空气流
H_2O_2	$2\ mol \cdot L^{-1}NaOH$	$Cr^{3+} \longrightarrow CrO_4^{2-}$	煮沸分解(加入少量 Ni^{2+} 或 I^- 可加速分解)
KIO_4	酸性,加热	$Mn^{2+} \longrightarrow MnO_4^-$	与 Hg^{2+} 生成 $Hg(IO_4)_2\downarrow$ 过滤除去
Na_2O_2	熔 融	$Fe(CrO_2)_2 \longrightarrow CrO_4^-$	碱性溶液中煮沸

表 5-4 预处理常用的还原剂

还原剂	反 应 条 件	主 要 应 用	过量还原剂除去方法
$SnCl_2$	HCl 溶液,加热	$Fe^{3+} \longrightarrow Fe^{2+}$ $Mo(Ⅵ) \longrightarrow Mo(Ⅴ)$ $As(Ⅴ) \longrightarrow As(Ⅲ)$	加 $HgCl_2$ 氧化
SO_2	$H_2SO_4(1mol \cdot L^{-1})$ SCN^- 催化,加热	$Fe^{3+} \longrightarrow Fe^{2+}$ $As(Ⅴ) \longrightarrow As(Ⅲ)$ $Sb(Ⅴ) \longrightarrow Sb(Ⅲ)$ $V(Ⅴ) \longrightarrow V(Ⅳ)$	煮沸或通 CO_2
$TiCl_3$	酸性	$Fe^{3+} \longrightarrow Fe^{2+}$	加水稀释试液,$TiCl_3$ 被水中溶解的 O_2 氧化
联胺		$As(Ⅴ) \longrightarrow As(Ⅲ)$ $Sb(Ⅴ) \longrightarrow Sb(Ⅲ)$	在浓 H_2SO_4 溶液中煮沸
Al	HCl 溶液	$Sn(Ⅳ) \longrightarrow Sn^{2+}$ $Ti(Ⅳ) \longrightarrow Ti^{3+}$	过滤或加酸溶解
锌汞齐还原柱	H_2SO_4 介质	$Fe^{3+} \longrightarrow Fe^{2+}$ $Cr^{3+} \longrightarrow Cr^{2+}$ $Ti(Ⅳ) \longrightarrow Ti^{3+}$ $V(Ⅴ) \longrightarrow V^{2+}$ $Cu^{2+} \longrightarrow Cu$ $Mo(Ⅵ) \longrightarrow Mo^{3+}$	

第五节　常用的氧化还原滴定法

氧化还原滴定法的种类很多,一般按所用的滴定剂分类。常用的氧化还原滴定法有:高锰酸钾法、重铬酸钾法、碘量法、溴酸钾法及铈量法等。每种方法都有其特点和应用范围,应根据实际测定情况选用。

一、高锰酸钾法

(一)概述

高锰酸钾是一种强氧化剂,它的氧化能力和还原产物均与溶液的 pH 值有关。

在强酸性溶液中($[H^+]>0.1\ mol \cdot L^{-1}$),$MnO_4^-$ 还原为 Mn^{2+}

$$MnO_4^- + 8H^+ + 5e \Longleftrightarrow Mn^{2+} + 4H_2O \qquad E^{\ominus} = 1.507\ V$$

在不同的酸溶液中,MnO_4^- 还原为 Mn^{2+} 时的条件电位不同,如在 $8\ mol \cdot L^{-1}\ H_3PO_4$ 溶液中,$E^{\ominus'} = 1.27\ V$;在 $4.5 \sim 7.5\ mol \cdot L^{-1}\ H_2SO_4$ 溶液中,$E^{\ominus'}$ 为 $1.49 \sim 1.50\ V$。

在弱酸性、中性或弱碱性溶液中,MnO_4^- 被还原为 MnO_2(实际上是 MnO_2 的水合物)

$$MnO_4^- + 2H_2O + 3e \Longleftrightarrow MnO_2 + 4OH^- \qquad E^{\ominus} = 0.595\ V$$

在强碱溶液中($[OH^-]>2\ mol \cdot L^{-1}$),$MnO_4^-$ 被还原为 MnO_4^{2-}

$$MnO_4^- + e \Longleftrightarrow MnO_4^{2-} \qquad E^{\ominus} = 0.558\ V$$

MnO_4^{2-} 不稳定,易歧化为 MnO_4^- 和 MnO_2。加入钡盐形成 $BaMnO_4$ 沉淀,可使其稳定在 $Mn(\text{VI})$状态。

高锰酸钾法的优点是:氧化能力强,可在不同 pH 值下测定多种无机物和有机物;MnO_4^- 本身有特殊的紫红色,一般滴定不必另加指示剂。其缺点是溶液不太稳定;反应历程比较复杂,易发生副反应;滴定的选择性不高。但若标准溶液配制和保存方法得当,滴定时严格控制条件,这些影响可大为减少。

(二)标准溶液的配制与标定

1. $KMnO_4$ 溶液的配制

$KMnO_4$ 试剂纯度一般约为 $99\% \sim 99.5\%$,其中含有少量 MnO_2 和其他杂质;由于蒸馏水中也常含有微量的还原性有机物质,它们可与 $KMnO_4$ 反应析出 $MnO(OH)_2$,MnO_2 和 $MnO(OH)_2$ 又会促进 $KMnO_4$ 进一步分解。因此,不能直接用 $KMnO_4$ 试剂配制标准溶液,通常先配制一近似浓度的溶液,然后再进行标定。

为了配制较稳定的 $KMnO_4$,常采用下列措施:

(1) 称取稍多于理论量的 $KMnO_4$,溶解于一定体积的蒸馏水中;

(2) 将上述溶液加热至沸,保持微沸 1 小时,然后放置 $2 \sim 3$ 天,使溶液中可能存在的还原性物质完全氧化;

(3) 用微孔玻璃漏斗过滤,除去析出的沉淀;

(4) 将过滤后的 $KMnO_4$ 溶液贮存于棕色瓶中,置于暗处,以避免光对 $KMnO_4$ 的催化分解。

若需用浓度较稀的 $KMnO_4$ 溶液,通常用蒸馏水临时稀释并立即标定使用,不宜长期贮存。

2. $KMnO_4$ 溶液的标定

标定 $KMnO_4$ 溶液的基准物质相当多,如 $Na_2C_2O_4$、$H_2C_2O_4 \cdot 2H_2O$、As_2O_3、$(NH_4)_2Fe(SO_4)_2 \cdot H_2O$ 和纯铁丝等。其中最常用的是 $Na_2C_2O_4$,它易于提纯,性质稳定,不含结晶水,在 $105\,℃ \sim 110\,℃$烘 2 小时后即可使用。

在 H_2SO_4 溶液中，MnO_4^- 与 $C_2O_4^{2-}$ 的反应如下

$$2MnO_4^- + 5C_2O_4^{2-} + 16H^+ === 2Mn^{2+} + 10CO_2 + 8H_2O$$

为使反应定量而又较快地进行，应注意以下滴定条件：

（1）温度。此反应在室温下速度缓慢，需把溶液加热至 $70℃\sim80℃$ 进行滴定。滴定完毕时，温度也不应低于 $60℃$，但温度不宜过高，若高于 $90℃$，会使 $H_2C_2O_4$ 部分分解，导致标定结果偏高

$$H_2C_2O_4 \xrightarrow{>90℃} CO_2 + CO + H_2O$$

（2）pH 值。若 pH 值过高，MnO_4^- 会部分被还原为 MnO_2；若 pH 值过低，则会促使 $H_2C_2O_4$ 分解。一般滴定开始的最适宜条件约为 $[H^+] = 1\ mol \cdot L^{-1}$。为防止诱导氧化 Cl^- 的反应发生，应当在 H_2SO_4 介质中进行。

（3）滴定速度。开始滴定时，MnO_4^- 与 $C_2O_4^{2-}$ 的反应速度很慢，此时若滴定速度太快，则滴入的 $KMnO_4$ 来不及与 $C_2O_4^{2-}$ 反应，就在热的酸性溶液中发生分解，导致标定结果偏低

$$4MnO_4^- + 12H^+ === 4Mn^{2+} + 5O_2 + 6H_2O$$

（4）催化剂。用 $KMnO_4$ 滴定时，开始加入的几滴溶液褪色较慢，但当这几滴 $KMnO_4$ 与 $C_2O_4^{2-}$ 作用完毕后，由于生成物 Mn^{2+} 的催化作用，反应的速度逐渐加快。若在滴定前加入少量 $MnSO_4$ 作催化剂，则在滴定的最初阶段能够以较快的速度进行。

（5）指示剂。MnO_4^- 本身具有颜色，当溶液中有稍微过量的 MnO_4^- 就可以显出粉红色，故一般不必另加指示剂。但当 $KMnO_4$ 标准溶液浓度很稀（如 $0.002\ mol \cdot L^{-1}$）时，最好采用适当的氧化还原指示剂，如二苯胺磺酸钠、邻二氮菲-亚铁等，来确定滴定终点。

（6）滴定终点。用 $KMnO_4$ 溶液滴定至终点时，溶液的粉红色不能持久，这是由于空气中的还原性气体和灰尘都能使 MnO_4^- 缓慢还原，故溶液的粉红色逐渐消失。所以，滴定时溶液中出现的粉红色在 $0.5\sim1$ 分钟内不褪，即可认为到达滴定终点。

标定好的 $KMnO_4$ 溶液在放置一段时间后，若发现有 MnO_2 沉淀析出，应过滤并重新标定。

（三）滴定方式和测定示例

1. 直接滴定法——H_2O_2 的测定

高锰酸钾氧化能力很强，能直接滴定许多还原性物质，如 Fe^{2+}、As(Ⅲ)、Sb(Ⅲ)、$C_2O_4^{2-}$、NO_2 和 H_2O_2 等。

以 H_2O_2 的测定为例，在酸性溶液中，H_2O_2 被 MnO_4^- 定量氧化，并释放出 O_2。反应为

$$2MnO_4^- + 5H_2O_2 + 6H^+ === 5O_2 + 2Mn^{2+} + 8H_2O$$

此反应在室温下即可顺利进行。滴定开始时反应较慢，随着 Mn^{2+} 的生成而反应速度加快，也可先加入少量 Mn^{2+} 作催化剂。

若 H_2O_2 中含有有机物质，后者也消耗 $KMnO_4$，会使测定结果偏高。这时应改用碘量法或铈量法测定 H_2O_2。

碱金属或碱土金属的过氧化物，可采用同样的方法测定。

2. 间接滴定法——Ca^{2+} 的测定

Ca^{2+}、Th^{4+} 和 La^{3+} 等金属离子，在溶液中没有可变价态，但它们能与 $C_2O_4^{2-}$ 定量地生成沉淀，可用高锰酸钾间接测定。

以 Ca^{2+} 的测定为例,先用 $C_2O_4^{2-}$ 将 Ca^{2+} 沉淀为 CaC_2O_4,沉淀经过滤、洗涤后,溶于热的稀 H_2SO_4 溶液中,再用 $KMnO_4$ 标准溶液滴定试液中的 $C_2O_4^{2-}$,根据消耗的 $KMnO_4$ 的量间接地求得 Ca^{2+} 的量。

为了保证 Ca^{2+} 与 $C_2O_4^{2-}$ 间 1∶1 的计量关系,以及获得颗粒较大的 CaC_2O_4 沉淀以便于过滤和洗涤,必须采取相应的措施:在含 Ca^{2+} 的酸性试液中先加入过量的 $(NH_4)_2C_2O_4$,然后用稀氨水慢慢中和试液至甲基橙显黄色,以使沉淀缓慢地生成;沉淀完全后,放置一段时间,再用蒸馏水洗去沉淀表面吸附的 $C_2O_4^{2-}$。若在中性或弱碱性溶液中沉淀,则会有部分 $Ca(OH)_2$ 或碱式草酸钙生成,使测定结果偏低。为减少沉淀溶解所造成的损失,应当用冷水按"少量多次"的方法洗涤沉淀。

用间接法测 Ca^{2+},各步反应如下

沉淀 $$Ca^{2+} + C_2O_4^{2-} == CaC_2O_4 \downarrow$$

酸溶 $$CaC_2O_4 + 2H^+ == Ca^{2+} + H_2C_2O_4$$

滴定 $$2MnO_4^- + 5H_2C_2O_4 + 6H^+ == 2Mn^{2+} + 10CO_2 + 8H_2O$$

由反应式可知 $$n(Ca^{2+}) = n(C_2O_4^{2-}) = \frac{5}{2}n(MnO_4^-)$$

设称取 m_s 克含 Ca 试样,滴定剂 $KMnO_4$ 标准溶液浓度为 c $mol \cdot L^{-1}$,滴定时耗去 V mL,则可按下列计算式求得试样中 Ca^{2+} 的质量百分数。

$$w(Ca)/\% = \frac{\frac{5}{2} \times c(KMnO_4)V(KMnO_4)A(Ca)}{m_s \times 1000} \times 100$$

3. 返滴定法——MnO_2 和有机物的测定

有些氧化性物质不能用 $KMnO_4$ 直接滴定,可先加入一定过量的还原剂(如亚铁盐、草酸盐等),待还原后,再在酸性条件下用 $KMnO_4$ 标准溶液返滴剩余的还原剂。用此方法可测定 MnO_4^-、$Cr_2O_7^{2-}$、MnO_2、Mn_3O_4、Ce^{4+}、PbO_2、Pb_3O_4 和 ClO_3^- 等。

例如,软锰矿中 MnO_2 含量的测定,称取 m_s g 矿样,准确加入 m g 过量的固体 $Na_2C_2O_4$,然后在 H_2SO_4 介质中缓慢加热,待 MnO_2 与 $C_2O_4^{2-}$ 作用完毕后,再用 c $mol \cdot L^{-1}$ 的 $KMnO_4$ 标准溶液滴定剩余的 $C_2O_4^{2-}$,消耗 $KMnO_4$ 标准溶液 V mL。反应式如下

还原 $$MnO_2 + C_2O_4^{2-} + 4H^+ == Mn^{2+} + 2CO_2 + 2H_2O$$

滴定 $$2MnO_4^- + 5C_2O_4^{2-} + 16H^+ == 2Mn^{2+} + 10CO_2 + 8H_2O$$

由反应式可知 $$n(MnO_2) = n(C_2O_4^{2-}) = \frac{5}{2}n(MnO_4^-)$$

由 $Na_2C_2O_4$ 的加入量和 $KMnO_4$ 溶液的消耗量之差,按下式求出试样中 MnO_2 的质量百分数

$$w(MnO_2)/\% = \frac{\left[\frac{m}{M(Na_2C_2O_4)} \times 1000 - \frac{5}{2} \times c(KMnO_4)V(KMnO_4)\right]M(MnO_2)}{m_s \times 1000} \times 100$$

又如一些有机物的测定,$KMnO_4$ 氧化有机物的反应在碱性溶液中比在酸性溶液中快,采用加入过量的 $KMnO_4$ 并加热的方法可进一步加速反应。以甘油测定为例,加入一定过量的 $KMnO_4$ 标准溶液到含有试样的 2 $mol \cdot L^{-1}$ NaOH 溶液中,放置,待以下反应

$$\begin{matrix} H_2C-CH-CH_2 \\ | \quad | \quad | \\ OH \, OH \quad OH \end{matrix} + 14MnO_4^- + 20OH^- == 3CO_3^{2-} + 14MnO_4^{2-} + 14H_2O$$

完成后,将溶液酸化,MnO_4^{2-} 歧化为 MnO_4^- 和 MnO_2,加入一定过量的 $FeSO_4$ 标准溶液还原所有的高价锰为 Mn^{2+},最后再以 $KMnO_4$ 标准溶液滴定剩余的 $FeSO_4$。由两次加入的 $KMnO_4$ 的量和 $FeSO_4$ 的量计算甘油的含量。

用此方法可测定甲酸、甲醛、甲醇、甘醇酸(羟基乙酸)、酒石酸、柠檬酸、苯酚、水杨酸、葡萄糖等有机物。

二、重铬酸钾法

(一)概述

重铬酸钾是常用的氧化剂之一。在酸性溶液中,$K_2Cr_2O_7$ 与还原剂作用时,被还原为 Cr^{3+}

$$Cr_2O_7^{2-} + 14H^+ + 6e \Longrightarrow 2Cr^{3+} + 7H_2O \qquad E^{\ominus} = 1.232\ V$$

实际上,在酸性溶液中,$Cr_2O_7^{2-}/Cr^{3+}$ 电对的条件电位常比标准电位小。例如,在 4 mol·L^{-1} H_2SO_4 溶液中,$E^{\ominus'} = 1.15\ V$;在 1 mol·L^{-1} $HClO_4$ 溶液中,$E^{\ominus'} = 1.025\ V$;在 3 mol·L^{-1} HCl 溶液中,$E^{\ominus'} = 1.08\ V$;在 1 mol·L^{-1} HCl 溶液中,$E^{\ominus'} = 1.00\ V$。溶液的 $[H^+]$ 增大,$Cr_2O_7^{2-}/Cr^{3+}$ 电对的条件电位亦随之增大。

重铬酸钾法有如下优点:

(1) $K_2Cr_2O_7$ 容易提纯(可达 99.99%),在 100℃~110℃干燥后,可直接称量配制标准溶液;

(2) $K_2Cr_2O_7$ 溶液非常稳定,可以长期保存,据文献记载,一瓶 0.017 mol·L^{-1} $K_2Cr_2O_7$ 溶液,放置 24 年后,其浓度无明显改变;

(3) $K_2Cr_2O_7$ 的氧化性较 $KMnO_4$ 弱,在室温下,当 HCl 浓度低于 3 mol·L^{-1} 时,$Cr_2O_7^{2-}$ 不氧化 Cl^-,故可在 HCl 介质中用 $K_2Cr_2O_7$ 滴定 Fe^{2+}。

在酸性介质中,橙色的 $Cr_2O_7^{2-}$ 的还原产物是绿色的 Cr^{3+},颜色变化难以观察,故不能根据 $Cr_2O_7^{2-}$ 本身颜色变化来确定滴定终点,而需采用氧化还原指示剂,如二苯胺磺酸钠等。

(二)重铬酸钾法应用示例

1. 铁矿石中含铁量的测定

重铬酸钾法是测定铁矿石中含铁量的经典方法。其方法是:将试样用热的浓盐酸分解完全后,用 $SnCl_2$ 趁热还原 Fe^{3+} 为 Fe^{2+}。冷却后,过量的 $SnCl_2$ 用 $HgCl_2$ 氧化除去,此时溶液中出现 Hg_2Cl_2 白色丝状沉淀,再用水稀释,并加入 H_2SO_4-H_3PO_4 混合酸,以二苯胺磺酸钠作指示剂,用 $K_2Cr_2O_7$ 标准溶液滴定 Fe^{2+},至溶液由绿色变为紫红色为终点。

在试液中加入 H_3PO_4 的目的是为了降低 Fe^{3+}/Fe^{2+} 电对的电位,使二苯胺磺酸钠变色点电位落在滴定的电位突跃范围内,从而减小滴定误差;另外,由于使 Fe^{3+} 生成无色稳定的 $Fe(HPO_4)_2^-$,消除了 Fe^{3+} 的黄色,有利于终点的观察。

此法简便、快速而准确,生产上广泛应用。但由于预还原时使用了有毒的汞化合物会引起环境污染,所以近年来出现一些"无汞定铁法",以解决 Hg 的污染问题。例如,用硅钼黄作预还原阶段的指示剂。当 $SnCl_2$ 将 Fe^{3+} 全部还原为 Fe^{2+} 后,稍过量的 $SnCl_2$ 将硅钼黄还原为硅钼蓝,指示预还原终点,可不必使用有毒的 $HgCl_2$ 来除去过量的 $SnCl_2$。其他步骤操作与经典方法相同。

2. 利用 $Cr_2O_7^{2-}$ 与 Fe^{2+} 的反应测定其他物质

$Cr_2O_7^{2-}$ 与 Fe^{2+} 的反应可逆性强,速度,无副反应发生,计量关系明确,指示剂变色明显。此反应除了直接用于测铁外,还可利用它间接地测定许多物质。

(1) 测定氧化剂。如 NO_3^- 可在一定条件下定量地氧化 Fe^{2+}

$$NO_3^- + 3Fe^{2+} + 4H^+ = 3Fe^{3+} + NO + 2H_2O$$

在试液中加入一定过量的 Fe^{2+} 标准溶液,待反应完全后,用 $K_2Cr_2O_7$ 标准溶液返滴定剩余的 Fe^{2+},即可求得 NO_3^- 的含量。

(2) 测定还原剂。水中的还原性无机物和低分子的直链化合物大部分都能被 $K_2Cr_2O_7$ 氧化。由此可测得水的"化学耗氧量",用于表示水的污染程度。化学耗氧量是指在一定条件下,用强氧化剂处理水样时所消耗氧化剂的量,以氧的含量($mg \cdot L^{-1}$)表示。对于工业废水,我国规定用重铬酸钾法进行测定,其方法是:将水样用 H_2SO_4 酸化,以硫酸银为催化剂,加入一定过量的 $K_2Cr_2O_7$ 标准溶液,反应完成后以邻二氮菲-亚铁为指示剂,用 Fe^{2+} 标准溶液滴定剩余的 $K_2Cr_2O_7$。测定水样的同时,按同样步骤作空白试验,根据水样和空白消耗的 Fe^{2+} 标准溶液的差值,计算水样的化学耗氧量。

(3) 测定非氧化还原性物质。例如测定 Pb^{2+}、Ba^{2+} 等,先在一定条件下制得 $PbCrO_4$ 或 $BaCrO_4$,沉淀过滤、洗涤后溶解于酸中,以 Fe^{2+} 标准溶液滴定 $Cr_2O_7^{2-}$,从而间接求出 Pb 或 Ba 的含量。凡是能与 CrO_4^{2-} 生成难溶化合物的离子都可用此法间接测定。

三、碘量法

(一)概述

碘量法是利用 I_2 的氧化性或 I^- 的还原性进行测定的方法。由于固体 I_2 在水中的溶解度很小(0.00133 $mol \cdot L^{-1}$),且易于挥发,通常将 I_2 溶解于 KI 溶液中,此时 I_2 在溶液中以 I_3^- 配离子形式存在,其半反应为

$$I_3^- + 2e \rightleftharpoons 3I^- \qquad E^\ominus = 0.536 \text{ V}$$

为简化起见并强调化学计量关系,一般仍简写为 I_2。从 I_3^-/I^- 电对电位大小来看,可知 I_2 是较弱的氧化剂,能与较强的还原剂作用;而 I^- 是中等强度的还原剂,能与许多氧化剂反应。因此,碘量法一般分为直接法和间接法两类。

1. 直接碘量法(碘滴定法)

用 I_2 标准溶液,在酸性或中性溶液中,直接滴定较强的还原性物质,如 S^{2-}、SO_3^{2-}、$S_2O_3^{2-}$、Sn^{2+}、Sb(Ⅲ)、As(Ⅲ)、维生素 C 等。

由于 I_2 的氧化能力较弱,能氧化的物质有限,而且直接碘量法不能在 pH>9 的碱性介质中进行,否则会发生歧化反应

$$3I_2 + 6OH^- = IO_3^- + 5I^- + 3H_2O$$

从而使分析结果产生误差,所以直接碘量法的应用受到较大的限制。

2. 间接碘量法(滴定碘法)

利用 I^- 的还原作用,与待测的氧化性物质反应按化学计量生成 I_2,然后用 $Na_2S_2O_3$ 标准溶液滴定析出的 I_2,从而间接地测定氧化性物质,如 MnO_4^-、$Cr_2O_7^{2-}$、IO_3^-、BrO_3^-、AsO_4^{3-}、SbO_4^{3-}、ClO^-、H_2O_2、Cu^{2+}、Fe^{3+} 等。间接碘量法应用比直接碘量法广泛。

碘量法用淀粉作指示剂,灵敏度高,I_2 浓度为 1×10^{-5} $mol \cdot L^{-1}$ 即显蓝色。直接碘量法

中当溶液呈现蓝色即为终点;间接碘量法中当溶液的蓝色消失为终点。

I_3^-/I^- 电对可逆性好,副反应少;碘量法既可测定氧化剂,又可测定还原剂;碘量法不仅能在酸性溶液中,而且可在中性或弱碱性介质中滴定;碘量法有通用而特效的指示剂——淀粉。由于具有以上优点,碘量法应用十分广泛。

碘量法的主要误差来源有两个,一是 I_2 易挥发,二是在酸性溶液中 I^- 容易被空气中的氧气氧化。为减小误差,必须采取适当的措施。

防止 I_2 挥发的方法有:

(1) 加入过量(一般为理论值的 2~3 倍)的 KI,使之与 I_2 形成 I_3^- 配离子;

(2) 溶液温度不宜高,一般在室温下进行反应;

(3) 析出碘的反应最好在带有玻塞的碘量瓶中进行;

(4) 滴定时不要剧烈地摇动溶液。

防止 I^- 被 O_2 氧化的措施为:

(1) 溶液[H^+]不宜太大,[H^+]增大会增加 O_2 氧化 I^- 的速度;

(2) 日光及 Cu^{2+}、NO_2^- 等杂质催化 O_2 氧化 I^-,故应将析出 I_2 的反应瓶置于暗处,并事先除去以上杂质;

(3) 析出 I_2 后,不能让溶液放置过久,最好在析出 I_2 的反应完全后立即滴定;

(4) 滴定速度宜适当快些。

(二)碘与硫代硫酸钠的反应

I_2 与 $S_2O_3^{2-}$ 的反应是碘量法中最重要的反应,若酸度控制不当,就会影响它们之间的计量关系,造成较大误差。

在中性或弱酸性溶液中,I_2 与 $S_2O_3^{2-}$ 之间的反应很迅速、完全

$$I_2+2S_2O_3^{2-}=\!=\!=2I^-+S_4O_6^{2-}$$

I_2 与 $S_2O_3^{2-}$ 摩尔比为 1∶2,这是滴定碘法的计量关系。

在滴定碘法中,氧化性物质氧化 I^- 的反应大多是在[H^+]较高的条件下进行,在强酸性溶液中,用 $Na_2S_2O_3$ 滴定时易发生下面反应

$$S_2O_3^{2-}+2H^+=\!=\!=H_2SO_3+S\!\downarrow$$

而 H_2SO_3 与 I_2 的反应是

$$I_2+H_2SO_3+H_2O=\!=\!=SO_4^{2-}+4H^++2I^-$$

此时,I_2 与 $S_2O_3^{2-}$ 反应的摩尔比是 1∶1,因此会造成误差。同时,I^- 在酸性溶液中容易被空气中的 O_2 氧化

$$4I^-+O_2+4H^+=\!=\!=2I_2+2H_2O$$

由此也会带来误差。

但若溶液的 pH 值过高,在碱性溶液中,I_2 与 $S_2O_3^{2-}$ 发生下列反应

$$4I_2+S_2O_3^{2-}+10OH^-=\!=\!=2SO_4^{2-}+8I^-+5H_2O$$

即部分 I_2 与 $S_2O_3^{2-}$ 按 4∶1 摩尔比起反应,而且 I_2 在碱性溶液中会发生歧化反应,这些都会造成误差。所以用 $S_2O_3^{2-}$ 滴定 I_2,一般要求 pH<9。

(三)标准溶液的配制与标定

碘量法中经常使用 $Na_2S_2O_3$ 和 I_2 两种标准溶液,它们的配制和标定方法如下:

1. $Na_2S_2O_3$ 溶液的配制与标定

$Na_2S_2O_3 \cdot 5H_2O$ 固体容易风化,并含有少量 S、S^{2-}、SO_3^{2-}、CO_3^{2-}、Cl^- 等杂质,因此不能用直接称量的方法配制标准溶液。$Na_2S_2O_3$ 溶液不稳定,容易分解,其原因有

(1) 微生物的作用。水中存在的微生物会消耗 $Na_2S_2O_3$ 中的硫,使它变成 Na_2SO_3,这是 $Na_2S_2O_3$ 浓度变化的主要原因。

(2) CO_2 的作用。水中溶解的 CO_2 能使 $Na_2S_2O_3$ 发生分解

$$S_2O_3^{2-} + CO_2 + H_2O = HSO_3^- + HCO_3^- + S\downarrow$$

(3) 空气的氧化作用。氧气会使 $Na_2S_2O_3$ 氧化为 Na_2SO_4,此反应速度较慢,但微量的 Cu^{2+}、Fe^{3+} 等杂质能使反应加速。

因此,在配制 $Na_2S_2O_3$ 溶液时,应当用新煮沸并冷却的蒸馏水,目的在于除去水中溶解的 CO_2 和 O_2,并杀死细菌;还需加入少量 Na_2CO_3 使溶液呈弱碱性以抑制细菌生长;溶液应贮存于棕色瓶中,放置暗处以防光照分解。经过一段时间应重新进行标定。如果发现溶液变浑,表示有硫析出,应过滤后再标定,或者弃去重配。

通常用 $K_2Cr_2O_7$、KIO_3 等基准物质,采用间接法标定 $Na_2S_2O_3$ 溶液的浓度。以 $K_2Cr_2O_7$ 为例,称取一定量的 $K_2Cr_2O_7$ 或移取一定体积的 $K_2Cr_2O_7$ 标准溶液,在酸性溶液中与过量的 KI 作用

$$Cr_2O_7^{2-} + 6I^- + 14H^+ = 2Cr^{3+} + 3I_2 + 7H_2O$$

析出相应量的 I_2,以淀粉为指示剂,用 $Na_2S_2O_3$ 溶液滴定。

$Cr_2O_7^{2-}$ 与 I^- 反应较慢,加入过量的 KI 并提高 $[H^+]$ 可加速反应,然而 $[H^+]$ 过高又会加速空气氧化 I^-。一般控制溶液的 $[H^+]$ 为 $0.2\ mol \cdot L^{-1} \sim 0.4\ mol \cdot L^{-1}$,并在暗处放置 5 分钟以使反应完全。用 $Na_2S_2O_3$ 滴定前最好先用蒸馏水稀释,一则降低 $[H^+]$,可减少空气对 I^- 的氧化及防止 $S_2O_3^{2-}$ 的分解;二则使生成的 Cr^{3+} 的绿色减弱,便于观察终点。淀粉应在近终点时加入,否则碘-淀粉吸附化合物会吸留 I_2,致使终点提前且不明显。用 $Na_2S_2O_3$ 滴定析出的 I_2 的过程中,当溶液由深棕褐色逐渐变浅,至呈现稻草黄色(I_3^- 与 Cr^{3+} 的混合色),预示 I_2 已不多,临近终点,此时便可加入淀粉指示剂。假如滴定至终点后,溶液迅速变蓝,表示 $Cr_2O_7^{2-}$ 与 I^- 的反应未定量完成,遇到这种情况,实验应重做。

若是用 KIO_3 作基准物质来标定,只需稍过量的酸,与 KI 即可迅速反应,不必放置,可立即滴定。这样,空气氧化 I^- 的机会很少。KIO_3 与 KI 的反应式为

$$IO_3^- + 5I^- + 6H^+ = 3I_2 + 3H_2O$$

2. I_2 溶液的配制与标定

I_2 的挥发性强,准确称量较困难,一般是配成大致浓度的溶液后再标定。

配制 I_2 溶液,先用台秤称取碘,置于研钵中,加入固体 KI,再加入少量水研磨至 I_2 全部溶解,然后稀释,倒入棕色瓶中于暗处保存。防止溶液遇热、见光以及与橡皮等有机物接触,否则浓度会发生变化。

碘溶液的浓度常用基准物质 As_2O_3 来标定,也可用已知浓度的 $Na_2S_2O_3$ 标准溶液来标定。As_2O_3 难溶于水,但可用 $NaOH$ 溶液溶解

$$As_2O_3 + 6OH^- = 2AsO_3^{3-} + 3H_2O$$

标定时先酸化溶液,再加 $NaHCO_3$ 调节 pH 值约为 8,用 I_2 溶液滴定 AsO_3^{3-},反应定量而快速,

$$I_2 + AsO_3^{3-} + H_2O = AsO_4^{3-} + 2I^- + 2H^+$$

(四)碘量法应用示例

1. 钢铁中硫的测定——直接碘量法

将钢样与金属锡(助熔剂)置于瓷舟中,放入 1300℃管式炉内通 O_2 燃烧,使试样中的硫转化为 SO_2,用水吸收 SO_2,再用碘标准溶液滴定,以淀粉为指示剂,溶液呈蓝色,即为终点。各反应如下

$$S + O_2 \xrightarrow{1300℃} SO_2$$

$$SO_2 + H_2O = H_2SO_3$$

$$I_2 + H_2SO_3 + H_2O = SO_4^{2-} + 2I^- + 4H^+$$

2. 铜合金中铜的测定——间接碘量法

碘量法测铜的基本原理是 Cu^{2+} 与过量的 KI 反应定量地析出 I_2,然后用 $Na_2S_2O_3$ 标准溶液滴定

$$2Cu^{2+} + 4I^- = 2CuI\downarrow + I_2$$

$$I_2 + 2S_2O_3^{2-} = 2I^- + S_4O_6^{2-}$$

CuI 沉淀表面会吸附一部分 I_2,故需加入 KSCN,使 CuI 沉淀转化为溶解度更小的 CuSCN

$$CuI + SCN^- = CuSCN + I^-$$

CuSCN 沉淀吸附 I_2 的倾向较小,这就提高了测定的准确度。SCN^- 对 I_2 有还原作用,故应在接近终点时加入,否则会使测定结果偏低。

测定铜合金中的铜时,试样一般用硝酸溶解,过量的 HNO_3 和氮的低价氧化物如 NO_2^- 能氧化 I^-,干扰 Cu^{2+} 的测定。故需在试样溶解后,加入尿素并加热,以除去 HNO_3 和使 NO_2^- 分解

$$2NO_2^- + CO(NH_2)_2 + 2H^+ = 2N_2 + CO_2 + 3H_2O$$

也可用浓 H_2SO_4 加热蒸发除去 HNO_3 及低价氮氧化物,然后调节溶液 pH 值,加入 HAc-NaAc 缓冲液,使溶液 pH 值范围为 3～4,再加入过量的 KI 与 Cu^{2+} 反应析出碘,滴定也在此 pH 值条件下进行,试样中有铁存在时,Fe^{3+} 能氧化 I^- 为 I_2

$$2Fe^{3+} + 2I^- = 2Fe^{2+} + I_2$$

妨碍了铜的测定。可加入 NH_4F-HF 缓冲液,使 Fe^{3+} 生成稳定的 FeF_6^{3-},从而消除其干扰。

此方法也适用于测定铜矿石、炉渣、电镀液及胆矾($CuSO_4 \cdot 5H_2O$)等样品中的铜。

3. 有机物的测定

碘量法在有机分析中应用很广。凡是能被碘直接氧化的物质,只要反应速度快,就可用直接碘量法测定。例如硫基乙酸($HSCH_2COOH$)、四乙基铅[$Pb(C_2H_5)_4$]和抗坏血酸(维生素 C)等。

对于许多有机物,例如葡萄糖、甲醛、丙酮及硫脲等,可用返滴定法进行测定。以葡萄糖为例,在葡萄糖试液中加碱液使溶液呈碱性,加入一定过量的 I_2 标准溶液,使葡萄糖的醛基氧化为羧基。反应过程如下

$$I_2 + 2OH^- = IO^- + I^- + H_2O$$

$$CH_2OH(CHOH)_4CHO + IO^- + OH^- = CH_2OH(CHOH)_4COO^- + I^- + H_2O$$

剩余的 IO^- 在碱液中歧化为 IO_3^- 和 I^-

$$3IO^- \Longrightarrow IO_3^- + 2I^-$$

溶液酸化后又析出 I_2

$$IO_3^- + 5I^- + 6H^+ \Longrightarrow 3I_2 + 3H_2O$$

最后用 $Na_2S_2O_3$ 标准溶液滴定析出的 I_2

$$I_2 + 2Na_2S_2O_3 \Longrightarrow 2I^- + S_4O_6^{2-}$$

在这一系列的反应中，1 mol I_2 产生 1 mol IO^-，而 1 mol IO^- 与 1 mol 葡萄糖反应。因此，1 mol 葡萄糖与 1 mol I_2 相当。与葡萄糖反应后剩余的 IO^- 经由歧化和酸化过程仍恢复为等量的 I_2。根据 $S_2O_3^{2-}$ 与 I_2 的反应计量关系，从 I_2 标准溶液的加入量和滴定时 $S_2O_3^{2-}$ 的消耗量即可求出葡萄糖的含量。

4. 卡尔-费歇(Karl-Fischer)法测定水

卡尔-费歇法的基本原理是，当 I_2 氧化 SO_2 时，需定量的水

$$I_2 + SO_2 + 2H_2O \Longrightarrow H_2SO_4 + 2HI$$

碱性物质吡啶存在时，可与反应生成的酸结合，使上述反应能定量地向右进行，即

$$C_5H_5N \cdot I_2 + C_5H_5N \cdot SO_2 + C_5H_5N + H_2O \Longrightarrow 2C_5H_5N \cdot HI + C_5H_5N \cdot SO_3$$

但生成的 $C_5H_5N \cdot SO_3$ 也能与水反应，消耗一部分水而干扰测定

$$C_5H_5N \cdot SO_3 + H_2O \Longrightarrow C_5H_5N \cdot HOSO_2OH$$

加入甲醇可以防止上述副反应发生

$$C_5H_5N \cdot SO_3 + CH_3OH \Longrightarrow C_5H_5NHOSO_2OCH_3$$

卡尔-费歇法测定水的标准溶液是费歇试剂，它是 I_2、SO_2、C_5H_5N 和 CH_3OH 的混合溶液。此标准溶液呈 I_2 的红棕色，与水反应后成浅黄色。用此标准溶液滴定时，待测溶液中出现红棕色即为终点。费歇法属于非水滴定，测定中所用的器皿都必须干燥，否则会造成误差。费歇试剂标准溶液通常用纯水标定。

此方法不仅可以测定很多有机物或无机物中的水份含量，而且根据有关反应中生成水或消耗水的量，也可间接地测定某些有机官能团。

四、其他氧化还原滴定法

(一)溴酸钾法

溴酸钾是一种强氧化剂($E_{BrO_3^-/Br^-}^{\ominus} = 1.423$ V)，容易提纯，在130℃烘干后可直接称量配制标准溶液。溴酸钾溶液的浓度也可以用碘量法来标定。在酸性溶液中，可用溴酸钾标准溶液直接滴定一些还原性物质，如 As(Ⅲ)、Sb(Ⅲ)、Sn^{2+} 和 Tl^+ 等。

在实际应用上，溴酸钾法主要用于测定有机物，在称量 $KBrO_3$ 配制标准溶液时，加入过量的 KBr 于其中，配成 $KBrO_3$-KBr 标准溶液。在测定有机物质时，将此标准溶液加到酸性试液中，这时 BrO_3^- 与 Br^- 发生如下反应

$$BrO_3^- + 5Br^- + 6H^+ \Longrightarrow 3Br_2 + 3H_2O$$

生成的 Br_2 就立即与有机物作用，实际上这相当于即时配制的 Br_2 标准溶液。$KBrO_3$-KBr 标准溶液很稳定，只在酸化时才发生上述反应，这就解决了由于溴水不稳定而不适合于配成标准溶液作滴定剂的问题。Br_2 可取代某些有机化合物中的氢，故能用来测定许多芳香化合物及其他有机物；借助 Br_2 的取代作用，可以测定有机物的不饱和程度。溴与有机物反应的速度较

慢,必须加入过量的标准溶液。与有机物反应完成后,过量的 Br_2 用碘量法测定

$$Br_2+2I^-\Longrightarrow 2Br^-+I_2$$

$$I_2+2S_2O_3^{2-}\Longrightarrow 2I^-+S_4O_6^{2-}$$

因此,溴酸钾法一般是与碘量法配合使用的。

以苯酚含量的测定为例。在苯酚的酸性试液中加入一定过量的 $KBrO_3$-KBr 标准溶液,生成的 Br_2 取代苯酚中的氢

待反应完全后,加入过量的 KI 与剩余的 Br_2 作用,析出的 I_2 用 $Na_2S_2O_3$ 标准溶液滴定,以淀粉为指示剂。反应中物质的化学计量关系是

$$KBrO_3 \backsimeq 3Br_2 \backsimeq 3I_2 \backsimeq 6S_2O_3^{2-}$$

$$C_6H_5OH \backsimeq 3Br_2 \backsimeq 3I_2 \backsimeq 6S_2O_3^{2-}$$

即 1 mol 苯酚与 1 mol $KBrO_3$ 相当,滴定采用返滴定法,所以苯酚的量 $n(C_6H_5OH)$ 为

$$n(C_6H_5OH)=\left[c(KBrO_3)V(KBrO_3)-\frac{1}{6}c(Na_2S_2O_3)V(Na_2S_2O_3)\right]/1000$$

其中 $c(KBrO_3)$ 为 $KBrO_3$-KBr 标准溶液的浓度,$V(KBrO_3)$ 为其加入体积;$c(Na_2S_2O_3)$ 为 $Na_2S_2O_3$ 标准溶液浓度,$V(Na_2S_2O_3)$ 为所消耗的体积。

设测定时称取 m_s 克试样,则可得试样中苯酚质量百分数

$$w(C_6H_5OH)/\%=\frac{\left[c(KBrO_3)V(KBrO_3)-\frac{1}{6}c(Na_2S_2O_3)V(Na_2S_2O_3)\right]\times M(C_6H_5OH)}{m_s\times 1000}\times 100$$

(二)铈量法

硫酸高铈 $Ce(SO_4)_2$ 是强氧化剂,在酸性溶液中,其氧化还原半反应为

$$Ce^{4+}+e\Longrightarrow Ce^{3+} \qquad E^{\ominus}=1.61\ V$$

Ce^{4+}/Ce^{3+} 电对的条件电位的大小随溶液中酸的种类和浓度而异。在 1 mol·L^{-1}~8 mol·L^{-1} $HClO_4$ 溶液中,$E^{\ominus'}$ 为 1.74 V~1.87 V;在 0.5 mol·L^{-1}~4.0 mol·L^{-1} H_2SO_4 中,$E^{\ominus'}$ 为 1.42 V~1.44 V;在1 mol·L^{-1}盐酸溶液中,$E^{\ominus'}=1.28$ V。它在硫酸介质中的条件电位与 $KMnO_4$ 相近,凡是能用 $KMnO_4$ 滴定的物质一般都可用铈量法测定。

铈量法的优点是:可以用纯的硫酸铈铵 $[Ce(SO_4)_2\cdot 2(NH_4)_2SO_4\cdot 2H_2O]$ 直接配制标准溶液;溶液性质稳定,放置较长时间或加热煮沸也不易分解;Ce^{4+} 还原为 Ce^{3+},无中间价态产物,反应简单,副反应少;能在盐酸介质中或有机物(如乙醇、甘油、糖等)存在下直接滴定亚铁。

用 Ce^{4+} 作滴定剂,虽然 Ce^{4+} 为黄色,Ce^{3+} 无色,但难以用作自身指示剂,一般用邻二氮菲-亚铁为指示剂。

由于 Ce^{4+} 极易水解生成碱式盐沉淀,所以配制 Ce^{4+} 标准溶液时必须加酸,滴定也必须在强酸介质中进行。由于铈盐较贵,因此铈量法在应用上受到一定限制。

习　题

1. 已知 $E_{Ag^+/Ag}^{\ominus}=0.80$ V，AgCl 的 $K_{sp}=1.8\times10^{-10}$，求 $E_{AgCl/Ag}^{\ominus}$。

2. 计算在 EDTA 存在下，Fe^{3+}/Fe^{2+} 电对的条件电极电位。

3. 在含 0.100 mol·$L^{-1}Fe^{3+}$ 和 0.250 mol·L^{-1}HCl 溶液中，通入 H_2S 气体使之达到平衡，求此时溶液中 Fe^{3+} 的浓度。已知 H_2S 饱和溶液的浓度为 0.100 mol·L^{-1}，$E_{S/H_2S}^{\ominus}=0.142$ V，$E_{Fe^{3+}/Fe^{2+}}^{\ominus'}=0.71$ V。

4. 已知半反应 $Br_2(aq)+2e \rightleftharpoons 2Br^-$，$E^{\ominus}=1.0873$ V；主要考虑 $HgBr_2$ 的稳定常数 $K_1=10^{9.0}$，$K_2=10^{8.3}$；$HgBr_2$ 的溶解度为 1.7×10^{-2} mol·L^{-1}。求 0.10 mol·$L^{-1}Br_2$-0.10 mol·$L^{-1}Hg^{2+}$（$HgBr_2$ 饱和）溶液中，Br_2/Br^- 电对的电位。

5. 计算 $Ag|Ag^+(0.500$ mol·$L^{-1})||Cd^{2+}(1.00\times10^{-4}$ mol·$L^{-1})|Cd$ 电池的电动势。把该电池放电至没有电流流动时，$[Ag^+]$ 为多少？

6. 在 1 mol·L^{-1} 的 $HClO_4$ 溶液中，用 0.02000 mol·$L^{-1}KMnO_4$ 标准溶液滴定 Fe^{2+}，计算反应的平衡常数，并计算反应达到平衡时，Fe^{2+} 反应的完全程度。

7. 已知 BrO_3^-/Br_2　$E^{\ominus}=1.482$，Br_2/Br^-　$E^{\ominus}=1.087$。在中性溶液中，若 BrO_3^- 初始浓度为 0.10 mol·L^{-1}，且平衡时 $[Br^-]=1.0$ mol·L^{-1}，计算平衡时 Br_2 的浓度是多少？

8. 为使反应

$$Cr_2O_7^{2-}+6Fe^{2+}+14H^+ \Longrightarrow 2Cr^{3+}+6Fe^{3+}+7H_2O$$

定量完成，H^+ 离子浓度最低应为多少？假定平衡时 $[Fe^{3+}]=0.050$ mol·L^{-1}。

9. 用 0.100 mol·$L^{-1}Na_2S_2O_3$ 溶液滴定 0.0500 mol·$L^{-1}I_2$ 溶液（含 1.0 mol·$L^{-1}KI$），计算滴定至 50%、100%、150% 时体系的电位。$E_{I_3^-/I^-}^{\ominus}=0.536$ V，$E_{S_4O_6^{2-}/S_2O_3^{2-}}^{\ominus}=0.080$ V。

10. 某一学生准备做如下实验：在 1.0 mol·L^{-1} 盐酸介质中，用 0.1000 mol·$L^{-1}Ce^{4+}$ 标准溶液滴定 0.05000 mol·$L^{-1}Sn^{2+}$ 溶液。实验室备有二苯胺磺酸钠、硝基邻二氮菲亚铁、亚甲基蓝等三种指示剂。该学生应选哪种指示剂？

11. 在 H_2SO_4 介质中，用 0.1000 mol·$L^{-1}Ce^{4+}$ 溶液滴定 0.1000 mol·$L^{-1}Fe^{2+}$ 溶液时，指示剂变色时的电位为 0.94 V，计算终点误差。已知 $E_{Fe^{3+}/Fe^{2+}}^{\ominus'}=0.68$ V，$E_{Ce^{4+}/Ce^{3+}}^{\ominus'}=1.44$ V。

12. 在 1.0 mol·L^{-1}HCl 介质中，滴入 Sn^{2+} 还原 Fe^{3+}，若 $E_{ep}=0.23$ V，求终点误差。$E_{Sn^{4+}/Sn^{2+}}^{\ominus'}=0.14$ V，$E_{Fe^{3+}/Fe^{2+}}^{\ominus'}=0.68$ V。

13. 测定软锰矿中 MnO_2 的含量，称取软锰矿样品 0.5261 g。在酸性介质中加入 0.7049 g $Na_2C_2O_4$，待反应完全后，过量的草酸用 0.02160 mol·$L^{-1}KMnO_4$ 标准溶液滴定，用去 30.47 mL。求软锰矿中 MnO_2 的质量百分数。

14. 将 0.2250 g 仅由 Fe 和 Fe_2O_3 组成的试样用酸溶解后，把 Fe^{3+} 还原为 Fe^{2+}，此时溶液体积为 50.00 mL。然后用 $KMnO_4$ 标准溶液滴定，需要 37.50 mL。已知 1 mL $KMnO_4$ 标准溶液相当于 6.300 mg 的 $KHC_2O_4\cdot H_2C_2O_4\cdot 2H_2O$。已知 $E_{MnO_4^-/Mn^{2+}}^{\ominus'}=1.45$ V，$E_{Fe^{3+}/Fe^{2+}}^{\ominus'}=0.68$ V。求：

(1) 试样中 Fe 和 Fe_2O_3 的质量百分数；

(2) 滴定反应完成时溶液体系的电位及 Fe^{2+} 的浓度。

15. 分析某一焊料试样中的铅，称取 0.7589 g 试样用酸溶解，得 Pb^{2+} 溶液。往此溶液中加入过量的 K_2CrO_4 将 Pb^{2+} 定量沉淀为 $PbCrO_4$，且无任何其他的铬酸盐析出。将沉淀过滤、洗涤，然后溶解于酸中，并加入过量的 KI，与 CrO_4^{2-} 反应析出 I_2。待反应完全后，用 0.05090 mol·L^{-1} 的 $Na_2S_2O_3$ 标准溶液滴定。终点时，用去 11.22 mL $Na_2S_2O_3$ 标准溶液。计算此焊料试样中铅的质量百分数。

16. 含 Cr、Mn 的钢样 0.8000 g，经处理后，得到 Fe^{3+}、$Cr_2O_7^{2-}$、Mn^{2+} 溶液。在 F^- 存在时，用 0.005000 mol·$L^{-1}KMnO_4$ 溶液滴定，此时 $Mn(II)$ 转变成 $Mn(III)$，计用去 $KMnO_4$ 溶液 20.00 mL。然后将此溶液继

续用 0.04000 mol·L^{-1} Fe^{2+} 溶液滴定,用去 30.00 mL。计算试样中 Cr、Mn 的含量。

17. 含有 PbO 和 PbO_2 及惰性物质的试样 1.2340 g,在酸性溶液中,加入 0.2500 mol·L^{-1} $H_2C_2O_4$ 溶液 20.00 mL,使 PbO_2 还原。将溶液用氨水中和后,使溶液中的 Pb^{2+} 均沉淀为 PbC_2O_4。将沉淀过滤、洗涤,滤液酸化后,用 0.04000 mol·L^{-1} $KMnO_4$ 标准溶液滴定,消耗 10.00 mL。沉淀用酸溶解后,用同样的 $KMnO_4$ 溶液滴定,用去 30.00 mL。分别求出试样中 PbO 和 PbO_2 的含量。

18. 欲测某工业废水中的化学耗氧量。取 50.00 mL 混合均匀的水样,加入一定过量的 $K_2Cr_2O_7$ 溶液及硫酸-硫酸银溶液,加热回流两小时。冷却后以邻二氮菲-亚铁为指示剂,用 0.2500 mol·L^{-1} 的硫酸亚铁铵标准溶液滴定,消耗 15.40 mL 达到终点。另取 50.00 mL 蒸馏水按同样操作步骤作空白试验,消耗相同浓度的硫酸亚铁铵标准溶液 19.85 mL。计算此工业废水的化学耗氧量。

19. 今有 25.00 mL KI 试液,用 10.00 mL 0.05000 mol·L^{-1} KIO_3 溶液处理后,煮沸溶液以除去 I_2,冷却后,加入过量固体 KI 使之与剩余的 KIO_3 反应,然后将溶液调至中性;析出的 I_2 用 0.1008 mol·L^{-1} $Na_2S_2O_3$ 溶液滴定,用去 21.14 mL。计算 KI 试液的浓度。

20. 测定某试样中钡的含量,称取 0.6678 g 试样。将其中的 Ba 沉淀为 $Ba(IO_3)_2$,沉淀过滤洗净后,酸化,然后加入过量的 KI,析出的 I_2 用 0.05236 mol·L^{-1} $Na_2S_2O_3$ 溶液滴定,用去 26.68 mL。计算此试样中 BaO 质量百分数。

21. 将 0.1038 g 铝合金用酸溶解后,调节溶液 $pH=9.0$,加入稍过量的 8-羟基喹啉,使 Al^{3+} 沉淀

$$Al^{3+}+3HOC_9H_6N \Longrightarrow Al(OC_9H_6N)_3+3H^+$$

沉淀用砂芯漏斗过滤、洗涤后,溶解于 2 mol·L^{-1} 盐酸溶液中,加入 50.00 mL 0.02070 mol·L^{-1} $KBrO_3$—1.0 mol·L^{-1} KBr 溶液,使产生的 Br_2 与 8-羟基喹啉发生取代反应

反应完全后,剩余的 Br_2 用 KI 转化为 I_2,再用 0.1020 mol·L^{-1} $Na_2S_2O_3$ 标准溶液滴定,用去 11.50 mL。求此铝合金中铝的质量百分数。

第六章　重量分析法和沉淀滴定法

重量分析法是化学分析中最经典、最基本的方法,适用于常量组分的测定。沉淀滴定法是以沉淀反应为基础的滴定分析方法。本章以沉淀平衡为基础,讨论沉淀的形成过程、沉淀条件的选择和沉淀滴定的一般方法。

第一节　重量分析法概述

重量分析法作为化学分析的经典方法,依据于化学反应前后物质质量的变化。它一般是先将试样中被测组分从溶液中分离出来,并转化为一定的称量形式,然后再用称量的方法求出被测组分的含量。

一、重量分析法的分类和特点

按照分离方法的不同,重量分析法一般可分成三类:

1. 沉淀法

沉淀法是重量分析法中最主要、应用最广泛的方法。这种方法是先将试样制成溶液,再加入沉淀剂将被测组分以微溶化合物的形式沉淀出来,沉淀经过滤、洗涤、烘干或灼烧后称量,最后计算出待测组分的含量。

例如,测定试样中 Ba 的含量时,可以在制备好的溶液里加入过量的稀 H_2SO_4,使 Ba^{2+} 以 $BaSO_4$ 的形式沉淀出来。根据所得沉淀的质量,即可求出试样中 Ba 的含量。

2. 气化法

气化法一般是通过加热或其他方法使被测组分从试样中挥发逸出,然后根据试样质量的减轻计算该组分的含量;或者用吸收剂吸收逸出的组分,然后根据吸收剂质量的增加计算该组分的含量。

例如,用沉淀法测定土壤中的 SiO_2 时,SiO_2 中常含有 Fe 而呈黄色,这时可用 HF 处理沉淀

$$SiO_2 + 4HF = SiF_4 \uparrow + 2H_2O$$

SiF_4 挥发掉后,再称残渣的质量,就可以计算出 SiO_2 的准确含量。

3. 电解法

它是用电解的方法使被测组分在电极上析出,根据电极质量的变化来求出组分含量。

例如,测定合金中铜的含量,可在一定条件下使 Cu 在阴极析出,然后根据反应前后电极

质量的变化可求出 Cu 的含量。

重量分析法是用分析天平直接称量而获得分析结果的,不需要用标准试样或基准物质来配制标准溶液,引入误差的机会相对较少,因此只要测定方法可靠,重量分析法就能得到非常准确可靠的分析结果。但重量分析法的操作较烦琐,所需时间较长,测定速度也慢,这些缺点限制了重量分析法的应用。

二、重量分析法对沉淀的要求

(一)沉淀形式和称量形式

利用沉淀法进行重量分析时,在待测溶液中加入适当的沉淀剂,使被测组分以适当的形式沉淀出来,然后过滤、洗涤,再将沉淀烘干或灼烧成适当的称量形式称量。沉淀形式和称量形式可以相同,也可以不同。例如,重量法测定镍时,沉淀形式和称量形式均为丁二酮肟镍;重量法测定镁时,沉淀形式为 $MgNH_4PO_4$,而称量形式则为 $Mg_2P_2O_7$。

(二)重量分析对沉淀形式的要求

(1) 沉淀的溶解度要足够小,保证被测组分能定量沉淀出来;

(2) 沉淀应易于过滤和洗涤。为此,在沉淀过程中希望获得颗粒粗大的晶形沉淀;

(3) 沉淀必须尽量纯净,所含杂质应尽量少;

(4) 沉淀应易于转化为称量形式。

(三)重量分析对称量形式的要求

(1) 称量形式必须具有恒定的化学组成;

(2) 称量形式的性质要稳定;

(3) 称量形式的摩尔质量要大。这样被测组分在其中所占比例较小,可以减小称量误差对分析结果的影响。

第二节　沉淀平衡

利用沉淀反应进行重量分析时,要求沉淀反应尽可能进行完全。沉淀反应的完全程度可以根据沉淀溶解度的大小来衡量。沉淀溶解度的大小直接决定被测组分是否能定量转化为沉淀,因此直接影响分析结果的准确度。

在重量分析中,要求因溶解而损失的沉淀量不超过分析天平的允许称量误差。在通常条件下,很多沉淀反应都不能满足这一要求。影响沉淀溶解度的因素较多,例如同离子效应可以使溶解度减小,配位效应使溶解度增大等等。因此有必要讨论沉淀的溶解度和影响溶解度的各种因素,以便采取有效措施控制反应条件,减小沉淀的溶解度以满足重量分析的要求。

一、溶解度和溶度积

微溶化合物 MB 在水溶液中先以分子形式溶解,再离解成离子 M^+ 和 B^-,平衡时

$$MB_{(s)} \overset{s^\circ}{\rightleftharpoons} M_{(1)} \rightleftharpoons M^+ + B^-$$

在平衡状态时,水溶液中一般同时存在溶解的 $MB_{(1)}$ 和 M^+、B^-

固液两相的平衡常数

$$s^\circ = \frac{a_{MB_{(1)}}}{a_{MB_{(s)}}}$$

纯固体的活度等于1,因此
$$s^\circ = a_{MB_{(1)}}$$
s°称为物质的分子溶解度,亦称固有溶解度,它表示溶液中分子状态 MB 在水中的浓度。s°与化合物的本身性质有关,大多数晶形沉淀的固有溶解度较小,计算溶解度时可忽略不计,而难离解物质的固有溶解度一般较大。

由沉淀平衡
$$MB_{(1)} \Longrightarrow M^+ + B^-$$
可得

$$K = \frac{a_{M^+} a_{B^-}}{a_{MB_{(1)}}} \tag{6-1a}$$

$$K^\circ_{sp} = Ks^\circ = a_{M^+} a_{B^-} \tag{6-1b}$$

K°_{sp}称为微溶化合物 MB 的活度积常数,简称活度积。若用浓度代替活度,则有

$$[M^+][B^-] = K_{sp} \tag{6-2}$$

K_{sp}称为微溶化合物的溶度积。溶度积和活度积的关系为

$$K_{sp} = [M^+][B^-] = \frac{a_{M^+}}{\gamma_{M^+}} \cdot \frac{a_{B^+}}{\gamma_{B^-}} = \frac{K^\circ_{sp}}{\gamma_{M^+} \gamma_{B^-}} \tag{6-3}$$

由于微溶化合物的溶解度一般较小,溶液中的离子强度不大,通常可不考虑离子强度的影响,K_{sp}和 K°_{sp}的数值非常接近。附表 17 中所列的为微溶化合物的活度积,一般也可作为溶度积来使用。但如果溶液中离子强度较大时,就要考虑其影响。

对于 MB 型微溶化合物,溶解度为

$$s = s^\circ + [B^-] = s^\circ + [M^+] = s^\circ + \frac{K_{sp}}{[B^-]} \tag{6-4}$$

忽略 s°时
$$s = \sqrt{K_{sp}} \tag{6-5}$$
对于 $M_m B_n$ 型沉淀,忽略固有溶解度,沉淀平衡为
$$M_m B_n \Longrightarrow m M^{n+} + n B^{m-}$$
$$K_{sp} = [M^{n+}]^m [B^{m-}]^n = (ms)^m (ns)^n = m^m n^n s^{m+n}$$
溶解度

$$s = \left(\frac{K_{sp}}{m^m n^n} \right)^{\frac{1}{m+n}} \tag{6-6}$$

如果在平衡体系中,某微溶物溶解后存在多种存在形式,则其溶解度应是所有这些溶解组分的浓度总和。例如,在 AgCl 饱和溶液中,存在 AgCl 中性分子和 Ag^+、$AgCl_2^-$ 等组分,其溶解度为
$$s = [Ag^+] + [AgCl] + [AgCl_2^-] + [AgCl_3^{2-}] + [AgCl_4^{3-}]$$

二、影响沉淀溶解度的因素

(一)同离子效应

沉淀 $M_m B_n$ 由两种离子 M 和 B 构成,M 和 B(为方便起见略去离子的电荷)称为沉淀 $M_m B_n$ 的构晶离子。当沉淀反应达到平衡后,向溶液中加入某一构晶离子,则沉淀的溶解度会减小,这就是同离子效应。

在 $M_m B_n$ 溶解平衡体系中,
$$M_m B_n \Longrightarrow m M + n B$$

若加入构晶离子 B,且其浓度 $[B]_0$ 大大超过沉淀离解产生的 B 的浓度,则有 $[B] \approx [B]_0$。

$$K_{sp} = [M]^m [B]^n = (ms)^m [B]_0^n$$

$$s = \frac{1}{m} \left(\frac{K_{sp}}{[B]_0^n} \right)^{\frac{1}{m}} \quad (6-7)$$

由该式可以看出,在一定浓度范围内,沉淀剂浓度越大,则沉淀 $M_m B_n$ 的溶解度越小。在重量分析中,通常利用同离子效应,即加大沉淀剂的用量来减少沉淀的溶解。

例 6-1 计算在 250 mL $BaSO_4$ 饱和水溶液中 $BaSO_4$ 溶解多少克? 若溶液中沉淀剂 SO_4^{2-} 过量,最终浓度为 0.10 mol·L^{-1},这时 $BaSO_4$ 溶解多少克?

解 (1) 在 $BaSO_4$ 饱和溶液中

$$s = [Ba^{2+}] = \sqrt{K_{sp}} = \sqrt{1.1 \times 10^{-10}} = 1.05 \times 10^{-5} (mol·L^{-1})$$

$BaSO_4$ 溶解的克数 $1.05 \times 10^{-5} \times 233.4 \times \frac{250}{1000} = 6.1 \times 10^{-4}$ (g)

(2) SO_4^{2-} 过量时,沉淀溶解产生的 SO_4^{2-} 浓度远小于 0.10 mol·L^{-1},因此

$$s = [Ba^{2+}] = \frac{K_{sp}}{[SO_4^{2-}]} = \frac{1.1 \times 10^{-10}}{0.10} = 1.1 \times 10^{-9} (mol·L^{-1})$$

$BaSO_4$ 溶解的克数 $1.1 \times 10^{-9} \times 233.4 \times \frac{250}{1000} = 6.4 \times 10^{-8}$ (g)

(二)盐效应

当溶液中有强电解质存在时,沉淀的溶解度会随强电解质浓度的增大而增大,这种现象称为盐效应。

显然,随着溶液中强电解质浓度的增大,溶液的离子强度亦随之增大,这时就不能用离子的浓度来代替活度进行计算,而应用活度来处理有关的平衡。对沉淀平衡

$$M_m B_n \rightleftharpoons m M + n B$$

考虑离子强度的影响,用 M、B 的活度代替浓度,则有

$$s = \left(\frac{K_{sp}^{\circ}}{(\gamma_M m)^m (\gamma_B n)^n} \right)^{\frac{1}{m+n}} \quad (6-8)$$

在一般情况下,M、B 离子的活度系数 γ_M、γ_B 都小于 1,因此,对同一体系考虑离子强度时,沉淀的溶解度要比不考虑离子强度时的溶解度为大。在一定的离子强度下,由于盐效应而引起的溶解度的增大与构晶离子的电荷有关。构晶离子电荷值越大,沉淀的溶解度也越大。

由于盐效应的存在,在利用同离子效应降低沉淀溶解度时,沉淀剂的量不能过大。因为同离子浓度若过大,沉淀的溶解度反而因盐效应而增大。

盐效应并不是增大溶解度的主要因素,只有当离子强度很大,而且沉淀的溶解度也较大时,才要考虑盐效应的影响。

(三)酸效应

溶液的氢离子浓度对沉淀溶解度的影响称为酸效应。

组成沉淀的金属离子 M 和酸根离子 B 往往各自可能发生酸碱反应,这些反应均能增大沉淀的溶解度。在酸效应中,主要讨论氢离子与酸根离子反应对沉淀的影响。设沉淀 $M_m B_n$ 的溶解度为 s,则有

$$M_mB_n \rightleftharpoons mM + nB$$

$$H^+ \Updownarrow$$

$$HB$$

$$H^+ \Updownarrow$$

$$H_2B$$

$$\vdots$$

$$H^+ \Updownarrow$$

$$H_mB$$

$$s \qquad ms \qquad ns$$

其中

$$ns = [B] + [HB] + [H_2B] + \cdots + [H_mB]$$

$$= [B]\left(1 + \frac{[H^+]}{K_{a_m}}\frac{[H^+]^2}{K_{a_m}K_{a_{m-1}}} + \cdots + \frac{[H^+]^m}{K_{a_m}K_{a_{m-1}}\cdots K_{a_1}}\right)$$

$$= [B]\alpha_{B(H)}$$

$$= \frac{[B]}{\delta_B}$$

于是

$$K_{sp} = [M]^m[B]^n = (ms)^m(ns\delta_B)^n$$

因此

$$S = \left(\frac{K_{sp}}{m^m n^n \delta_B^n}\right)^{\frac{1}{m+n}} \tag{6-9}$$

由于酸根的分布分数 $\delta_B < 1$,因此,酸效应会增大沉淀的溶解度。

例 6-2 计算 CaC_2O_4 沉淀在 pH=3.00 的溶液中溶解度。若溶液中 $C_2O_4^{2-}$ 浓度为 0.010 mol·L^{-1},则溶解度又是多少?

解 已知 CaC_2O_4 $K_{sp} = 2.3 \times 10^{-9}$,$H_2C_2O_4$ $K_{a_1} = 5.9 \times 10^{-2}$,$K_{a_2} = 6.4 \times 10^{-5}$,$[H^+] = 1.0 \times 10^{-3}$ mol·L^{-1}

$$\delta_{C_2O_4^{2-}} = \frac{K_{a_1}K_{a_2}}{[H^+]^2 + K_{a_1}[H^+] + K_{a_1}K_{a_2}}$$

$$= \frac{5.9 \times 10^{-2} \times 6.4 \times 10^{-5}}{(1.0 \times 10^{-3})^2 + 5.9 \times 10^{-2} \times 1.0 \times 10^{-3} + 5.9 \times 10^{-2} \times 6.4 \times 10^{-5}} = 5.9 \times 10^{-2}$$

(1) 未外加 $C_2O_4^{2-}$ 时 $\quad s = \sqrt{\dfrac{K_{sp}}{\delta_{C_2O_4^{2-}}}} = \sqrt{\dfrac{2.3 \times 10^{-9}}{5.9 \times 10^{-2}}} = 2.0 \times 10^{-4}$ (mol·L^{-1})

(2) 外加 $C_2O_4^{2-}$ 时,既有酸效应,又有同离子效应 $\quad [Ca^{2+}] = s$,$c_{C_2O_4^{2-}} = 0.010 + s$,而 $s \ll 0.010$,

故

$$K_{sp} = [Ca^{2+}][C_2O_4^{2-}] = s \times 0.010 \times \delta_{C_2O_4^{2-}}$$

$$s = \frac{K_{sp}}{0.010 \times \delta_{C_2O_4^{2-}}} = \frac{2.3 \times 10^{-9}}{0.010 \times 5.9 \times 10^{-2}} = 3.9 \times 10^{-6} \text{ (mol·L}^{-1})$$

例 6-3 分别计算 $PbSO_4$ 在纯水中和在 0.10 mol·L^{-1} HNO$_3$ 中的溶解度。

解 已知 $PbSO_4$ $K_{sp} = 1.6 \times 10^{-8}$,$H_2SO_4$ $K_{a_2} = 1.0 \times 10^{-2}$

(1) 在纯水中,$[H^+] = 1.0 \times 10^{-7}$ mol·L^{-1}

$$\delta_{SO_4^{2-}} = \frac{K_{a_2}}{[H^+] + K_{a_2}} = \frac{1.0 \times 10^{-2}}{1.0 \times 10^{-7} + 1.0 \times 10^{-2}} \approx 1$$

$$s = \sqrt{K_{sp}} = \sqrt{1.6 \times 10^{-8}} = 1.3 \times 10^{-4} \text{ (mol·L}^{-1})$$

(2) 在 $0.10\ \mathrm{mol \cdot L^{-1}}\ HNO_3$ 中

$$\delta_{SO_4^{2-}} = \frac{K_{a_2}}{[H^+] + K_{a_2}} = \frac{1.0 \times 10^{-2}}{0.10 + 1.0 \times 10^{-2}} = 9.1 \times 10^{-2}$$

$$s = \sqrt{\frac{K_{sp}}{\delta_{SO_4^{2-}}}} = \sqrt{\frac{1.6 \times 10^{-8}}{9.1 \times 10^{-2}}} = 4.2 \times 10^{-4}\ (\mathrm{mol \cdot L^{-1}})$$

因此，$PbSO_4$ 在 $0.10\ \mathrm{mol \cdot L^{-1}}\ HNO_3$ 中的溶解度较其在纯水中的溶解度大 2 倍。

例 6-4 考虑 S^{2-} 的水解，计算 CuS 在水中的溶解度。

解 已知 CuS $K_{sp} = 8 \times 10^{-37}$，$H_2S$ $K_{a_1} = 1.3 \times 10^{-7}$，$K_{a_2} = 7.1 \times 10^{-15}$。因为 CuS 的 K_{sp} 很小，水中的 $[S^{2-}]$ 很少，由水解产生的 $[OH^-]$ 可忽略不计，即 pH=7.0。

$$s = [Cu^{2+}] = c_{S^{2-}} = [S^{2-}] + [HS^-] + [H_2S]$$

$$\delta_{S^{2-}} = \frac{K_{a_1} K_{a_2}}{[H^+]^2 + K_{a_1}[H^+] + K_{a_1} K_{a_2}}$$

$$= \frac{1.3 \times 10^{-7} \times 7.1 \times 10^{-15}}{(1.0 \times 10^{-7})^2 + 1.3 \times 10^{-7} \times 1.0 \times 10^{-7} + 1.3 \times 10^{-7} \times 7.1 \times 10^{-15}}$$

$$= 4.0 \times 10^{-8}$$

$$s = \sqrt{\frac{K_{sp}}{\delta_{S^{2-}}}} = \sqrt{\frac{8 \times 10^{-37}}{4.0 \times 10^{-8}}} = 4 \times 10^{-15}\ (\mathrm{mol \cdot L^{-1}})$$

酸效应对于不同类型的沉淀，其影响的程度也不同。对于强酸盐的沉淀如 AgCl 等，H^+ 浓度的影响不大；而对弱酸盐的沉淀如 $CaCO_3$、CaC_2O_4 等必须在较高的 pH 值下进行沉淀，否则沉淀就不完全；对于本身是弱酸的沉淀，如硅酸($SiO_2 \cdot nH_2O$)等，则必须在强酸性介质中进行沉淀。

（四）配位效应

在沉淀溶解平衡体系中，若溶液中存在能与金属离子生成配合物的配体，则平衡向沉淀溶解的方向进行，使沉淀的溶解度增大，这种现象称为配位效应。

对于微溶化合物 $M_m B_n$，当溶液中存在配体 L 时，有下列平衡

$$M_m B_n \Longrightarrow mM + nB$$

$$
\begin{array}{cc}
 & L \big\Updownarrow \\
 & ML \\
 & L \big\Updownarrow \\
 & ML_2 \\
 & \vdots \\
 & L \big\Updownarrow \\
 & ML_p \\
ms & ns
\end{array}
$$

其中
$$ms = [M] + [ML] + [ML_2] + \cdots + [ML_p]$$
$$= [M](1 + \beta_1[L] + \beta_2[L]^2 + \cdots + \beta_n[L]^p)$$
$$= [M]\alpha_{M(L)}$$
$$[M] = \frac{ms}{\alpha_{M(L)}}$$

$$K_{sp} = [M]^m[B]^n = \left(\frac{ms}{\alpha_{M(L)}}\right)^m (ns)^n$$

$$s = \left(\frac{K_{sp}\alpha_{M(L)}^m}{m^m n^n}\right)^{\frac{1}{m+n}} \tag{6-10}$$

上式表明,配位效应对沉淀溶解度的影响与配体的浓度及配合物的稳定性(β 值)有关。配体的浓度越大,生成的配合物越稳定,沉淀的溶解度亦越大。

例 6-5 计算在 $[NH_3] = 0.10 \ mol \cdot L^{-1}$ 的溶液中,AgI 的溶解度为多少?(AgI $K_{sp} = 8.3 \times 10^{-17}$,$Ag(NH_3)_2^+$ $\log\beta_1 = 3.24, \log\beta_2 = 7.05$)

解 $\alpha_{Ag(NH_3)} = 1 + \beta_1[NH_3] + \beta_2[NH_3]^2 = 1 + 10^{3.24} \times 0.10 + 10^{7.05} \times 0.10^2 = 1.1 \times 10^5$

$$s = \sqrt{K_{sp} \cdot \alpha_{Ag(NH_3)}} = \sqrt{8.3 \times 10^{-17} \times 1.1 \times 10^5} = 3.3 \times 10^{-6}(mol \cdot L^{-1})$$

而在纯水中,其溶解度 $s = \sqrt{K_{sp}} = 9.1 \times 10^{-9} \ mol \cdot L^{-1}$,可见配位效应使其溶解度显著增大。

例 6-6 考虑形成氢氧基配合物,计算 $Fe(OH)_3$ 在水中的溶解度。

解 对于氢氧化合物沉淀,考虑氢氧基配合物的形成时,情况较复杂。已知 $Fe(OH)_3$ $K_{sp} = 1.6 \times 10^{-39}$,$\log\beta_1 = 11.0$,$\log\beta_2 = 21.7$,$\log\beta_{22} = 25.1$

$$Fe^{3+} + OH^- \rightleftharpoons Fe(OH)^{2+} \qquad \beta_1 = \frac{[Fe(OH)^{2+}]}{[Fe^{3+}][OH^-]}$$

$$Fe^{3+} + 2OH^- \rightleftharpoons Fe(OH)_2^+ \qquad \beta_2 = \frac{[Fe(OH)_2^+]}{[Fe^{3+}][OH^-]^2}$$

$$2Fe^{3+} + 2OH^- \rightleftharpoons Fe_2(OH)_2^{4+} \qquad \beta_{22} = \frac{[Fe_2(OH)_2^{4+}]}{[Fe^{3+}]^2[OH^-]^2}$$

$Fe(OH)_3$ 的 K_{sp} 较小,可认为溶液中 $[OH^-] = 1.0 \times 10^{-7} \ mol \cdot L^{-1}$

$$s = [Fe(OH)_3] + [Fe^{3+}] + [Fe(OH)^{2+}] + [Fe(OH)_2^+] + 2[Fe_2(OH)_2^{4+}]$$

$[Fe(OH)_3] = s^\circ$,可忽略不计

$$s = [Fe^{3+}] + [Fe(OH)^{2+}] + [Fe(OH)_2^+] + 2[Fe_2(OH)_2^{4+}]$$

而 $\qquad K_{sp} = [Fe^{3+}][OH^-]^3$

$$[Fe^{3+}] = \frac{K_{sp}}{[OH^-]^3}$$

故 $\qquad s = \frac{K_{sp}}{[OH^-]^3} + \beta_1\frac{K_{sp}}{[OH^-]^2} + \beta_2\frac{K_{sp}}{[OH^-]} + 2\beta_{22}\frac{K_{sp}^2}{[OH^-]^4}$

$$= \frac{1.6 \times 10^{-39}}{10^{-21.00}} + 1.0 \times 10^{11} \times \frac{1.6 \times 10^{-39}}{10^{-14.00}} + 5.0 \times 10^{21} \times \frac{1.6 \times 10^{-39}}{10^{-7.00}}$$

$$+ 2 \times 1.3 \times 10^{25} \times \frac{(1.6 \times 10^{-39})^2}{10^{-28.00}}$$

$$= 8.0 \times 10^{-11}(mol \cdot L^{-1})$$

在沉淀反应中,若沉淀剂本身又是配体,则反应中既有同离子效应又有配位效应存在。沉淀剂适当过量时,同离子效应起主导作用,随着沉淀剂浓度的增加,沉淀的溶解度减小;但沉淀剂过量较多时,配位效应起主导作用,沉淀的溶解度随着沉淀剂浓度的增大而增大。

若沉淀 M_mB_n 的构晶离子 B 既是 M 的沉淀剂,又是 M 的配体,且所加入的沉淀剂浓度大大高于沉淀离解的 B 时,可导出溶解度计算公式为

$$s = \frac{\alpha_{M(B)}}{m}\left(\frac{K_{sp}}{[B]^n}\right)^{\frac{1}{m}} \tag{6-11}$$

上式表明,配位效应增大沉淀的溶解度,同离子效应减小沉淀的溶解度。

例 6-7 将 AgCl 沉淀加入到 NaCl 浓度分别为 0, 1.0×10^{-3}, 1.0×10^{-2}, 0.10, 0.38, 0.50 mol·L^{-1} 的溶液中,分别求其溶解度。

解 在 NaCl 溶液浓度较大时,应考虑盐效应的影响

(1) 纯水中 $\qquad s = \sqrt{K_{sp}} = \sqrt{1.8 \times 10^{-10}} = 1.3 \times 10^{-5}$ (mol·L^{-1})

(2) 原溶液中含 Cl$^-$ 1.0×10^{-3} mol·L^{-1}时,沉淀溶出的 Cl$^-$ 可忽略。已知 $\log\beta_1 = 3.04$, $\log\beta_2 = 5.04$, $\log\beta_3 = 5.04$, $\log\beta_4 = 5.30$

$$\alpha_{Ag(Cl)} = 1 + \beta_1[Cl^-] + \beta_2[Cl^-]^2 + \beta_3[Cl^-]^3 + \beta_4[Cl^-]^4$$

代入 $[Cl^-] = 1.0 \times 10^{-3}$ mol·L^{-1},求得 $\alpha_{Ag(Cl)} = 2.2$

因此 $\qquad s = \dfrac{K_{sp}\alpha_{Ag(Cl)}}{[Cl^-]} = \dfrac{1.8 \times 10^{-10} \times 2.2}{1.0 \times 10^{-3}} = 4.0 \times 10^{-7}$ (mol·L^{-1})

(3) $[Cl^-] = 1.0 \times 10^{-2}$ mol·L^{-1}时,$\alpha_{Ag(Cl)} = 10^{1.36}$,$s = 4.1 \times 10^{-7}$ (mol·L^{-1})

(4) $[Cl^-] = 0.10$ mol·L^{-1}时,$\alpha_{Ag(Cl)} = 10^{3.13}$,$s = 2.4 \times 10^{-6}$ (mol·L^{-1})

(5) $[Cl^-] = 0.38$ mol·L^{-1}时,$\alpha_{Ag(Cl)} = 10^{4.44}$,$s = 1.3 \times 10^{-5}$ (mol·L^{-1})

(6) $[Cl^-] = 0.50$ mol·L^{-1}时,$\alpha_{Ag(Cl)} = 10^{4.73}$,$s = 1.9 \times 10^{-5}$ (mol·L^{-1})

由计算结果可知,$[Cl^-]$离子浓度大于 0.38 mol·L^{-1}时,配位效应就抵消了同离子效应;$[Cl^-]$离子浓度为 0.50 mol·L^{-1}时,AgCl 的溶解度已大于其在纯水中的溶解度。因此,当沉淀剂又能作为沉淀离子的配体时,应避免加入过量太多的沉淀剂。

当组成沉淀的构晶阳离子存在配位效应,而构晶阴离子又存在酸效应时,则有下列平衡存在

$$
\begin{array}{ccc}
\mathrm{M}_m\mathrm{B}_n & \Longrightarrow m\mathrm{M}+ & n\mathrm{B} \\
& L \big\Updownarrow \quad\ H^+ \big\Updownarrow \\
& \mathrm{ML} & \mathrm{HB} \\
& L \big\Updownarrow \quad\ H^+ \big\Updownarrow \\
& \mathrm{ML}_2 & \mathrm{H}_2\mathrm{B} \\
& \vdots & \vdots \\
& L \big\Updownarrow \quad\ H^+ \big\Updownarrow \\
& \mathrm{ML}_n & \mathrm{H}_m\mathrm{B} \\
& ms & ns
\end{array}
$$

由前面的讨论可知

$$ms = [\mathrm{M}]\alpha_{M(L)}, \quad ns = [\mathrm{B}]\alpha_{B(H)} = \frac{[\mathrm{B}]}{\delta_B}$$

$$K_{sp} = [\mathrm{M}]^m[\mathrm{B}]^n = \frac{m^m s^m n^n s^n \delta_B^n}{\alpha_{M(L)}^m}$$

$$s = \left(\frac{K_{sp}\alpha_{M(L)}^m}{m^m n^n \delta_B^n}\right)^{\frac{1}{m+n}} \tag{6-12}$$

因为酸根的分布分数小于 1,而配位效应系数大于 1,因此两种效应均使沉淀的溶解度增大。

例 6-8 计算 CdS 在 NH_3 游离浓度为 $0.10\ mol \cdot L^{-1}$ 溶液中的溶解度。

解 已知 CdS $K_{sp}=1.0\times10^{-27}$；$NH_3 \cdot H_2O$ $K_b=1.8\times10^{-5}$；H_2S $K_{a_1}=1.3\times10^{-7}$，$K_{a_2}=7.1\times10^{-15}$

$$[H^+]=\frac{K_w}{[OH^-]}=\frac{K_w}{\sqrt{K_b c}}=\frac{1.0\times10^{-14}}{\sqrt{1.8\times10^{-5}\times0.10}}=7.5\times10^{-12}(mol \cdot L^{-1})$$

$$\delta_{S^{2-}}=\frac{K_{a_1}K_{a_2}}{[H^+]^2+K_{a_1}[H^+]+K_{a_1}K_{a_2}}$$

$$=\frac{1.3\times10^{-7}\times7.1\times10^{-15}}{(7.5\times10^{-12})^2+1.3\times10^{-7}\times7.5\times10^{-12}+1.3\times10^{-7}\times7.1\times10^{-15}}$$

$$=9.5\times10^{-4}$$

$$\alpha_{Cd(NH_3)}=1+\beta_1[NH_3]+\beta_2[NH_3]^2+\beta_3[NH_3]^3+\beta_4[NH_3]^4+\beta_5[NH_3]^5+\beta_6[NH_3]^6$$

$$=1+10^{2.65}\times0.10+10^{4.75}\times0.10^2+10^{6.19}\times0.10^3+10^{7.12}\times0.10^4$$

$$+10^{6.80}\times0.10^5+10^{5.14}\times0.10^6=10^{3.55}$$

$$s=\sqrt{\frac{K_{sp} \cdot \alpha_{Cd(NH_3)}}{\delta_{S^{2-}}}}=\sqrt{\frac{1.0\times10^{-27}\times10^{3.55}}{9.5\times10^{-4}}}=6.1\times10^{-11}(mol \cdot L^{-1})$$

例 6-9 计算在氨和铵盐浓度分别为 $0.20\ mol \cdot L^{-1}$ 和 $0.10\ mol \cdot L^{-1}$ 的溶液中，Ag_2S 的溶解度。

解 已知 Ag_2S $K_{sp}=8\times10^{-51}$；$NH_3 \cdot H_2O$ $K_b=1.8\times10^{-5}$；Ag^+-NH_3 $\log\beta_1=3.24$，$\log\beta_2=7.05$；H_2S $K_{a_1}=1.3\times10^{-7}$，$K_{a_2}=7.1\times10^{-15}$

由缓冲溶液计算式

$$pH=pK_a+\log\frac{c_{NH_3}}{c_{NH_4^+}}=9.26+\log\frac{0.20}{0.10}=9.56$$

$$[H^+]=2.8\times10^{-10}$$

$$\delta_{S^{2-}}=\frac{K_{a_1}K_{a_2}}{[H^+]^2+[H^+]K_{a_1}+K_{a_1}K_{a_2}}$$

$$=\frac{1.3\times10\times7.1\times10^{-15}}{(2.8\times10^{-10})^2+2.8\times10^{-10}\times1.3\times10^{-7}+1.3\times10^{-7}\times7.1\times10^{-15}}$$

$$=2.6\times10^{-5}$$

因为 Ag_2S 的 K_{sp} 很小，因此溶解的 Ag^+ 也很少，消耗在形成 Ag^+ 与 NH_3 配合物上的 NH_3 可以忽略不计，所以

$$[NH_3]=\frac{[OH^-]}{[OH^-]+[K_b]}c_{总}$$

$$=\frac{10^{-4.44}}{10^{-4.44}+1.8\times10^{-5}}\times(0.20+0.10)=0.20(mol \cdot L^{-1})$$

$$\alpha_{Ag(NH_3)}=1+\beta_1[NH_3]+\beta_2[NH_3]^2=1+10^{3.24}\times0.20+10^{7.05}\times0.20^2=10^{5.65}$$

由式(6-12)

$$s=\left(\frac{K_{sp}\alpha_{Ag(NH_3)}^2}{2^2\delta_{S^{2-}}}\right)^{\frac{1}{3}}=\left(\frac{8\times10^{-51}\times(10^{5.65})^2}{4\times2.6\times10^{-5}}\right)^{\frac{1}{3}}=2.5\times10^{-12}(mol \cdot L^{-1})$$

（五）其他影响因素

1. 温度

沉淀的溶解反应绝大多数为吸热反应，因此随着温度的升高，溶解度一般也增大。但对于不同类型的沉淀，温度的影响程度也不同。图 6-1 绘出了不同沉淀的溶解度随温度变化的情况。

在重量分析中,若沉淀的溶解度很小,或者温度对溶解度的影响很小时,一般采用趁热过滤和热洗涤的方法。特别是对于无定形沉淀,如 $Fe_2O_3 \cdot nH_2O$、$Al_2O_3 \cdot nH_2O$ 等,溶液冷却后很难过滤,杂质也不容易洗去,需要趁热过滤,并用热的洗涤液洗涤。对于一些在热溶液中溶解度较大的沉淀,过滤和洗涤一般在室温下进行。

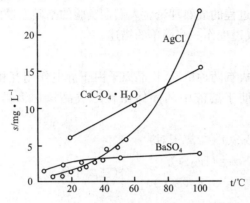

图 6-1　温度对沉淀溶解度的影响

2. 溶剂

重量分析中的无机物沉淀,大部分是极性较强的离子型化合物,这些沉淀在水中的溶解度一般比在有机溶剂中的溶解度为大。例如,$PbSO_4$ 沉淀在水中的溶解度为 145 mg·L^{-1},而在 30% 乙醇的水溶液中,溶解度降低到 2.3 mg·L^{-1}。因此在必要时,经常在水溶液中加入适量的有机溶剂,以降低沉淀的溶解度。但采用有机沉淀剂时,沉淀在有机溶剂中的溶解度一般较大,则不宜在沉淀时加入过量有机溶剂。

3. 沉淀颗粒大小

威勒斯顿(Wollaston)在研究了沉淀颗粒大小对溶解度的影响后指出,同一种沉淀,小颗粒结晶的溶解度大于大颗粒结晶的溶解度。因此,在沉淀操作中,总是希望得到大颗粒沉淀,以便沉淀完全和操作方便。

4. 沉淀析出形态

沉淀在开始沉降时,可能是某种溶解度较大的亚稳态形式,在放置过程中会逐渐转化为溶解度较小的稳定态。从亚稳态到稳定态的转化是自发过程。因此,对于某些类型的沉淀,放置一段时间是必要的。

第三节　沉淀的形成

沉淀按其颗粒大小和外表形态可以分为晶形沉淀(如 $MgNH_4PO_4$、$BaSO_4$ 等)、凝胶状沉淀(如 AgCl 等)和无定形沉淀(如 $Fe_2O_3 \cdot nH_2O$ 等)。它们之间的主要差别是颗粒大小不同。晶形沉淀的颗粒直径约为 0.1 μm~1 μm,凝胶状沉淀的颗粒直径在 0.02 μm~0.1 μm,无定形沉淀的颗粒直径一般小于 0.02 μm。在重量分析中,总是希望获得粗大的晶形沉淀,因为颗粒大的沉淀溶解度较小,沉淀表面吸附的杂质较少,沉淀较为纯净。沉淀颗粒的大小除了取决于沉淀物质的本质外,还与沉淀的条件密切相关。因此,必须了解沉淀的形成过程,以便控制适宜的沉淀条件,得到符合要求的沉淀物。

一、沉淀的形成过程

沉淀的形成过程,包括晶核的生成和沉淀颗粒的生长两个过程。虽然前人对沉淀过程从热力学和动力学方面做了大量的研究工作,但由于沉淀的形成是一个非常复杂的过程,到目前为止仍缺乏定量描述沉淀过程的成熟理论。人们在实验的基础上提出了一些推测和解释性的假说,这里只对沉淀的形成过程作一些简单的描述。

（一）晶核的生成

沉淀溶液中晶核的形成有两种情况,构晶离子由于静电作用互相缔合形成晶核称为均相成核作用;而构晶离子借助于溶液中的固体微粒形成晶核称为异相成核作用。下面讨论 $BaSO_4$ 均相成核过程:

① $Ba^{2+} + SO_4^{2-} \rightleftharpoons BaSO_4$（二离子对）

② $Ba^{2+} + SO_4^{2-} + Ba^{2+} \rightleftharpoons (Ba_2SO_4)^{2+}$

或 $Ba^{2+} + SO_4^{2-} + SO_4^{2-} \rightleftharpoons [Ba(SO_4)_2]^{2-}$ $\Big\}$（三离子体）

③ $(Ba_2SO_4)^{2+} + SO_4^{2-} \rightleftharpoons (BaSO_4)_2$

或 $[Ba(SO_4)_2]^{2-} + Ba^{2+} \rightleftharpoons (BaSO_4)_2$ $\Big\}$（四离子体）

④ $(BaSO_4)_2 + Ba^{2+} \rightleftharpoons [Ba_3(SO_4)_2]^{2+}$

或 $(BaSO_4)_2 + SO_4^{2-} \rightleftharpoons [Ba_2(SO_4)_3]^{2-}$

......

在 Ba^{2+} 离子和 SO_4^{2-} 离子初始浓度较大,即溶液过饱和度较高时,Ba^{2+} 和 SO_4^{2-} 由于静电引力而形成离子对,离子对进一步结合 Ba^{2+} 和 SO_4^{2-},形成离子群。而晶核就是一定大小的离子群,$BaSO_4$ 的晶核由 8 个构晶离子组成。

不同性质的沉淀,组成晶核的构晶离子数目不同。例如 $AgCl$ 和 Ag_2CrO_4 晶核均由 6 个构晶离子组成,CaF_2 的晶核则由 9 个构晶离子组成。

在沉淀反应中,溶液中总是有大量的固体微粒存在,在沉淀中起晶种的作用。由化学纯试剂配制的溶液,每毫升含有的固体微粒数达 10^6 个以上。这些固体微粒能诱导沉淀的形成。异相成核作用就是组成沉淀的构晶离子或离子对扩散至固体微粒附近,并且被吸附在微粒表面而形成晶核的过程。

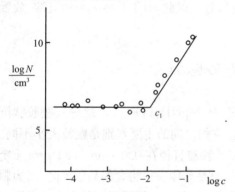

图 6-2　晶核数目与溶液浓度的关系

由于沉淀反应的溶液中固体微粒总是存在的,因此异相成核作用也总是存在的。实际上,通常在过饱和度不是很大的溶液中,异相成核作用总是占主要地位,有时溶液中甚至只有异相成核作用,这时沉淀的颗粒数就是溶液中原有固体微粒的数目。当溶液的过饱和程度相当大(即构晶离子浓度很高)时,均相成核作用才比较明显,并随着过饱和度的增大而变得越加显著。图 6-2 是 $BaSO_4$ 沉淀时,晶核数目与溶液浓度的关系。

由图中可以看出,当溶液中 $BaSO_4$ 的瞬时浓度 $c \leqslant 10^{-2}$ $mol \cdot L^{-1}$ 时,晶核数目 N 与浓度 c 无

关。此时溶液中含有的固体微粒数就是晶核的数目,表现为只有异相成核作用,晶核数目 N 基本不变。当 $BaSO_4$ 瞬时浓度 $c > 10^{-2} mol \cdot L^{-1}$ 时,晶核数目 N 随浓度的增大而急剧上升,显然这是由均相成核作用引起的。曲线上的转折点 c_1 称为临界点,不同类型的沉淀具有不同的临界值。

(二)晶体的生长

晶体的生长是一种很复杂的动力学过程。

晶核形成后,溶液中的构晶离子由于静电引力和浓度梯度向晶核表面扩散,扩散至晶核表面的构晶离子会失去部分能量。倘若离子在表面又获得能量,则会重新逃逸至溶液中;若离子再失去能量,就会在晶核表面沉积或进入晶格成为晶体颗粒的一部分,晶核逐渐增大成沉淀微粒。这些沉淀微粒有聚集的倾向,从而形成较大的聚集体,这一聚集过程的速度称为聚集速度。同时,组成沉淀的构晶离子也可以按一定的空间构型排列在晶格里,形成单分子层岛状物,并很快发展至晶体表面的边缘,逐渐增大而形成大晶粒,这种排列的速度称为定向速度。

沉淀的聚集速度主要与溶液中构晶离子的过饱和度有关,过饱和度越大,聚集速度也越大。定向速度主要与物质的性质有关,极性较强的物质,一般具有较大的定向速度,在沉淀的形成过程中,如果聚集速度远大于定向速度,则得到的是小颗粒的无定形沉淀;反之,则得到大颗粒的晶形沉淀。

(三)沉淀颗粒的大小

沉淀颗粒的大小既决定于沉淀的本质,也与沉淀操作的条件有关。为了获得粗大的晶形沉淀,改善沉淀的形态,许多人作了大量的工作,这里简单介绍其中的两个理论。

1. 冯·韦曼(Van Weimarn)理论

韦曼根据有关实验现象,提出了下面的经验公式,指出沉淀的分散度(表示沉淀颗粒的大小)与溶液的相对过饱和度有关

$$分散度 = K \frac{Q-s}{s} \tag{6-13}$$

式中,Q 为加入沉淀剂瞬间沉淀物质的总浓度,s 为开始沉淀时沉淀物质的溶解度,$Q-s$ 为沉淀开始瞬间的过饱和度,$(Q-s)/s$ 表示沉淀开始瞬间的相对过饱和度;K 是常数,与沉淀的性质、介质及温度等因素有关。

式(6-13)说明,溶液的相对过饱和度越大,分散度就越大,得到的沉淀颗粒越小;溶液的相对过饱和度越小,则沉淀颗粒就越大。

韦曼理论指出了沉淀颗粒的大小与反应物浓度的关系,对于掌握适宜的沉淀条件,获得大颗粒结晶有一定的指导意义。但它并不能定量描述浓度与颗粒大小的直接关系,也不能解释不同物质在同样的沉淀条件下,形成的沉淀颗粒大小及形状却不同的实验事实。

2. 哈伯(Haber)理论

哈伯较好地解释了为什么不同物质在相同的实验条件下,沉淀的形状和颗粒大小不一致的原因。哈伯认为,溶液的相对过饱和度,只决定沉淀的聚集速度;而沉淀的定向速度则是由沉淀物质的本质所决定的。在沉淀速度过快(即相对过饱和度较大)时,沉淀微粒快速聚集,构晶离子正常的定向过程被破坏,因此形成细小颗粒的沉淀;而在沉淀速度足够慢时,构晶离子就可以有规则地排列在晶格里而形成相当完整的结晶体。因此,沉淀的形状和颗粒大小决定于聚集速度和定向速度比率的大小,即与两种速度竞争的结果有关。

二、晶体沉淀和无定形沉淀

在重量分析中，总是希望得到粗大颗粒的晶形沉淀。而粗大颗粒的获得，则决定于沉淀物的本质和沉淀时的实验条件。

强极性的盐类，一般具有较高的定向速度，只要选择好实验条件，如适当控制试液的浓度，并在不断搅拌下缓慢地加入沉淀剂，通常都可得到晶形沉淀。而金属氢氧化物的定向速度一般较小，容易生成颗粒细小、结构松散的无定形沉淀。二价氢氧化物，如 $Mn(OH)_2$、$Cd(OH)_2$ 和 $Zn(OH)_2$ 等在一定的实验条件下可得到晶形沉淀；而三价氢氧化物，如 $Fe(OH)_3$ 和 $Al(OH)_3$ 等沉淀，由于含有大量水分子，定向速度一般很小，只能形成无定形沉淀，但经过特殊处理后，也能转化为晶形产物；四价金属的水合氧化物通常都是无定形沉淀。

第四节 沉淀的沾污和沉淀条件的选择

一、沉淀的沾污

在重量分析中，希望获得的沉淀是纯净的，但在实验条件下，沉淀总是会或多或少地被溶液中其他组分沾污。沉淀沾污的主要原因是共沉淀和继沉淀。

（一）共沉淀

在沉淀操作中，沉淀物从溶液中析出时，一些可溶性物质作为杂质混入沉淀物中，被沉淀载带下来，这种现象称为共沉淀。产生共沉淀的原因主要是表面吸附、形成混晶以及吸留和包夹。

1. 表面吸附

在沉淀中，构晶离子按一定的规律排列，在晶体内部处于电荷平衡状态；但是晶体表面，离子电荷是不完全等衡的。这种电荷不平衡状态就会导致沉淀表面吸附杂质。图 6-3 是 $BaSO_4$ 晶体表面吸附杂质的示意图。

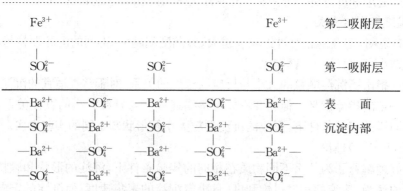

图 6-3 $BaSO_4$ 晶体表面吸附作用示意图

从图 6-3 可看出，在晶体内部，每个 Ba^{2+} 离子周围有 6 个 SO_4^{2-} 离子包围着；而每个 SO_4^{2-} 离子也被 6 个 Ba^{2+} 所包围，因此处于静电平衡状态。在晶体表面，每个 Ba^{2+} 离子（或 SO_4^{2-} 离子）只被 5 个带相反电荷的离子所包围，静电引力不平衡，它还有从溶液中吸引 SO_4^{2-} 离子（或

Ba^{2+}离子)或其他带负电(或正电)离子的能力。在过量沉淀剂,如稀 H$_2$SO$_4$ 的存在下,表面的 Ba^{2+} 离子就会吸附溶液中剩余的 SO$_4^{2-}$ 离子,形成第一吸附层,使 BaSO$_4$ 沉淀带负电荷。第一吸附层又通过静电引力吸附溶液中带正电荷的离子,如 Fe^{3+}(称为抗衡离子),形成第二吸附层。第一吸附层和第二吸附层电荷相反,共同形成双电层。双电层能随沉淀一起沉降,从而沾污沉淀。

从静电引力的作用来说,在溶液中任何带相反电荷的离子都有被吸附的可能;但是,表面吸附是有选择性的,吸附能力除了与被吸附物质的溶解度有关外,还与被吸附离子的变形性及吸附后形成物的离解能力有关。选择吸附的规律为:

(1) 第一吸附层的选择规律是　①构晶离子优先被吸附,例如,AgCl 沉淀容易吸附 Ag$^+$ 离子或 Cl$^-$ 离子。②浓度相等的离子中,高价离子优先被吸附。③电荷相同的离子中,浓度较高的离子优先被吸附。

(2) 第二吸附层的吸附选择规律是　①与构晶离子形成的盐溶解度越小或越难离解的离子,越容易被吸附。例如,在沉淀 BaSO$_4$ 时,若 SO$_4^{2-}$ 过量,则 BaSO$_4$ 沉淀先吸附 SO$_4^{2-}$ 离子而带负电荷。若溶液中有 H$^+$、Na$^+$、K$^+$、Pb^{2+}、Ca^{2+} 离子存在时,第二吸附层的吸附顺序为 Pb^{2+}>Ca^{2+}>K$^+$>Na$^+$>H$^+$,因为 PbSO$_4$ 的溶解度最小。②离子的价数越高,浓度越大,越容易被吸附。例如,Fe^{3+} 比 Fe^{2+} 更易被吸附。

另外,沉淀吸附杂质量的多少,与下列因素有关:①沉淀的总表面积越大,吸附的杂质量越多。所以无定形沉淀比晶形沉淀吸附的杂质多,小颗粒沉淀比大颗粒沉淀吸附的杂质多。②溶液温度升高时,沉淀吸附杂质的量减少,因为吸附作用是放热过程。

2. 混晶和异形混晶

每种晶形沉淀都有一定的晶体结构。如果溶液中杂质离子与构晶离子半径相近,电子结构相似,并形成相同的晶体结构,则杂质离子就能进入晶格中生成混晶。例如,Pb^{2+} 离子能取代 BaSO$_4$ 晶体中的 Ba^{2+} 离子形成混晶。常见的混晶有 BaSO$_4$ 和 PbSO$_4$,AgCl 和 AgBr,MgNH$_4$PO$_4$ · 6H$_2$O 和 MgNH$_4$AsO$_4$ · 6H$_2$O 等。如果杂质盐类和晶体有相同的化学式,离子的体积也大致相同,尽管电荷不同,杂质盐也能进入晶体中,这时就形成了异形混晶。例如 KMnO$_4$ 和 BaSO$_4$,这二个化合物通式为 ABO$_4$,当它们共存于溶液中时,KMnO$_4$ 可嵌入 BaSO$_4$ 晶体中形成异形混晶。有时化学式类型不同,但离子大小相近,也能形成异形混晶。例如,LaF$_3$ 在 CaF$_2$ 中形成异形混晶。

3. 吸留和包夹

在沉淀过程中,如果沉淀剂浓度较大,晶体生长太快时,则沉淀表面吸附的杂质离子来不及离开沉淀表面,而被包藏在沉淀的内部,这种现象称为吸留。吸留是由吸附引起的,因此也遵循吸附规律。在沉淀过程中,母液被包夹在沉淀之中也可引起共沉淀。吸留和包夹所带下的杂质处于沉淀的内部,不能用洗涤的方法除去。

(二)继沉淀

当沉淀析出以后,在放置过程中,溶液中杂质离子慢慢地在沉淀表面沉积,而且放置时间越长,杂质析出的量越多,这种现象称为继沉淀。继沉淀产生的原因是:在沉淀条件下,杂质离子能与沉淀剂生成难溶物,但由于形成了稳定的过饱和溶液,它并没有析出;而在已形成的沉淀表面,由于表面吸附作用,沉淀剂离子的浓度较溶液中大得多,此时杂质离子便能在沉淀表面析出。例如,溶液中有 Mg^{2+} 存在时,若使 Ca^{2+} 以 CaC$_2$O$_4$ 的形式沉淀,当沉淀生成后,其表

面会有 MgC_2O_4 沉淀析出,放置时间越长,析出的 MgC_2O_4 沉淀越多,直到达到平衡。

(三)减少沉淀沾污的方法

为了得到较纯净的沉淀,减少因共沉淀及继沉淀造成的沾污,可采取以下措施:

(1) 选择适当的分析步骤。例如在分析试液中,被测组分含量较少时,应先沉淀被测组分。若先沉淀含量高的杂质组分,则会因大量沉淀的析出而使少量被测组分随之共沉淀,引起较大的测定误差。

(2) 降低容易被吸附的杂质离子的浓度。由于吸附作用具有选择性,所以在实际工作中,应尽量除去易被吸附的杂质离子或降低其浓度,以减少吸附共沉淀的发生。例如沉淀 $BaSO_4$ 时,可将溶液中 Fe^{3+} 还原为 Fe^{2+},或加掩蔽剂(如酒石酸)将其掩蔽,可大大减少 Fe 的共沉淀量。

(3) 选用合适的沉淀剂。例如,选用有机沉淀剂,常可减少共沉淀的产生。

(4) 再沉淀。将已得到的沉淀过滤、洗涤后,再重新溶解,使沉淀中残留的杂质进入溶液,然后进行第二次沉淀,这种操作称为再沉淀。再沉淀时,溶液中杂质量大为降低,共沉淀或继沉淀现象自然减少。这种方法对于除去吸留和包夹的杂质特别有效。

二、晶形沉淀的沉淀条件

对于晶形沉淀,主要考虑是如何获得大颗粒沉淀,以便使沉淀较纯并易于过滤和洗涤;以及如何减少沉淀的溶解损失。晶形沉淀的沉淀条件为:

(1) 沉淀操作应在适当稀的溶液中进行。在稀溶液中进行沉淀,溶液的相对过饱和度较小,均相成核作用不明显,有利于获得大颗粒晶形沉淀。大颗粒结晶比表面小,吸附杂质的能力低,还便于过滤和洗涤,最后可得到较纯净的沉淀。但溶液并非越稀越好,否则因沉淀溶解而引起的损失可能超过允许范围。

(2) 沉淀操作应在不断搅拌下,缓慢地滴加沉淀剂。这是为了防止溶液中局部过浓现象,减小过饱和度,有利于获得大颗粒结晶。

(3) 沉淀在热溶液中进行。温度升高一般可使沉淀所吸附的杂质量减少。此外,在热溶液中进行沉淀操作,沉淀的溶解度增大,还可以降低溶液的相对过饱和度,有利于生成大颗粒结晶和得到较纯净的沉淀。为了防止沉淀在热溶液中的溶解损失,沉淀应冷却至室温后再进行过滤。

(4) 陈化。沉淀作用完成后,将生成的沉淀在母液中放置一段时间,这一过程称之为陈化。前面已经叙述过,溶液中小颗粒结晶比大颗粒结晶有更大的溶解度。因此,在陈化过程中,小颗粒结晶将溶解,溶解后构晶离子又会在大颗粒结晶表面析出,使大颗粒晶体变大,陈化过程不仅可以得到更大颗粒的沉淀,而且还由于小颗粒的溶解,使其吸附和吸留的杂质释放出来,提高沉淀的纯度;另外,陈化减少了沉淀的总表面积,也减少了对杂质的吸附。但是,对含有混晶杂质的沉淀,陈化不一定能提高纯度;而对伴随有继沉淀的沉淀,陈化则会增大杂质的沾污量。

陈化过程在室温下一般需数小时,加热和搅拌可使陈化时间缩短为 $1\sim2$ 小时或更短的时间。

三、无定形沉淀的沉淀条件

无定形沉淀一般溶解度较小,结晶颗粒微小,结构较松散,总表面积极大,吸附的杂质较多,难以过滤和洗涤。因此,对于无定形沉淀,主要考虑是如何加快沉淀微粒的凝聚速度,以获得致密的沉淀,以及减少杂质的吸附和防止胶体溶液的生成。沉淀条件为:

(1) 沉淀操作应在比较浓的溶液中进行,加入沉淀剂的速度可适当快。因为溶液浓度大时,可以减小离子的水合程度,加快聚沉速度,得到体积较小的致密沉淀。此时沉淀吸附的杂质较多,在沉淀结束后,可以用热水洗涤,使吸附的杂质转入溶液中。

(2) 沉淀操作应在热溶液中进行。在热溶液中进行沉淀,离子的水化程度较小,有利于得到结构致密的沉淀,还可以促进沉淀微粒的凝聚,防止胶体溶液生成。热溶液还能减少沉淀表面对杂质的吸附,有利于沉淀纯度的提高。

(3) 溶液中加入挥发性电解质。对于某些能形成胶体溶液的沉淀,如 $Fe_2O_3 \cdot nH_2O$ 和 $Al_2O_3 \cdot nH_2O$ 等,应采用加入电解质或加热的方法破坏胶体。电解质能中和胶体微粒的电荷,降低其水化程度。因此在沉淀溶液中加入挥发性盐类,如铵盐等,可防止胶体溶液的形成,促进沉淀微粒的凝聚。为了防止洗涤时沉淀发生胶溶现象导致穿滤,洗涤液中也应加入适量的挥发性电解质。

(4) 不必陈化。沉淀完毕后,应趁热过滤、洗涤,不要陈化。无定形沉淀一经放置即逐渐失水,变得非常致密而不透水,使已吸附的杂质难以除去,并给洗涤和过滤带来困难。

四、均相沉淀法

在一般沉淀法中,都采用不断搅拌溶液,缓慢加入沉淀剂的方式来获得沉淀。这种方法不可避免地会在沉淀剂加入的瞬间,出现沉淀剂局部过浓的现象。均相沉淀法则可以克服这一不足,它是从溶液中均匀地形成沉淀的一种方法。在均相沉淀法中,沉淀剂是通过化学反应由溶液中缓慢、均匀地产生出来的。这样在形成沉淀时就不会产生局部过浓现象,可使沉淀在整个溶液中缓慢、均匀地析出。只要控制好沉淀剂生成的速度,便能在过饱和度很低的条件下生成沉淀,从而得到非常完整的粗大晶体。

例如,用重量法测定 Ca^{2+} 时,如在中性或弱碱性溶液中加入沉淀剂 $(NH_4)_2C_2O_4$,得到的沉淀 CaC_2O_4 是细晶形沉淀。而在含有 Ca^{2+} 的酸性溶液中加入沉淀剂 $H_2C_2O_4$,由于酸效应的影响,此时无 CaC_2O_4 沉淀析出。若向该溶液中加入尿素,并加热至 $90\,^{\circ}\text{C}$ 左右时,尿素会发生分解

$$CO(NH_2)_2 + H_2O = CO_2 + 2NH_3$$

水解产生的 NH_3 均匀地分布在溶液中。随着 NH_3 的不断产生,溶液中 H^+ 不断被中和,浓度渐渐降低,而 $C_2O_4^{2-}$ 离子浓度不断增大,最后均匀而缓慢地析出 CaC_2O_4 沉淀。在沉淀过程中,溶液的相对过饱和度始终较小,因此所得沉淀的颗粒较大。

用均相沉淀法得到的沉淀,结晶颗粒大,表面吸附杂质少,容易过滤和洗涤。

均相沉淀法中的沉淀剂,可从相应的有机酯类化合物或其他化合物的水解中获得;也可以从配合物的分解反应和氧化还原反应中获得(见表 6-1)。

表 6-1 某些均相沉淀法示例

沉淀剂	加入试剂	产生沉淀剂的反应	被测组分
OH^-	尿素	$CO(NH_2)_2 + H_2O \longrightarrow CO_2 + 2NH_3$	Al^{3+}、Fe^{3+}、Th^{4+} 等
	六亚甲基四胺	$(CH_2)_6N_4 + 6H_2O \longrightarrow 6HCHO + 4NH_3$	Th^{4+}
$C_2O_4^{2-}$	草酸二甲酯	$(CH_3)_2C_2O_4 + 2H_2O \longrightarrow 2CH_3OH + H_2C_2O_4$	Ca^{2+}、Th^{4+}、稀土等
	尿素＋草酸盐		Ca^{2+}
SO_4^{2-}	氨基磺酸	$NH_2SO_3H + H_2O \longrightarrow NH_4^+ + H^+ + SO_4^{2-}$	Ba^{2+}、Sr^{2+}、Pb^{2+} 等
	硫酸二甲酯	$(CH_3)_2SO_4 + 2H_2O \longrightarrow 2CH_3OH + 2H^+ + SO_4^{2-}$	同上
PO_4^{3-}	磷酸三甲酯	$(CH_3)_3PO_4 + 3H_2O \longrightarrow 3CH_3OH + H_3PO_4$	Zr^{4+}、Hf^{4+} 等
	尿素＋磷酸盐		Be^{2+}、Mg^{2+}
S^{2-}	硫代乙酰胺	$CH_3CSNH_2 + H_2O \longrightarrow CH_3CONH_2 + H_2S$	多种硫化物沉淀
CO_3^{2-}	三氯乙酸	$Cl_3CCOOH + 2OH^- \longrightarrow CHCl_3 + CO_3^{2-} + H_2O$	Ca^{2+} 等
Ba^{2+}	Ba-EDTA	$BaY^{2-} + 4H^+ \longrightarrow H_4Y + Ba^{2+}$	SO_4^{2-}
AsO_4^{3-}	亚砷酸盐＋硝酸盐	$AsO_3^{3-} + NO_3^- \longrightarrow AsO_4^{3-} + NO_2^-$	ZrO^{2+}

第五节 有机沉淀剂

前面讨论了用无机沉淀剂进行沉淀时的各种反应条件。一般而言,无机沉淀剂的选择性较差,生成的沉淀溶解度大,吸附杂质多。有机沉淀则具有较好的选择性,沉淀的溶解度也较小。因此,近年来对有机沉淀剂开展了广泛的研究。

一、有机沉淀剂的特点

有机沉淀剂具有下列优点:

(1) 选择性较高。有机试剂品种繁多,可供选择的范围较大。有机沉淀剂在一定的条件下,一般只与少数离子有沉淀反应。

(2) 沉淀的溶解度小。有机沉淀剂一般都带有较大的疏水基团,因此沉淀物的疏水性强,在水中溶解度小,有利于被测组分在水中沉淀完全。

(3) 沉淀吸附杂质少。有机沉淀剂形成的沉淀表面一般不带电荷,吸附杂质离子少;而且沉淀容易过滤和洗涤,纯度较高。

(4) 沉淀物的摩尔质量大。有机沉淀物的称量形式摩尔质量大,被测组分所占百分比小,有利于减小称量误差,提高分析结果的准确度。

(5) 有些沉淀组成恒定,烘干后即可称重,简化了操作。

但是,有机沉淀剂尚有一些不足之处。如试剂本身由于疏水性,在水中的溶解度较小,容易混杂在沉淀中;所生成的沉淀容易沾附于器皿或漂浮在溶液表面,给操作带来困难;有些沉淀组成不恒定等等。

二、有机沉淀剂的分类

有机沉淀剂与金属离子通常形成螯合物沉淀或离子缔合物沉淀。因此,有机沉淀剂也可分为生成螯合物的沉淀剂和生成离子缔合物的沉淀剂两类。

(一)生成螯合物的沉淀剂

能生成螯合物沉淀的有机沉淀剂,至少具有下列两种官能团:一种是酸性基团,如

—OH、—COOH、—SH、—SO₃H、$\diagdown$NOH 等,这些基团中的 H^+ 离子可被金属离子置换;另

一种是碱性基团,如—NH₂、—NH—、$\diagdown$N—、$\diagdown$C=O、$\diagdown$C=S 等,这些基团具有未共用

电子对,可以与金属离子形成配位键。通过酸性基团和碱性基团的共同作用,螯合沉淀剂与金属离子反应生成微溶性的螯合物。这类沉淀剂中较重要的有下列三种:

1. 丁二酮肟

丁二酮肟的结构式为

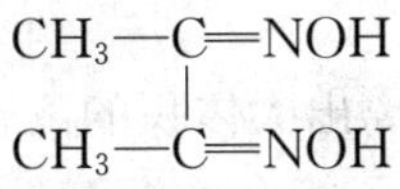

$$CH_3—C=NOH$$
$$CH_3—C=NOH$$

它具有较高的选择性,只与 Ni^{2+}、Pd^{2+}、Pt^{2+}、Fe^{2+} 等离子形成沉淀,而与 Co^{2+}、Cu^{2+}、Zn^{2+} 等离子形成水溶性的配合物。

丁二酮肟在氨性溶液中,能与 Ni^{2+} 生成鲜红色的螯合物,沉淀组成恒定,可烘干后直接称重,常用于重量法测镍。Fe^{3+}、Al^{3+}、Cr^{3+} 等金属离子在氨性溶液中能生成氢氧化物沉淀,干扰测定,可加入柠檬酸或酒石酸进行掩蔽。Fe^{2+} 能被共同沉淀,应预先氧化成 Fe^{3+}。丁二酮肟在水中的溶解度较小,试剂本身易引起共沉淀,可加入适量乙醇以增大其溶解度。

2. 8-羟基喹啉

8-羟基喹啉的结构式为

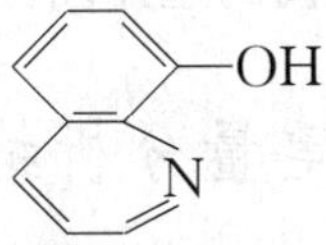

它与 Al^{3+} 的反应为

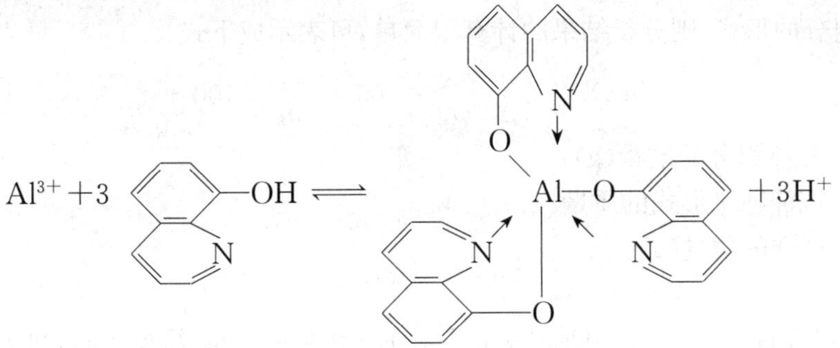

生成的 8-羟基喹啉铝螯合物沉淀分子量大,整个螯合物不带电荷,水中溶解度很小,不易吸附其他离子,沉淀较为纯净。

8-羟基喹啉的选择性较差,在弱酸性或弱碱性溶液中,能与很多金属离子形成沉淀。控制溶液 pH 值和加入掩蔽剂可以提高试剂的选择性。例如,Al^{3+} 可以在醋酸溶液中被定量沉淀,而 Mg^{2+} 不沉淀;在酒石酸盐的碱性溶液中,Al^{3+}、Fe^{3+}、Cr^{3+}、Pb^{2+}、Sn^{4+} 等金属离子不沉淀,而 Cu^{2+}、Cd^{2+}、Zn^{2+}、和 Mg^{2+} 等离子可以形成沉淀。

在 8-羟基喹啉中引入一些基团,可以提高试剂的选择性。例如,2-甲基-8-羟基喹啉,可用来沉淀 Zn^{2+} 和 Mg^{2+},而不与 Al^{3+} 发生沉淀作用。

3. N-苯甲酰-N-苯胲(NBPHA)

NBPHA 又称钽试剂,它的结构式为

在中性或弱酸性溶液中,NBPHA 可以与很多金属离子形成沉淀。在较强的酸性溶液中,可被沉淀的离子减少,配合使用掩蔽剂,可以进一步提高试剂的选择性。例如,在 0.5 mol·L⁻¹ H₂SO₄ 溶液中,加入 EDTA 或 H₂O₂ 作掩蔽剂,可在 Ti(Ⅳ)存在下沉淀 Nb(Ⅴ)和 Ta(Ⅴ);在 pH=1 的 HF 或 H₂SO₄ 溶液中,可在 Ti(Ⅳ)、Zr(Ⅳ)、Nb(Ⅴ)存在下沉淀 Ta(Ⅴ)。

（二）生成离子缔合物的沉淀剂

某些有机沉淀剂在水溶液中能电离出大体积的离子,这些离子能与带相反电荷的被测离子以静电引力结合成溶解度很小的离子缔合物沉淀。例如,四苯硼酸钠$[NaB(C_6H_5)_4]$是测定 K⁺ 离子的优良试剂。它与 K⁺ 的反应如下

$$K^+ + B(C_6H_5)_4^- \Longrightarrow KB(C_6H_5)_4$$

沉淀组成恒定,可在 105℃～120℃烘干,直接以 $KB(C_6H_5)_4$ 形式称重。它也能与 NH₄⁺、Rb⁺、Cs⁺、Tl⁺、Ag⁺ 等离子生成离子缔合物沉淀。干扰离子除 NH₄⁺ 外均不常见,而 NH₄⁺ 很容易预先除去。

生成离子缔合物的沉淀剂还有苦杏仁酸、氯化四苯钾等等。苦杏仁酸是沉淀 Zr(Ⅳ)的良好试剂,在盐酸溶液中进行沉淀,具有较高的选择性。

第六节　重量分析结果的计算

洗涤后的沉淀,经烘干或灼烧后,即可用分析天平准确称量它的质量。如果沉淀的称量形式就是被测组分的形式,则分析结果的计算很简单,可表示成下式

$$w(X)/\% = \frac{m_X}{m_s} \times 100 = \frac{m_p}{m_s} \times 100 \tag{6-14}$$

式中　m_X——被测组分的质量(g);

m_p——沉淀称量形式的质量(g);

m_s——试样的质量(g)。

例 6-10　用重量法测定矿样中 SiO₂ 的含量时,称取矿样 0.5025 g。经处理后得到硅胶沉淀,灼烧成 SiO₂。称得 SiO₂ 的质量为 0.3427 g,试计算矿样中 SiO₂ 的质量百分数。

解

$$w(SiO_2)/\% = \frac{m_p}{m_s} \times 100 = \frac{0.3427}{0.5025} \times 100 = 68.20$$

即原矿样中 SiO₂ 的质量百分数为 68.20。

如果被测组分的表示形式与沉淀的称量形式不一致,则应由沉淀称量形式的质量换算成被测组分的质量,再进行计算。计算式为

$$w(X)/\% = \frac{F m_p}{m_s} \times 100 \tag{6-15}$$

F 为常数,称为换算因数,它表示被测组分的摩尔质量与相当的称量形式的摩尔质量之比。当

被测组分 X 与称量形式 P 有化学计量关系：

$$aX \leftrightharpoons bP$$

则
$$F = \frac{a}{b} \cdot \frac{M_X}{M_P} \tag{6-16}$$

其中 M_X，M_P 分别为 X 和 P 的摩尔质量。因此，知道沉淀的称量形式质量后，乘以换算因数就可转化为被测组分的质量，即有 $m_x = Fm_p$。换算因数可根据式(6-16)求出。

例 6-11 计算换算因数：(1)以 AgCl 为称量形式测定 Cl^-；(2)以 Fe_2O_3 为称量形式测定 Fe 和 Fe_3O_4；(3)以 $Mg_2P_2O_7$ 为称量形式测定 P 和 P_2O_5。

解 (1) 由化学计量关系 1 Cl ⇆ 1 AgCl

$$F = \frac{M(Cl)}{M(AgCl)} = \frac{35.45}{143.3} = 0.2474$$

(2) 2 Fe ⇆ Fe_2O_3 2 Fe_3O_4 ⇆ 3 Fe_2O_3

以 Fe 表示结果

$$F = \frac{2M(Fe)}{M(Fe_2O_3)} = \frac{2 \times 55.85}{159.7} = 0.6994$$

以 Fe_3O_4 表示结果

$$F = \frac{2M(Fe_3O_4)}{3M(Fe_2O_3)} = \frac{2 \times 231.5}{3 \times 159.7} = 0.9664$$

(3) 2 P ⇆ $Mg_2P_2O_7$ P_2O_5 ⇆ $Mg_2P_2O_7$

以 P 表示结果

$$F = \frac{2M(P)}{M(Mg_2P_2O_7)} = \frac{2 \times 30.97}{222.55} = 0.2783$$

以 P_2O_5 表示结果

$$F = \frac{M(P_2O_5)}{M(Mg_2P_2O_7)} = \frac{141.94}{222.55} = 0.6378$$

由上述两例计算可知，求换算因数 F 的方法是：
(1) 以待测组分的摩尔质量为分子，沉淀称量形式的摩尔质量为分母；
(2) 由化学计量关系确定分数中分子与分母的相应系数；
(3) 计算出 F 的值。

重量分析结果的计算较为简单，只要正确地写出了换算因数的表示式，就很容易求出结果。对于二个以上元素的共同测定，可通过解联立方程的方法求出最后结果。

例 6-12 称取不纯 $KHC_2O_4 \cdot H_2C_2O_4$ 样品 0.5200 g。将试样溶解后，沉淀出 CaC_2O_4，灼烧成 CaO 后称重为 0.2140 g，计算试样中 $KHC_2O_4 \cdot H_2C_2O_4$ 的质量百分数为多少？

解 由反应过程可知

$$1KHC_2O_4 \cdot H_2C_2O_4 \leftrightharpoons 2CaC_2O_4 \leftrightharpoons 2CaO$$

$$F = \frac{M(KHC_2O_4 \cdot H_2C_2O_4)}{2M(CaO)} = \frac{218.2}{2 \times 56.08} = 1.945$$

$$w(KHC_2O_4 \cdot H_2C_2O_4)/\% = \frac{Fm(CaO)}{m_s} \times 100 = \frac{1.945 \times 0.2140}{0.5200} \times 100 = 80.06$$

例 6-13 称取某试样 0.6000 g，经分析处理后，得到纯 NaCl 和 KCl 共重 0.2164 g。将此混合氯化物溶于水后,加入 AgNO₃ 溶液,得 AgCl 沉淀重 0.4624 g。计算试样中 Na₂O 和 K₂O 的质量百分数。

解 设 NaCl 的质量为 x g,KCl 的质量为 y g,按题意有如下联立方程

$$\begin{cases} x+y=0.2164 \\ \dfrac{M(AgCl)}{M(NaCl)}x+\dfrac{M(AgCl)}{M(KCl)}y=0.4624 \end{cases}$$

即

$$\begin{cases} x+y=0.2164 \\ \dfrac{143.32}{58.44}x+\dfrac{143.32}{74.55}y=0.4624 \end{cases}$$

求得 $x=0.0877$ g, $y=0.1287$ g。

$$w(Na_2O)/\%=\frac{\dfrac{M(Ma_2O)}{2M(NaCl)}x}{0.6000}\times100=\frac{\dfrac{61.98}{2\times58.44}\times0.0877}{0.6000}\times100=7.75$$

$$w(K_2O)/\%=\frac{\dfrac{M(K_2O)}{2M(KCl)}y}{0.6000}\times100=\frac{\dfrac{94.20}{2\times74.55}\times0.1287}{0.6000}\times100=13.55$$

第七节　沉淀滴定法

一、沉淀滴定法对沉淀反应的要求

沉淀滴定法是以沉淀反应为基础的滴定分析法。虽然沉淀反应很多,但能适用于沉淀滴定的反应并不多,其原因是很多反应不能满足反应的基本要求。沉淀滴定法对沉淀反应的要求是:

(1) 沉淀的溶解度要足够小,沉淀的组成恒定;

(2) 反应的速度要快;

(3) 有检测终点的适当方法。

目前,应用较多的是生成微溶性银盐的沉淀反应,如

$$Ag^+ + Cl^- == AgCl$$
$$Ag^+ + SCN^- == AgSCN$$

以这类反应为基础的滴定分析法称为银量法,银量法主要用于测定 Cl^-、Br^-、I^-、Ag^+ 及 SCN^- 等离子。其他有些沉淀反应也可用于沉淀滴定,但重要性不及银量法。

二、滴定曲线

沉淀滴定的滴定曲线是以滴定过程中溶液中金属离子浓度的负对数(pM)或阴离子浓度的负对数(pX)为纵坐标,以滴入的沉淀剂量为横坐标绘制的曲线。pM 或 pX 可由滴定过程中加入的标准溶液的量和沉淀的溶度积求得。下面以 0.1000 mol·L^{-1} AgNO₃ 标准溶液滴定 20.00 mL 0.1000 mol·L^{-1} NaCl 溶液为例进行讨论。

反应为 $\quad Ag^+ + Cl^- == AgCl \quad K_{sp}=1.8\times10^{-10}$

(1) 滴定前,溶液中只有 NaCl,$[Cl^-]=0.1000$ mol·L^{-1}, pCl=1.00。

(2) 滴定开始至化学计量点前,根据溶液中剩余的 Cl^- 离子浓度计算 pCl。

加入 AgNO₃ 溶液 18.00 mL 时,

$$[Cl^-]=\frac{20.00\times0.1000-18.00\times0.1000}{20.00+18.00}$$

$$= 5.3 \times 10^{-3} (\text{mol} \cdot \text{L}^{-1})$$
$$\text{pCl} = 2.28$$

加入 $AgNO_3$ 溶液 19.98 mL 时,这时由于溶液中剩余的 Cl^- 离子很少,应考虑 $AgCl$ 溶解产生的 Cl^- 离子

$$[\text{Cl}^-] = \frac{0.02 \times 0.1000}{20.00 + 19.98} + \frac{K_{sp}}{[\text{Cl}^-]}$$

整理得 $\quad\quad\quad [\text{Cl}^-]^2 - 5.0 \times 10^{-5} [\text{Cl}^-] - 1.8 \times 10^{-10} = 0$

解得 $\quad\quad\quad [\text{Cl}^-] = 5.4 \times 10^{-5} \text{mol} \cdot \text{L}^{-1}, \text{pCl} = 4.27$

(3) 滴定至化学计量点时,
$$[\text{Cl}^-] = [\text{Ag}^+] = \sqrt{K_{sp}} = \sqrt{1.8 \times 10^{-10}} = 1.34 \times 10^{-5} (\text{mol} \cdot \text{L}^{-1})$$
$$\text{pCl} = 4.87$$

(4) 化学计量点后,由过量的 Ag^+ 离子浓度计算 pCl,在化学计量点附近要考虑 $AgCl$ 的溶解。

加入 $AgNO_3$ 溶液 20.02 mL 时
$$[\text{Ag}^+] = \frac{0.02 \times 0.1000}{20.00 + 20.02} + [\text{Cl}^-] = \frac{K_{sp}}{[\text{Cl}^-]}$$

求得 $\quad\quad\quad [\text{Cl}^-] = 3.4 \times 10^{-6} \text{mol} \cdot \text{L}^{-1}$
$$\text{pCl} = 5.47$$

加入 $AgNO_3$ 溶液 22.00 mL 时,
$$[\text{Ag}^+] = \frac{2.00 \times 0.1000}{20.00 + 22.00} = 4.8 \times 10^{-3} (\text{mol} \cdot \text{L}^{-1})$$
$$[\text{Cl}^-] = \frac{K_{sp}}{[\text{Ag}^+]} = \frac{1.8 \times 10^{-10}}{4.8 \times 10^{-3}} = 3.8 \times 10^{-8} (\text{mol} \cdot \text{L}^{-1})$$
$$\text{pCl} = 7.42$$

不同滴定点的 pCl 计算结果列入表 6-2,并据此绘出 $AgNO_3$ 滴定卤素的滴定曲线,如图 6-4。

表 6-2 $0.1000 \text{ mol} \cdot \text{L}^{-1} AgNO_3$ 滴定 20.00 mL $0.1000 \text{ mol} \cdot \text{L}^{-1} NaCl$ 溶液

滴入 $AgNO_3$ 溶液(mL)	滴入百分数(%)	pCl
0.00	0.0	1.00
5.00	25.0	1.22
10.00	50.0	1.47
15.00	75.00	1.85
18.00	90.0	2.28
19.80	99.0	3.30
19.98	99.9	4.27
20.00	100.0	4.87
20.02	100.1	5.47
20.20	101.0	6.44
22.00	110.0	7.42
25.00	125.0	7.79
30.00	150.0	8.05
35.00	175.0	8.18
40.00	200.0	8.27

影响沉淀滴定突跃范围的因素是被测离子的初始浓度和所生成沉淀的溶度积。反应物的初始浓度越大,生成沉淀的溶解度越小,则沉淀滴定的突跃范围越大。由图 6-4 可以看出,在浓度相同时,由于 AgI 溶解度最小,因此在卤素离子中,用 AgNO₃ 滴定 NaI 时突跃最大。

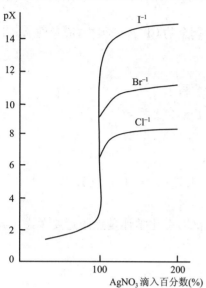

图 6-4　0.1000 mol·L⁻¹ AgNO₃ 溶液滴定 20.00 mL 0.1000 mol·L⁻¹ NaCl、NaBr 和 NaI 溶液的滴定曲线

三、终点误差

对于滴定产物为 MX 型沉淀而言,用金属离子(M)滴定非金属离子(X)的滴定终点误差计算式为

$$E_t = \frac{[M']_{ep} - [X']_{ep}}{c_x^{ep}} \times 100\% \quad (6\text{-}17)$$

对于具体的滴定反应,可根据沉淀的 K_{sp} 和加入的滴定剂的量求出终点时 M 和 X 的浓度,再由式(6-17)算出终点误差。

四、指示终点的方法

根据指示终点的方法不同,银量法可分为下列三种。

(一)莫尔(Mohr)法

用 K_2CrO_4 作指示剂的银量法称为莫尔法。

莫尔法的反应为

$$Ag^+ + Cl^- == AgCl \qquad\qquad K_{sp} = 1.8 \times 10^{-10}$$

$$2Ag^+ + CrO_4^{2-} == Ag_2CrO_4(砖红色)$$

$$K_{sp} = 1.2 \times 10^{-12}$$

由于 AgCl 的溶解度小于 Ag_2CrO_4 的溶解度,因此在滴定过程中随着 AgNO₃ 溶液的不断加入,先是 AgCl 不断沉淀出来,溶液中 Cl⁻ 离子浓度不断减小,Ag⁺ 离子浓度不断增大,直至 Ag⁺ 与 CrO_4^{2-} 的浓度乘积大于 Ag_2CrO_4 的溶度积时,开始出现砖红色的 Ag_2CrO_4 沉淀,藉此指示滴定的终点。

1. 指示剂的用量

用 AgNO₃ 标准溶液滴定 Cl⁻ 离子,以 K_2CrO_4 为指示剂,在滴定终点时,应有

$$[Ag^+][Cl^-] = 1.8 \times 10^{-10}$$

$$[Ag^+]^2[CrO_4^{2-}] = 1.2 \times 10^{-12}$$

$$[Cl^-] = \frac{1.8 \times 10^{-10}}{\sqrt{1.2 \times 10^{-12}}}\sqrt{[CrO_4^{2-}]} = 1.6 \times 10^{-4}\sqrt{[CrO_4^{2-}]}$$

这表明在滴定终点时,溶液中剩余的 Cl⁻ 离子的量是由 CrO_4^{2-} 离子的浓度决定的。

在化学计量点时　　　$[Ag^+] = [Cl^-] = 1.3 \times 10^{-5}$ mol·L⁻¹

此时所需的 CrO_4^{2-} 的浓度为

190

$$[CrO_4^{2-}] = \frac{K_{sp}(Ag_2CrO_4)}{[Ag^+]^2} = \frac{1.2 \times 10^{-12}}{(1.3 \times 10^{-5})^2} = 7 \times 10^{-3} (mol \cdot L^{-1})$$

在实际工作中,由于 K_2CrO_4 本身呈黄色,高浓度的指示剂将严重影响终点的观察。因此,一般要使用比 7×10^{-3} mol $\cdot$ L^{-1} 浓度更小的 K_2CrO_4 作为指示剂(最佳浓度为 2.5×10^{-3} mol $\cdot$ L^{-1} 左右)。显然,此时必须加入更多的 $AgNO_3$ 才能到达终点,亦即滴定终点将在化学计量点之后出现。

例 6-14 用 $AgNO_3$ 标准溶液滴定 NaCl 溶液,在下列两种情况下均以 5.0×10^{-3} mol $\cdot$ L^{-1} K_2CrO_4 为指示剂,分别计算终点误差:

(1) 用 0.1000 mol $\cdot$ L^{-1} $AgNO_3$ 滴定 0.1000 mol $\cdot$ L^{-1} NaCl;

(2) 用 0.0100 mol $\cdot$ L^{-1} $AgNO_3$ 滴定 0.0100 mol $\cdot$ L^{-1} NaCl。

解 (1) 滴定到达终点时溶液体积增大一倍,因此 $[CrO_4^{2-}] = 2.5 \times 10^{-3}$ mol $\cdot$ L^{-1},Ag_2CrO_4 沉淀开始出现时

$$[Ag^+] = \sqrt{\frac{K_{sp}(Ag_2CrO_4)}{[CrO_4^{2-}]}} = \sqrt{\frac{1.2 \times 10^{-12}}{2.5 \times 10^{-3}}} = 2.2 \times 10^{-5} (mol \cdot L^{-1})$$

此时溶液中 Cl^- 浓度应为

$$[Cl^-] = \frac{K_{sp}(AgCl)}{[Ag^+]} = \frac{1.8 \times 10^{-10}}{2.2 \times 10^{-5}} = 8.2 \times 10^{-6} (mol \cdot L^{-1})$$

溶液中 Ag^+ 的过量部分为

$$[Ag^+] - [Cl^-] = 2.2 \times 10^{-5} - 8.2 \times 10^{-6} = 1.4 \times 10^{-5} (mol \cdot L^{-1})$$

只有生成一定量的 Ag_2CrO_4 沉淀,才能观察到终点,这就要多消耗一定量的 Ag^+,实验证明,这部分消耗 Ag^+ 的浓度为 2.0×10^{-5} mol $\cdot$ L^{-1}。因此,多消耗 Ag^+ 的总浓度为这两部分之和。终点误差为

$$E_t = \frac{2.0 \times 10^{-5} + 1.4 \times 10^{-5}}{\frac{1}{2} \times 0.1000} \times 100\% = 0.07\%$$

(2) 用 0.01000 mol $\cdot$ L^{-1} $AgNO_3$ 滴定 0.01000 mol $\cdot$ L^{-1} NaCl 时,过量的 Ag^+ 浓度相同,而原始溶液浓度变小,故

$$E_t = \frac{3.4 \times 10^{-5}}{\frac{1}{2} \times 0.01000} \times 100\% = 0.68\%$$

这时终点误差较大,影响分析结果的准确度。这种误差可以通过校正指示剂空白加以消除。

2. 溶液 pH 值

H_2CrO_4 是二元弱酸,$K_{a_2} = 3.2 \times 10^{-7}$。因此,$Ag_2CrO_4$ 能溶于酸

$$Ag_2CrO_4 + H^+ \rightleftharpoons 2Ag^+ + HCrO_4^-$$

滴定不能在强酸性条件下进行。而当溶液的 pH 值过高时,则有下述反应

$$2Ag^+ + 2OH^- \longrightarrow 2AgOH$$
$$\longrightarrow Ag_2O + H_2O$$

使滴定无法进行。因此,莫尔法要求溶液的 pH 值范围为 6.5～10.5。

当溶液中有铵盐存在时,要求滴定时的 pH 值在 6.5～7.2 之间。若溶液的 pH 值过高,将会使溶液中 NH_3 的浓度增大,而 NH_3 与 Ag^+ 能生成 $Ag(NH_3)^+$ 和 $Ag(NH_3)_2^+$,影响滴定反应的定量进行。

凡是能与 Ag^+ 生成沉淀的阴离子,如 PO_4^{3-}、AsO_4^{3-}、SO_3^{2-}、S^{2-}、CO_3^{2-}、$C_2O_4^{2-}$ 等,以及与 CrO_4^{2-} 生成沉淀的阳离子,如 Ba^{2+}、Pb^{2+} 等;还有在中性、弱碱性溶液中易发生水解反应的离子,如 Fe^{3+}、Al^{3+} 等,均干扰测定,应预先分离。其中 S^{2-} 可在酸性溶液中加热除去,SO_3^{2-} 可氧化成 SO_4^{2-},Ba^{2+} 可加入大量 Na_2SO_4 消除其干扰。

莫尔法在滴定过程中生成的 AgCl 沉淀会强烈地吸附 Cl^- 离子,从而使溶液中 Cl^- 离子浓度降低,以致终点提前而导致误差。因此,在滴定过程中必须剧烈摇动溶液,以减小分析误差。

莫尔法适用于氯化物和溴化物的测定。由于 AgI 和 AgSCN 强烈地吸附 I^- 和 SCN^- 离子,即使剧烈摇动也不能消除吸附的影响,对分析结果影响甚大,因此,本法不适合于碘化物和硫氰化物的测定。

(二)福尔哈德(Volhard)法

1. 原理

福尔哈德法是在酸性溶液中,用铁铵矾[$NH_4Fe(SO_4)_2$]作指示剂,以硫氰酸盐标准溶液滴定 Ag^+ 离子的方法。反应为

$$Ag^+ + SCN^- \Longrightarrow AgSCN \qquad K_{sp} = 1.1 \times 10^{-12}$$

当滴定至化学计量点附近时,稍微过量的 SCN^- 与 Fe^{3+} 反应,生成红色 $FeSCN^{2+}$ 配离子,从而指示滴定终点

$$Fe^{3+} + SCN^- \Longrightarrow FeSCN^{2+} \qquad K = 1.4 \times 10^2$$

福尔哈德法在测定溶液中的 Ag^+ 离子时,用硫氰化物溶液直接滴定。在滴定过程中,由于不断形成的 AgSCN 沉淀强烈吸附溶液中的 Ag^+ 离子,终点将提前出现,使分析结果产生较大的误差。因此,滴定过程中必须剧烈摇动溶液,使被吸附的 Ag^+ 尽量减少。

用福尔哈德法测定卤素离子或 SCN^- 离子时,需用返滴定法。先在溶液中加入准确过量的 $AgNO_3$ 标准溶液,使卤素离子或 SCN^- 离子生成沉淀,然后再用 $NH_4Fe(SO_4)_2$ 作指示剂,用 NH_4SCN 标准溶液滴定过量的 Ag^+ 离子。

返滴定法测定 Cl^- 离子时,由于 AgCl 的溶度积(1.8×10^{-10})大于 AgSCN 的溶度积(1.1×10^{-12}),稍过量的 SCN^- 会使 AgCl 沉淀转化为 AgSCN 沉淀

$$AgCl + SCN^- \Longrightarrow AgSCN + Cl^-$$

由于转化反应不断进行直至达到平衡,因此得不到正确的滴定终点,引起较大的终点误差。为了避免这种现象,可先将 AgCl 沉淀滤去再进行滴定;或者滴定前在溶液中加入有机溶剂,如硝基苯或 1,2-二氯乙烷,使 AgCl 沉淀表面被有机溶剂所包围,避免与 SCN^- 接触,这样亦能得到较好的结果。

测定溴化物和碘化物时,由于生成的 AgBr 和 AgI 的溶度积均小于 AgSCN 的溶度积,故不会发生上述转化反应,滴定终点也十分明显。但在滴定碘化物时,为防止 I^- 离子被 Fe^{3+} 氧化,指示剂应在加入过量 $AgNO_3$ 溶液待反应完全后再行加入。

2. 滴定条件

指示剂 $NH_4Fe(SO_4)_2$ 的用量会影响滴定终点的迟早,亦影响测定的准确度。指示剂浓度过大时,终点将提前出现,并且 Fe^{3+} 的深黄色也影响终点的观察。实验证明,溶液中 Fe^{3+} 的浓度在 $0.015\ mol \cdot L^{-1}$ 时,滴定终点误差很小,可忽略不计。

福尔哈德法必须在 $0.1\ mol \cdot L^{-1} \sim 1\ mol \cdot L^{-1} H^+$ 浓度的酸性溶液中进行滴定,这也是它的最大优点。溶液 pH 值较高时,Fe^{3+} 容易水解成深棕色的 $Fe(H_2O)_5OH^{2+}$ 或 $Fe_2(H_2O)_4(OH)_2^{4+}$,影响滴定终点的观察。此外,在强酸性溶液中测定,许多弱酸根离子,如 PO_4^{3-}、AsO_4^{3-}、$C_2O_4^{2-}$ 等都不与 Ag^+ 生成沉淀,因而不干扰测定。强氧化剂、氮的低价氧化物和汞盐都能与 SCN^- 反应,干扰测定,应预先除去。

(三)法扬斯(Fajans)法

1. 原理

法扬斯法是利用吸附指示剂确定滴定终点的银量法。

卤化银是一种凝胶状沉淀,它有选择性地强烈吸附溶液中的某些离子,首先是构晶离子。例如,以 $AgNO_3$ 标准溶液滴定 Cl^- 离子时,在化学计量点前,溶液中有过量的 Cl^- 离子存在。滴定生成的 AgCl 沉淀表面吸附 Cl^- 离子,使沉淀表面带负电荷。在化学计量点后,溶液中存在过量的 Ag^+,则 AgCl 沉淀吸附 Ag^+,使沉淀表面带正电荷。

吸附指示剂是一类有机化合物,它被吸附在沉淀表面后,结构发生改变,因而产生颜色的变化。例如,荧光黄(HFl)是一种有机弱酸,可用作 $AgNO_3$ 滴定 Cl^- 离子的吸附指示剂。它在水溶液中离解如下

$$HFl \Longrightarrow H^+ + Fl^- \qquad K_a = 1 \times 10^{-7}$$

它的阴离子 Fl^- 呈黄绿色。在滴定至化学计量点前,AgCl 沉淀表面带负电荷,不会吸附阴离子 Fl^-,溶液呈黄绿色。在化学计量点后,稍过量一点的 Ag^+,就使沉淀表面带正电荷,从而吸附阴离子 Fl^-。Fl^- 被吸附后,结构发生改变,变为粉红色,从而可指示滴定终点的到达。

2. 滴定条件

由于吸附指示剂是吸附在沉淀表面而变色的,因此为了使终点变色敏锐,希望沉淀有较大的表面积和吸附能力。为此,在滴定时一般要在溶液中加入胶体保护剂,如糊精或淀粉,以防止胶体凝聚。

被滴定溶液的浓度不能太稀,否则沉淀很少,终点很难观察。用荧光黄作指示剂,用 $AgNO_3$ 标准溶液滴定 Cl^- 离子时,Cl^- 离子浓度要在 $5 \times 10^{-3}\ mol \cdot L^{-1}$ 以上。在滴定 Br^-、I^-、SCN^- 离子时,灵敏度较高,浓度降低至 $1 \times 10^{-3}\ mol \cdot L^{-1}$ 仍可准确滴定。

卤化银沉淀对光非常敏感,容易感光转变为灰黑色,因此滴定应避免在强光下进行。

各种不同的指示剂对滴定溶液的 pH 值有不同的要求。例如,荧光黄的 $K_a = 1 \times 10^{-7}$,若在 pH<7 的溶液中使用,大部分以分子形式 HFl 存在,不能被吸附,无法指示终点。因此荧光黄作指示剂时要求溶液的 pH 值在 7～10 之间。而另一种吸附指示剂曙红,当溶液的 pH 值小于 2 时,仍可指示滴定终点。

吸附指示剂的吸附性能要适当,不能过大或过小。吸附性能过强,终点会提前出现;反之则终点拖后,变色不敏锐。例如,曙红是滴定 Br^-、I^- 和 SCN^- 的良好指示剂,但不适用于 Cl^- 的测定。因为曙红的吸附能力大于 Cl^- 离子,在化学计量点以前就有部分指示剂取代 Cl^- 离子进入吸附层,使得终点无法确定。应该根据实验来选择最适合的指示剂。表 6-3 列出了几种重要的吸附指示剂。

表 6-3　几种吸附指示剂

指示剂	被测离子	滴定剂	滴定条件
荧光黄	Cl^-	Ag^+	pH 值在 7～10 之间
二氯荧光黄	Cl^-	Ag^+	pH 值在 4～10 之间
曙红	Br^-、I^-、SCN^-	Ag^+	pH 值在 2～10 之间
溴甲酚绿	SCN^-	Ag^+	pH 值在 4～5 之间
甲基紫	Ag^+	Cl^-	酸性溶液
罗丹明 6G	Ag^+	Br^-	酸性溶液
钍试剂	SO_4^{2-}	Ba^{2+}	pH 值在 1.5～3.5 之间
溴酚蓝	Hg_2^{2+}	Cl^-、Br^-	酸性溶液

五、其他沉淀滴定法

其他沉淀滴定分析法不如银量法重要,所作的系统研究也比较少。下面扼要介绍几种沉淀滴定法。

(一)亚铁氰化钾法测锌

本法是在含锌溶液中加入过量的标准亚铁氰化钾溶液,使锌全部沉淀出来。再加入少量 $K_3Fe(CN)_6$,以二苯胺为指示剂,用标准锌回滴过量的亚铁氰化钾,反应如下

$$3Zn^{2+}+2K_4Fe(CN)_6 \Longrightarrow K_2Zn_3[Fe(CN)_6]_2 \downarrow +6K^+$$

溶液由黄绿色变为蓝紫色为终点。方法应用于植酸锌的测定,能获得准确的结果。本法要求锌量不能太多(应小于 60 mg),否则沉淀太大,影响终点的观察。

(二)硝酸铋法测磷

含磷样品用强酸处理成 H_3PO_4,加入指示剂二甲酚橙和捕捉剂 CCl_4,用 $Bi(NO_3)_3$ 标准溶液在不断摇动下滴定至指示剂由亮黄色变为红紫色。滴定反应为

$$Bi^{3+}+PO_4^{3-} \Longrightarrow BiPO_4 \downarrow$$

由于滴定中生成的 $BiPO_4$ 沉淀会吸附 PO_4^{3-},在接近终点时,应用力摇动溶液,使 PO_4^{3-} 尽可能地全部释放出来。

本测定方法可用于磷矿中磷的测定。因为在强酸性溶液中进行滴定,所以很多离子,如 Al^{3+}、Ca^{2+}、NH_4^+、SO_4^{2-}、SiO_3^{2-}、AsO_4^{3-} 等不干扰测定;Fe^{3+} 用抗坏血酸还原成 Fe^{2+} 后也不干扰测定。

(三)钡盐法测定硫酸根

用 $BaCl_2$ 标准溶液滴定含 SO_4^{2-} 的溶液,生成的 $BaSO_4$ 沉淀吸附指示剂茜素红,在充分摇动下滴定至淡红色出现为终点。

溶液用 HAc 调节 pH 值范围在 3.0～3.5 左右,加入乙醇降低 $BaSO_4$ 的溶解度,改善终点变色的敏锐性。本方法应用于纯碱生产中 SO_4^{2-} 的质控分析,较重量法简便、快速。

表 6-4 列出了几种非银量法的沉淀滴定法。

表 6-4　几种其他沉淀滴定法

分析试剂	被测离子	生成物	指示剂
$K_4Fe(CN)_6$	Zn^{2+}	$K_2Zn_3[Fe(CN)_6]_2$	Fe^{3+}-二苯胺
$Pb(NO_3)_2$	SO_4^{2-}	$PbSO_4$	赤藓红 B
	MoO_4^{2-}	$PbMoO_4$	曙红
$Pb(Ac)_2$	PO_4^{3-}	$Pb_3(PO_4)_2$	二溴荧光黄
	$C_2O_4^{2-}$	PbC_2O_4	荧光黄
$Bi(NO_3)_3$	PO_4^{3-}	$BiPO_4$	二甲酚橙
$BaCl_2$	SO_4^{2-}	$BaSO_4$	茜素红、玫瑰红酸钠
$Th(NO_3)_4$	F^-	ThF_4	茜素红
$Hg_2(NO_3)_2$	Cl^-、Br^-	Hg_2X_2	溴酚蓝
$NaCl$	Hg_2^{2+}	Hg_2Cl_2	溴酚蓝

习　题

1. 解释下列现象:

(1) CaF_2 在 pH＝3 的溶液中的溶解度较其在 pH＝5 的溶液中的溶解度大;

(2) Ag_2CrO_4 在 0.0010 mol·L^{-1} $AgNO_3$ 溶液中的溶解度较其在 0.0010 mol·L^{-1} K_2CrO_4 溶液中的溶解度小;

(3) $BaCrO_4$ 沉淀中混有少量 $SrCrO_4$ 杂质时,可以用 0.10 mol·L^{-1} HAc 将 $BaCrO_4$ 提纯;

(4) MnS 和 $PbCrO_4$ 溶度积相近,MnS 可溶于 0.10 mol·L^{-1} HAc,而 $PbCrO_4$ 不溶;

(5) $BaSO_4$ 沉淀要陈化,而 $Fe_2O_3 \cdot nH_2O$ 沉淀不要陈化;

(6) ZnS 在 HgS 沉淀表面上继沉淀,而不在 $BaSO_4$ 沉淀表面上继沉淀;

(7) AgCl 和 $BaSO_4$ 溶度积相近,但 AgCl 沉淀易溶于氨性溶液,而 $BaSO_4$ 沉淀不溶。

2. 溶液中 $Sr(NO_3)_2$ 和 $CaCl_2$ 浓度分别为 0.10 和 0.050 mol·L^{-1},当加入固体 Na_2CO_3 时(假定溶液体积和 pH 值不变),问:

(1) 哪一种碳酸盐先沉淀? 开始沉淀时 CO_3^{2-} 浓度是多少?

(2) 当第二种金属离子开始沉淀时,先沉淀的金属离子浓度是多少?

3. 已知下列化合物在水中的溶解度,计算其溶度积常数:

(1) TlCl　　0.32 g/100 mL;　　　　(2) $Pb(IO_3)_2$　　3.98×10^{-5} mol·L^{-1};

(2) $Mg(OH)_2$　　4.26 mg/500 mL;　(4) Ag_3AsO_4　　3.5×10^{-3} g·L^{-1}。

4. 不考虑水解和盐效应的影响,分别计算 CaF_2 在下列溶液中的溶解度:

(1) 纯水中;(2) 0.010 mol·L^{-1} $CaCl_2$;(3) 0.020 mol·L^{-1} NaF;(4) 0.010 mol·L^{-1} HCl。

5. 计算 $SrSO_4$ 在下列溶液中的溶解度:

(1) 纯水;(2) 1.0×10^{-3} mol·L^{-1} $Sr(NO_3)_2$;(3) 0.10 mol·L^{-1} NaCl。

6. 考虑 S^{2-} 的水解,计算下列物质的溶解度:

(1) PbS;(2) Ag_2S;(3) SnS_2;(4) MnS。

7. 计算 $BaSO_4$ 在 pH＝3.00 的 0.010 mol·L^{-1} EDTA 溶液中的溶解度。

8. 计算 AgI 在 pH＝9.00 的下列溶液中的溶解度:

(1) NH_3-NH_4^+ 总浓度为 0.30 mol·L^{-1} 的缓冲溶液;(2) 0.010 mol·L^{-1} KCN 溶液。

9. 分别计算 AgBr 在 0.10 mol·L^{-1} NH_3 溶液和 0.20 mol·L^{-1} NH_3—0.10 mol·L^{-1} NH_4^+ 缓冲溶液

中的溶解度。

10. 考虑生成氢氧基配合物的影响,计算 $Zn(OH)_2$ 在 pH=10.00 时的溶解度。

11. 计算铬酸钡在 pH=4.26 的 HAc-NaAc 缓冲溶液中的溶解度。

$$2HCrO_4^- \rightleftharpoons Cr_2O_7^{2-} + H_2O \qquad K=43$$
$$HCrO_4^- \rightleftharpoons CrO_4^{2-} + H^+ \qquad K_{a_2}=3.2\times10^{-7}$$

12. 已知某氢氧化物 $K_{sp}=1.0\times10^{-32}$,某人计算其在水中的溶解度,利用公式 $K_{sp}=[M^{3+}][OH^-]^3$ 计算,求得 $s=4.4\times10^{-9}$ mol·L^{-1},试问有无错误? 为什么? 若 $K_{sp}=1.0\times10^{-16}$,是否可利用此公式计算? 为什么?

13. 用过量 H_2SO_4 沉淀 Ba^{2+} 时,溶液中除构晶离子外还存在 Cl^-、Na^+、K^+、Ca^{2+} 等离子,问此沉淀优先吸附何种离子? 为什么?

14. 在重量法测定 Ca 时,怎样才能得到大颗粒的 CaC_2O_4 沉淀? 若 CaC_2O_4 沉淀中带有较多的 $C_2O_4^{2-}$ 离子,应如何纯化沉淀?

15. 计算下列换算因数:
(1) 根据 $PbCrO_4$ 测定 Cr_2O_3;
(2) 根据 $Mg_2P_2O_7$ 测定 $MgSO_4 \cdot 7H_2O$;
(3) 根据 $(NH_4)_3PO_4 \cdot 12MoO_3$ 测定 $Ca_3(PO_4)_2$ 和 P_2O_5;
(4) 根据 $(UO_2)_2P_2O_7$ 测定 U_3O_8;
(5) 根据 $Al(C_9H_6ON)_3$ 测定 Al_2O_3;
(6) 根据 AgCl 测定 As(As→Ag_3AsO_4→AgCl);
(7) 根据 $BaSO_4$ 测定 $K_2SO_4 \cdot Al_2(SO_4)_3 \cdot 24H_2O$。

16. 用重量法分析某粘土样品中 K、Na 的含量。称取试样 0.5000 g,经处理得 NaCl 和 KCl 共重 0.0361 g,混合氯化物中的钾重新沉淀为 K_2PtCl_6,其质量为 0.0356 g。计算此试样中 Na_2O 和 K_2O 的质量百分数。

17. 称取含 NaCl 和 NaBr 及惰性物质的混合物 0.6000 g,先采用重量法测定,加入过量 $AgNO_3$ 溶液,得到干燥的银盐沉淀量为 0.4482 g。另取同样量的试样,采用银量法测定,消耗 0.1048 mol·L^{-1} $AgNO_3$ 26.48 mL,计算试样中所含 NaCl 和 NaBr 的质量百分数。

18. 采用重量法测定样品中铁的含量,根据称量形式 Fe_2O_3 的质量测得试样中铁的质量百分数为 10.11%,若灼烧过的 Fe_2O_3 中含有 3.00% 的 Fe_3O_4,求试样中铁的真实质量百分数。

19. 称取含砷农药 0.2000 g 溶于 HNO_3,使 As 完全转化为 H_3AsO_4。将溶液调至中性,加入过量 $AgNO_3$ 得到 Ag_3AsO_4 沉淀。沉淀经过滤、洗涤后溶于 HNO_3,以 Fe^{3+} 为指示剂,滴定至指示剂变色时用去 0.1180 mol·L^{-1} NH_4SCN 标准溶液 33.85 mL,计算农药中 As_2O_3 的质量百分数。

20. 下列各种情况,分析结果是否准确? 若不准确,指出是偏低还是偏高,为什么?
(1) pH=4 时莫尔法滴定 Cl^-;
(2) 在 pH=9 的 NH_4Cl 溶液中,用莫尔法滴定 Cl^-;
(3) 福尔哈德法测定 Ag^+ 离子时,终点前未充分摇动;
(4) 莫尔法滴定 Br^- 时,用 NaCl 标定 $AgNO_3$,未校正指示剂空白;
(5) 福尔哈德法测定 Cl^- 时,加入过量 $AgNO_3$ 溶液后,直接用 NH_4SCN 标准溶液滴定;
(6) 法扬斯法滴定 Cl^- 时,用曙红作指示剂;
(7) 以荧光黄作指示剂,用 $AgNO_3$ 标准溶液滴定浓度约为 2×10^{-3} mol·L^{-1} 的 Cl 离子。

21. 称取 NaCl 试样(不含干扰莫尔法的离子)0.2245 g,用 0.1018 mol·L^{-1} $AgNO_3$ 标准溶液滴定,终点时用去 30.26 mL,求此 NaCl 的纯度。

22. 将 3.000 g 煤样燃烧后,其中硫完全氧化成 SO_4^{2-},用水溶出并加入 0.1000 mol·L^{-1} $BaCl_2$ 溶液 25.00 mL 以沉淀其中的硫酸盐。以玫瑰红酸钠作指示剂,再用 0.05000 mol·L^{-1} Na_2SO_4 溶液回滴过量的 $BaCl_2$,计用去 12.31 mL,计算试样中硫的质量百分数。

23. 称取某杀虫剂样品 0.6320 g，加入碳酸钠熔融后，用热水洗涤剩余物并滤去残渣。加入 HCl 和 $Pb(NO_3)_2$ 将 F^- 离子以 PbClF 形式沉淀出来。沉淀经过滤、洗涤，溶于质量分数为 5% 的 HNO_3 中，加入 40.00 mL 0.3000 mol·L^{-1} $AgNO_3$ 溶液沉淀 Cl^-，加入硝基苯将沉淀覆盖。过量的 Ag^+ 用 0.1990 mol·L^{-1} NH_4SCN 回滴，终点时用去 11.10 mL，计算此样品中 F 和 Na_2SeF_6 的质量百分数。

24. 称取 0.2770 g 合金样，溶于酸后加入 0.0982 mol·L^{-1} $K_4Fe(CN)_6$ 25.00 mL。$K_2Zn_3[Fe(CN)_6]_2$ 沉淀完全后，过量 $K_4Fe(CN)_6$ 用 0.1160 mol·L^{-1} Zn^{2+} 回滴，终点时用去 24.45 mL。计算合金中 Zn 的质量百分数。

25. 称取含有惰性物质的 $BaCl_2$ 和 BaI_2 试样 4.815 g，溶解后定容 250 mL。取此溶液 50.00 mL，以溴苯酚蓝为指示剂，用 0.1020 mol·L^{-1} $AgNO_3$ 标准溶液滴定。终点时 I^- 和 Cl^- 全部定量沉淀，用去 $AgNO_3$ 29.60 mL。另取试样溶液 100.00 mL，以曙红为指示剂，终点时只有 I^- 被滴定，用去同浓度 $AgNO_3$ 溶液 21.84 mL。计算原试样中 $BaCl_2$ 和 BaI_2 的质量百分数。

第七章　紫外-可见分光光度法

紫外-可见分光光度法属吸光光度法。吸光光度法是基于物质对光的选择性吸收来测定物质组分的分析方法。研究物质在紫外和可见光区的分子吸收光谱的分析方法称为紫外-可见分光光度法(Ultraviolet-visible spectrophotometry)。紫外和可见吸收光谱主要产生于价电子在能级间的跃迁,所以它是研究物质电子光谱的分析方法。

第一节　光的性质和物质对光的吸收

一、光的基本性质

光是一种电磁辐射或称电磁波,它既具有波动性,又具有微粒性。电磁辐射按波长或频率排列,可得到如表 7-1 所示的电磁波谱表。

表 7-1　电磁波谱范围表

光谱名称	波长范围	跃迁类型	分析方法
X-射线	1~10 nm	K 和 L 层电子	X 射线光谱法
远紫外光	10~200 nm	中层电子	真空紫外光度法
近紫外光	200~400 nm	价电子	紫外光度法
可见光	400~750 nm		比色及可见光度法
近红外光	0.750~2.5 μm	分子振动	近红外光谱法
中红外光	2.5~25 μm		中红外光谱法
远红外光	25~50 μm	分子转动和低位振动	远红外光谱法
微　波	0.0050~100 cm	分子转动	微波光谱法
无线电波	1~1000 m		核磁共振光谱法

光按波动的形式传播,光的反射、衍射、干涉、折射和散射等现象都表现出波的性质,其波动性可以用波长 λ 和频率 ν 作为表征。光的波长 λ、频率 ν 与速度 c 的关系为

$$\lambda\nu = c \tag{7-1}$$

式中 λ 以厘米(cm)表示;ν 以赫兹(Hz)表示;c 为光速,在真空中等于 2.99792×10^{10} cm·s^{-1},约等于 3×10^{10} cm·s^{-1}。

按照量子理论,电磁辐射是光量子流。光的微粒性可以用每个光量子具有的能量 E 作为表征。它与频率和波长之间的关系为

$$E = h\nu = h\frac{c}{\lambda} \tag{7-2}$$

式中 E 为光量子能量,以尔格(erg)为单位,h 为普朗克(Planck)常数,它等于 6.6256×10^{-27} erg·s。可见波长越长,光量子能量越小;波长越短,光量子能量越大。

二、物质对光的吸收

(一)吸收光谱的产生

吸收光谱分为原子吸收光谱和分子吸收光谱两大类。紫外和可见吸收光谱属分子吸收光谱,它比原子吸收光谱复杂得多。这是由于在分子中,除了电子相对于原子核的运动外,还有核间相对位移引起的振动和转动。所以运动的分子具有三种能量,即电子能量(E_e)、振动能量(E_v)和转动能量(E_r)。这三种运动能量都是量子化的,并对应有一定的能级。它们相应的能态组成了分子能级的精细结构。其特征是任一电子能态都包括一组相应的振动能态,而每一振动能态又包括若干转动能态。图 7-1 是双原子分子的能级示意图。图中 A 和 B 表示不同能量的电子能级,在每一电子能级上有许多间距较小的振动能级;在每一振动能级上又有许多间距更小的转动能级。若用 ΔE_e、ΔE_v、ΔE_r 分别表示电子能级、振动能级、转动能级之差,则有 $\Delta E_e > \Delta E_v > \Delta E_r$。当用频率为 ν 的电磁波照射分子,而该分子的较高能级与较低能级之差 ΔE 恰好等于该电磁波能量 $h\nu$,即 $\Delta E = h\nu$ 时,在微观上分子由较低的能级跃迁到较高的能级,而在宏观上则表现为透射光的强度变小。若采用一连续辐射的电磁波照射分子,将照射前后光强度的变化转变为电信号,并记录下来,就可以得到光强度变化对波长的关系曲线图,即分子吸收光谱图,如图 7-2 所示。电子能级间的能量差 ΔE_e 一般为 $1 \sim 20$ 电子伏特(eV),由价电子跃迁而产生的吸收光谱,位于紫外及可见光部分称为电子光谱。当然,在电子能级变化时不可避免地亦伴随着分子振动和转动能级的变化,因此分子的电子光谱通常比原子的线状光谱复杂得多,呈带状光谱。

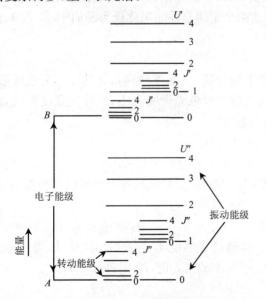

图 7-1　分子中电子能级、振动能级和转动能级示意图

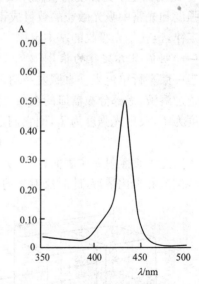

图 7-2　Cu^{2+}-TPP 配合物的分子吸收光谱

(二)物质对光的吸收

从以上所述可知:物质对光的吸收实质上就是物质与辐射能相互作用的一种形式,只有当入射光子的能量同吸光体的基态和激发态能量差相等时才会被吸收。由于吸光物质的分子

199

（或离子）只有有限数量的量子化的能级，所以物质对光的吸收是有选择性的。

如前所述，光是电磁波，波长为 200 nm～400 nm 范围的光称为紫外光，400 nm～750 nm 波长范围的光是人眼能感觉到的光，称为可见光。白光是一种混合光，它是由红、橙、黄、绿、青、蓝、紫等各种色光按一定比例混合而成的，各种色光的波长范围不同。物质的颜色正是由于物质对不同波长的光具有选择吸收作用而产生的。例如，高锰酸钾溶液吸收白光中的黄绿色光而呈紫色。表 7-2 列出了物质颜色与吸收光颜色之间的关系。如果将表中两种相对应颜色的光按一定比例混合，则可成为白光，因此这两种色光称为互补色光。

表 7-2　物质颜色与吸收光颜色的关系

物质颜色	吸 收 光		
	颜色		波长(nm)
黄 绿	紫		400～450
黄	蓝		450～480
橙	绿 蓝		480～490
红	蓝 绿		490～500
紫 红	绿		500～560
紫	黄 绿		560～580
蓝	黄		580～600
绿 蓝	橙		600～650
蓝 绿	红		650～750

第二节　光吸收的基本定律

一、朗伯-比尔(Lambert-Beer)定律

物质对光吸收的定量关系，早就受到了科学家们的注意。1729 年朗伯和布格(Bouger)提出了光的强度和吸收介质厚度之间的关系，即一束单色光通过吸收介质后，其强度的降低同光束原有强度和吸收介质的厚度成正比。1760 年朗伯用准确的数学方法表达了这一关系；继后 1852 年比尔确立了光强度与吸收介质中吸光物质浓度的关系，即一束单色光强度的降低同入射光强度和光路中吸光微粒的数目成正比。这两个定律合并起来就成为朗伯-比尔定律，简称比尔定律，也就是光吸收的基本定律。

（一）朗伯-比尔定律的推导

当一束平行单色光垂直照射一均匀、非散射的介质（例如溶液）时，光的一部分被吸收，一部分透过溶液，一部分被器皿的表面反射。设入射的单色光强度为 I_0，吸收光强度为 I_a，透过光强度为 I_t，反射光强度为 I_r，则它们之间的关系为

$$I_0 = I_a + I_t + I_r$$

因为入射光垂直照射介质表面，所以 I_r 很小，又因为光度分析中都采用同质料、同厚度的吸收池盛装试液和参比溶液，此时反射光的强度相同。因此由反射引起的影响可以互相抵消，故上式可简化为

$$I_0 = I_a + I_t$$

透过光强度 I_t 与入射光强度 I_0 之比称为透光率或透光度，用 T 表示

$$T = \frac{I_t}{I_0}$$

溶液的透光率越大，表示它对光的吸收越小；透光率越小，表示它对光的吸收越大。如图 7-3 所示，当一束强度为 I_0 的平行单色光垂

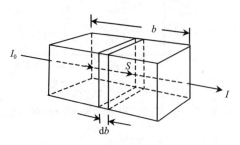
图 7-3　光通过溶液示意图

直照射到长度为 b 的液层时,由于溶液中吸光质点(分子或离子)的吸收,通过溶液后光的强度减弱为 I。设想将液层分成厚度为无限小的相等薄层(db),并设其截面积为 S,则每一薄层的体积 dV 为 Sdb。又设此薄层溶液中吸光质点数为 dn,照射到薄层溶液上的光强度为 I_b,光通过薄层溶液后,强度减弱 dI,则 dI 与 dn 成正比,也与 I_b 成正比,即

$$-dI = kI_b dn \tag{7-3}$$

负号表示光强度减弱,k 为比例常数。

设吸光物质浓度为 c,则上述薄层溶液中的吸光质点数

$$dn = k'c\,dV = k'cS\,db \tag{7-4}$$

k' 与浓度、面积及长度所取的单位有关。式中 S 为光束截面积,对一定仪器来说它为定值。将式(7-4)代入式(7-3)中,合并常数项,得到

$$-dI = k''I_b c\,db \tag{7-5}$$

将式(7-5)积分后得到

$$\int_{I_0}^{I} dI = -\int_0^b k''I_b c\,db$$

$$\int_{I_0}^{I} \frac{dI}{I_b} = -\int_0^b k''c\,db$$

$$\ln \frac{I}{I_0} = -k''bc$$

$$\log \frac{I_0}{I} = \frac{k''}{2.30}bc = Kbc \tag{7-6}$$

式(7-6)中,$\log \dfrac{I_0}{I}$ 称为吸光度 A,它与溶液的透光率的关系为

$$A = \log \frac{I_0}{I} = \log \frac{1}{T} \tag{7-7}$$

由式(7-6)及(7-7)得到

$$A = Kbc \tag{7-8}$$

式(7-8)是朗伯-比尔定律的数学表达式。其物理意义为:当一束单色光通过含有吸光物质的溶液后,溶液的吸光度与吸光物质的浓度及吸收层厚度成正比。这是进行定量分析的理论基础。式中比例常数 K 称为吸收系数,表示吸光质点(分子、离子、原子)对某波长光的吸收能力,它与吸收物质的性质、入射光波长及温度等因素有关。

(二)摩尔吸光系数和桑德尔(Sandell)灵敏度

在式(7-8)中如果浓度 c 的单位为 $mol \cdot L^{-1}$,b 的单位为 cm,这时 K 常用 ε 表示。ε 称为摩尔吸光系数,其单位为 $L \cdot mol^{-1} \cdot cm^{-1}$,它表示吸光质点的浓度为 $1\ mol \cdot L^{-1}$,溶液厚度为 1 cm 时溶液对光的吸收能力,这时式(7-8)变为

$$A = \varepsilon bc \tag{7-9}$$

在分光光度分析的实际工作中,不能直接取 $1\ mol \cdot L^{-1}$ 这样高的浓度来测定摩尔吸光系数 ε 的数值,而是根据其方法灵敏度的高低配制相应的稀标准溶液来进行测定。

例 7-1 用对偶氮苯重氮氨基偶氮苯磺酸光度法测定微量镉,已知溶液含镉的浓度为 $0.16\ mg \cdot L^{-1}$,吸收池长度为 1 cm,在波长 532 nm 处测得吸光度 $A = 0.290$,假设显色反应进行得很完全,计算摩尔吸光系数。

解 已知 Cd 的原子量为 112.41

$$[Cd^{2+}] = \frac{0.16 \times 10^{-3}}{112.41} = 1.4 \times 10^{-6} (mol \cdot L^{-1})$$

$$A = \varepsilon bc = 0.290$$

$$\varepsilon = \frac{A}{bc} = \frac{0.290}{1 \times 1.4 \times 10^{-6}} = 2.1 \times 10^5 (L \cdot mol^{-1} \cdot cm^{-1})$$

应当指出:上述测定的摩尔吸光系数是把被测组分看作完全转变成有色化合物而计算的。实际上,溶液中有色物质的浓度常因离解等化学反应而有所改变,故在计算其摩尔吸光系数时,必须知道有色物质的平衡浓度。但在实际工作中通常不考虑这种影响。因此,实际上测得的是表观摩尔吸光系数 ε'。

由于 ε 值与入射光波长有关,因此表示 ε 时应注明所用入射光的波长。例如上述镉-对偶氮苯重氮氨基偶氮苯磺酸有色配合物的 ε 值,应表示为

$$\varepsilon_{532} = 2.1 \times 10^5 L \cdot mol^{-1} \cdot cm^{-1}$$

ε 反映吸光物质对光的吸收能力,同时也反映吸光光度法测定该吸光物质的灵敏度。ε 值越大,表示吸光质点对某波长的光吸收能力越强,即光度测定的灵敏度就越高。例如用双硫腙光度法测定镉,$\varepsilon_{520} = 8.8 \times 10^4 L \cdot mol^{-1} \cdot cm^{-1}$;而用对偶氮苯重氮氨基偶苯磺酸光度法测定镉,$\varepsilon_{532} = 2.1 \times 10^5 L \cdot mol^{-1} \cdot cm^{-1}$,其灵敏度后者较前者就高得多。

光度分析的灵敏度除用 ε 值表征之外,还常用桑德尔灵敏度 S 来表征。桑德尔灵敏度本来是指人眼对有色质点在单位截面积液柱内能够检出的最低含量,以 $\mu g \cdot cm^{-2}$ 表示,若将此概念推广到各种光学仪器,则定义为当仪器能测出的最小吸光度 $A = 0.001$ 时,单位截面积光程内吸光物质的最低含量,也以 $\mu g \cdot cm^{-2}$ 表示。S 与 ε 之间有一定的关系,可推导如下

因为

$$A = 0.001 = \varepsilon bc$$

所以

$$bc = \frac{0.001}{\varepsilon} \tag{7-10}$$

b 的单位为 cm,c 的单位为 $mol \cdot L^{-1}$,bc 再乘以吸光物质的摩尔质量 M,就是单位截面积光程内吸光物质的量,即为 S,因此

$$S = bcM \times 10^3 (\mu g \cdot cm^{-2}) \tag{7-11}$$

将式(7-10)中的 bc 值代入式(7-11)则得

$$S = \frac{M}{\varepsilon} (\mu g \cdot cm^{-2}) \tag{7-12}$$

例 7-2 已知用对偶氮苯重氮氨基偶氮苯磺酸测定镉时 $\varepsilon = 2.1 \times 10^5$,求桑德尔灵敏度。

解 $M_{Cd} = 112.41$,根据式(7-12)

$$S = \frac{M_{Cd}}{\varepsilon} = \frac{112.41}{2.1 \times 10^5} = 0.00056 (\mu g \cdot cm^{-2})$$

二、偏离朗伯-比尔定律的因素

在吸光光度法中,根据朗伯-比尔定律,当吸收池厚度保持不变时,吸光度与吸光物质的浓度成正比。若以吸光度为纵坐标,浓度为横坐标作图,应得到一条通过原点的直线,称为标准曲线或工作曲线。但在实际工作中,特别是吸光物质浓度较高时,常常出现偏离线性关系的现

象,也就是标准曲线会向下或向上弯曲,即产生负偏离或正偏离,如图 7-4 所示。

引起偏离朗伯-比尔定律的因素比较多,有来自仪器方面的,也有来自溶液方面的,但大致可分为物理因素和化学因素两大类。现分别讨论如下:

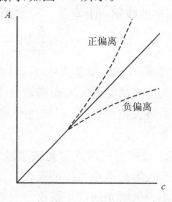

图 7-4　偏离朗伯-比尔定律的情况

（一）物理因素

1. 单色光不纯引起的偏离

严格地讲,朗伯-比尔定律只适用于入射光是单一波长的情况,但真正的单色光是很难得到的。分光光度计的单色器都有一定的通带宽度,也就是说通过单色器所获得的光束并不是严格的单色光,而是具有一定波长范围的光带,这就有可能造成对朗伯-比尔定律的偏离。单色光不纯引起的偏离可证明如下:

假定在总强度为 I_0 的入射光束中包含有 λ_1 和 λ_2 两种波长的光,强度分别为 I_{01} 和 I_{02},它们在光束总强度中所占的分数分别为 f_1 和 f_2,即

$$I_{01}=f_1 I_0,\ I_{02}=f_2 I_0$$

它们通过光的强度分别为 I_1 和 I_2,于是总透过光强度

$$I=I_1+I_2$$

根据朗伯-比尔定律的指数关系式 $\dfrac{I}{I_0}=10^{-\varepsilon bc}$,两波长相应的摩尔吸光系数为 ε_1 和 ε_2,则

$$I=I_{01}10^{-\varepsilon_1 bc}+I_{02}10^{-\varepsilon_2 bc}$$
$$=I_0 f_1 10^{-\varepsilon_1 bc}+I_0 f_2 10^{-\varepsilon_2 bc}=I_0(f_1 10^{-\varepsilon_1 bc}+f_2 10^{-\varepsilon_2 bc})$$

根据定义 $\qquad A=-\log\dfrac{I}{I_0}=-\log(f_1 10^{-\varepsilon_1 bc}+f_2 10^{-\varepsilon_2 bc})$ (7-13)

曲线是吸光度 A 与浓度 c 的关系曲线,其斜率可通过式(7-13)对浓度 c 微分得到

$$\mathrm{d}A=-\mathrm{d}[\log e\cdot\ln(f_1 10^{-\varepsilon_1 bc}+f_2 10^{-\varepsilon_2 bc})]$$
$$\mathrm{d}A=-\log e\cdot\frac{\mathrm{d}(f_1 10^{-\varepsilon_1 bc}+f_2 10^{-\varepsilon_2 bc})}{f_1 10^{-\varepsilon_1 bc}+f_2 10^{-\varepsilon_2 bc}}$$
$$\mathrm{d}A=-\log e\cdot\frac{-(f_1\varepsilon_1 b10^{-\varepsilon_1 bc}\ln10+f_2\varepsilon_2 b10^{-\varepsilon_2 bc}\ln10)}{f_1 10^{-\varepsilon_1 bc}+f_2 10^{-\varepsilon_2 bc}}\mathrm{d}c$$
$$\mathrm{d}A=\frac{f_1\varepsilon_1 b10^{-\varepsilon_1 bc}+f_2\varepsilon_2 b10^{-\varepsilon_2 bc})}{f_1 10^{-\varepsilon_1 bc}+f_2 10^{-\varepsilon_2 bc}}\mathrm{d}c$$

得 $\qquad\dfrac{\mathrm{d}A}{\mathrm{d}c}=\dfrac{f_1\varepsilon_1 b10^{-\varepsilon_1 bc}+f_2\varepsilon_2 b10^{-\varepsilon_2 bc})}{f_1 10^{-\varepsilon_1 bc}+f_2 10^{-\varepsilon_2 bc}}$ (7-14)

若入射光为单色光时,则有 $\varepsilon_1=\varepsilon_2=\varepsilon$,这时式(7-14)变为

$$\frac{\mathrm{d}A}{\mathrm{d}c}=\varepsilon b$$

这时标准曲线的斜率为一定值(εb),即吸光度与吸光物质浓度呈直线关系,遵守朗伯-比尔定律。

如果 $\varepsilon_1\neq\varepsilon_2$,吸光度对浓度的变化率就不是一个常数,标准曲线就不再是一条直线而要发生弯曲,其弯曲的方向可从吸光度对浓度的二级微商求得。如吸光度对浓度的二级微商等于

零,那么标准曲线仍然是直线;如果二级微商小于零,标准曲线就向下弯曲;如果二级微商大于零,标准曲线则向上弯曲。为此,将式(7-14)对浓度 c 再微分一次得到

$$\frac{\mathrm{d}^2 A}{\mathrm{d}c^2} = -\frac{2 \cdot 303 f_1 f_2 b^2 (\varepsilon_1 - \varepsilon_2)^2 10^{-(\varepsilon_1 + \varepsilon_2)bc}}{(f_1 10^{-\varepsilon_1 bc} + f_2 10^{-\varepsilon_2 bc})^2} \tag{7-15}$$

由式(7-15)可知,由于式中 f_1、f_2、ε_1、ε_2、b 及 c 等都为正值,所以方程式右边恒为负值,故标准曲线在溶液浓度增大时向横轴弯曲导致负偏离;并且 ε_1 与 ε_2 相差越大时,曲线弯曲得越厉害。选用的波长范围越窄,即单色光越纯,ε_1 与 ε_2 相差就越小,标准曲线的变化程度也越小,或趋近于零。

2. 非平行光或入射光被散射引起的偏离

若入射光不垂直通过吸收池,就会使通过吸收溶液的实际光程大于吸收池厚度,但这种影响较小。散射光通常是指仪器内部不通过试样而达检测器,以及在单色器通带范围以外不被试样吸收的额外光辐射。它主要是由于灰尘反射以及光学系统的缺陷所引起的。散射光的影响在高吸光度尤其显著,可以从下式看出

$$A = -\log \frac{I + I_S}{I_0 + I_S}$$

其中 I_S 为散射光强度,它常常随着入射光强度 I_0 的增大而成比例地增大。设 S 为散射光占入射光的分数,则上式可写成

$$A = -\log \frac{I + SI_0}{I_0 + SI_0}$$

$$= -\log \frac{T + S}{1 + S}$$

根据不同的 S 值可以计算出散射光对测得吸光度的影响,如图 7-5 所示。在质量较好的紫外-可见分光光度计中,大部分波长区域的散射光一般小于 0.01%,在通常情况下散射光的影响可以忽略不计。当波长小于 200 nm 时,散射光就迅速增大。尤其当试样的吸光度较大时,散射光的影响就不能忽略。

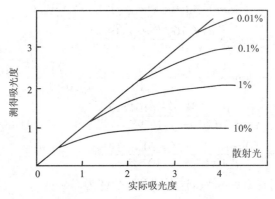

图 7-5　不同散射光下测得吸光度与实际吸光度的关系

(二)化学因素

1. 化学变化

有些有色化合物在溶液中常常会发生离解、缔合,同溶剂反应,产生互变异构体以及光化分解等平衡效应,使吸收光谱曲线改变形状,最大吸收波长、吸收强度等发生变化,从而导致对

朗伯-比尔定律的偏离。例如重铬酸钾在水溶液中存在下列平衡

$$Cr_2O_7^{2-}+H_2O \underset{\text{浓缩}}{\overset{\text{稀释}}{\rightleftharpoons}} 2HCrO_4^- \rightleftharpoons 2H^+ + 2CrO_4^{2-}$$

橙色　　　　　　　　　　　　　黄色

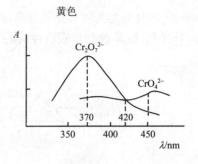

当用水稀释 $K_2Cr_2O_7$ 溶液时,平衡向 CrO_4^{2-} 方向移动,而浓缩时则相反。$Cr_2O_7^{2-}$ 与 CrO_4^{2-} 的吸收曲线并不一致,如图 7-6 所示。由图可见,如果在 370 nm 或 450 nm 处测量吸光度作出的重铬酸钾标准曲线都会产生严重弯曲现象,偏离朗伯-比尔定律。两条吸收曲线相交于 420 nm 处,交点相应的波长称为等吸收点,此时 $Cr_2O_7^{2-}$、CrO_4^{2-} 两组分的吸光度相等。很显然,如果于等吸收点波

图 7-6　$K_2Cr_2O_7$ 和 K_2CrO_4 吸收曲线示意图

长 420 nm 处测量吸光度,则尽管 $Cr_2O_7^{2-}$ 离解为 CrO_4^{2-},也不会发生偏离朗伯-比尔定律的情况。

2. 酸效应

吸光光度法大多是借被测组分形成有色化合物而测定其含量的,若该被测组分参与酸碱平衡,则会引起对吸收定律的偏离。例如被测组分参与氧化还原反应或配合物形成反应等,H^+ 浓度就会对氧化还原反应的方向、金属离子的水解、有色化合物的形成或分解产生影响,从而使吸收光谱的形状发生变化,最大吸收波长产生位移,最终导致对朗伯-比尔定律的偏离。

3. 溶剂效应

在光度分析中广泛使用各种溶剂,溶剂影响不能忽略。溶剂随被测组分的物理性质和组成的改变而影响其吸收光谱的特性。溶剂还对试剂发色团的吸收峰强度及吸收波长位置产生显著影响。众所周知的例子是将碘溶于四氯化碳(介电常数=2.24)中得到的是深紫色溶液,而溶于乙醇(介电常数=25.8)中则得到红棕色溶液,其吸收峰位置及吸光强度都有很大变化,如图 7-7 所示。

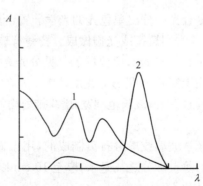

图 7-7　碘在不同溶剂中的吸收光谱
1—I_2 在乙醇中　　2—I_2 在四氯化碳中

综上所述,偏离朗伯-比尔定律的因素是多方面的,其中有的是仪器及试剂本身所引起的偏离,因此在分析实践中对上述因素不能完全加以消除,它反映了光度分析实验中的困难,而不是吸收定律本身的缺陷,因此,可以把测定体系对吸收定律的偏离称为表观偏离。

第三节　紫外-可见分光光度计

紫外-可见分光光度计是供紫外-可见光区光度测量用的分析仪器,虽型号繁多,但都是由光源、分光系统(单色器)、吸收池、检测系统和显示系统等几部分组成的,如图7-8所示。

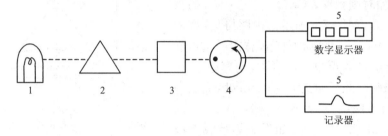

图 7-8　紫外-可见分光光度计组件示意图
1—光源　2—单色器　3—吸收池　4—检测器　5—显示器

一、分光光度计的主要组件

（一）光源

分光光度计所用的光源其主要要求是,在仪器操作所需的波长范围内,能辐射稳定而具有足够强度的连续光谱,辐射能随波长的变化尽可能小,而且使用寿命长。

紫外-可见分光光度计的光源一般采用钨灯、碘钨灯、氢灯、氘灯或汞灯等,也有少数用氙灯的。钨灯和碘钨灯均可用于可见光区和近红外区,使用波长范围约 320 nm～250 nm。碘钨灯能量较钨灯大,且寿命较钨灯长。氢灯和氘灯用于紫外光区,使用波长范围在 165 nm～350 nm左右,氘灯较氢灯能量大、寿命长。氙灯也可在紫外和可见光区使用。上述光源均发射连续光谱。而汞灯是发射不连续光谱的光源,主要用于紫外和可见光区波长的校正。

（二）单色器

单色器是由光源辐射的复合光中分出单色光的光学装置,也是分光光度计的主体,包括狭缝和色散元件两部分,色散元件常用棱镜或光栅做成。棱镜有玻璃棱镜和石英棱镜两种,玻璃棱镜的色散波段一般在 360 nm～700 nm,主要用于可见分光光度计中;石英棱镜的色散波段一般在 200 nm～1000 nm,可用于紫外-可见分光光度计中。现在采用光栅作为色散元件的光度计很多,光栅的特点是分辨率比棱镜好,波长范围宽,谱线排列均匀,但杂散光的影响比棱镜大。

（三）吸收池

吸收池是由无色透明的光学玻璃或熔融石英制成的,用于盛装试液和参比溶液。形状一般为长方体,配有不同的厚度,薄至十分之几毫米,厚至 10 cm 以上。可见光区可用玻璃的,也可用石英的,而紫外区必须要用石英池。

（四）检测器

检测器是把透过吸收池后的透射光强度转换成电信号的装置。分光光度计中常用的检测器有光电池、光电管和光电倍增管三种。

1. 光电池

光电池是用某些半导体材料制成的光电转换元件。分光光度计中最常用的是硒光电池,

206

它具有结构简单、更换方便的特点,但也容易出现"疲劳现象"。其结构如图7-9所示。其表层是导电性能良好可透过光的金属(金、铂、银或镉),中层是具有光电效应的半导体材料硒;底层是铁或铝片。当有光线照射到光电池界面时,则有电子从半导体硒的表面逸出。由于硒的半导体性质,电子只能单向流动,即只能向金属薄膜移动,使它带负电,成为光电池的负极;而硒失去电子后带正电,使铁或铝片带正电,成为光电池的正极。正负极之间产生电位差,接通线路后,便产生电流。如果把光电池与检流计组成回路就可以测出电流的强度。当照射光的强度不大,且外电路的电阻较小时,光电流与照射光强度成正比。

硒光电池具有较高的光电灵敏度,每流明光通量可产生 $100\ \mu A \sim 200\ \mu A$ 电流,可用普通检流计测量。硒光电池对光的波长响应范围为 $300\ nm \sim 800\ nm$,其中对波长范围为 $500\ nm \sim 600\ nm$ 的光最为灵敏。图7-10为硒光电池和人眼的光谱灵敏度曲线。

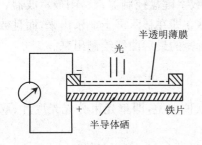

图7-9　硒光电池结构示意图

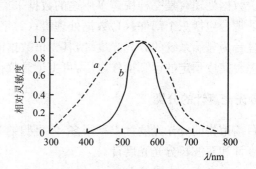

图7-10　硒光电池(a)和人眼(b)的光谱灵敏度曲线

2. 光电管

光电管是一种两极管,它在玻璃或石英泡内装有两个电极,阳极通常是一个镍环或镍片;阴极是一表面涂了层光敏物质(如氧化铯)的金属片,这种光敏物质受光线照射时可以放出电子(如图7-11所示)。由于所采用的阴极材料光敏性能不同,可分为红敏和紫敏两种。红敏适用波长范围是 $625\ nm \sim 1000\ nm$,紫敏是 $200\ nm \sim 625\ nm$。当光电管的两极与一个电池相连时,由阴极放出的电子将会在电场的作用下流向

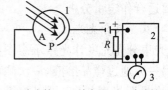

1—光电管　2—放大器　3—电流计
A—阳极　　P—阴极　　4—负载电阻

图7-11　光电管及外电路

阳极,形成光电流,而且光电流的大小与照射光的强度成正比。管内可以抽成真空,叫做真空光电管;也可以充进一些气体,称为充气光电管。真空光电管的灵敏度一般为40微安/流明~60微安/流明;充气光电管的灵敏度还要大些。由于光电管产生的光电流很小,需要用放大装置将其放大后才能用微安表测量。

目前,中高级型的分光光计广泛应用光电倍增管作检测器,其灵敏度比光电管约高200倍,适于测量十分微弱的光。

(五)显示器

分光光度计中常用的显示器装置有检流计、微安表、电位计、数字电压表、自动记录仪、示波器及数据处理台等。一般简易型分光光度计多用悬镜式检流计。检流计用于测量光电池受光照射后产生的电流。它的灵敏度高,标尺刻度每格约为 $10^{-9}\ A$,标尺上有吸光度 A 和百分

透光率 $T\%$ 两种刻度(图 7-12)。由于吸光度与透光率呈负对数关系,因此吸光度标尺的刻度是不均匀的。

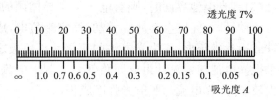

图 7-12　检流计标尺刻度

近代研制与出品的分光光度计大多采用数字电压表、自动记录仪及数据处理台作为显示系统。数据处理台是一种快速多用途的数据采集系统,它可与某些高性能的分光光度计配用。数据处理台包括三个部件:(1)数据处理机;(2)字母数字键盘控制器;(3)阴极示波器。采用数据处理台为显示系统的分光光度计,其光谱数据能够立即在显示屏上显示出来,而且数据经数据处理台完成预定的运算操作之后,可由记录仪把所得的最后曲线绘制出来。

二、分光光度计的分类

目前市售的分光光度计类型很多,但可归纳为三种类型,即单光束分光光度计、双光束分光光度计和双波长分光光度计。

(一)单光束分光光度计

单光束分光光度计光路示意图如图 7-8 所示。一束经过单色器的光,轮流通过参比溶液和样品溶液进行光强度测量,如国产 721 型、751 型,英国 SP-500 型等。这种光度计结构简单,主要适合作定量分析。

(二)双光束分光光度计

双光束分光光度计光路示意图如图 7-13 所示。经过单色器的光一分为二,一束通过参比溶液,另一束通过样品溶液,一次测量即可得到样品溶液的吸光度。目前,一般自动记录分光光度计均是双光束的,它可以连续地绘出吸收光谱曲线。国产 710 型、730 型、740 型,英国 SP-700 型,日立 220 型系列及岛津公司的 UV-210 型等均属此类。

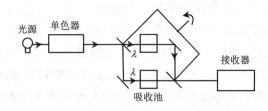

图 7-13　双光束分光光度计示意图

(三)双波长分光光度计

无论单光束还是双光束分光光度计都是使同一波长的光束分别通过样品池和参比池,然后测得样品池与参比池吸光度之差。双波长分光光度计原理如图 7-14 所示。由同一光源发出的光被分成两束,分别经过两个单色器,从而同时得到两个不同波长 λ_1 和 λ_2 的单色光,它们交替地照射同一溶液,然后到达光电倍增管和电子控制系统。这样得到的信号是两波长处

吸光度之差 ΔA，$\Delta A = A_{\lambda_1} - A_{\lambda_2}$。当两个波长保持 1 nm～2 nm 间隔，并同时扫描时，得到的信号将是一阶导数光谱，即吸光度对波长的变化率曲线（dA/dλ—λ 曲线）。

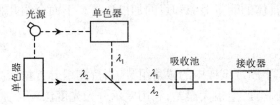

图 7-14　双波长分光光度计示意图

双波长分光光度计不仅能测定高浓度试样和多组分混合试样，而且还能测定一般分光光度计不宜测定的混浊试样。双波长法用于测定相互干扰的混合试样时，不仅操作比单波长法简单，而且准确度高。如日立 156 型、356 型、556 型，岛津 UV-240 型、UV-300 型，国产WF2800-5 型等均属此类。

目前，还生产一种双光束/双波长分光光度计，它通过光学系统的转移，可作双光束和双波长两种分光光度计使用。图 7-15 是双波长/双光束分光光度计分别作双波长和双光束测定的示意图。这种仪器除同时兼备双波长和双光束分光光度计的功能外，还能分别记录 λ_1 和 λ_2处吸光度随时间变化的曲线，从而可以进行化学反应动力学的研究。

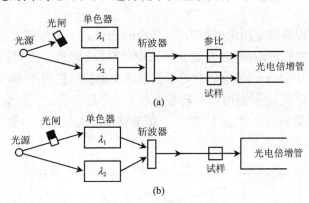

图 7-15　双波长/双光束分光光度计测定示意图
(a)双光束测定　(b)双波长测定

第四节　分光光度测定法

分光光度法由光电比色法发展而来，因为分光光度法采用棱镜或光栅等分光器，所以可获得纯度较高的"单色光"。因此，与光电比色法相比它具有以下特点：

（1）由于入射光是纯度较高的单色光，所以可以得到精确、细致的吸收光谱曲线。只要选择最合适的测定波长，则可使偏离朗伯-比尔定律的情况减少，使标准曲线的线性范围扩大。分光光度计一般比光电比色计精密，因而分析结果的准确度较高。

（2）由于可以任意选取某种波长的单色光，故在一定条件下，利用吸光度的加和性，可以同时测定溶液中两种或两种以上的组分。

(3) 由于入射光的波长范围扩大了,故许多无色物质,只要它们在紫外或红外光区域内有吸收峰,都可以用分光光度法进行测定。利用紫外-可见分光光度法的基本原理进行定量测定的方法很多,应该根据具体的测量对象和目的加以选择。下面介绍几种常用的定量分析方法。

一、差示分光光度法

分光光度法主要用于测定试样中的微量组分,当待测组分含量较高时,吸光度如果超出了准确测量的读数范围,则会产生很大误差,利用差示分光光度法就可克服这一缺点。

差示分光光度法是采用比试样浓度稍低的标准溶液作为参比溶液,来测量试样的吸光度,然后根据作为参比的标准溶液的浓度计算试样的含量。设标准溶液浓度为 c_s,待测试样浓度为 c_X,且 $c_X > c_s$。根据朗伯-比尔定律:

$$A_s = \varepsilon b c_s, \qquad A_X = \varepsilon b c_X$$
$$\Delta A = A_X - A_s = \varepsilon b (c_X - c_s) = \varepsilon b \Delta c$$

如果用标准溶液作参比调零(透光率 100%),测得的试样吸光度则为试样与参比溶液的吸光度差值,即相对吸光度 ΔA。

由上述可知,两溶液吸光度之差与两溶液浓度之差成正比。这就是差示分光光度法的基本原理。用 ΔA 对 Δc 作图可得一条工作曲线,于是就可根据测得的 ΔA 查得相应的 Δc 值,则 $c_X = c_s + \Delta c$。

差示光度法能够提高测定结果的准确度,其原因是提高了测量吸光度的准确性。假设在差示光度法中作参比的标准溶液,在普通光度法中(以空白液为参比)其透光度为 10%,而在差示法中将其视为 100%($A=0$),这就意味着仪器透光率标尺扩展了 10 倍(如图 7-16 所示)。如待测试样的透光率原是 5%,则用差示光度法测量时将是 50%,于是落入测量误差最小的区域,从而提高了 Δc 的测量准确度,使计算出 c_X 值准确度亦提高了。一般情况下差示法的测定误差小于 0.5%,在某些情况下可降低至 0.1% 左右。

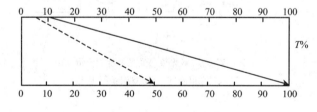

图 7-16　差示分光光度法标尺扩展原理

二、双波长分光光度法

若采用经典的分光光度法进行多组分混合物的定量分析,以及进行混浊试样或其他背景吸收较大的试样的测定,都会遇到很大的困难,但如果采用双波长技术,则不仅可以克服这些困难,而且可以提高方法的灵敏度和选择性。

(一)基本原理

图 7-14 是双波长分光光度法原理的简单示意图。从光源发射出来的光,分别经过两个可以调节的单色器,得到两束不同波长(λ_1 和 λ_2)的单色光,并使这两道光束分别交替照射到同

210

一吸收池,然后测量并记录它们之间光度的差值 ΔA。

开始时,使交替照射的两道单色光 λ_1 和 λ_2 的强度都等于 I_0,透射光强度分别为 I_1 和 I_2,那么在波长 λ_1 处有下列关系

$$-\log\left(\frac{I_1}{I_0}\right) = A_{\lambda_1} = \varepsilon_{\lambda_1}bc + A_s \tag{7-16}$$

式中,A_s 为光散射或背景吸收。同理,在波长 λ_2 处有下列关系

$$-\log\left(\frac{I_2}{I_0}\right) = A_{\lambda_2} = \varepsilon_{\lambda_2}bc + A_s \tag{7-17}$$

假设两个波长 λ_1 和 λ_2 相近,上述两式中的 A_s 可视为相等。则透过吸收池的两道光速的光强度信号为

$$-\log\left(\frac{I_2}{I_1}\right) = A_{\lambda_2} - A_{\lambda_1} = \Delta A = (\varepsilon_{\lambda_2} - \varepsilon_{\lambda_1})bc \tag{7-18}$$

式(7-18)表明:试样溶液在两个波长 λ_1 和 λ_2 处吸收的差值,与溶液中待测物质的浓度成正比,这就是双波长光度法定量测定的依据。

(二)单组分的测定方法

在单组分试样的双波长分光光度法测定中,其测定波长 λ_1 和 λ_2 常用等吸收点波长和配合物最大吸收峰的波长。当某一金属离子在适宜的条件下与适当的显色剂进行显色反时,在一系列不同浓度溶液的吸收曲线中通常具有一个或数个等吸收点。测定波长若选用配合物吸收峰的波长及某一等吸收点的波长,则可以得到良好的测定结果。

(三)混合物的测定方法

对于双组分混合物中某一组分的测定,即干扰物质存在下待测物质的测定,常用的主要方法有等吸收波长法和系数倍率法。

1. 等吸收波长法

图 7-17 为混合物中 A、B 两组分吸收光谱,A 为待测组分,B 为干扰组分。选择组分 A 的吸收峰波长或其附近的波长作为测定波长 λ_2,在这一波长位置作一垂直于 x 轴的直线,此直线又与 B 的吸收曲线相交于一点或数点,则可选择与这些交点相对应的波长作为参比波长 λ_1。参比波长 λ_1 的选择原则是应能消除干扰物质的吸收,也就是干扰组分 B 在 λ_1 的吸光度等于它在 λ_2 的吸光度($A_{\lambda_1}^B = A_{\lambda_2}^B$)。

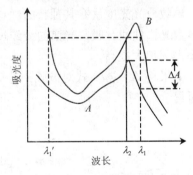

图 7-17　作图法选择波长 λ_1 和 λ_2

如果待测组分的吸收峰波长不能选为测定波长时,也可以选用吸收曲线上其他合适的波长。

2. 系数倍率法

应用等吸收法的前提是干扰组分在所选定的两个不同波长处具有相同的吸光度。但当干扰组分的吸收曲线只呈现陡坡而没有吸收峰时,那波长的选择就会受到限制,等吸收法就难以应用,此时可采用系数倍率法测定。如图 7-18 所示,设 B 组分在 λ_2 和 λ_1 的吸光度分别为 $A_{\lambda_2}^B$ 和 $A_{\lambda_1}^B$,则倍率系数 $K = A_{\lambda_2}^B / A_{\lambda_1}^B$。若使用倍率系数仪将 $A_{\lambda_1}^B$ 的值扩大 K 倍,则有 $KA_{\lambda_1}^B = A_{\lambda_2}^B$,

此时，$KA_{\lambda_1}^B - A_{\lambda_2}^B = 0$ 与等吸收波长法类似，B 组分的干扰可被消除。

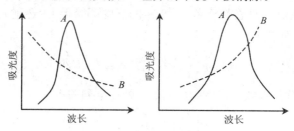

图 7-18 用系数倍率法定量测定
——待测组分的吸收曲线
——干扰组分的吸收曲线

三、导数分光光度法

导数分光光度法是 20 世纪 50 年代中期作为分辨波长相近的谱线的方法而提出来的。在这类方法中，信号强度（I）的一阶或二阶导数作为时间的函数是用电子学方法获得的。因为波长扫描速度 $\dfrac{d\lambda}{dt}$ 是恒定的，那么信号强度（I）对于波长的一阶导数 $\dfrac{dI}{d\lambda}$（或二阶导数 $\dfrac{d^2I}{d\lambda^2}$）正比于信号强度对时间的导数 $\dfrac{dI}{dt}$（或 $\dfrac{d^2I}{dt^2}$）即

$$\frac{dI}{d\lambda} = \frac{\dfrac{dI}{dt}}{\dfrac{d\lambda}{dt}}$$

这实质上就是测量强度分布的斜率（或曲率）。

导数分光光度法有其独特的优点，只要对吸收光谱曲线进行一阶或高阶求导即可得到各种导数光谱曲线。吸收光谱曲线经过求导之后，其中各种微小的变化能更好地显示出来使分辨率得到很大提高。

如果将 $A_\lambda = \varepsilon_\lambda bc$ 式对波长 λ 进行 n 次求导，由于在上式中仅 A_λ 和 ε_λ 是波长 λ 的函数，于是可得

$$\frac{d^n A_\lambda}{d\lambda^n} = \frac{d^n \varepsilon_\lambda}{d\lambda^n} bc \tag{7-19}$$

从式（7-19）可知，经 n 次求导后，吸光度的导数值仍与吸收物质的浓度成正比，藉此可以用于定量分析。

测量导数光谱峰值的方法随具体情况而不同，下面用图 7-19 加以说明。

1. 峰-谷法

如果基线平坦，可通过测量两个极值之间的距离 p 来进行定量分析，这是较常用的方法。如果峰谷之间的波长差较大，即使基线稍

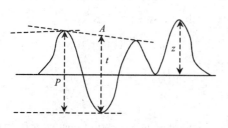

图 7-19 导数光谱的定量计算
t 基线法 p 峰谷法 z 峰零法

有倾斜，仍可采用此法。

2. 基线法

首先作相邻两峰的公切线,然后通过两峰之间的谷底画一条平行于纵坐标轴的直线交公切线于 A 点,然后测量 t 的大小,用此法测量时,不管基线是否倾斜,只要它是直线,总能测得较准确的数值。

3. 峰-零法

此法是测量峰与基线间的距离,见图 7-19 中的 z。但它只适用于导数光谱是对称时的情况,故一般仅在特殊情况下使用。

虽然导数光谱具有分辨相互重叠的吸收峰的能力,但有时不一定能完全消除干扰物的影响,因此在进行定量分析时,必须将测量波长尽量选择在干扰成分影响最小的波长处。

与普通分光光度法相比较,导数分光光度法最大的优点是可提高测定的灵敏度。例如测定乙醇溶液中微量苯的含量,若采用一般的分光光度法,只能检测到 10^{-5} g 的苯,而采用导数分光光度法则可检测出低于 10^{-6} g 的苯,灵敏度有很大提高。

第五节 显色反应及其影响因素

一、显色反应和显色剂

分光光度法是基于比较溶液颜色的深浅进行定量测定的方法。因此总是首先利用显色反应把欲测组分转化为有色化合物,然后进行测定。所谓显色反应一般是指被测元素在显色剂的作用下转变为有色化合物的反应;或被测元素使显色剂颜色发生改变的反应。显色反应一般可分为两大类,即配位反应和氧化还原反应,而配位反应是最主要的显色反应。使被测组分转变成有色物质的试剂称为显色剂。一种被测组分常可与若干种显色剂反应,生成多种灵敏度不同的有色化合物。测定某种组分究竟应该采用哪种显色反应,可根据要求加以选择。

(一)对显色反应的一般要求

(1) 选择性好,干扰少,或干扰容易消除。

(2) 灵敏度高。分光光度法一般用于微量组分的测定,故一般选择生成摩尔吸光系数高的有色化合物的显色反应。但灵敏度高的反应不一定选择性也好,所以对于高含量的组分也不一定选用最灵敏的显色反应。

(3) 有色化合物的组成要恒定,化学性质要稳定。有色化合物的组成若不符合一定的化学式,测定的再现性就较差。有色化合物若易受空气的氧化,或因光照而分解,就会引入误差。

(4) 如果显色剂有颜色,则要求有色化合物与显色剂之间颜色的差别要大,这样试剂空白一般较小。一般要求有色化合物的最大吸收波长与显色剂最大吸收波长相差 60 nm 以上。

(5) 显色反应的条件要易于控制。如果条件要求过于严格难以控制,则测定结果的再现性就差。

(二)无机显色剂

显色剂中有一些是无机化合物,如用硫氰酸盐测定铁(Ⅲ)、钼(Ⅵ),钼酸铵测定磷、硅,过氧化氢测定钛、钒,氨水测定铜,以及过硫酸铵测定锰等等。但多数无机显色剂的灵敏度和选择性都不够理想。将其中性能较好,目前仍有实用价值的列于表 7-3 中。

表 7-3　常用的无机显色剂

显色剂	反应类型	测定元素	酸　　度	有色化合物组成	颜色	测定波长（nm）
硫氰酸盐	配位	Fe(Ⅲ)	$0.1\sim0.8\ mol\cdot L^{-1}HNO_3$	$Fe(SCN)_2^{-}$	红	480
		Mo(Ⅵ)	$1.5\sim2\ mol\cdot L^{-1}H_2SO_4$	$MoO(SCN)_5^{-}$	橙	460
		W(Ⅴ)	$1.5\sim2\ mol\cdot L^{-1}H_2SO_4$	$WO(SCN)_4^{-}$	黄	405
		Nb(Ⅴ)	$3\sim4\ mol\cdot L^{-1}HCl$	$NbO(SCN)_4^{-}$	黄	420
钼酸铵	形成杂多酸	Si	$0.15\sim0.3\ mol\cdot L^{-1}H_2SO_4$	$H_4SiO_4\cdot10MoO_3\cdot Mo_2O_3$	蓝	$670\sim820$
		P	$0.5\ mol\cdot L^{-1}H_2SO_4$	$H_3PO_4\cdot10MoO_3\cdot Mo_2O_3$	蓝	$570\sim830$
		V(Ⅴ)	$1\ mol\cdot L^{-1}HNO_3$	$P_2O_5\cdot V_2O_5\cdot22MoO_3\cdot nH_2O$	黄	420
		W	$4\sim6\ mol\cdot L^{-1}HCl$	$H_3PO_4\cdot10WO_3\cdot W_2O_5$	蓝	660
氨水	配位	Cu(Ⅱ)	浓氨水	$Cu(NH_3)_4^{2+}$	蓝	620
		Co(Ⅲ)	浓氨水	$Co(NH_3)_6^{3+}$	红	500
		Ni	浓氨水	$Ni(NH_3)_6^{2+}$	紫	580
过氧化氢	配位	Ti(Ⅳ)	$1\sim2\ mol\cdot L^{-1}H_2SO_4$	$TiO(H_2O_2)^{2+}$	黄	420
		V(Ⅴ)	$0.5\sim3\ mol\cdot L^{-1}H_2SO_4$	$VO(H_2O_2)^{3+}$	红橙	$400\sim450$
		Nb	$1.8\ mol\cdot L^{-1}H_2SO_4$	$Nb_2O_3(SO_4)_2\cdot(H_2O_2)_2$	黄	365

(三)有机显色剂

大多数有机显色剂在一定条件下能与金属离子生成有色螯合物,显色反应的选择性和灵敏度都较高。有些有色螯合物易溶于有机溶剂,故可进行萃取比色,进一步提高测定的灵敏度和选择性。

有机显色剂与金属离子能否生成具有特征颜色的化合物,主要与试剂的分子结构有密切关系。

在有机化合物分子中,凡是包含有共轭双键的基团如

偶氮基(—N=N—),亚硝基 —N=O),硝基(—N ），对醌基(= = ），羰基(C=O),硫羰基(C=S)等,一般都可与金属离子生成具有特征颜色的化合物。原因是这些基团中的 π 电子被光激发时,只需要较小的能量,相当于吸收波长大于 220 nm 的光,因此,称这些基团为生色团。

某些含有共用电子对的基团,如胺基—NH_2、—NHR、—NR_2(具有一对未共用电子对),羟基—OH(具有两对未共用电子对),以及卤代基—F、—Cl、—Br、—I 等,它们与生色基团上的不饱和键互相作用,引起永久性的电荷移动,从而减小了分子的激化能,促使试剂对光的最大吸收"红向"移动(向长波方向移动)。这些基团称为助色团。

有机显色剂种类繁多,现仅简单介绍几种。

1. 邻二氮菲

属 NN 型螯合显色剂,其结构式为

常被用于亚铁和亚铜离子的测定。

Fe^{2+} 与邻二氮菲在 pH 值范围为 $2.0 \sim 9.0$ 时生成 1∶3 配合物,在水溶液中最大吸收峰为 508 nm,$\varepsilon_{508} = 1.1 \times 10^4$,是目前测定 Fe^{2+} 的较好显色剂。

2. 双硫腙

属含硫显色剂。亦称打萨腙或二苯基硫代卡巴腙,是光度分析最重要的显色剂之一,其结构式为

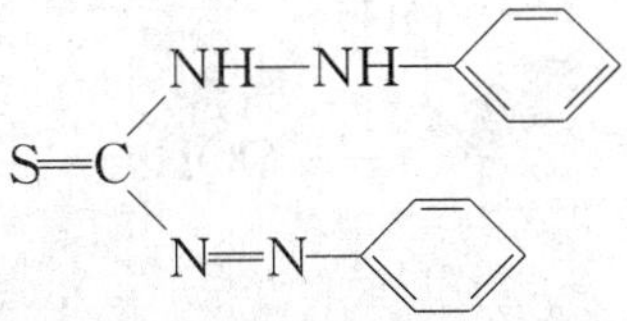

它能测定许多金属离子,如 Ag、Au、Cu、Bi、Cd、Hg、Zn、Pb、Co、Ni、Pt、Pd、In、Tl、Se、Te 等,只要控制好反应酸度及使用四氯化碳、氯仿等溶剂进行萃取,就能消除彼此的干扰。双硫腙与重金属离子的反应非常灵敏,如 Cd 的 $\varepsilon_{520} = 8.8 \times 10^4$,Pb 的 $\varepsilon_{520} = 7 \times 10^4$,Hg 的 $\varepsilon_{485} = 7.1 \times 10^4$ 等等。它本身不溶于水,但易溶于碱性介质中;所生成的金属化合物溶于三氯甲烷或四氯化碳中。双硫腙本身在三氯甲烷或四氯化碳中是绿色的,而与金属离子形成的化合物呈黄色至红色,这一特性,为光度法测定金属离子创造了极有利的条件。

3. 5-Br-PADAP

化学名称为 2-[(5-溴-2-吡啶)偶氮]-5-二乙氨基苯酚,属吡啶偶氮类显色剂,其结构式如下

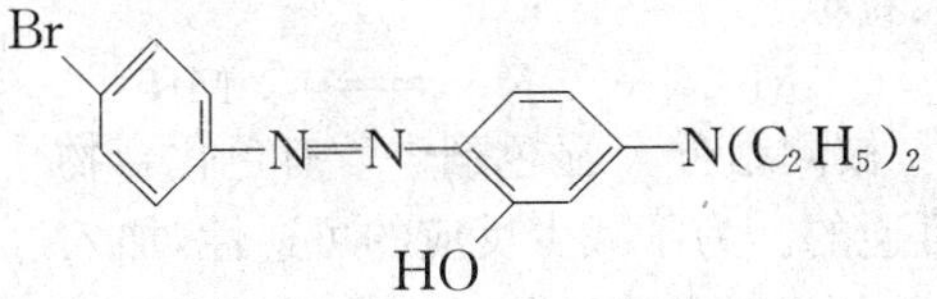

它与 Zn(Ⅱ)、Ni(Ⅱ)、Co(Ⅱ)、Fe(Ⅲ)、Cu(Ⅱ)、Mn(Ⅱ)、Nb(Ⅴ)、Hg(Ⅱ)、U(Ⅵ)等元素均有灵敏的显色反应,如

$$\varepsilon_{550}^{Zn} = 1.2 \times 10^5, \quad \varepsilon_{560}^{Cd} = 1.2 \times 10^5, \quad \varepsilon_{576}^{Ni} = 1.3 \times 10^5, \quad \varepsilon_{575}^{Mn} = 1.3 \times 10^5$$

是测定过渡金属离子高灵敏度显色剂之一。5-Br-PADAP 难溶于水,而易溶于乙醇、丙酮、氯仿等有机溶剂。

4. 铬天菁 S

属于三苯甲烷类显色剂,其结构式为

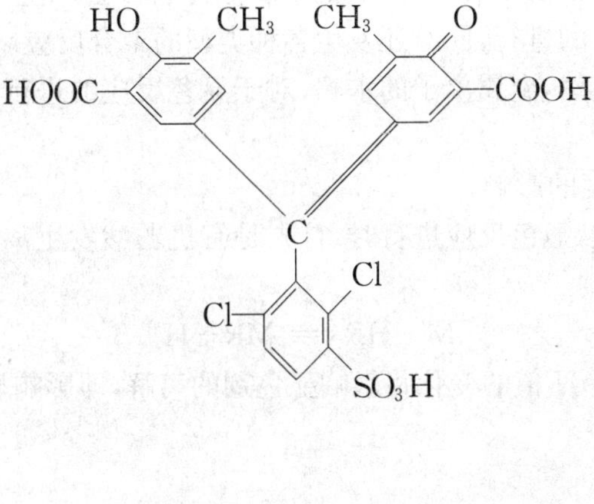

此试剂能与许多金属离子形成蓝色至紫色的配合物,可用于 Be、Al、Y、Ti、Zr、Hf、Th、Fe、Pt、Cu、Ca 和 In 等金属元素的光度测定。利用该试剂与 Th(Ⅳ)形成的有色配合物能被氟分解的性质可采用褪色法间接地测定氟。上述元素的摩尔吸光系数一般都在 $10^3 \sim 10^4$ 之间,对于 Cu(Ⅱ)的测定,$\varepsilon_{572} = 1.2 \times 10^5$。

5. 磺基水杨酸

属 OO 型螯合显色剂,其结构式为

$$
\begin{array}{c}
\text{OH} \\
\bigotimes\text{—COOH} \\
\text{SO}_3\text{H}
\end{array}
$$

此试剂可与很多高价离子生成稳定的螯合物,主要用于测定 Fe^{3+}。磺基水杨酸与 Fe^{3+} 在 pH 值范围为 $1.8 \sim 2.5$ 时生成红褐色的 $FeS_{sal}{}^+$,其最大吸收峰位于 520 nm,$\varepsilon = 1.6 \times 10^3$。

二、影响显色反应的因素

显色反应能否完全满足光度分析法的要求,除了主要与显色剂本身的性质有关外,控制好显色反应的条件也是十分重要的。如果显色条件不合适,将会影响分析结果的准确度。影响显色反应的因素主要有以下几种。

(一)显色剂的用量

显色反应一般可用下式表示

$$
\begin{array}{ccc}
M & + \quad R & \rightleftharpoons \quad MR \\
\text{被测组分} & \text{显色剂} & \text{有色化合物}
\end{array}
$$

反应在一定程度上是可逆的。为了减少反应的可逆性,加入过量的显色剂是必要的,但也不能过量太多,因为过多的显色剂对有些显色反应会引起副反应,反而对测定不利。

在实际工作中,显色剂的适宜用量是通过实验来求得的。实验方法是:固定被测组分的浓度和其他条件,只改变显色剂的加入量,测量吸光度,作出吸光度-显色剂用量的关系曲线。当显色剂浓度达到某一数值,而吸光度无明显增大时,表明显色剂浓度已足够。

(二)溶液的 pH 值

溶液 pH 值对显色反应主要有以下几方面的影响:

1. 对金属离子存在状态的影响

大部分高价金属离子都易水解,当溶液的 pH 值升高时会产生一系列氢氧基配离子或多核羟基配离子。随着水解的进行,同时还发生各种类型的聚合反应。聚合度随着时间而增长,最终导致沉淀的生成。显然,金属离子的水解,对于显色反应的进行是不利的。故溶液的 pH 值不能太高。

2. 对显色剂平衡浓度的影响

显色剂多是有机弱酸,显色反应进行时,首先是有机弱酸发生离解,其次才是阴离子与金属离子配位

$$
M + HR \rightleftharpoons MR + H^+
$$

从反应式可以看出,溶液 pH 值的变化将影响显色剂的离解,即影响显色剂的平衡浓度并影响

216

显色反应的完全程度。其影响大小与显色剂的离解常数 K_a 有关。K_a 大时，允许的 pH 值可低些；K_a 很小时，允许的 pH 值要高些。

3. 对显色剂颜色的影响

许多显色剂本身就是酸碱指示剂。当溶液 pH 值改变时，显色剂本身就有颜色变化。如果溶液的 pH 值使显色剂颜色与配合物的颜色相近甚至相同时，则光度测定发生困难。例如，二甲酚橙在溶液 pH＞6.3 时呈红紫色；pH＜6.3 时呈柠檬黄色；在 pH＝6.3 时呈中间色。而二甲酚橙与金属离子的配合物呈现红色。因此，二甲酚橙须在 pH＜6 的酸性溶液中用作金属离子的显色剂；如果在 pH＞6 的溶液中进行光度测定，由于二甲酚橙与配合物颜色相近，就会减低测定的灵敏度，并引入较大误差。

4. 对配合物组成的影响

对某些生成逐级配合物的显色反应，溶液 pH 值不同将会生成不同配位比的配合物。例如 Fe^{3+} 与磺基水杨酸（S_{sal}）的配位反应，其规律是：溶液 pH 值范围为 1.8～2.5 时，生成紫红色的 $Fe(S_{sal})^+$；当 pH 值升高至 4～8 时，则生成棕褐色的 $Fe(S_{sal})_2^-$；pH 值再进一步升高至 8～11.5 时，就生成黄色的 $Fe(S_{sal})_3^{3-}$。可见在不同 pH 值条件下生成三种颜色不同的配位比分别为 1:1,1:2,1:3 的配合物，所以测定时就应注意控制溶液的 pH 值。

5. 对配合物稳定性的影响

溶液中的 H^+ 浓度增大时，配合物易被分解

$$MR+H^+ \rightleftharpoons HR+M$$

$$K_{平衡} = \frac{[HR][M]}{[MR][H^+]} = \frac{[HR][M][R]}{[MR][H^+][R]}$$

$$= \frac{1}{\dfrac{[H^+][R]}{[HR]} \times \dfrac{[MR]}{[M][R]}} = \frac{1}{K_{HR} \times K_{MR}}$$

其中 K_{HR} 是显色剂 HR 的酸式离解常数，K_{MR} 是配合物 MR 的稳定常数。

所以
$$[H^+] = [HR] \times \frac{[M]}{[MR]} \times K_{HR} \times K_{MR}$$

由此式可看出，在一般情况下，若显色剂过量越多（[HR]越大），其酸性越强（K_{HR}越大），及配合物稳定（K_{MR}越大），则溶液允许的酸度可以越大。

通过以上讨论可知，溶液 pH 值对显色反应的影响很大，而且机理很复杂。因此，某一显色反应最适宜的 pH 值必须通过实验来确定。其方法是通过实验作出吸光度-pH 值关系曲线，从图上确定应该控制的 pH 值范围。

（三）显色温度

不同的显色反应需要不同的温度。一般显色反应可在室温下完成；但有些显色反应需要加热至一定的温度才能完成。如 α、β、γ、δ-四苯基卟啉与铜的显色反应，必须在沸水浴中加热 5～10 分钟才能完全。而有些有色配合物，在较高温度下却容易分解。例如铜与 $4,4'$-二偶氮苯重氮氨基偶氮苯形成紫红色配合物，当温度高于 50℃ 时迅速分解。因此应根据不同的情况选择适当的温度进行显色。

（四）显色时间

显色反应的速度有快有慢，有些显色反应在瞬间完全，溶液颜色很快达到稳定状态并在较长时间内保持不变；而有些显色反应虽能迅速完成，但有色配合物的颜色很快会褪色；还有些

显色反应则进行缓慢,溶液颜色需经一段时间后才达到稳定。因此适宜的显色时间、颜色的稳定时间和溶液允许放置时间必须通过实验来确定。

(五)溶剂的影响

溶剂对显色反应的影响表现在下列几方面:

1. 影响配合物的离解度

许多有色化合物在水中离解度大,而在有机溶剂中的离解度小,如用偶氮氯膦Ⅱ测定Ca^{2+}时,加入乙醇会降低离解度,使吸光度显著增加,提高了测定的灵敏度。

2. 影响配合物的颜色

溶剂改变配合物颜色的原因,可能是由于各种溶剂分子的极性和介电常数不同,从而影响到配合物的稳定性,改变了配合物分子内部的状态,或者形成了不同的溶剂化物。如表7-4所列,Fe^{3+}和Co^{2+}的配合物在水和乙醇中有不同颜色。

表7-4 有色配合物在不同溶剂中的颜色

有色化合物	溶液的颜色	
	在水中	在乙醇中
Fe^{3+}-磺基水杨酸	浅蓝色	紫色
Fe^{3+}-邻苯二酚二磺酸	蓝绿色	紫蓝色
Co^{2+}-硫氰酸	无色	蓝色

3. 影响显色反应的速度

例如,当用氯代磺酚S测定Nb时,在水溶液中显色需几小时,如果加入丙酮后,仅需30分钟。

(六)干扰离子的影响及其消除方法

干扰离子存在时对光度测定的影响有以下几种类型:

(1) 与试剂生成有色配合物。如用硅钼蓝光度法测定钢中硅时,磷也能与钼酸铵生成杂多酸,同时被还原为磷钼蓝,使结果偏高。

(2) 干扰离子本身有颜色。如Co^{2+}(红色)、Cr^{3+}(绿色)、Cu^{2+}(蓝色)等。

(3) 与试剂结合成无色配合物,消耗大量试剂而使被测离子配位不完全。如用水杨酸测Fe^{3+}时,Al^{3+}、Cu^{2+}等有影响。

(4) 与被测离子结合成离解度小的另一化合物。如由于F^-的存在能与Fe^{3+}结合为FeF_6^{3-},使$Fe(SCN)_3$根本不会生成,因而无法进行测定。

消除干扰的一般方法如下:

(1) 控制溶液pH值。控制显色溶液的pH值,是消除干扰简便而重要的方法。许多显色反应,金属离子和质子存在着竞争反应。当溶液pH值高时,有些干扰离子因水解作用生成氢氧基配离子而不能参与显色反应。当溶液pH值低时,则某些干扰的有色化合物会被H^+所分解。

(2) 利用掩蔽反应。加入掩蔽剂是提高光度分析选择性常用的方法。通常选择合适的掩蔽剂使干扰离子生成稳定的无色化合物。适当地把掩蔽剂与控制溶液的pH值结合起来,可获得高的选择性。如在pH值约为9时,用EDTA及H_2O_2作掩蔽剂,用8-羟基喹啉测定铝是特效的显色反应。

(3) 采用萃取光度法。用适当的有机溶剂萃取出有色组分,进行测定可提高测定的选择性。如用丁二酮肟测定钯时,钯与丁二酮肟所形成的螯合物,可被氯仿从酸性溶液中选择性地萃取,而许多干扰离子则不被萃取。

(4) 在不同波长下测量两种显色配合物的吸光度,对它们进行同时测定。

(5) 寻找新的显色反应。如将二元配合物改变为三元配合物。

(6) 分离干扰离子。可利用萃取法、沉淀法、蒸馏法、离子交换法、吸附法等预先除去干扰离子。

此外,还可通过选择适宜的参比溶液和测定波长,以及利用校正系数等方法消除干扰离子的影响。

三、三元配合物显色体系

(一)三元配合物的特点

三元配合物是近二十多年发展起来的一种新型的显色反应,它是指由三种不同组分所组成的配合物。在三种组分中,至少有一种组分是金属离子,另外两种组分是配体;或者至少有一种组分是配体,另外两种组分是不同的金属离子。前者叫做单核三元配合物,后者叫做双核三元配合物。目前在分析化学中应用最多的是单核三元配合物。

一种金属离子与两种不同的配体形成三元配合物比形成二元配合物困难,这就会使显色反应的选择性提高。三元配合物的分子内部结构与简单的二元配合物不同,一般含有较大的共轭体系配位体,增大了有效生色面积,因而吸收光谱的最大吸收峰往往发生红移。三元配合物都有较大的摩尔吸光系数,因而显色反应的灵敏度大大提高;而且其稳定性一般都比简单的二元配合物高,有利于提高测定的准确度。三元配合物在水中与有机溶剂中的溶解度差别较大,容易被有机溶剂萃取。三元配合物的这些特殊性质,使它在光度分析中得到了迅速发展和广泛应用。

(二)三元配合物的类型

1. 混配化合物

这是由一种金属离子与两种不同配体通过共价键结合成的三元配合物。两种不同的配体,可以是两种不同电负性的配体(R 和 R′);也可以是一种有机碱(B)和另一种其他配体(R)。前者生成$[MR_xR′_y]$或$[MR_x][R′_y]$型配合物,如 Nb(Ⅴ)-F^- XO;后者生成$[MB_xR_y]$型配合物,如 $TiO(SCN)(BPHA)_2$(BPHA 为 N-苯甲酰基羟胺)。形成此类三元配合物的主要条件是:

(1) 金属离子与两种配体都有形成配合物的能力;

(2) 两种配体与金属离子配位时要有适当的空间因素,其中单齿配体的体积要相当小,不致于阻碍螯合配体进行配位,如 F^-、H_2O、NH_2OH 等;

(3) 单齿配体的浓度要比较大。

2. 离子缔合物

二元金属配离子与带相反电荷的染料离子通过静电引力结合成离子缔合型的三元配合物。二元金属配离子有两种:一种为金属配阳离子,为胺合物型,通式为$[MB_m][R_n]$;另一种为金属配阴离子,为铵盐型,通式为$[BH]_m[MR]$。能形成二元金属配离子的有机试剂有两类:

(1) 有机碱。常用的有机碱为吡啶(Py)、喹啉(Q)、安替比林(Anf)类,1,10-二氮菲

(Phen)及其衍生物、二苯胍以及季铵盐(包括四苯钾)和有机染料等阳离子。

(2) 电负性配体。常用的有简单阴离子(如 F⁻、Cl⁻、Br⁻、I⁻),配阴离子[如 SCN⁻、ClO₄⁻、SO₄²⁻、HgI₄²⁻、Ag(CN)₂⁻ 及草酸盐和水杨酸盐],还有有机染料的阴离子(如邻苯二酚、邻苯三酚、四氯四碘荧光素)等。这类离子缔合型三元配合物的灵敏度、选择性都很高,在萃取光度法中占有重要位置。

3. 金属离子-配体-表面活性剂体系

金属离子-配体-表面活性剂体系,形成的是胶束状的化合物。例如 Sn(Ⅳ)、邻苯二酚紫(PV)和阳离子表面活性剂十六烷基三甲基胺(CTAB)形成的(CTAB)₄Sn(PV)₂ 三元配合物属这一类型。其特征是有色化合物的吸收峰一般发生几十纳米的"红移"现象,增加了吸收强度,提高了灵敏度,一般摩尔吸光系数可达 10^5。由于生成的是高配位数的配合物,也提高了显色反应的选择性。这类胶束增溶显色反应是发展水相光度法的一条重要途径,是一类值得注意的显色反应。

目前,用于这类反应常见的表面活性剂有:

(1) 阳离子表面活性剂。长链的正烷基季胺盐类,如氯化十六烷基三甲基胺(CTMA)和十四烷基二甲苄基氯化胺(ZePh);烷基吡啶类,如溴化十六烷基吡啶(CPB)和溴化十四烷基吡啶(TPB)等。

(2) 阴离子表面活性剂。烷基磺酸盐 $R-SO_3^- M^+$,如十二烷基磺酸钠($C_{12}H_{25}SO_3Na$);硫酸酯盐 $ROSO_3^- M^+$,如十二烷基硫酸钠($C_{12}H_{25}SO_4Na$)即为此种类型的代表。

(3) 非离子表面活性剂。脂肪醇聚乙烯醚 $R-O-(CH_2-CH_2-O)_n-H$,如平平加、乳化剂 MDA;烷基苯酚聚氧乙烯醚 $R-C_6H_5-O-(CH_2-CH_2O)_n-H^+$,如国产乳化剂 OP 和进口产品 Triton X-100 均属此类;多醇类,如 Tween 系列产品。

上述三种类型的三元配合物,因性质上各有特点,应用上又各有所长,因此在光度分析中应用最广。

第六节 测量误差及测量条件的选择

光度分析法的误差来源除各种化学因素之外,还有仪器精度不够和测量不准所引入的误差。

一、仪器测量误差

仪器的测量误差主要来源于光源的发光强度不稳定,电位计的非线性,杂散光的影响,单色器谱带过宽,吸收池的透光率不一致,以及透光率与吸光度的标尺不准确等因素。其中透光率或吸光率读数的准确度是仪器精度的主要指标之一,也是衡量测定结果准确度的重要因素。

根据朗伯-比尔定律,吸光度是有色溶液浓度的函数:

$$A = \log \frac{I_0}{I} = K'c$$

光度计可测量吸光度也可测量透光率,透光率的负对数是溶液浓度的函数:

$$-\log T = K'c$$

对给定光度计来说,透光率读数误差 ΔT 可视为定值。测定结果的精度常用浓度相对误差

$\left(\dfrac{\Delta c}{c}\right)$ 表示。由于

$$A = K'c$$

由误差传递公式得

$$\Delta A = K'\Delta c$$

所以

$$\frac{\Delta c}{c} = \frac{\Delta A}{A}$$

而 A 与 T 是指数关系,因此同样大小的 ΔT 在不同透光率时所引起的浓度误差 Δc 是不同的,这可从透光率与浓度的关系曲线(图 7-20)上看到。在浓度很低时,$\Delta T > \Delta c$,虽然 Δc 很小,但 c 也很小,所以相对误差 $\Delta c/c$ 值是比较大的;在高浓度范围内,$\Delta T < \Delta c$ 时,虽然 c 较大,但 Δc 也较大,所以相对误差 $\Delta c/c$ 值也是比较大的;而在中间浓度范围内,$\Delta T \approx \Delta c$,$\Delta c$ 不太大,而 c 又不太小,所以相对误差 $\Delta c/c$ 值较小。因此,只有在一定浓度范围内,也即在一定透光率范围内,仪器测量误差所引起的测定结果的相对误差才是比较小的。

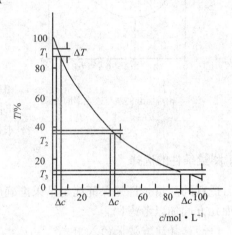

图 7-20 透光率与浓度的关系

透光率在什么范围内具有较小的浓度测量误差,可通过下面的推导求出

$$A = -\log T$$

将此式对 T 微分,得

$$\mathrm{d}A = -\mathrm{d}(\log T) = -0.434\mathrm{d}(\ln T) = -\frac{0.434}{T}\mathrm{d}T$$

为求吸光度的相对误差,用 A 除等式两边

$$\frac{\mathrm{d}A}{A} = -\left(\frac{0.434}{TA}\right)\mathrm{d}T = \left(\frac{0.434}{T\log T}\right)\mathrm{d}T \qquad (7\text{-}20)$$

根据朗伯-比尔定律,浓度的相对误差为

$$\frac{\mathrm{d}c}{c} = \frac{\mathrm{d}A}{A} = \left(\frac{0.434}{T\log T}\right)\mathrm{d}T \qquad (7\text{-}21)$$

此式说明,浓度测量的相对误差不仅与仪器的读数误差($\mathrm{d}T$)有关,而且也与溶液的透光率有关。表 7-5 列出了不同仪器的读数误差和不同百分透光率时的浓度测量误差。

表 7-5　不同百分透光率时的浓度测量关系

	$T/\%$	95	90	80	70	60	50	40	30	20	10	5
$\dfrac{\mathrm{d}c}{c}/\%$	$\mathrm{d}T=0.01$	20.5	10.6	5.6	4.0	3.26	2.88	2.73	2.77	3.11	4.34	6.7
	$\mathrm{d}T=0.005$	10.3	5.3	2.8	2.0	1.62	1.44	1.37	1.39	1.56	2.17	3.34

由表 7-5 看出,百分透光率很大或很小时,相对误差都较大。但在百分透光率为 $80\%\sim$ 10% 的范围内(即吸光度在 $0.1\sim1$ 范围内),浓度测量的相对误差是比较小的。对于精密度高

的仪器而言,当吸光度 A 为 $0.2 \sim 0.7$(百分透光率约为 $65\% \sim 20\%$),测量误差约为 1%。

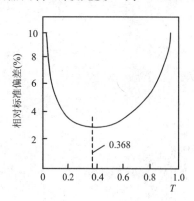

图 7-21　相对标准偏差与透光率的关系

测量误差的最小值,必然对应着一定数值的吸光度和透光率,这就需要求极值。为使测量误差为最小。那么式(7-20)中 $T\ln T$ 为最大。因此,当 $T\ln T$ 对 T 进行微分时,其值应为零,即:

$$\frac{\mathrm{d}}{\mathrm{d}T}(T\ln T) = 0$$

$$\ln T + 1 = 0, \quad \ln T = -1$$

$$\log T = -0.434, \quad T = 0.368$$

$$A = -\log T = 0.434$$

由此可知,当透光率 T 为 0.368 或吸光度 A 为 0.434 时,浓度(或吸光度)测量才具有最小的相对误差,如图 7-21 所示。

二、测量条件的选择

适宜的测量条件是保证测定结果准确度的重要前提。一般说来,在选择测量条件时,应从下面几方面加以考虑:

(一)选择适宜波长的入射光

为了使测定结果有较高的灵敏度和准确度,必须选择溶液最大吸收波长的入射光。这称为"最大吸收原则"。选择这种波长的光进行分析,不仅灵敏度较高,而且偏离朗伯-比尔定律的程度减小,其准确度也较好。如果有干扰时,则选用灵敏度较低且能避免干扰的入射光,也能获得满意的测定结果。

(二)控制准确的读数范围

吸光度在 $0.2 \sim 0.7$ 时,测量的准确度较高。为此可以从下列两方面进行调整:

(1)计算并控制试样的称重,含量高时,少取样,或稀释试液;含量低时,可多取样,或萃取富集。

(2)如溶液已显色,则可通过改变吸收池的厚度来调节吸光度的大小。

(三)选择适当的参比溶液

在测量吸光度时,利用参比溶液来调节仪器的零点,可以消除由于吸收池器壁及溶剂对入射光的反射和吸收带来的误差。

选择的方法是:

(1)当试液和显色剂均无色时可用蒸馏水作参比溶液;

(2)显色剂无色,而被测试液中存在其他有色离子时,可采用不加显色剂的被测试液作参比溶液;

(3)如果试液和显色剂均有颜色,可将一份试液加入适当掩蔽作将被测组分掩蔽起来,使之不再与显色剂作用,再加入其他试剂和显色剂,以此溶液作参比,可以消除共存组分的干扰。

第七节　紫外-可见分光光度法的应用

科学技术的迅猛发展促进了新型紫外分光光度计的诞生和普及,特别是与计算机联用使得紫外分光光度法的应用不断拓展,成为一个很有发展前途的定量分析方法。

紫外分光光度法具有既能分析有机物,又能分析无机物;既能测定单组分,又能测定混合物中的多组分;既能进行常量分析,又能进行微量分析等特点。因此该方法在环境分析与监测、药物检验、石油化工等领域得到越来越广泛的应用。

在有机污染物监测中可以测定水中的油分、黄腐酸、木素磺酸、木质素、单宁、表面活性剂、五氯酚以及酚类、苯胺类、硝基酚类化合物和汽油中的硫酚类化合物等。还可测定土壤和水体中的苯并(a)芘和二苯醚。

对于无机物,该法可以测定如下物质:硝酸盐和亚硝酸盐,卤素及二氧化氯、氨、硫化氢、磷酸根、硫酸根等,以及铬、锰、钒、铜、锡、铋、铅等重金属,钨、铌、钽、镧、稀土等稀有金属和金、铂等贵金属。

此外,紫外分光光度还可用于有机化合物结构的推断和物质纯度的检查等。本章仅就多组分的测定、配合物组成测定,以及酸碱离解常数测定等方面的应用作简单介绍。

一、多组分的同时测定

一种试样中多种组分能同时测定的基础是吸光度具有加和性,即总吸光度为各个组分吸光度的总和(图 7-22)。在含有 M 和 N 的溶液中,在每一组分的最大吸收波长下测量总吸光度时,它们有下列的关系

$$A_1 = \varepsilon'_M bc_M + \varepsilon'_N bc_N \quad (\text{在 } \lambda_1 \text{ 处测量})$$
$$A_2 = \varepsilon''_M bc_M + \varepsilon''_N bc_N \quad (\text{在 } \lambda_2 \text{ 处测量})$$

四个摩尔吸光系数可从 M 和 N 的标准溶液获得。

例如,测定钢中的铬和锰时,试样处理后得到 $Cr_2O_7^{2-}$ 和 MnO_4^-,它们的最大吸收峰分别位于 440 nm 和 540 nm 处。当 $b=1$ cm,有

$$A = \varepsilon c$$

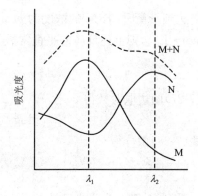

图 7-22　两种组分混合物的吸收光谱

先用 $K_2Cr_2O_7$ 和 $KMnO_4$ 的标准溶液分别在波长 440 nm 及 540 nm 处测量其吸光度,由上式计算出各个摩尔吸光系数 $\varepsilon_{440}^{Cr}, \varepsilon_{540}^{Cr}, \varepsilon_{440}^{Mn}, \varepsilon_{540}^{Mn}$ 值。再在波长 440 nm 及 540 nm 处测定溶液的总吸光度:

$$A_{440}^{Cr+Mn} = \varepsilon_{440}^{Cr} c_{未}^{Cr} + \varepsilon_{440}^{Mn} c_{未}^{Mn} \tag{7-22}$$

$$A_{540}^{Cr+Mn} = \varepsilon_{540}^{Cr} c_{未}^{Cr} + \varepsilon_{540}^{Mn} c_{未}^{Mn} \tag{7-23}$$

将式(7-22)及式(7-23)联立并求解,则得

$$c_{未}^{Mn} = \frac{\varepsilon_{440}^{Cr} A_{540}^{Cr+Mn} - \varepsilon_{540}^{Cr} A_{440}^{Cr+Mn}}{\varepsilon_{440}^{Cr} \varepsilon_{540}^{Mn} - \varepsilon_{540}^{Cr} \varepsilon_{440}^{Mn}} \tag{7-24}$$

$$c_{未}^{Cr} = \frac{A_{440}^{Cr+Mn} - \varepsilon_{440}^{Mn} c_{未}^{Mn}}{\varepsilon_{440}^{Cr}} \tag{7-25}$$

二、配合物组成和稳定常数的测定

分光光度法是研究溶液中配位平衡和配合物组成,测定配合物稳定常数的一种十分有效的方法。下面简单介绍最常用的两种方法。

（一）连续变化法

此法是在选定的实验条件下,将所研究的金属离子 M 与试剂 R 配制成一系列总浓度相

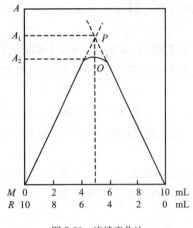

等而两者量浓度比连续变化的溶液。对这一系列溶液,在一定波长下测定其吸光度 A,以 A 为纵坐标,以连续变化的浓度比[M]∶[R](常用相同浓度的 M 和 R,这里即为体积比)为横坐标作图,如图 7-23 所示。曲线转折点所对应的 c_M/c_R 值即为配合物的配位比值。配合物很稳定时,曲线转折点敏锐;配合物稳定性差时,转折点不明显,可用画切线的方法找出转折点。

假设金属离子 M 和试剂 R 有如下反应

$$aM + bR \rightleftharpoons M_aR_b \qquad (7\text{-}26)$$

M 和 R 以各种比例的量浓度混合,在所得的一系列溶液中,两者的总浓度保持一定,即 $c_M + c_R = k$。当

图 7-23 连续变化法

反应达到平衡时,若 M 的浓度为 m mol·L^{-1},R 的浓度为 n mol·L^{-1},生成配合物的浓度为 y mol·L^{-1},则上述反应的平衡常数为

$$K = \frac{y}{m^a n^b} \qquad (7\text{-}27)$$

式(7-27)两边取对数得

$$\log y = a\log m + b\log n + \log K \qquad (7\text{-}28)$$

将式(7-28)微分得

$$\frac{dy}{y} = a\frac{dm}{m} + b\frac{dn}{n} \qquad (7\text{-}29)$$

在一系列溶液中,当吸光度达到最大值时,其一级微商为零。则

$$\frac{dy}{y} = 0$$

因此

$$a\frac{dm}{m} + b\frac{dn}{n} = 0 \qquad (7\text{-}30)$$

混合溶液中,M、R 总浓度分别为

$$c_M = m + ay, \quad c_R = n + by$$

则

$$c_M + c_R = m + ay + n + by = k$$

或

$$(a+b)y = k - m - n \qquad (7\text{-}31)$$

将式(7-31)微分得

$$(a+b)dy = -dm - dn$$

当 dy＝0 时,dm＝－dn,代入式(7-30)得

$$-a\frac{dn}{m} + b\frac{dn}{n} = 0$$

所以

$$\frac{m}{n} = \frac{a}{b} \qquad (7\text{-}32a)$$

224

由式(7-32a)便可得到

$$\frac{m+ay}{n+by}=\frac{c_M}{c_R}=\frac{a}{b} \tag{7-32b}$$

由式(7-32b)可知,只要在吸光度最大时求得$\frac{c_M}{c_R}$,就可以知道$\frac{a}{b}$,即配位比值。若$\frac{a}{b}=1$,即$c_M:c_R=1:1$,则配合物为 MR 型;若$\frac{a}{b}=0.5$,即$c_M:c_R=1:2$则配合物为MR_2型,依次类推。

利用图 7-23 还可以计算在所述条件下配合物的表观稳定常数。组成为 1∶1 配合物,当它全部以 MR 形式存在时,其最大吸光度A_1在 P 处,但实际配合物总有一部分离解,其实际浓度总要小些,即实际测得的最大吸光度在 O 处,相应的吸光度为A_2,此时配合物的离解度α为

$$\alpha=\frac{A_1-A_2}{A_1} \tag{7-33}$$

1∶1 配合物的稳定常数可由下列平衡式导出

$$M+R\Longrightarrow MR$$

| 原始浓度 | c | c | |
| 平衡浓度 | $c\alpha$ | $c\alpha$ | $c-c\alpha$ |

则

$$K'_{稳}=\frac{[MR']}{[M'][R']}=\frac{1-\alpha}{c\alpha^2} \tag{7-34}$$

因此,利用式(7-33)及(7-34)可求 MR 的表观稳定常数$K'_{稳}$。

(二)摩尔比法

摩尔比法也叫饱和法。此法是根据在配位反应中金属离子 M 被显色剂 R(或者显色剂 R 被金属离子 M)所饱和的原理来测定配合物的组成。设配位反应为

$$mM+nR\Longrightarrow M_mR_n$$

通过固定其中一种组分的浓度,逐渐改变另一组分的浓度,并配制相应的试剂空白作参比溶液,在选定的条件下,测定溶液的吸光度。一般操作是固定

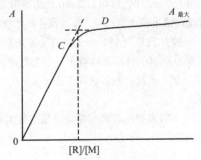

图 7-24 摩尔比法

金属离子 M 的浓度,改变显色剂 R 的浓度,将所得吸光度对[R]/[M]作图,如图 7-24 所示。曲线的转折点所对应的横坐标数值,即为配合物的配位比。当曲线的转折点不敏锐时,可如图作延长线,由两延长线的交点向横坐标作垂线,即可找出相应的配位比。

这种方法简单、快速,对离解度小的配合物可以得到满意的结果,尤其对配位比高的配合物组成的测定尤为适宜。

三、酸碱离解常数的测定

如果一种有机化合物的酸性官能团或碱性官能团是发色团的一部分,则该物质的吸收光谱随溶液的 pH 值而改变,据此可从不同 pH 值下所测得的吸光度来测定该物质的酸碱离解

常数。例如,酸 HA 在水溶液中的离解平衡可表示为

$$HA \Longrightarrow A^+ + A^-$$

$$K_a = \frac{[H^+][A^-]}{[HA]}$$

当[HA]=[A$^-$]时,则

$$K_a = [H^+], \quad pK_a = pH$$

因此,只要找出[HA]=[A$^-$]时溶液的 pH 值,该 pH 值就是该酸的 pK_a 值,可按如下方法测定。配制一系列 pH 值不同的标准溶液(用 pH 计精确校正),每一份溶液中准确加入一定量的待测酸 HA。然后以水作空白,测量不同溶液的吸光度,以吸光度为纵坐标,pH 值为横坐标,绘制曲线,如图 7-25 所示。A 点以前,溶液中主要存在形式为 HA;B 点之后主要存在形式为其共轭碱 A$^-$;AB

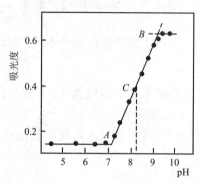

图 7-25 作图法测定离解常数

间则 HA 和 A$^-$ 共存,AB 中点 C 处,[HA]=[A$^-$],它对应的 pH 值即为 HA 的 pK_a 值。

习 题

1. Cu^{2+} 与双环乙酮草酰二腙有色配合物的浓度为 $2.7\ \mu g \cdot L^{-1}$,摩尔质量为 $340\ g \cdot L^{-1}$,在波长 600 nm 处,用 2.0 cm 比色皿测得 $T=50.5\%$。求摩尔吸光系数 ε 和桑德尔灵敏度 S。

2. 某含 Mn 合金样品 0.500 g,溶于酸后用 KIO_4 将 Mn 氧化为 MnO_4^-,在容量瓶中将试样稀释至 500 mL,用 1.0 cm 比色皿在 525 nm 处测得吸光度值为 0.400。在相同条件下测得浓度为 $1.00 \times 10^{-4}\ mol \cdot L^{-1}$ 的标准溶液的吸光度为 0.585。设在此浓度范围内符合比尔定律,求合金中 Mn 的质量百分数。

3. 摩尔质量为 $180\ g \cdot L^{-1}$ 的某吸光物质的摩尔吸光系数 $\varepsilon = 6 \times 10^3$,稀释 10 倍后在 1.0 cm 比色皿中的吸光度为 0.300,计算原溶液 1 L 中含有这种吸光物质多少毫克?

4. 某一光度计的读数误差为 ± 0.005,当测量的透光率为 9.5% 及 6.3% 时,计算测定的浓度相对误差各为多少?

5. 某吸光物质 X 的标准溶液浓度为 $1.0 \times 10^{-3}\ mol \cdot L^{-1}$,其吸光度 $A=0.699$。一含 X 的试液在同一条件下测量的吸光度为 $A=1.000$。如果上述标准溶液用作参比溶液,试计算

(1) 试液的吸光度为多少?

(2) 用两种方法所测两种溶液的 $T\%$ 的值各是多少?

6. 在 $Zn^{2+} + 2Q^{2-} \Longrightarrow ZnQ_2^{2-}$ 显色反应中,当螯合剂的浓度超过阳离子 40 倍以上时,可认为 Zn^{2+} 全部生成 ZnQ_2^{2-}。对 Zn^{2+} 和 Q^{2-} 的浓度分别为 $8.00 \times 10^{-4}\ mol \cdot L^{-1}$ 和 $4.00 \times 10^{-2}\ mol \cdot L^{-1}$ 的溶液来说,在选定波长下用 1 cm 比色皿测量的吸光度为 0.364,在同样条件下测量 $c_{Zn^{2+}} = 8.00 \times 10^{-4}\ mol \cdot L^{-1}$,而 $c_{Q^{2-}} = 2.10 \times 10^{-3}\ mol \cdot L^{-1}$ 的溶液时,所得吸光度为 0.273,求该配合物的稳定常数。

7. 某钢样含 Ni 约 0.12%,用丁二酮肟作显色剂形成鲜红色螯合物,其摩尔吸光系数 $\varepsilon = 1.3 \times 10^4\ L \cdot mol^{-1} \cdot cm^{-1}$。若试样溶解显色后,其溶液体积为 100.0 mL。在波长 470 nm 处用 1.0 cm 比色皿测量吸光度,希望此时的测量误差最小,应称取试样多少克?

8. 用一般光度法测量 $5.0 \times 10^{-4}\ mol \cdot L^{-1}$ 锌标准溶液和含锌的试液,分别测得 $A=0.603$ 和 $A=0.852$,两种溶液的透光率相差多少?如果用 $5.0 \times 10^{-4}\ mol \cdot L^{-1}$ 标准溶液作参比溶液,试液的吸光度是多少?该测定中差示分光光度法与一般分光光度法相比较,读数标尺放大了多少倍?

226

9. 用 8-羟基喹啉-氯仿萃取光度法测定 Fe^{3+}、Al^{3+} 时,吸收曲线有部分重叠。在相应的条件下,用纯铝 1 μg 在波长 390 nm 和 470 nm 处分别测得 A 为 0.0250 和 0.000,纯铁 1 μg 在波长 390 nm 和 470 nm 处分别测得 A 为 0.010 和 0.020。取 1 mg 含 Fe、Al 的试样,在波长 390 nm 处测得试样的吸光度为 0.500,在波长 470 nm 处测得试液的吸光度为 0.300,求试样中 Fe、Al 的质量百分数(比色皿为 1.0 cm)。

10. 钴和镍与某显色剂的配合物有如下数据:

λ/nm	510	656
ε_{Co}	3.64×10^4	1.24×10^3
ε_{Ni}	5.52×10^3	1.75×10^4

将 0.376 g 土壤样品溶解后配成 50.00 mL,取 25.00 mL 溶液进行处理,除去干扰元素,然后加入显色剂将体积调至 50.00 mL。此溶液在 510 nm 处吸光度为 0.467,在 656 nm 处吸光度为 0.374,比色皿为 1.0 cm。计算钴和镍在土壤中的质量百分数。

第八章 分析化学中的分离方法

通常某种化学分析方法是在比较理想的情况下建立起来的,但在实际应用中,由于分析物的成分复杂,其中共存组分往往会对测定产生干扰。为了提高分析结果的准确性,可以通过改变分析条件或利用掩蔽方法来消除干扰。如果这些手段的效果不理想,则要使用一定的分离方法,将干扰组分与被测组分分离。从另一方面来看,如果分析物中被测组分的含量很低,低于分析方法的检出限,那么就要先对被测组分进行富集,从而提高检测的灵敏度,所以富集实际上也是一种分离。

一般以回收率和分离因子两个指标来衡量一种分离方法的效果。

回收率用于衡量被测组分回收的完全程度,其定义为

$$R_A = \frac{m_A}{m_A^0} \times 100\% \tag{8-1}$$

式中,R_A 表示分析物中被测组分 A 的回收率;m_A 表示经分离后测得组分 A 的质量;m_A^0 表示组分 A 在被测物中的质量。

根据被测组分含量的不同,对回收率的要求也不同。如果组分 A 为主要成分(质量分数大于 1%),R_A 应大于 99.9%;如果为次要成分(质量分数在 0.01%~1% 之间),R_A 应大于 99%;如果为痕量成分(质量分数在 0.001%~0.01% 之间),R_A 应大于 95%;如果组分 A 的质量分数小于 0.001%,R_A 不应低于 90%,但有时更低一些也允许。

分离因子 $S_{B/A}$ 用于衡量分离方法对干扰组分 B 和被测组分 A 的分离程度,其定义为

$$S_{B/A} = \frac{R_B}{R_A} \tag{8-2}$$

式中,R_A 和 R_B 分别为组分 A 和 B 在同一方法下的回收率。

在定量化学分析中,被测组分 A 应该定量分离,有 $R_A \approx 1$,所以式(8-2)变为

$$S_{B/A} \approx R_B \tag{8-3}$$

根据上式,如果被测组分 A 在分析物中为主要成分,R_B 不大于 0.001 就可以定量测定 A;如果 A 为痕量成分,R_B 必须在 $10^{-5} \sim 10^{-4}$ 范围内,此时测定 A 含量的相对误差才能控制在2%~5%。

分析化学中的分离以定量分析为目的,分离干扰组分以便提高分析方法的选择性,所以对方法除了高分离度以及定量分离的要求外,还要求简单、快速以及具有良好的重现性。分析物是否需要分离以及采用何种分离方法,要视其组成、被测组分以及测定方法而定。为了成功地解决各种复杂的分离问题,需要对元素和官能团的分析反应有广泛而深入的了解,所以分析化

学中的分离比其他领域中的分离更为严格和困难。

在定量分析中,常使用的分离方法有沉淀分离、溶剂萃取分离、离子交换分离以及色谱分离等。

第一节 沉淀分离法

沉淀分离法是以沉淀反应为基础,利用被测组分和干扰组分与沉淀剂形成产物的溶解度不同来实现分离的方法。作为一种经典的分离方法,沉淀分离法具有原理简单,不需要特殊装置的优点,至今仍有广泛的应用。

沉淀分离法包括常规沉淀分离法和共沉淀分离法,前者主要用于常量组分的分离,后者则常用于痕量组分的分离富集。

一、使用无机沉淀剂

无机沉淀剂是沉淀分离法中最早使用的沉淀剂,目前仍用于金属离子的分离。

(一)氢氧化物沉淀

不同金属离子以氢氧化物沉淀析出时溶液的 pH 值不同,有的差别甚大,因此可以通过调节溶液的 pH 值,使某些金属离子定量沉淀,而另外一些则留在溶液中,从而提高沉淀分离的选择性。下面根据沉淀平衡进行简单的估算。

设溶液中存在两种金属离子 M^{m+} 和 N^{n+},其中 N^{n+} 为干扰组分。这两种离子的浓度分别为 c_M 和 c_N,其氢氧化物沉淀的溶度积常数用 $K_{sp,M(OH)_m}$ 和 $K_{sp,N(OH)_n}$ 表示。加入一定量的 OH^-,对于 m^+ 离子,平衡后有

$$[M^{m+}][OH^-]^m = K_{sp,M(OH)_m} \tag{8-4}$$

欲使 M^{m+} 以 $M(OH)_m$ 的形式定量析出,一般要求其回收率不低于 99.99%

$$[M^{m+}] = 10^{-4} c_M \tag{8-5}$$

将式(8-5)代入式(8-4),整理后可得

$$[OH^-] = \left[10^4 \frac{K_{sp,M(OH)_m}}{c_M} \right]^{1/m} \tag{8-6}$$

通过上式即可计算出 M^{m+} 离子定量析出时溶液的 pH 值。

在同样条件下,如果要求干扰组分 N^{n+} 的氢氧化物沉淀不析出,则应有

$$[N^{n+}][OH^-]^n < K_{sp,N(OH)_n} \tag{8-7}$$

将式(8-6)代入上式,并根据条件 $[N^{n+}] \approx c_N$,可得

$$c_N \left[10^4 \frac{K_{sp,M(OH)_m}}{c_M} \right]^{n/m} < K_{sp,N(OH)_n} \tag{8-8}$$

整理上式就得到了氢氧化物沉淀分离法分离 M^{m+} 和 N^{n+} 两种离子的条件

$$\left[\frac{K_{sp,N(OH)_n}}{c_N} \right]^{m/n} \frac{c_M}{K_{sp,M(OH)_m}} > 10^4 \tag{8-9}$$

需要说明的是以上分析只是一个近似的估算,而且假设离子在溶液中没有其他存在形式。实际情况要复杂一些:温度、反应速率、形成碱式盐沉淀以及溶液中存在的其他阴离子都是影响因素。

氢氧化物沉淀法常用的沉淀剂有以下几种：

1. NaOH

使用 NaOH 的沉淀分离，一般是在不断搅拌下将 NaOH 的浓溶液加入试样溶液中，过滤得到的沉淀通常不用于直接称量测定，而是溶解后再作处理。表 8-1 列出了使用 NaOH 沉淀剂的分离情况。

表 8-1　NaOH 沉淀法分离金属离子

定 量 沉 淀	部 分 沉 淀	不 沉 淀
Ag^+、Au^+、Bi^{3+}、Cd^{2+}、Co^{2+}、Cu^{2+}、Fe^{3+}、$Hf(\text{IV})$、Hg^{2+}、Mg^{2+}、Ni^{2+}、$Ti(\text{IV})$、UO_2^{2+}、$Zr(\text{IV})$、稀土元素离子	Ca^{2+}、Sr^{2+}、Ba^{2+}、$Nb(\text{V})$、$Ta(\text{V})$	Al^{3+}、Cr^{3+}、Zn^{2+}、Pb^{2+}、Sn^{2+}、Sn^{4+}、Be^{2+}、$Ge(\text{IV})$、Ga^{3+}、SiO_3^{2-}、WO_4^{2-}、MoO_4^{2-}

得到的氢氧化物沉淀一般为胶体沉淀，而且共沉淀严重，比如 Mg^{2+} 或 Ni^{2+} 存在时，Al^{3+} 会部分沉淀，所以这种沉淀法的选择性并不好。实际中多采用"小体积沉淀法"，在尽量小的体积和尽量高的浓度下，同时加入大量无干扰作用的盐，这样能够使沉淀的含水量少，结构致密，对其他组分的吸附量少。

在 NaOH 沉淀分离法中，有时还加入 Na_2CO_3，就能够以碳酸盐的形式沉淀碱土金属离子。

高浓度的 NaOH 会严重腐蚀玻璃，所以沉淀应在聚四氟乙烯或铂器皿中进行。

2. 氨水

氨水沉淀法是最常用的氢氧化物沉淀分离法，具有以下优点：

（1）借助 NH_3-NH_4Cl 缓冲体系，可以使溶液 pH 值保持在 8～10 的范围内，能够沉淀许多金属离子，又可以防止 $Mg(OH)_2$ 的析出以及 $Al(OH)_3$ 等两性氢氧化物的溶解。

（2）将氢氧化物沉淀灼烧为氧化物，利用重量法分析时，铵盐可以在低温下除去。

（3）作为抗衡离子，NH_4^+ 可以中和带负电荷的氢氧化物胶体粒子，有利于胶体的凝聚，使沉淀易于过滤。

氨水可以同时沉淀许多金属离子，所以常先用作组沉淀剂，然后再应用其他分离方法。表 8-2 列出了使用氨水沉淀剂的分离情况。

表 8-2　氨水沉淀法分离金属离子

定 量 沉 淀	部 分 沉 淀	不 沉 淀
Al^{3+}、Be^{2+}、Bi^{3+}、$Ce(\text{IV})$、Cr^{3+}、Fe^{3+}、Ga^{3+}、$Hf(\text{IV})$、Hg^{2+}、In^{3+}、$Mn(\text{IV})$、$Nb(\text{V})$、Sb^{3+}、Sn^{4+}、$Ta(\text{V})$、Tl^{3+}、UO_2^{2+}、$V(\text{IV})$、$Zr(\text{IV})$、稀土元素离子	Mn^{2+}、Pb^{2+}、Fe^{2+}	Ag^+、Cd^{2+}、Co^{2+}、Cu^{2+}、Ni^{2+}、Zn^{2+}

表中不沉淀的离子全部形成氨配离子，Pb^{2+} 在 Fe^{3+}、Al^{3+} 存在时可以共沉淀析出。

3. ZnO 悬浊液

将大量 ZnO 加入试样溶液中，利用其微溶性可以控制溶液的 pH 值范围，在此范围内满足溶度积常数的金属氢氧化物沉淀就可以析出。表 8-3 列出了使用 ZnO 悬浊液的分离情况。

表 8-3　ZnO 沉淀法分离金属离子

定 量 沉 淀	部 分 沉 淀	不 沉 淀
Bi^{3+}、Ce^{4+}、Cr^{3+}、Fe^{3+}、Hf^{4+}、$Nb(V)$、$Sn(\text{IV})$、$Ta(V)$、$Ti(\text{IV})$、$U(\text{IV})$、$V(V)$、$Zr(\text{IV})$、$W(\text{VI})$	Ag^+、Au^{3+}、Be^{2+}、Cu^{2+}、Hg^{2+}、$Mo(\text{VI})$、Pb^{2+}、Sb^{3+}、Sn^{2+}、稀土元素离子	Co^{2+}、Mg^{2+}、Mn^{2+}、Ni^{2+}

(二)硫化物沉淀

H_2S 在水溶液中是一个二元弱酸,两级离解常数分别为 $K_{a_1}=1.3\times10^{-7}$,$K_{a_2}=7.1\times10^{-15}$。设溶液中存在二价金属离子 M^{2+},析出 MS 沉淀时有

$$[M^{2+}][S^{2-}]=K_{sp} \tag{8-10}$$

将 S^{2-} 的分布分数代入上式得

$$[M^{2+}]=\frac{K_{sp}}{[S^{2-}]}=\frac{K_{sp}[H^+]^2}{K_{a_1}K_{a_2}[H_2S]}=1.1\times10^{21}\frac{K_{sp}[H^+]^2}{[H_2S]} \tag{8-11}$$

室温时,水溶液中 H_2S 的饱和浓度为 $0.10\ mol\cdot L^{-1}$,代入上式并整理可得

$$[M^{2+}]=1.1\times10^{22}K_{sp}[H^+]^2 \tag{8-12}$$

上式表明通过控制 H_2S 饱和溶液的 pH 值,就可以实现选择性分离。对其他价态离子硫化物沉淀的分析完全类似。在 $[H^+]\approx0.3\ mol\cdot L^{-1}$ 的条件下,下面两组离子都生成硫化物沉淀。

(1) Ag^+、Bi^{3+}、Cd^{2+}、Cu^{2+}、Hg^{2+}、Pb^{2+}、Pd^{2+}、$Ru(\text{IV})$、$Os(\text{IV})$

(2) $As(\text{III})$、Au^{3+}、$Ge(\text{IV})$、$Ir(\text{IV})$、$Mo(\text{VI})$、$Pt(\text{IV})$、Sb^{3+}、$Sb(V)$、$Se(\text{IV})$、$Sn(\text{IV})$。

第一组沉淀不溶于 Na_2S 溶液,称为铜副组;第二组沉淀溶于 Na_2S 溶液,称为砷副组。

硫化物沉淀分离的选择性不高,共沉淀和后沉淀非常严重,如 Ga^{3+}、In^{3+} 会随 CuS 或 CdS 一起沉淀。实际工作中加入酒石酸可以防止 W 和 V 在砷副组的共沉淀;Sn^{4+} 的沉淀在草酸介质中进行,可以与 $As(\text{III})$ 和 Sb^{3+} 分离;Ni 和 Co 在 pH 值在 5～6 范围内沉淀,与无 Fe 存在时的 Mn 分离。

(三)氟化物沉淀

将氨水沉淀法得到的金属氢氧化物沉淀溶解于盐酸中,蒸发至近干加 HF,然后蒸干。用 HF 将残渣润湿,加入 2％的 HCl 溶液,加热沸腾几分钟后冷却过滤,再分别用 1％的 HCl 和 HF 溶液洗涤沉淀。最后得到含有下列离子的氟化物沉淀:Ca^{2+}、Mg^{2+}、Sc^{3+}、Sr^{2+} 和稀土元素离子。

氢氟酸沉淀法获得的沉淀不纯,所以一般只用于粗分离,不直接用于定量分析。对于稀土元素,如果要进行测定,一般还需要如下步骤:①H_2SO_4 分解氟化物去除 HF;②利用氨水沉淀法获得氢氧化物沉淀,过滤;③用盐酸溶解沉淀后再加草酸获得稀土草酸盐沉淀。

(四)硫酸盐沉淀

大多数硫酸盐都易溶于水,只有 Ba^{2+}、Ca^{2+}、Pb^{2+}、Ra^{2+}、Sr^{2+} 的硫酸盐是沉淀,利用这一性质,可以将这些金属离子与其他离子分离。

(五)磷酸盐沉淀

虽然许多金属离子可以沉淀为磷酸盐,但在强酸性溶液(比如 1∶9 的硫酸溶液)中,只有 Bi^{3+}、$Hf(\text{IV})$、$Nb(V)$、$Sn(\text{IV})$、$Ta(V)$、$Th(\text{IV})$、$Ti(\text{IV})$、$Zr(\text{IV})$ 会形成沉淀。溶液中加入

H_2O_2 可以防止 Ti(IV)沉淀;如果 Bi^{3+}、Sn(IV)、Th(IV)的浓度中等,则无沉淀析出,但会沾污 Zr 和 Hf 的磷酸盐沉淀。

二、使用有机沉淀剂

有机沉淀剂的种类较多,也有很多优点,如选择性好,沉淀反应具有很高的专一性,沉淀的摩尔质量大、组成恒定且吸附杂质少,所以非常适合重量法。有机沉淀剂的缺点是在水中的溶解度小,有时会包夹在沉淀中,某些沉淀容易漂浮在溶液表面或附着在器皿壁上,易损失而又给操作带来不便。

有机沉淀剂已经广泛应用于离子的分离,目前正逐渐取代无机沉淀剂。下面介绍几种常用的有机沉淀剂。

(一)四苯硼酸盐

$Na[B(C_6H_5)_4]$在浓度小于 $0.1\ mol\cdot L^{-1}$ 的无机酸或乙酸溶液中可以与 K^+ 形成难溶的离子缔合物 $K[B(C_6H_5)_4]$,20℃时在水中的溶解度为 $1.0\times10^{-4}\ mol\cdot L^{-1}$,这是重量法测定 K^+ 的重要方法。$Na[B(C_6H_5)_4]$也可以沉淀 Ag^+、Cs^+、Cu^+、Hg^+、NH_4^+、Rb^+、Tl^+,通常 $10\sim30$ 倍量的共存离子不干扰测定,还允许 300 倍量的 Na^+、Li^+ 存在。

(二)铜铁试剂(N-亚硝基-β-苯胲铵)

$$C_6H_5\!-\!N\!\!\begin{array}{c}NO\\[2pt]\\ONH_4\end{array}$$

铜铁试剂是一弱酸($K_a=4\times10^{-8}$),微溶于水(25℃时约为 $0.02\ mol\cdot L^{-1}$),其铵盐在水中的溶解度很大,所以在分析中常使用。加入强酸则析出白色晶体的游离酸,游离酸极不稳定,易分解为硝基苯和其他产物,加热则分解更加严重,所以只能在冷溶液中使用。铜铁试剂在中性或微酸性溶液中非常稳定,如果在其试剂瓶中放入少量 $(NH_4)_2CO_3$ 维持碱性气氛并保持干燥,铜铁试剂可以长期保存。

铜铁试剂是少数能在微酸性溶液中使用的有机沉淀剂之一,在体积百分比为 $5\%\sim10\%$ 的 H_2SO_4 或 HCl 介质中,能够定量沉淀 Fe^{3+}、Nb(V)、Sn(IV)、Ta(V)、Ti(IV)、V(V)、U(IV)、Zr(IV)而与 Al^{3+}、Cr^{3+}、Co^{2+}、Mg^{2+}、Mn^{2+}、Ni^{2+}、U(VI)、Zn^{2+} 分离。沉淀易被沾污而且不稳定,所以一般不用于直接称重,但可以先灼烧为氧化物后再称重。铜铁试剂的选择性较差,常与其他分离方法联用。

(三)钽试剂(N-苯甲酰-N-苯胲,BPHA)

$$C_6H_5\!-\!\underset{OH}{N}\!-\!\underset{O}{\overset{\|}{C}}\!-\!C_6H_5$$

BPHA 也是一弱酸($K_a=3\times10^{-9}$),但对光和热比铜铁试剂更加稳定,并且对氢离子浓度变化不甚敏感。在较宽的 pH 值范围内,可以沉淀 Al^{3+}、Be^{2+}、Bi^{3+}、Ce^{3+}、Ce^{4+}、Co^{2+}、Cu^{2+}、Ga^{3+}、In^{3+}、Fe^{3+}、La^{3+}、Nb(V)、Ni^{2+}、Ta(V)、Th(IV)、U(VI);在 $0.1\sim3.0\ mol\cdot L^{-1}$ 的盐酸介质中,可以沉淀 Mo(VI)、Sb^{3+}、Sb(V)、Sn^{2+}、Sn(IV)、Ti(IV)、W(VI)、Zr(IV)。

（四）硝酸试剂

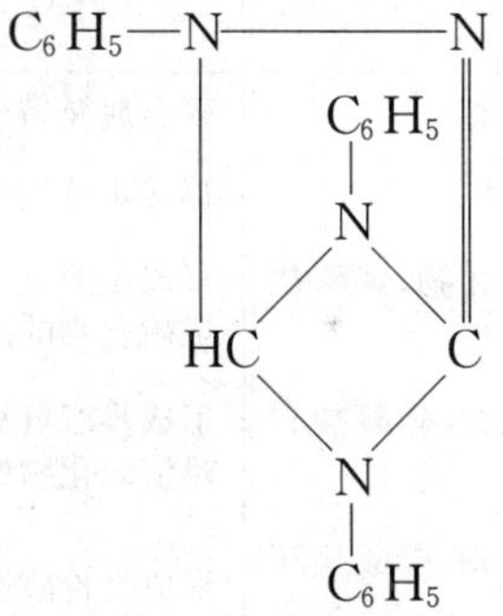

$$C_6H_5-N=N$$
（含 C_6H_5, N, HC, C, N, C_6H_5 环状结构）

硝酸试剂是不溶于水，溶于氯仿、乙醇、乙酸的橙黄色固体。可以沉淀 NO_3^-、ClO_4^-、ReO_4^- 和 WO_4^{2-}，生成类似 $C_{20}H_{16}N_4 \cdot NHO_3$ 形式的沉淀，但 Br^-、I^- 和 SCN^- 产生干扰。

三、共沉淀法分离富集痕量组分

有些情况下，溶液中某种组分的浓度极低，即使沉淀剂已经饱和，但仍不能达到该组分沉淀的溶度积常数，因而不能析出沉淀；有时虽然满足溶度积常数，但沉淀处于过饱和的亚稳态也不从溶液中析出；还有一种情况是形成胶体，沉淀不能聚集起来。这时如果向溶液中加入也能与沉淀剂形成微溶物的另一种物质，那么原来不能沉淀的痕量组分就可以析出沉淀，这就是共沉淀现象。加入的物质称为共沉淀剂，它与沉淀剂生成的微溶物称为载体。在重量分析中，共沉淀是一种不利因素，会沾污沉淀，但在痕量组分的分离和富集中，却是一种非常有用的方法。例如，海水中微量元素的测定是分析化学中的难题之一，因为海水是由 50 多种元素组成的复杂盐溶液，这些元素的质量分数只有 3%左右，其中 Na、Ca、Cl、Mg、S 和 K 六种主要元素占可溶盐总量的 94.2%，还有 30 多种元素的质量分数在 $10^{-4}\%$～$10^{-8}\%$ 之间，余下的元素如 Au、Ag、Co、Ni、Mn、V、U 等，质量分数低于 $10^{-8}\%$，测定这些痕量元素的方法就是先利用共沉淀进行富集和分离，然后再使用高灵敏度的仪器分析方法。

共沉淀剂的种类很多，一般分为无机共沉淀剂和有机共沉淀剂两大类。

（一）无机共沉淀剂

根据作用机理，无机沉淀剂又可以分为以下三种。

（1）吸附或吸留作用的共沉淀剂。这是利用一种机械的、基于物理化学的效应，沉淀表面尚未达到平衡而吸附溶液中的异电荷离子，从而将痕量组分夹带下来。非晶形的氢氧化物和硫化物沉淀由于比表面很大，具有很强的吸附力，故常用作载体。比如 $Fe(OH)_3$ 为载体，可以分离富集水体中的微量 As；PbS 作为载体可以在 1000 L 海水中回收 1 μg Au。

（2）混晶作用的共沉淀剂。当两种金属离子的离子半径比较接近（不超过 15%），与同一种共沉淀剂生成沉淀时，二者以混晶方式析出。这种共沉淀方式用于痕量组分的分离更加有效，选择性也比基于吸附或吸留作用的共沉淀方法高。

（3）形成晶核的共沉淀剂。有些痕量组分是在另一种难溶化合物形成的过程——晶核生长过程中共沉淀出来的。例如在含有痕量 Ag、Au、Hg、Pd 或 Pt 的溶液中，加入 Te(Ⅳ) 和 $SnCl_2$，上述元素就会随元素 Te 的生成而共沉淀出来，从而与 F、Zn、Ni 和 Co 分离。

表 8-4 列出了一些常用的无机共沉淀载体及分离情况。

载　　　体	分离富集的元素
同晶晶体或能形成化合物的晶体	碱金属及碱土金属
氢氧化物、磷酸盐和金属氟化物	形成难溶氢氧化物、碱式盐的离子
氢氧化物、弱碱性介质中的硫化物、磷酸盐和金属氟化物	形成难溶氢氧化物，同时在弱碱性介质中形成硫化物的离子
氧氧化物、酸性介质中的硫化物、磷酸盐和金属氟化物	形成难溶氢氧化物，同时在酸性介质中形成难溶硫化物的离子
金属氧化物、低价金属的硫化物、磷酸盐和金属氟化物	形成高价酸性氧化物的变价离子
$MnO_2 \cdot xH_2O$，金属氢氧化物和硫化物	易水解的离子，如 Bi、Sb、Sn 等
Hg、Te、Se 等硫化物	易还原为单质的离子

无机共沉淀剂具有强烈的吸附性，选择性也不高；另外，沉淀后的分析一般都要求被测组分与载体再分离，而无机共沉淀剂难以除去，因此应用有限。

（二）有机共沉淀剂

与无机共沉淀剂相比，有机共沉淀剂具有以下优点。

（1）高特效性和高选择性。比如联苯胺阳离子的性质与 Ba^{2+} 相似，都可以与 SO_4^{2-} 形成沉淀；二苯碘阳离子$[(C_6H_5)_2I^+]$与 Tl^+ 相似，都可以与 CrO_4^{2-} 形成沉淀。但不能够使用硫酸联苯胺来共沉淀 Ba^{2+}，亦不能用铬酸二苯碘来共沉淀 Tl^+。有机盐与无机盐的溶解度相近，但二者成晶的性质相差很大，不属于同晶，因此有机共沉淀剂具有高特效性。另外，作为载体的有机沉淀是中性或弱极性的分子晶形沉淀，不具有表面吸附其他离子的性质，因此有机共沉淀剂具有高选择性。

（2）易于除去。大部分用作共沉淀剂的有机物通过灼烧就可以除去，只留下被测组分，因此后处理比较方便。但需要注意挥发性组分的损失。

根据共沉淀机理的不同，有机共沉淀可以分为以下三类。

1. 形成离子缔合物进行共沉淀

有些相对分子质量较大的有机物在水溶液中以阳离子或阴离子的形式存在，这些体积较大的有机离子能够与金属配阴离子或金属配阳离子形成微溶的离子缔合物，从而实现痕量组分的共沉淀。比如甲基紫硫氰酸盐、孔雀绿硫氰酸盐可以与 Co^{2+}、Cu^{2+}、Zn^{2+} 等离子的硫氰酸配阴离子形成离子缔合物；二苯胍磺化物可以与 Tl^{3+} 的碘配阴离子形成离子缔合物沉淀。再如二苦铵可以与 K^+、Rb^+、Cs^+ 离子形成离子缔合物沉淀；甲基橙和乙二胺都可以与 Tl^+ 的1,10-二氮菲配阴离子形成离子缔合物沉淀。

2. 形成螯合物进行共沉淀

痕量组分与螯合剂形成螯合物进入载体而被共沉淀。比如 Ag^+、Au^{3+}、Co^{2+}、Cu^{2+}、In^{3+}、Nb^{2+}、Pb^{2+}、Sn^{2+}、Zn^{2+} 等离子与双硫腙形成的螯合物可以被2,4-二硝基苯胺共沉淀，如果将共沉淀剂换为酚酞，则只有 Ag^+、Cd^{2+}、Co^{2+}、Ni^{2+} 等离子被沉淀。甲基紫阳离子与偶氮胂Ⅰ阴离子形成沉淀，可共沉淀 Sc 或稀土元素与偶氮胂Ⅰ形成的螯合物。再如，每升含 1 μg 的 Ni^{2+} 溶液中，加入 8-羟基喹啉和 β-萘酚，Ni^{2+}-8-羟基喹啉螯合物就共沉淀于 β-萘酚中，当 Ni^{2+} 的浓度低至 $0.05~\mu g \cdot L^{-1}$，利用这种共沉淀方法也能分离

3. 利用胶体的凝聚作用进行共沉淀

一些能形成溶胶的化合物,如丹宁、动物胶等,本身易带正电荷,可以吸附阴离子胶体而使痕量组分沉淀下来。比如甲基紫丹宁盐可以使元素 Be、Ge、Hf、Nb、Sn、Ta、Ti、Th、Zr 以及无机酸根 MoO_4^{2-}、WO_4^{2-}、UO_2^{2+} 的丹宁盐胶体凝聚,然后共沉淀析出。

在实际工作中,有机共沉淀剂已广泛应用于海水以及消化后生物材料中痕量金属离子的分离测定,表8-5列出了部分应用。

表 8-5 有机共沉淀剂分离痕量金属示例

载 体	共沉淀的金属元素	检出限($mg \cdot L^{-1}$)	应 用
2-巯基苯并咪唑	Au	7×10^{-5}	海水分析
1-硝基-2-萘酚	U	3×10^{-3}	海水分析
巯基乙酰萘胺	Ag	10^{-4}	海水分析
8-羟基喹啉＋丹宁＋巯基乙酰萘胺	Bi、Co、Cr、Ga、Ge、Mo、Ni、Pb、Ti、V、Zn		海水分析 生物材料
8-羟基喹啉＋巯基乙酰萘胺	Cu、Fe、Mn、Ni、Pb、Sn、Zn	10^{-1}	碱金属盐

第二节　溶剂萃取分离法

溶剂萃取(也称液—液萃取)分离法根据某些组分在与水互不相溶的有机溶剂(有机相)中的溶解度与其在水(水相)中溶解度的不同,在两相充分接触(经过剧烈振荡)达到分配平衡后,一些组分留在水相中,另外一些组分则进入有机相,借助两相的分开达到组分分离的目的。在有机化学中,萃取分离主要用于制备、分离和提纯有机物;在分析化学中,溶剂萃取分离法常常是某一分析方案中不可缺少的步骤,将被测组分与干扰组分或基体分离,同时将被测组分转化为可测量的形式。溶剂萃取分离法所需仪器简单,操作迅速,在分离科学中占有重要的地位;缺点是费时、工作量大,有机溶剂易挥发、易燃和有毒,所以应用上受到一定的限制。

一、萃取分离的基本原理

(一)分配定律和分配系数

在分析化学中,溶剂萃取分配平衡又称萃取平衡,是某一组分在水相(w)和在与水相互不相溶的有机相(o)间发生的分配平衡

$$A_w \rightleftharpoons A_o$$

分配常数可以表示为

$$K_D = \frac{[A]_o}{[A]_w} \tag{8-13}$$

式中,$[A]_o$ 和 $[A]_w$ 是组分 A 分别在有机相和水相中的平衡浓度。K_D 有时也称分配系数,只有在一定温度下,溶质在两相中的存在形式相同,没有离解也没有副反应时,K_D 才可以视为定值。当水相中存在高浓度的电解质时,分配系数表达式中应该使用组分的活度,即

$$P_A = \frac{a_o}{a_w} = \frac{\gamma_o [A]_o}{\gamma_w [A]_w} = \frac{\gamma_o}{\gamma_w} K_D \tag{8-14}$$

(二)分配比

实际情况是溶质在两相中可能有多种存在形式,这时式(8-14)就不再适用。一般用两相

中的分析浓度（总浓度）来表示，这就是分配比 D。

$$D = \frac{c_{A,o}}{c_{A,w}} \tag{8-15}$$

式中，$c_{A,o}$ 和 $c_{A,w}$ 是组分 A 分别在有机相和水相中的总浓度。所以对于有副反应发生的萃取体系，$D \neq K_D$。

（三）分离系数

分离系数也叫分离因数，用于衡量溶剂萃取分离方法对同一体系中 A 和 B 两种组分的分离情况。如果用 D_A 和 D_B 表示这两种组分的分配比，那么分离系数 β 定义为

$$\beta = \frac{D_A}{D_B} \tag{8-16}$$

$\beta = 1$ 时，$D_A = D_B$，表示组分 A 和 B 不能通过溶剂萃取被分离；

$\beta > 1$ 时，$D_A > D_B$，表示组分 A 和 B 可能可以通过溶剂萃取被分离，β 值越大，分离效果越好；

$\beta < 1$ 时，$D_A < D_B$，表示组分 A 和 B 可能可以通过溶剂萃取被分离，β 值越小，分离效果越好；

通常两组分的分离系数不得小于 10^4 才可视为定量分离，因此需要选择合适的萃取体系和操作条件。

（四）萃取率

在分析分离中，主要感兴趣的是一定萃取条件下某一组分的萃取效率。用萃取率 E 来表示萃取效率，比使用 K_D 或者 D 更具有实际意义。萃取率定义为萃取平衡后，某种组分在有机相中的量占该组分总量的百分数。如果设水相的体积为 V_w，有机相的体积为 V_o，那么有

$$E_A = \frac{c_{A,o}V_o}{c_{A,o}V_o + c_{A,w}V_w} \times 100\% = \frac{D_A}{D_A + V_w/V_o} \times 100\% \tag{8-17}$$

上式表明，可以通过减小 V_w/V_o 来提高萃取率，但是这种做法效果并不显著，而且有机溶剂体积过大也不利于萃取完成后的下一步分析。提高萃取率最常用，也是最有效的方法是小体积多次萃取。设每次使用 V_o 体积的有机溶剂，对 V_w 体积的水溶液进行 n 次萃取，这种情况下，被萃组分 A 的萃取率通过式(8-17)可以推导为

$$E_A = \left[1 - \left(\frac{1}{1 + D_A V_o/V_w}\right)^n\right] \times 100\% \tag{8-18}$$

通过上式可以验证：用同体积的有机溶剂，分 n 次进行小体积萃取的效率远高于一次萃取的效率。同样道理，使用洗涤剂洗涤也是如此。

例 8-1　某螯合物在氯仿和水中的分配比为 6.4，现有浓度为 2.0×10^{-2} mol·L^{-1} 的该螯合物水溶液 25.0 mL，试求以下各操作的萃取率：

(1) 用 60.0 mL 氯仿萃取一次；

(2) 每次用 30.0 mL 氯仿萃取两次；

(3) 每次用 10.0 mL 氯仿萃取六次。

解　根据式(8-18)可得

(1) $E_A = \left[1 - \left(\dfrac{1}{1 + 6.4 \times 60.0/25.0}\right)\right] \times 100\% = 93.9\%$

(2) $E_A = \left[1 - \left(\dfrac{1}{1 + 6.4 \times 30.0/25.0}\right)^2\right] \times 100\% = 98.7\%$

(3) $E_A = \left[1 - \left(\dfrac{1}{1 + 6.4 \times 10.0/25.0}\right)^6\right] \times 100\% = 99.9\%$

在分析分离中,常量组分定量萃取的要求是萃取率不低于 99.9%,对于微量组分的分离,则要求达到 95% 或不低于 90%。

二、常见萃取体系

根据萃取反应机理的不同,萃取体系一般可以分为简单分子萃取体系、螯合物萃取体系和离子缔合物萃取体系。下面分别进行介绍。

（一）简单分子萃取体系

I_2、Br_2；OsO_4、RuO_4；$AsCl_3$、$AuCl_3$、$HgCl_2$；HgI_2、InI_3、SnI_4 和 Hg 等是非极性物质,且具有一定的挥发性。根据相似相溶规则,这些共价分子在无序结构的有机溶剂中的溶解度更大。萃取一般采用不含氧的溶剂,如 CCl_4 或 $CHCl_3$ 等（不可用乙醚萃取 $GeCl_4$ 或 $AuCl_3$）。

（二）螯合物萃取体系

大部分金属盐是强电解质,在水中的溶解度很大,且多以水合离子的形式存在。螯合物萃取体系广泛应用于金属离子的萃取,用于萃取的螯合剂应该有一酸性基团,如—OH、—SH、—COOH、—SO_3H、$=NOH$、—NH_2、—AsO_3H_2、—PO_3H_2 等,这样才能使形成的螯合物具有电中性;另外,螯合剂还应该有一碱性基团,如$=O$、—O—、$=N$—、—NH_2、$=NOH$、$=S$ 等,方能与金属离子配位。同时螯合剂应有较多的疏水基团,使形成的螯合物具有疏水性而进入有机相。

螯合物萃取体系目前应用最广,发展也非常快,可以萃取的元素有 60 多种。β-二酮类、8-羟基喹啉类、肟类、氧肟酸类、双硫腙类、酚类以及二烷基荒酸类试剂都是常用的螯合萃取剂。

（三）离子缔合物萃取体系

离子缔合物是体积较大的有机阳离子或阴离子与具有相反电荷的离子形成的化合物,处于离子状态时,极性较大,所以在水中的溶解度也很大,一旦结合成电中性的分子,疏水性便大大增加,于是进入有机相而被萃取。

离子缔合物萃取体系一般可以分为三类:

1. 金属配阳离子的离子缔合物

水合金属离子与适当的配体相互作用,形成配阳离子,然后配阳离子与有机阴离子形成疏水性的离子缔合物进入有机相。比如$[(2,9$-二甲基-$1,10$-菲咯啉$)_2Cu^+]$·$[ClO_4^-]$ 和 $[(C_6H_5)_4As^+]$·$[ReO_4^-]$都可以被氯仿萃取。

这类萃取体系中的配体通常是一些中性碱,常见的有 $1,10$-二氮杂菲,吡啶及其衍生物等。

2. 金属配阴离子或无机酸根的离子缔合物

水合金属离子与配体形成带负电荷的配阴离子,也有一些金属在水溶液中以无机酸根的形式存在,这些阴离子可以与有机阳离子形成疏水性的离子缔合物。比如 Tl^{3+} 可以与 Cl^- 形成配阴离子 $TlCl_4^-$,该阴离子与溶液中以阳离子形式存在的甲基紫形成离子缔合物,可被苯或甲苯萃取。

这类体系中的有机阳离子有碱性染料类,如三苯甲烷类和罗丹明类试剂;高分子胺类,比如三正辛胺（TNOA）和三异辛胺（TIOA）。

3. 溶剂化的离子缔合物

一些中性萃取剂可以与金属离子配位,形成的离子缔合物中由于含有较多的有机溶剂分子而具有疏水性,被溶剂萃取。

醚类、醇类、酮类以及酯类等含氧有机溶剂可以加成质子形成锌离子,然后再与金属配阴离子形成锌盐而被萃取。如 HCl 水溶液中 Fe^{3+} 以 $Fe(H_2O)_2Cl_4^-$ 的形式存在,用乙醚 $(C_2H_5)_2O$ 萃取时,乙醚会质子化形成 $(C_2H_5)_2OH^+$ 锌离子,与溶剂化的配阴离子 $Fe[(C_2H_5)_2O]_2Cl_4^-$ 形成锌盐 $(C_2H_5)_2OH \cdot Fe[(C_2H_5)_2O]_2Cl_4$,从而被乙醚萃取。

有机膦萃取剂,如磷酸三丁酯(TBP)、氧化三正辛基膦(TOPO)是强的电子给予体,可以通过氧上的孤对电子与金属离子直接配位,结果配离子的疏水性增大而被萃取。例如在 HNO_3 介质中用 TBP 萃取 $UO_2(H_2O)_2^{2+}$,首先形成溶剂化配离子 $UO_2(TBP)_2^{2+}$,然后形成离子缔合物 $UO_2(TBP)_2 \cdot (NO_3)_2$ 被 TBP 萃取。

三、溶剂萃取的影响因素

溶剂萃取过程比较复杂,因此影响因素也比较多,下面以金属螯合物的萃取为例,介绍一下溶剂萃取的过程。

1. 螯合剂 HL 的离解

$$HL \Longrightarrow H^+ + L^- \qquad K_{a,HL} = \frac{[H^+]_w[L^-]_w}{[HL]_w} \tag{8-19}$$

2. 水溶液中金属离子 M^{n+} 与 L^- 形成各级螯合物

$$M^{n+} + L^- \Longrightarrow ML^{(n-1)+} \qquad K_1 = \frac{[ML^{(n-1)+}]_w}{[M^{n+}]_w[L^-]_w}$$

$$\cdots\cdots$$

$$ML_{n-1}^+ + L^- \Longrightarrow ML_n \qquad K_n = \frac{[ML_n]_w}{[ML_{n-1}^+]_w[L^-]_w}$$

累积稳定常数为

$$K_稳 = K_1 K_2 \cdots K_n = \frac{[ML_n]_w}{[M^{n+}]_w[L^-]_w^n} \tag{8-20}$$

3. 金属离子 M^{n+} 可能的水解或其他配位反应

$$M^{n+} + xOH^- \Longrightarrow M(OH)_x^{(n-x)+}$$

$$M^{n+} + yA^- \Longrightarrow MA_y^{(n-y)+}$$

4. 螯合剂在水相和有机相间的分配平衡

$$K_{D,HL} = \frac{[HL]_o}{[HL]_w} \tag{8-21}$$

5. 螯合物在水相和有机相间的分配平衡

$$K_{D,ML_n} = \frac{[ML_n]_o}{[ML_n]_w} \tag{8-22}$$

如果忽略金属离子 M^{n+} 可能的水解和其他配位效应,那么其分配比为

$$D = \frac{c_o}{c_w} = \frac{[ML_n]_o}{[M^{n+}]_w + [ML^{(n-1)+}]_w \cdots + [ML_n]_w} \tag{8-23}$$

与金属离子水相中浓度 $[M^{n+}]_w$ 相比,水相中 $ML^{(n-1)+}, \cdots, ML_{n-1}^+, ML_n$ 的浓度均可以忽略,

那么式(8-23)就可以简化为

$$D = \frac{[\mathrm{ML}_n]_\mathrm{o}}{[\mathrm{M}^{n+}]_\mathrm{w}} \tag{8-24}$$

把(8-19)、(8-20)、(8-21)和(8-22)四式代入上式可得

$$D = \frac{K_\text{稳}\, K_{\mathrm{D,ML}_n} K_{\mathrm{a,HL}}^n}{K_{\mathrm{D,HL}}^n} \left(\frac{[\mathrm{HL}]_\mathrm{o}}{[\mathrm{H}^+]_\mathrm{w}}\right)^n \tag{8-25}$$

定义萃取常数 K_{ex}

$$K_{\mathrm{ex}} = \frac{K_\text{稳}\, K_{\mathrm{D,ML}_n} K_{\mathrm{a,HL}}^n}{K_{\mathrm{D,HL}}^n} \tag{8-26}$$

则式(8-25)可以变为

$$D = K_{\mathrm{ex}} \left(\frac{[\mathrm{HL}]_\mathrm{o}}{[\mathrm{H}^+]_\mathrm{w}}\right)^n \tag{8-27}$$

在一定温度下,对于一定的萃取体系,K_{ex} 是一个常数。

根据以上分析,下面介绍影响溶剂萃取的主要因素。

(一)水相 pH 值

从式(8-27)可以看出,水相氢离子浓度对分配比有影响。对于不存在副反应的萃取体系,pH 值增加一个单位,一价、二价和三价金属离子的分配比会相应地增加 10 倍,10^2 倍和 10^3 倍。但对于容易形成羟基配合物和易水解的金属离子,如 Mo(Ⅵ)、W(Ⅵ)、U(Ⅵ)、V(Ⅴ)等,萃取率随 pH 值的增加反而下降。

当水相和有机相等体积时,根据式(8-17)

$$E = \frac{D}{D+1} \times 100\% \tag{8-28}$$

这种情况下,如果定义 E 为 50% 时的 pH 值为 $\mathrm{pH}_\frac{1}{2}$,根据(8-27)和(8-28)两式有

$$\mathrm{pH}_\frac{1}{2} = -\frac{1}{n}\log K_{\mathrm{ex}} - \log[\mathrm{HL}]_\mathrm{o} \tag{8-29}$$

$\mathrm{pH}_\frac{1}{2}$ 是判断某一 pH 值范围内多种金属螯合物能否被萃取分离的一个重要标志。例如用 0.1 $\mathrm{mol \cdot L^{-1}}$ 的 8-羟基喹啉氯仿溶液萃取水溶液中的 $\mathrm{La^{3+}}$、$\mathrm{Sc^{3+}}$、$\mathrm{Th(Ⅳ)}$、$\mathrm{Ti(Ⅳ)}$ 和 $\mathrm{Zr(Ⅳ)}$,E 与 pH 值的关系曲线如图 8-1 所示。

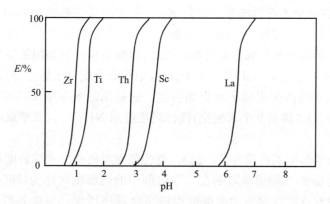

图 8-1　0.1 $\mathrm{mol \cdot L^{-1}}$ 的 8-羟基喹啉氯仿溶液萃取不同离子时 pH 值对萃取率的影响

La、Sc、Th、Ti 和 Zr 的 $pH_{\frac{1}{2}}$ 分别为 6.46，3.57，2.91，1.45，1.01。从图中可以看出，调节水相溶液 pH＝2，即可将 Zr、Ti 与 Th、Sc、La 分离；如果调节 pH＝5，则可使 La 完全不被萃取；但不能借助控制 pH 值使 Zr 与 Ti 定量分离。

（二）有机相中螯合剂浓度

从式（8-27）可以看出，螯合物的分配比随有机相中螯合剂浓度的增加而增加，又由式（8-29）可以看出，当萃取剂浓度增加 10 倍时，金属螯合物的 $pH_{\frac{1}{2}}$ 将下降一个单位，这对防止高价金属离子的水解十分有利。但萃取剂在有机相中的溶解度毕竟有限，而且过多的萃取剂会在分离后的分析测定中造成过高的试剂空白。

在活化分析和同位素稀释分析中，不用过量萃取剂萃取放射性同位素的螯合物，而是用一定量的，但低于化学计量的萃取剂进行萃取，这就是亚计量萃取法（Substoichiometric extraction）。采用这种方法虽然不能定量萃取，但试样和标准样中萃取剂的用量相同，所以萃取百分数相同，通过比较就可以求得试样中被测组分的含量。亚计量萃取法可以大大提高方法的选择性和灵敏度。

（三）副反应

金属离子 M^{n+} 在水相中除了与螯合剂 HL 反应生成各级螯合物外，还可能发生如水解、与其他配体配位等副反应，螯合物 ML_n 还有可能聚合形成 $(ML_n)_p$，考虑这些副反应，利用副反应系数 α_{ML_n} 和 α_M，式（8-24）可以变为

$$D=\frac{[ML_n]_o\alpha_{ML_n}}{[M^{n+}]_w\alpha_M}=K_{ex}\frac{\alpha_{ML_n}}{\alpha_M}\left(\frac{[HL]_o}{[H^+]_w}\right)^n$$
$$=K'_{ex}\left(\frac{[HL]_o}{[H^+]_w}\right)^n \tag{8-30}$$

式中，$K'_{ex}=K_{ex}\dfrac{\alpha_{ML_n}}{\alpha_M}$ 称为表观萃取常数。M^{n+} 在水相中的副反应，会降低螯合物的分配比，但同时也使多金属离子的分离成为可能，即加入合适的掩蔽剂可以使某些原来能够被萃取的金属离子留在水相，从而提高了方法的选择性。

（四）离子强度

水相中离子强度对萃取的影响目前尚无普遍的规律，一般认为离子强度会影响萃取物的相对渗透性，因而在两个方面影响萃取常数 K_{ex}。一方面是某些盐的阴离子可与被萃取离子形成配合物，这些副反应一般都使分配比 D 减小；另一方面是某些金属离子容易形成水合物，加入它的盐有利于形成可被萃取的配合物，这就是盐析效应。例如用氯仿萃取 Co^{2+}-8-羟基喹啉螯合物时，如果水相中含 $3\ mol\cdot L^{-1}$ 的 $CoCl_3$，则萃取分配比增加三个数量级。盐析效应在加入能有多个配位水的高价阳离子时更加明显。例如用乙醚萃取 $UO_2(NO_3)_2$ 时，如果用 $3\ mol\cdot L^{-1}$ 的 $Fe(NO_3)_3$（能与 9 个水配位）代替同浓度的 NH_4NO_3，其萃取率加倍。

（五）萃取溶剂

萃取效率与有机溶剂的性质有关。通常，螯合剂在有机相中的溶解度越大，对应螯合物的分配比就越大。比如 β-二酮类萃取剂在下列溶剂中的溶解度次序为：四氯化碳＜苯＜氯仿，那么其对应螯合物在这些溶剂中的溶解度也按照此顺序增加。再如 8-羟基喹啉在下列溶剂中的溶解度次序为：四氯化碳＜甲苯＜氯仿，其螯合物的萃取常数也按照此顺序增加。

当配合物中心离子的配位空间尚未被萃取剂或溶剂完全饱和，而是含有部分配位水时，如

果选择含氧的(或含氮的)而又不溶于惰性溶剂的活性溶剂(如丙酮、甲醇等),就能够使萃取率比单独使用一种溶剂时高,这种萃取称为协同萃取,这种活性溶剂称为协萃剂。利用协同萃取,能够显著提高萃取的效果,比如在水相中加入正丁胺,就能将 Ca^{2+}-8-羟基喹啉螯合物萃取到氯仿中,原因是正丁胺参与配位。一般协萃剂还有烷基膦酸二烷基酯 $(RO_2)RPO$,次膦酸烷基酯 $(RO)R_2PO$,磷酸三烷基酯 $(RO)_3PO$,氧化三烷基膦(TOPO)和磷酸三丁酯(TBP)等不含羟基的有机化合物。

在实际萃取分离工作中,应选择密度与水差别大的溶剂,这样两相分离才不至于有太大的困难。溶剂的沸点最好在 90℃～130℃ 之间,如果拟用蒸馏除去溶剂,不宜使用高沸点溶剂;如果溶剂沸点过低,就要考虑萃取操作过程中因挥发造成的溶剂体积减小。固体溶剂建议使用苯酮(熔点 48℃)、水杨酸苯酯(熔点 42℃)、对二溴苯(熔点 87℃)、萘(熔点 80℃)和联苯(熔点 70.5℃),水相加热萃取后,将混合溶液冷却,有机相即以固态析出。

有的溶剂不太稳定,如氯仿容易分解生成碳酰氯,可以加入乙醇防止氯仿的分解,但使用前要加水振荡除去。需要注意的是这样处理过的氯仿在萃取完成后会加速分解,产生的碳酰氯可能会与某些试剂(如铜铁试剂)产生有色物质而干扰光度测定。久置的乙醚也会分解出过氧化物干扰萃取。

(六)共萃取

共萃取在某种程度上类似于共沉淀,是指某一元素(通常是微量元素)的萃取率很低,但如果加入另一种元素(通常是常量元素),那么微量元素的萃取率会有明显的增加。比如 Ru^{3+}、Cr^{3+}、Nb(Ⅴ)、V(Ⅴ)几乎不能被环烷酸萃取,当加入 Fe^{3+} 时,上述元素都可以定量进入有机相。

共萃取的机理比较复杂,一般认为是形成了混合配合物。共萃取是富集痕量元素的重要方法,特别适用于难以萃取的碱金属和碱土金属。

四、萃取分离技术

(一)分批萃取

分析中最常用的萃取技术是分批萃取,就是将包含组分的水溶液装入分液漏斗,调节溶液(如加入缓冲溶液、萃取剂等)后,混合均匀,加入有机溶剂,充分振荡后静置分层,放出下面的液相即完成分离。如果需要多次萃取,最好选用密度比水大的溶剂。如果水相在下层,那么就将之放入另一个分液漏斗中,再用新鲜溶剂萃取。

出于分析目的,分离后常常要将萃取入有机相中的组分再转入水相,一般可以用高浓度的酸或强配位剂与有机相充分接触,这称为反萃取或淋萃。

(二)连续萃取

当某种组分的分配比很低,需要经过多次萃取才能有满意的分离效果时,可以采用分批萃取,但是操作比较繁琐,工作量也很大,这时就可以采用连续萃取技术。根据有机溶剂与水密度的大小,有两种不同的连续萃取装置,如图 8-2 所示,为了保证两相的充分接触,装置中还可以安装搅拌器。

(三)逆流萃取

真正意义上的逆流萃取是两种互不相溶的液体相互接触而且按相反方向移动,这种萃取技术让新鲜的有机相和贫质的水相接触,富质的有机相和新鲜的水相接触,所以萃取效率很高。实际中常采用的是假逆流萃取技术。将一系列的有机相单元沿一个方向顺序流动,与一系列的反向移动的水相单元相遇、接触,实现被萃取物在两相间的转移。

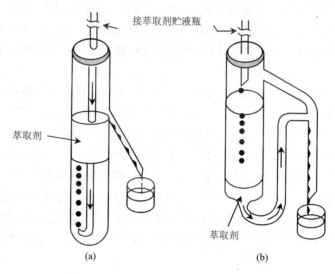

图 8-2 连续萃取装置
(a) 有机溶剂的密度比水小;(b) 有机溶剂的密度比水大

逆流萃取的装置有多种,一般都用于有机物的分离和提纯。无机物的分离则采用目前广泛应用的萃取色谱技术(见后)。

五、溶剂萃取分离在分析化学中的应用

溶剂萃取分离法在科研和生产中的许多方面都有应用,是一种重要的分离富集法。下面通过一些实例对这种方法在分析化学中的应用作一简单介绍。

(一)萃取分离

根据萃取剂与金属离子作用的特点,可以进行一些选择性分离。比如乙酰丙酮(HAA)溶于有机溶剂进行萃取时,只有 Co^{2+}、Mg^{2+}、Mo(Ⅵ)和 Ni^{2+} 的反应速率较大,其他离子需要几个小时才能达到平衡,而 Cr^{3+} 则必须加热。1-苯基-3-甲基-4-苯甲酰基代吡唑酮(PMBP)对镧系、锕系以及碱土金属元素有良好的萃取性能。三正辛胺(TOA)能够在较大的 pH 值范围内萃取硝酸介质中的锕系元素。二-(2-乙基己基)磷酸(HDEHP)可以从高氯酸-柠檬酸体系中萃取分离 Am、稀土元素和 Zr,因为 Am 和稀土元素只需要几分钟就能达到平衡,Zr 则需要十多个小时。

选择不同的有机溶剂可以进行选择性分离。例如以苯为溶剂时,噻吩甲酰三氟丙酮(HTTA)对 Co^{2+}、Ni^{2+} 的萃取率很低,如果采用苯-丙酮混合溶剂(1∶3)则可以定量萃取。铜铁试剂(HCup)采用三氯甲烷和苯为溶剂萃取酸性介质中的 Ga 时,效果优于异戊醇作为溶剂。多数情况下,当铜铁试剂以螯合物的形式萃取金属离子时,采用非极性溶剂的效果比含氧溶剂好。吡咯烷二硫代氨基甲酸铵(APDC)作为螯合剂萃取金属离子时,多数情况下,使用 CCl_4 溶剂有比较高的萃取率,但对于 Bi^{3+}、Fe^{3+}、Sb^{3+}、V(V),宜使用 $CHCl_3$。

改变溶液酸度也是提高萃取分离选择性的有效方法。比如双硫腙(H_2Dz)在酸性溶液(pH 值范围为 1～2)中可以萃取 Ag、Au、Bi、Cu、Hg、Pd、Pt;在中性溶液(pH 值范围为 5～7)

242

中可以萃取 Ag、Bi、Cd、Co、Cu、Hg、In、Ni、Pb、Zn;在碱性溶液(pH 值范围为 $8\sim10$)中可以萃取 Ag、Bi、Cd、Co、Cu、Fe、Hg、Mn、Ni、Pb、Sn、Tl、Zn。在 $0.5\ mol \cdot L^{-1}$ 的 H_2SO_4 和 $1\ mol \cdot L^{-1}$ 的 KI 溶液中,采用 0.2% 的二安替比林甲烷(DAM)-二氯乙烷可以选择性地萃取 In。丁二酮肟(DMG)在稀酸溶液中可以萃取 Pt^{2+} 和 Pd^{2+},与 Ni、Co、Cu 分离;在弱碱性介质中可以萃取 Ni,而 Cu 和 Co 仅少量萃取。

有些萃取对同一元素不同价态离子的萃取能力不同。比如在酸性介质中,Pu^{3+} 和 Fe^{3+} 可以被 HTTA 定量萃取,但 Pu 和 Fe 的二价离子却不能被萃取。APDC 可以在 pH 值在 $4\sim6.3$ 范围内萃取 As(Ⅲ),在 pH 值在 $5\sim8$ 范围内萃取 Sb^{3+};但在同样 pH 值范围内,As(Ⅴ)、Se(Ⅵ)和 Sb(Ⅴ)则完全不能被萃取。这个例子说明溶剂萃取不仅能够进行选择性分离,而且还可以对元素进行价态分析。

(二)萃取富集

萃取富集主要是利用共萃或协萃效应来富集微量元素。目前已经发现了许多协萃体系,比如 HTTA 和 TBP 以环己烷为溶剂,协同萃取硝酸介质中的 UO_2^{2+};RCOOR′ 和 ROH 协同萃取盐酸介质中的 Pa^{5+}。另外还有三元萃取体系,如 HDEHP、TBP 和 R_3N 以煤油为溶剂萃取硫酸介质中的 UO_2^{2+}。

对 PMBP 和 8-羟基喹啉协萃体系的研究比较多,如中性磷试剂对 Ce-PMBP 的协萃,18-冠-6 对 Co-PMBP 的协萃,卤代苯酚对 Fe^{3+}、Cu^{2+}-8-羟基喹啉的协萃,正丁胺对 Cd-8-羟基喹啉的协萃等。

影响协同萃取的主要因素有:

(1) 协萃剂。不同的协萃剂对协萃效率的影响非常明显。对于磷酸酯而言,碱性越强,协萃效率越高,次序为膦氧化物>次膦酸酯>膦酸酯>磷酸酯。

(2) 水相 pH 值。协萃效率通常随水相中 H^+ 浓度的增加而急剧下降。

(3) 稀释剂。稀释剂在水中的溶解度越小,极性越低,协萃效率就越高。

(三)萃取比色

溶剂萃取的一个明显的优点就是如果组分在紫外、可见光区内有吸收,那么萃取完成后即可取有机相或者水相进行分光光度测定。从分析的角度来看,在满足多组分同时测定的条件下,萃取比色对萃取率以及选择性的要求要相对宽松一些。另外,有的组分即使没有吸收,也可以通过显色反应后再进行光度法测定。下面是一些应用实例。

矿石及合金中 Ni 的测定一般采用丁二酮肟萃取比色。二乙基二硫代氨基甲酸钠(DDTC)作为组试剂可以通过萃取比色测定 Bi、Co、Cu、Tl 等,也可以用于金属 Cd、Pb、Sb、Ti、Zn、Zr 中 Cu 的测定。

分析金属钒中的铬,以 $CHCl_3$ 为溶剂,用铜铁试剂萃取试样溶液,然后用二苯基碳酰二肼分光光度法测定水相中的 Cr。

测定烟尘中的铟,以正庚烷为溶剂,用二-(2-乙基己基)磷酸(HDEHP)萃取试样溶液,有机相再用 HBr 反萃,然后用罗丹明 B、苯-丙酮萃取比色法测定 In。

分析纯铝中的钛,以 $CHCl_3$ 为溶剂,用二安替比林甲烷(DAM)萃取试样溶液,然后用分光光度法测定有机相中的 Ti。

分析锑中的铜,以 $CHCl_3$ 为溶剂,用 Pb-DDTC 萃取试样溶液,然后以 $CHCl_3$ 为参比,用分光光度法测定有机相中的 Cu。

第三节 离子交换分离法

离子交换分离法是利用溶液经过离子交换剂时发生的离子交换作用而实现分离的方法。离子交换分离法具有分离效率高,设备简单,离子交换剂可以重复使用(通过再生作用)等优点,是一种重要的分离方法,已经广泛应用于分析分离和试剂提纯。

许多天然产物,如粘土、沸石、硅藻土以及土壤中的腐殖酸都可以作为离子交换剂,但天然交换剂存在机械强度低,交换容量小的缺点。目前普遍使用的是人工合成的有机交换剂,即离子交换树脂。

一、离子交换树脂的种类和性质

离子交换树脂是一种高聚物,其骨架通常是苯乙烯和二乙烯苯形成的具有三维网状结构的颗粒高聚物。可以作为树脂骨架的还有乙烯吡啶体系、环氧系、脲醛系以及酚醛树脂等。在树脂的制备中,为了产生三维结构,常加入一种称为交联剂的物质,如二乙烯苯(DVB)。交联剂在原料总质量中所占的质量分数称为树脂的交联度,一般为 2%~24%,常见的是 8%。交联度越大,树脂的机械性能越好,吸水膨胀越小,分离选择性以及抗氧化能力得到提高,但交换速度会变慢。

欲使树脂具有离子交换功能,需要在上述网状结构的苯环上联结离子化或可以离子化的活性基团,即离子交换基。根据离子交换基的不同,一般可以把离子交换树脂分为以下三类。

(一)阳离子交换树脂

阳离子交换树脂的活性基团是酸性基团,基团上的 H^+ 可以与溶液中的阳离子发生交换。含磺酸基($-SO_3H$)的是强酸性阳离子交换树脂,含羧酸基($-COOH$)或酚羟基($-OH$)的是弱酸性阳离子交换树脂。

(二)阴离子交换树脂

阴离子交换树脂的活性基团是碱性基团,基团上的 OH^- 可以与溶液中的阴离子发生交换。阴离子交换树脂也有强碱性和弱碱性两种,前者含季胺基($-N^+R_3$),后者含伯胺基($-NH_2$)、仲胺基($-NHR$)和叔胺基($-NR_2$)。

(三)螯合型离子交换树脂

螯合型离子交换树脂将螯合剂引入树脂骨架中,溶液中的离子和树脂不仅有交换作用,还有螯合作用,因此这类树脂具有高度选择性和稳定性。

这三类树脂目前都有多种商品,如美国的 Dowex、Amberline 系列,英国的 Zerolit 系列,还有国产系列等。

强酸性阳离子交换树脂的抗酸、抗碱性能都很好,在 100℃ 可以不被氧化剂破坏,阴离子交换树脂的化学稳定性相对差一些。在分析分离中,强酸性和强碱性离子交换树脂比弱酸性和弱碱性离子交换树脂更实用,因为前者的适用 pH 值范围更广。强酸性和强碱性离子交换树脂的化学结构如图 8-3 所示。

树脂还可以通过再生的方式重复使用。如果分别用 HCl 和 NaOH 溶液(也可以使用其他强酸和强碱)处理已经使用过的树脂,那么树脂上的阳离子和阴离子就会分别被 H^+ 和 OH^- 取代,树脂又可以重新使用。

衡量离子交换树脂交换能力的指标是交换容量。交换容量是指单位质量的干树脂(有时用单位体积的湿树脂)所能交换的 1 价离子(如 H^+ 或 Cl^-)的物质的量,单位是 $mol \cdot L^{-1}$。树脂的交换容量与其网状结构中的活性基团数目有关,通常在 $2\ mol \cdot L^{-1} \sim 9\ mol \cdot L^{-1}$ 之间。树脂的交换容量可以用酸碱滴定法测得。

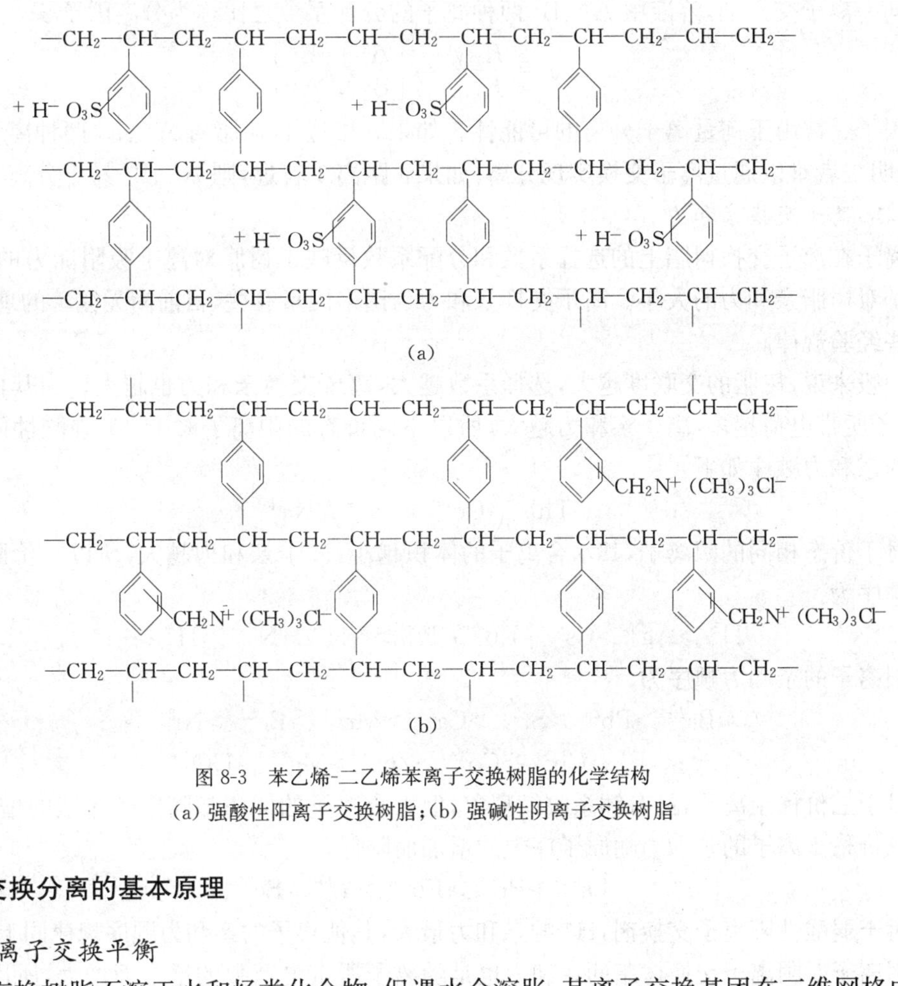

$$-CH_2-CH-CH_2-CH-CH_2-CH-CH_2-CH-CH_2-CH-CH_2-$$

$+ H^- O_3S$

$+ H^- O_3S$

$-CH_2-CH-CH_2-CH-CH_2-CH-CH_2-CH-CH_2-$

$+ H^- O_3S$

$+ H^- O_3S$

$-CH_2-CH-CH_2-CH-CH_2-CH-CH_2-CH-CH_2-$

(a)

$-CH_2-CH-CH_2-CH-CH_2-CH-CH_2-CH-CH_2-$

$CH_2N^+ (CH_3)_3Cl^-$

$-CH_2-CH-CH_2-CH-CH_2-CH-CH_2-CH-CH_2-$

$CH_2N^+ (CH_3)_3Cl^-$

$CH_2N^+ (CH_3)_3Cl^-$

$-CH_2-CH-CH_2-CH-CH_2-CH-CH_2-CH-CH_2-$

(b)

图 8-3　苯乙烯-二乙烯苯离子交换树脂的化学结构
(a) 强酸性阳离子交换树脂;(b) 强碱性阴离子交换树脂

二、离子交换分离的基本原理

(一) 离子交换平衡

离子交换树脂不溶于水和烃类化合物,但遇水会溶胀,其离子交换基团在三维网格中的水溶液中发生电离,与溶液中其他离子进行交换,并保持树脂相和水相的电中性。这种离子交换作用是一可逆反应,经过一定时间后会达到平衡。设阳离子交换树脂 $R-H$ 和溶液中 A^+ 离子发生交换,即

$$R-H^+ + A^+ \rightleftharpoons R-A^+ + H^+$$

平衡常数为

$$K_A = \frac{[A^+]_r[H^+]}{[H^+]_r[A^+]} \tag{8-31}$$

式中,$[A^+]_r$ 和 $[H^+]_r$ 表示离子 A^+ 和 H^+ 在树脂相中的浓度,$[A^+]$ 和 $[H^+]$ 表示其在水相中的浓度。平衡常数 K 也称选择系数,用以表示同一种离子交换树脂对不同离子的吸附选择性。当溶液中各离子的浓度相同时,K 值大的离子最先交换到树脂上,最后被洗脱液洗脱下来。

由于 K 值不易测定,在实际工作中常采用的是离子的分配系数。对于离子 A^+,其分配系数定义如下

$$K_{D,A} = \frac{[A^+]_r}{[A^+]} \tag{8-32}$$

对于同一离子交换剂,溶液中 A^+、B^+ 两种离子的分配系数之比称为分离因子 α。

$$\alpha = \frac{K_{D,A}}{K_{D,B}} = \frac{[A^+]_r[B^+]}{[B^+]_r[A^+]} \tag{8-33}$$

分离因子 α 常用于衡量离子分离的可能性。如果 α 接近 1,树脂对 A^+、B^+ 两种离子的吸附相近,表明二者难以通过离子交换实现分离;如果 α 距离 1 较远,则 A^+、B^+ 易于分离。

(二)离子交换亲和力

离子在离子交换树脂上的选择系数和分配系数反映了树脂对离子吸附能力的强弱,也就是离子对树脂亲和力的大小。离子交换亲和力与诸多因素有关,目前尚无完善的理论模型,都是一些经验规律。

一般来说,树脂的交联度越大,选择系数越大,离子交换亲和力也越大。当其他因素相同时,离子所带电荷越多,离子亲和力越大,所以不同价态的阳离子对 H^+ 型强酸性阳离子交换树脂的亲和力顺序如下

$$Th^{4+} > Ce^{3+} > Ca^{2+} > Na^+$$

对于价态相同的阳离子,其水合离子的体积越小,离子亲和力越大,所以一价阳离子的亲和力顺序为

$$Tl^+ > Ag^+ > Cs^+ > Rb^+ > K^+ > NH_4^+ > Na^+ > H^+ > Li^+$$

二价阳离子的亲和力顺序为

$$Ba^{2+} > Pb^{2+} > Sr^{2+} > Ca^{2+} > Mn^{2+} > Be^{2+} > Ni^{2+} >$$
$$Cd^{2+} > Cu^{2+} > Co^{2+} > Zn^{2+} > Mg^{2+} > UO_2^{2+}$$

对于三价稀土离子,虽有镧系收缩现象,但水合离子的体积却随原子序数的增加而增大,所以三价稀土离子的亲和力随原子序数的增加而降低,

$$La^{3+} > Pr^{3+} > Eu^{3+} > Y^{3+} > Sc^{3+}$$

对于弱酸性阳离子交换剂,H^+ 的亲和力最大,其他离子的亲和力顺序规律同上。

阴离子对阴离子交换树脂的亲和力也是随离子所带电荷数的增多而增大,所以一价阴离子的亲和力顺序为

$$I^- > HSO_4^- > NO_3^- > Br^- > CN^- > HSO_3^- > NO_2^- > CH_2ClCOO^- > IO_3^- >$$
$$HCO_3^- > H_2PO_4^- > HCOO^- > CH_3COO^- > NH_2COO^- > OH^- \approx F^-$$

二价阴离子的亲和力顺序为

$$SO_4^{2-} > MoO_4^{2-} > CrO_4^{2-}$$

对于螯合型的离子交换树脂,离子亲和力则主要决定于螯合基团的性质。

(三)洗脱原理

离子交换树脂用于分离时,多采用离子交换柱的形式,即将溶液注入到一个树脂柱上,溶液流经树脂时发生离子交换,然后再用合适的淋洗液(也叫洗脱液或者流动相)以一定的流速流过树脂床,将已经交换到树脂上的离子洗脱下来。可以通过将这一连续过程的离散化来理解洗脱原理(以 M 离子为例),即假设将树脂床分割为许多板块,洗脱过程就可视为 M 离子在

这些不连续的板块中进行水相和树脂相(也叫固定相)间的不断分配。洗脱进行时,新加入的洗脱液进入第一个板块,推动之前各板块中的水相顺次进入下一个板块,M离子会在两相间重新分配,达到平衡。这样淋洗液不断加入,含有M离子最多的水相不断前移,如果将淋洗液体积V对各板块中M离子在水相中的浓度c作图,得到的曲线就是离子交换的洗脱曲线,如图8-4所示。

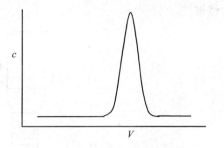

图8-4 理想的离子交换洗脱曲线

如果试样溶液中含有不同K_D值的多种可交换离子,在洗脱过程中,它们将以不同的速度向前移动,K_D值大的离子移动速度慢,K_D值小的离子移动速度快。基于这样的差速移动就可以实现多组分离子的分离。

三、离子交换技术

离子交换分离有静态和动态两种方法。静态法是将离子交换树脂置于含有欲分离元素的溶液中搅拌振荡,经过一段时间后达到平衡,然后将树脂滤出使两相分离,并用少量溶液洗涤。静态法分离效率不高,多用于分配系数的测量以及一些分离要求不高的场合。分析工作中的分离和富集常采用动态法,动态离子交换技术一般包括以下五个步骤:

第一步是离子交换树脂的选择和处理。用作分析分离的离子交换树脂应该是分析纯的树脂,工业用树脂经纯化后方可使用。处理方法比较简单:用温热的HCl溶液(浓度为4 mol·L^{-1})浸泡阳离子交换树脂,滤去酸液,用纯水清洗,如此反复多次即可;对于阴离子交换树脂,依次用1 mol·L^{-1}的HCl溶液、水、0.5 mol·L^{-1}的NaOH溶液、水、HCl溶液、水,循环洗涤。对于一般的分析分离,树脂的粒径为100目~200目,交联度约为8%;如果用于离子交换色谱,一般选粒径为200目~400目的树脂。

第二步是装柱。根据需要,选择适宜长度和内径的离子交换管(可以用一端拉细的玻璃管来代替,并在底部放一个玻璃纤维垫片),如图8-5(a)。洗涤干净后,装入一半的蒸馏水,打开活塞赶出气泡。将烧杯中浸泡约24小时的树脂浆(1体积树脂:2体积水)缓慢导入管中,打开活塞,将水慢慢放出,但注意避免树脂露出水面,如此继续添加树脂浆至所需高度。然后将一个玻璃纤维垫片置于树脂床上防止加入试样溶液或淋洗液时振动树脂床。柱上可以装一球形分液漏斗作诸液器,如图8-5(b)。

第三步是条件化。在第一步树脂处理过程中,可以将阳离子交换树脂转化为H$^+$型,阴离子交换树脂转化为Cl$^-$型,如果需要,则可以转换为其他类型。然后用蒸馏水反复淋洗直至洗出液呈甲基橙碱性。如果淋洗液为有机溶剂或有机溶剂与水的混合液,则应使用该淋洗液反复洗涤树脂。

第四步是进样。试样溶液应该轻轻注入离子交换柱上,以一定的速度流过柱床。如果溶液体积过大,应分多次注入,且流速不能太大,以防止分离组分穿透。

第五步是再生。以H$^+$型阳离子交换树脂为例,使用淋洗液将交换到树脂上的离子洗脱后,树脂上总会保留一些其他离子,并最终会穿透树脂床随淋洗液流出。所以经过一段时间后,应该对离子交换树脂进行再生。一般用0.5 mol·L^{-1}~1 mol·L^{-1}的HCl溶液淋洗树脂床至淋洗液中没有金属离子。对于污染严重的离子交换树脂,用盐酸淋洗前还必须用柠檬酸铵淋洗。

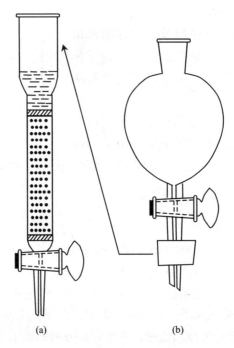

图 8-5　离子交换柱结构
(a) 交换柱;(b) 储液器

四、离子交换分离在分析化学中的应用

离子交换分离在定量化学分析中的应用是多方面的,下面举几个例子。

(一)试剂的纯化和制备

在分析化学实验室中有时需要使用经离子交换纯化过的水代替蒸馏水,去离子水在某些方面要优于蒸馏水。将自来水依次通过 H^+ 型强酸性阳离子交换树脂和 OH^- 型强碱性阴离子交换树脂,这样自来水中的痕量阳离子和痕量阴离子便保留在树脂中,交换出来的 H^+ 和 OH^- 反应生成 H_2O。离子交换可以去除水中的电解质和二氧化硅,但原来的非电解质成分以及树脂上可能脱落的有机物还会存在于去离子水中。分析工作中要求的高纯水是经过石英蒸馏器两次蒸馏,再通过离子交换得到的水。

氢氧化四甲铵$[(CH_3)_4NOH]$常用于许多电化学研究和非水滴定中,但纯品价格昂贵。借助离子交换法就可以将容易得到而且比较便宜的氯化四甲铵$[(CH_3)_4NCl]$转化为氢氧化四甲铵:将氯化物溶液通过阳离子交换树脂,$(CH_3)_4N^+$ 就保留在树脂上,用水清洗后,再用一定量的 NaOH 溶液作为淋洗液,洗脱后的$(CH_3)_4N^+$ 与 OH^- 反应生成氢氧化四甲铵。NaOH 不应过量,否则会沾污产品。

(二)总盐分的测定

用滴定分析方法极难测定硝酸盐、硫酸盐和高氯酸盐的含量,如果将这些盐的溶液通过 H^+ 型强酸性阳离子交换树脂,那么淋出的洗脱液中含有被交换下来的、与金属离子存在化学

计量关系的 H^+,通过酸碱滴定测定 H^+ 的量就可以间接测出溶液中的总盐分。通过离子交换,可以测定水体中 Ca、Mg、Na 和 K 的总量,土壤中的可溶盐,以及血浆中的盐分等。

(三)干扰离子的去除

许多离子或离子基团会干扰被测组分的测定,最常用的去除方法之一就是离子交换,将干扰离子替换为非干扰离子。下面举一些例子。

重量法测定 SO_4^{2-} 时,高浓度的 Fe^{3+}、Al^{3+} 和 K^+ 会干扰测定。可以将试样溶液通过 H^+ 型强酸性阳离子交换树脂,上述干扰离子会保留在树脂上,洗脱下来的 H^+ 对测定无干扰作用。被测组分 SO_4^{2-} 是阴离子,不被阳离子交换树脂保留。

SO_4^{2-}、PO_4^{3-} 等阴离子常干扰碱金属的测定。可以将试样溶液通过 H^+ 型强酸性阳离子交换树脂,保留在树脂上的碱金属离子用强酸溶液洗脱下来后即可直接测定。

测定矿石中的 U 时,元素 Fe、V、Mo 会干扰。测定方法是使用稀硫酸溶液试样,加入亚硫酸将 Fe^{3+}、$V(V)$ 和 $Mo(VI)$ 还原为 Fe^{2+},$V(IV)$ 和 $Mo(IV)$,然后将试样溶液通过 HSO_4^- 型中碱性阴离子交换树脂,$UO_2(SO_4)_3^{4-}$ 会保留在树脂上,用 $1\ mol \cdot L^{-1}$ 的 $HClO_4$ 溶液洗脱后,通过光度法或滴定法测定洗脱液中的 U。

(四)痕量离子的富集

离子交换是富集痕量组分非常有效的方法之一。由于许多试样中被测组分的含量太低,试样又不能大量取样,所以必须预先除去基体或者将被测的痕量组分浓缩后才能进行测定。例如对环境样品、生化样品、半导体材料以及高纯金属等的测定,其中需要测定的组分含量常常是 10^{-9} 的数量级,目前许多仪器分析方法的检出限也在这个数量级,因此为了获得准确可靠的结果,作为预处理的富集步骤是必要的,这也是提高分析方法灵敏度的有效途径。

天然水中微量元素如 Cu、Zn、Pb、Cd 等的分布涉及到环境质量问题,一般的含量均在 $10^{-6}\ g \cdot L^{-1}$ 左右,仪器分析方法直接测定难以得到准确的结果,可以使用离子交换进行富集。水样经过 HBr 酸化并加入抗坏血酸后,通过强碱性阴离子交换树脂,Cu^{2+}、Zn^{2+}、Pb^{2+} 与 Br^- 的配阴离子就可以富集于树脂上,用 $1\ mol \cdot L^{-1}$ 的 HNO_3 洗脱后进行测定。

欲测定海水、盐湖水和温泉水中的 Cu、Zn、Pb、Cd 和 Mn,可以调节水样 pH 值范围为 $6 \sim 8$,通过亚胺二乙酸$[R—CH_2N(CH_2COOH)_2]$ 螯合树脂柱,富集在树脂上的金属离子用 $1\ mol \cdot L^{-1}$ 的 HNO_3 洗脱后用分光光度法进行测定。

第四节　色谱分离法

色谱法是俄国科学家茨维特(Tswett)于 1906 年研究植物色素分离时创立的。当时茨维特将植物叶片的提取液通过一个装有粉状 $CaCO_3$ 的玻璃管,经过一段时间后,不同颜色的色素按照一定顺序排列,实现了分离,所以这种方法称为"色谱法"或"层析法"(Chromatography)。

至今,色谱法以其分离效率高、速度快、选择性好的优点在许多领域,如石油、化工、医药、冶金、生命科学以及航空航天等方面,得到了广泛的应用,是现代分离科学的一个重要组成部分。

色谱的种类很多,有不同的分类方法。按两相所处的状态,可以分为气相色谱(GC)和液相色谱(LC),气相色谱又可以分为气-固色谱(GSC)、气-液色谱(GLC);液相色谱可以分为液-

固色谱(LSC)、液-液色谱(LLC)。按固定相的状态,可以分为柱色谱、纸色谱和薄层色谱。按分离原理,可以分为吸附色谱、分配色谱和离子交换色谱等。这一节介绍一些经典色谱分离法的应用。

一、纸色谱法

纸色谱法是一种经典的液相色谱法,以滤纸为固定相,毛细现象作为流动相的驱动力,组分在两相间经过多次分配而实现分离。纸色谱具有操作简单、分离效果好的优点,在一些场合仍在使用。

纸色谱法中的流动相也叫展开剂,水、酸碱溶液、缓冲溶液以及有机溶剂都可以作为纸色谱的展开剂。为了提高分离效果,纸色谱中经常使用二元、三元或者四元体系作为展开剂,表8-6列出了一些常用试剂。

表8-6 纸色谱中常用的展开剂

1. 异丙醇-氨水-水
2. 正丁醇-乙酸-水
3. 水-苯酚
4. 甲酰胺-氯仿
5. 甲酰胺-氯仿-苯
6. 甲酰胺-苯
7. 甲酰胺-苯-环己烷
8. N,N-二甲基甲酰胺
9. 煤油-70%异丙醇
10. 石蜡油-N,N-二甲基甲酰胺-甲醇-水

其中1~3适用于亲水性物质的分离;4~7适用于中等亲水性物质的分离;8~10则适用于疏水性物质的分离。

为了提高纸色谱的分离效果,常常对滤纸进行改性修饰,比如用硅藻土、氧化铝、硅胶和离子交换树脂浸渍以及改变滤纸的极性及吸附性能,乙酰化(将纤维素中的羟基变为羧基)或使用硅氧烷浸渍而使滤纸具有疏水性。如果展开剂的腐蚀性很强,可以使用处理过的玻璃纤维纸。

纸色谱的固定液不一定都要求与展开剂互不相溶,一般有水性固定液、亲水性固定液和疏水性固定液等三种类型。水性固定液通常是水或者缓冲剂的水溶液;亲水性固定液有甲醇、甲酰胺、乙二醇类、溶纤剂和甘油;疏水性固定液有 N,N-二甲基甲酰胺、煤油、芳烃和脂肪烃。

在纸色谱分离中,第一步是点样,就是利用微量注射器或毛细管将试样溶液注在滤纸条一端约 3 cm 处预先标记的位置。然后将该滤纸条在层析缸中固定,使有样品点的一端浸入展开剂中进行分离,要注意避免将样品点浸入。展开方法有上行法和下行法,如图 8-6 所示。在下行法中,流动相的驱动力除了毛细现象外,还有重力作用,因此效果要好一些。此外还有一种双向法,是在一张正方形滤纸的一角点样,在长方形的层析槽展开后烘干,然后将滤纸转 90度,再用另一展开剂展开。这种展开方法使纸色谱的分离能力大大提高。

展开完成后,一般还要进行显色反应,然后测定分离组分的比移值 R_f,R_f 的定义为

$$R_f = \frac{\text{组分斑点距样品点的距离}}{\text{溶剂前沿距样品点的距离}} \tag{8-34}$$

在色谱条件一定的情况下,某一组分比移值 R_f 为定值,可以作为定性分析的依据。

纸色谱的定量分析是剪下不同斑点的滤纸,然后可以灼烧称重金属氧化物的含量,也可以

用溶剂溶出组分后利用光度法测量。

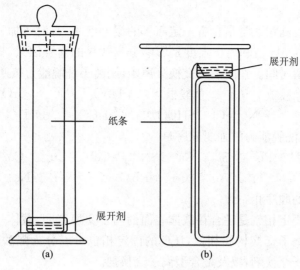

图 8-6　纸色谱分离技术
(a) 上行法；(b) 下行法

二、薄层色谱法

薄层色谱法是分离简单混合物的理想工具，具有操作简便、样品用量少、分析速度快和可以定量等优点，在医药、化工、生化方面有着广泛的应用。

薄层色谱流动相（展开剂）的种类很多，同纸色谱类似，一般采用多元混合溶液以调节体系的极性和酸碱性。一般来说，薄层色谱流动相的洗脱能力与其极性正相关。常用溶剂的极性顺序为

石油醚＜环己烷＜二硫化碳＜四氯化碳＜苯＜甲苯＜二氯甲烷＜氯仿
＜乙醚＜乙酸乙酯＜丙酮＜正丙醇＜乙醇＜甲醇＜吡啶＜酸

薄层色谱的固定相是将纸浆、纤维素，或者微粒离子交换树脂涂布在玻璃板、金属板，或弹性塑料板上形成的薄层。也可以使用惰性薄层，再涂上一层固定液，以液-液色谱的形式进行分离。

薄层色谱中常用的固定相是硅胶和氧化铝，分别用于酸性物质、中性物质和碱性物质的分离。商品固定相中常加入粘合剂以增强其机械性能，如氧化铝 G 和硅胶 G 中就有煅石膏。将固定相与溶剂调成糊状，均匀涂布（或者使用涂布机涂布）于薄板上，晾干后在 110℃ 烘烤，恢复硅胶或氧化铝的活性。

薄层色谱的定性依据也是组分的比移值 R_f。但定量分析比较繁琐，需要将吸附剂上的斑点刮下，用适当的溶剂溶解后测定；也可以不破坏薄层而采用光度计或者荧光计测定斑点的吸光度或荧光强度。

薄层色谱广泛地应用于有机物的分析，一个典型的例子是生物材料中各种氨基酸的分离。在微晶纤维素薄板（20×20 cm）上，分别用叔丁醇-甲乙酮-氨水-水（5∶3∶1∶1）和异丙醇-甲酸-水（20∶1∶5）作为展开剂进行双向展开，用茚三酮-丙酮溶剂显色，可以分离测定 17 种氨基酸。

三、离子交换色谱法和离子色谱法

离子交换色谱法（Ion exchange chromatography，IEC）是根据离子交换原理，使组分离子

251

和流动相离子与固定相上的离子交换基团发生竞争性离子交换,由于亲和力的不同而实现分离的色谱法。

离子交换色谱的流动相通常是含有一定离子的缓冲溶液,有时还加入甲醇或乙腈等有机极性改性剂。流动相的 pH 值和离子强度是影响分离效果的重要因素,提高流动相的离子强度可以减小组分的保留时间。在阴离子交换分离中,阴离子洗脱能力按照以下顺序减小

$$\text{柠檬酸根} > SO_4^{2-} > \text{草酸根} > I^- > HSO_4^- > NO_3^- > CrO_4^{2-}$$
$$> Br^- > SCN^- > Cl^- > HCOO^- > CH_3COO^- > OH^- > F^-$$

对于阳离子交换分离,洗脱能力的强弱顺序是

$$Fe^{3+} > Ba^{2+} > Pb^{2+} > Sr^+ > Ca^{2+} > Ni^{2+} > Cd^{2+} > Cu^{2+} > Co^{2+} > Zn^{2+}$$
$$> Mg^{2+} > UO_2^{2+} > Ti^+ > Ag^+ > Co^+ > Rb^+ > K^+ > NH_4^+ > Na^+ > H^+ > Li^+$$

这与离子交换亲和力的顺序相一致。

离子交换色谱的固定相就是键合在载体表面的离子交换基团,载体一般是薄壳型或者全多孔型硅胶微粒。与离子交换树脂相似,IEC 的固定相也可以分为强酸性、弱酸性离子交换剂,强碱性、弱碱性离子交换剂,以及螯合型离子交换剂。

离子色谱法(Ion chromatography,IC)是在 IEC 基础上发展起来的一种色谱技术。IC 采用低交换容量的新型离子交换柱进行分离,柱后串连一根高交换容量的抑制柱用于除去洗脱液的大部分离子,扣除流动相的背景电导,使电导检测器能够灵敏地检测组分离子,这种离子色谱称为双柱离子色谱(DCIC)。后来又发展一电抑制型电导检测器,这种离子色谱不需要抑制柱,称为单柱离子色谱(SCIC)。

电导检测的双柱离子色谱有三种类型:用于亲水阴、阳离子分离的高效离子色谱(HPIC),用于有机酸和氨基酸分离的高效离子排斥色谱(HPICE),以及用于疏水阴、阳离子和金属配合物分离的流动相离子色谱(MPIC)。

离子色谱最常用的检测器是通用型电导检测器,也可以使用电化学检测器,紫外-可见检测器以及原子吸收光谱等作为专用型检测器。

离子色谱法最成功的应用当属氨基酸的分析,现在已有专门的氨基酸分析仪。另一个重要应用是稀土元素的分离,使用聚乙烯二乙烯苯磺酸型阳离子交换树脂的色谱柱,选择适当条件,可以分离 14 种稀土金属离子。

四、萃取色谱法

萃取色谱法实际上是将分液装置中的萃取操作改为柱上的连续萃取操作,组分在两相间经过多次分配而实现分离。萃取色谱兼有溶剂萃取的高选择性和色谱分离的高效性。

萃取色谱可以分为两类,固定相的极性大于流动相的称为正相萃取色谱,反之则为反相萃取色谱。后者在分析化学中有比较广泛的应用。萃取色谱的分离条件可以通过同一体系的普通溶剂萃取过程来获得,这也是萃取色谱的优点之一。

萃取色谱的流动相比较简单,多采用无机酸、碱、盐的水溶液,一般可以通过控制溶液的离子强度和 pH 值调节洗脱条件。

萃取色谱的固定相就是有机萃取剂,种类很多,常见的磷类、胺类、含氧醚酮类、冠醚类等萃取剂都可以作为色谱固定相。固定相通过涂布或键合方式固定在惰性载体(如硅藻土、玻璃微珠、聚合物微球等)上。20 世纪 70 年代发展了一种新型固定相,称为萃淋树脂,是包含萃取

剂的大孔结构,主要采用苯-二乙烯基苯形成的高聚物为骨架。萃淋树脂兼有离子交换和溶剂萃取的优点,而且色谱柱的传质性能好,固定液的流失少。

萃取色谱在放射化学中有广泛的应用,具有柱容量小,耐辐射的优点,成功地用于多种放射性元素的分离和制备。萃取色谱在分析化学中的应用日益广泛,不仅具有较强的分离能力,而且对微量组分的富集倍数也很高,目前多用于稀土元素的分离富集和贵金属分析。

第五节　其他分离方法

一、挥发分离

挥发分离是利用物质挥发性的差异而实现组分分离的方法。分析试样中如果含有挥发性的组分,或者不挥发的组分可以通过衍生的方式转化为能挥发的物质,那么经过加热处理就可以将这些组分从液态或固态样品中去除而实现分离。

借助挥发分离法可以将痕量组分从试样中分离出来进行测定,而且已经发展了与气相色谱的联用技术;也可以将大量基体从试样中去除,比如采用真空蒸馏、真空冷冻、惰性气体载带等方法。挥发分离在有机分析中得到了广泛的应用,是一种不可缺少的分离手段,例如有机化合物中的 C、H、O、N、S 等元素的定量分析。在无机分析中,由于具有较高的选择性,挥发分离在某些场合仍然适用,比如通过转化为 CO_2 和 SO_2 来测定钢铁中的 C 和 S。表 8-7 列出了一些应用实例。

表 8-7　挥发分离方法的应用实例

组　分	挥发组分	分　离　条　件	应　用
H_2O	H_2O	105℃加热	无机物中组成水的测定
Ar	Ar	Na_2CO_3 熔融	硅酸盐矿石年代的测定
C	CO_2	O_2 中 1000℃~1400℃燃烧	钢铁中 C 的测定
S	SO_2	1525℃燃烧	钢铁中 S 的测定
	H_2S	HCl,加热	S 的测定
N	N_2	$CuO+CO_2$,600℃	有机物中 N 的测定
	NH_3	NaOH,加热	N 的测定
O	CO	与 C 真空熔融	金属中 O 的测定
		N_2+C,500℃加热	有机物中 O 的测定
H	H_2O	在 N_2 中 600℃~650℃燃烧	有机物中 H 的测定
Hg	Hg	在 N_2 中 700℃~750℃燃烧	有机物中 Hg 的测定
Cl,Br	Cl_2,HCl,Br_2,HBr	Pt,900℃燃烧	有机物中卤素的测定
Sn,Te,Se	SnI_4,TeI_4,	NH_4I,加热	除 Sn,Te
	$SnBr_2$,$SeBr_2$	HCl+HBr,蒸馏	除 Sn,Se
As,Sb,Ge	$AsCl_3$,$SbCl_3$,	HCl,蒸馏	除 As,Te,Ce
	$GeCl_4$,AsH_3	$Zn+H^+$	As 的测定
F	SiF_4	$SiO_2+H_2SO_4$	Si 的测定
Si	H_2SiF_6	H_2SO_4(或 $HClO_4$),蒸馏	除 Si
Cr	CrO_2Cl_2	Cl^-+HClO_4,蒸馏	除 Cr
Os,Ru	OsO_4,RuO_4	$HNO_3+NaBiO_3$,蒸馏	Os,Ru 的测定
Re	Re_2O_7	H_2SO_4,蒸馏	Re 的测定

挥发分离法也可以用于试剂的提纯和基准物质的制备,如碘、三氧化二砷、氯化汞和苯甲酸的提纯。

如果物质于100℃时的挥发性不够大,可以在溶液中加入 $HClO_4$ 或者 H_2SO_4,这样操作的温度可以提高到200℃~300℃。从另一个角度看,如果采用酸溶或熔融法分解试样时,试样中可能存在的挥发性组分会因挥发而损失,如果这些是待测组分,就要采取相应的措施。

二、电泳分离

电泳是溶液中带电粒子在外加电场的作用下向电极作定向移动的电迁移现象。不同组分的离子在电场中有不同的迁移速率,这种差速迁移就是电泳分离的依据。离子迁移率 μ(也称淌度)的定义如下

$$\mu = \frac{PL}{Vt} \tag{8-35}$$

式中 P 为带电粒子在电场中移动的距离,L 为电极间的距离,V 为外加电压,t 为该粒子移动 P 距离所用的时间。从物理学的角度,电荷为 Q 的带电粒子在场强为 E 的电场中,其迁移率 μ 为

$$\mu = \frac{Q}{6\pi\eta r} \tag{8-36}$$

式中 η 为介质粘度,r 为粒子半径。

从(8-35)和(8-36)两式可以得出电泳分离的主要影响因素有以下三个方面:

(1)粒子迁移率。粒子所带电荷与半径相差越大,电泳分离效果越好。显然阴、阳粒子最易分离,因为迁移方向相反。

(2)电解质溶液组成。溶液粘度影响粒子的迁移率。溶液的组分有时还会改变粒子的半径(如形成水合离子)或所带电荷(比如配体是带相反电荷的离子)。另外,溶液的 pH 值会影响酸碱的电离,进而影响分离效果。

(3)外加电压梯度 V/L。理论上,电压梯度越大,分离效果越好。但实际中必须考虑高电压导致的发热问题。

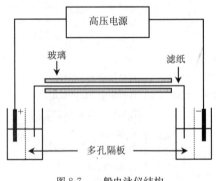

图 8-7 一般电泳仪结构

传统电泳分离法采用的仪器(电泳仪)的结构如图 8-7 所示。液槽中嵌有多孔隔板,电极置于盛有缓冲溶液的外槽。用缓冲溶液浸过的层析纸作为载体,试样溶液点在滤纸的中央,纸条的两端浸入液槽内侧。除两端外,滤纸要用两块玻璃板夹紧。全部装置放在密封容器中进行电泳分离,以防止溶剂蒸发。

电泳分离最重要的应用之一是临床医学诊断。正常人的血浆蛋白可以借助电泳方法将其中的白蛋白与各种 γ 球蛋白分离,得到一独特的电泳图。病人血浆蛋白的电泳图会发生变化,因此可以为病因的诊断提供参考。现在酶类、类脂和糖的电泳图也用于诊断。

毛细管电泳(Capillary electrophoresis,CE)是在 1981 年提出的电泳分离技术,其基本结

构类似于图 8-9,只是载体换成了毛细管。毛细管电泳中流体的驱动力除了离子迁移外,还有一种特殊的方式——电渗流,电渗流具有平面层流的性质,几乎可以使所有物质,不论其电荷性质如何,都向一个方向流动,这种特性对毛细管电泳分离起相当重要的作用。毛细管电泳发展迅速,取得了重大进展,具有样品用量小($1\ nL \sim 10\ nL$),分离速度快($10\ min \sim 30\ min$),分离效率高,以及灵敏度高(检出限为 $10^{-15}\ mol \cdot L^{-1} \sim 10^{-20}\ mol \cdot L^{-1}$)等优点,可用于氨基酸、多肽和蛋白质的分离分析,如 DNA 测序等。

三、膜分离

膜分离是使用天然或人工合成的薄膜,借助某种推动力,对多组分的溶质和溶液进行分离的方法。膜分离方法多用于溶液体系的分离,推动力有压力差、浓度差、温度差、电位差以及化学反应等。膜分离方法出现得比较早,20 世纪 80 年代后又获得了迅速发展,具有能耗小、成本低、操作简便和适应性好的优点,在许多领域都有应用。

根据膜的形态,可以分为固体膜分离方法和液膜分离法。

(一)固体膜分离法

固体膜分离中常用的膜材料有纤维素、合成高分子聚合物(如硝酸纤维膜 CN,醋酸纤维膜 CA 等)、烧结玻璃、烧结陶瓷以及金属等。还可以对膜进行修饰,比如离子交换膜、催化膜以及膜传感器使用的酶固定化膜。

固体膜分离有多种分离机理,筛分机理是基于机械截留作用,即固体膜可以截留直径大于膜上微孔孔径的固体颗粒或溶质,从而实现分离。还有一种机理是基于膜表面的物理特性(比如吸附)或化学特性,这种情况下,即使膜上微孔的孔径比溶质或溶剂分子的直径大,膜仍可以阻挡这些分子。

表 8-8 列出一些常用的固体膜分离方法。

表 8-8 常见膜分离方法及特点

方法名称	示　意　图	膜孔径(μm)	推动力	透过物	截留物
微孔过滤	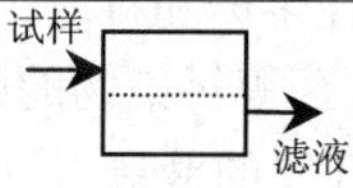 试样 → 滤液	$0.05 \sim 14$	压力差 ≈ 0.07 MPa	水,溶剂溶解物	悬浮物微粒
加压超滤	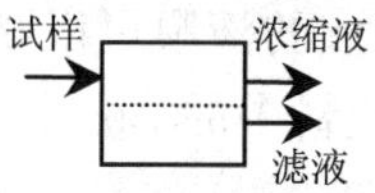 试样 → 浓缩液 / 滤液	$0.001 \sim 0.01$	压力差 $0.3 \sim 6$ MPa	水,溶剂	大分子溶质,胶体
反渗透	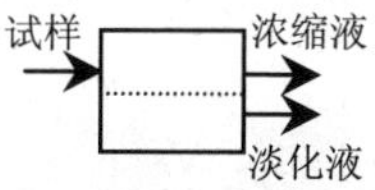 试样 → 浓缩液 / 淡化液	<0.001	压力差 $30 \sim 120$ MPa	水,溶剂	溶质,盐类大分子
渗析	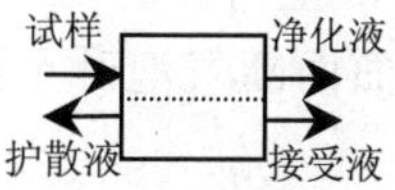 试样 / 护散液 → 净化液 / 接受液	半透膜	浓度差	低分子量物质,离子	溶剂,分子量大于 10000 的分子
电渗析	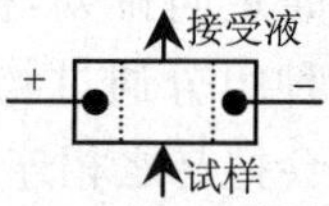 接受液 / 试样	离子交换膜	电位差	电解质离子	非电解质大分子物质

固体膜分离方法适用于分子结构相似、且浓度比较低的物质的分离。比较有代表性的应用有：水处理，如海水的淡化，纯水以及超纯水的制备，废水的处理等；气体分离，如膜分离法生产氮、氧等；还有多种元素的分离和富集。

（二）液膜分离法

液膜分离是一种新型的膜分离技术。在溶液中悬浮有许多乳液微粒，液膜就是包在微粒外的一层液体膜，微粒内的液体相称为膜内相，微粒外的溶液相称为膜外相。通常情况下，液膜与膜内相和膜外相互不相溶。按照液膜组成的不同，可以分为油包水（W/O）和水包油（O/W）两种，如图8-8所示。制备液膜的成分有表面活性剂（用于控制液膜的稳定性），膜溶剂（构成膜的基本），流动载体（传质作用物），以及添加剂。添加剂的作用是在分离过程中稳定液膜，而在分离后的破乳化阶段使液膜容易破碎。

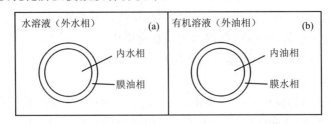

图 8-8　液膜组成示意图
（a）油膜（油包水型）；（b）水膜（水包油型）

液膜分离的机理有两种。对于无载体膜，分离主要基于选择性渗透、化学反应、吸附和萃取等；对于有载体膜，则主要依靠膜内流动载体实现分离，分离取决于载体的性质以及载体与被分离物的相互作用。液膜分离中，无论何种机理，欲分离组分都由膜外相经过液膜进入膜内相。

液膜分离完成后，先放置澄清以分出乳状液，然后经过破乳的步骤，将乳液进行破碎，使膜相和膜内相分离。得到的膜相可以重新使用，含有被分离组分的膜内相则用于下一步的分析或处理。破乳的方法有化学反应、加热、离心以及静电等。

液膜分离具有传质速度快，选择性好，分离效率高等优点，在生产和科研中有广泛的应用。液膜分离技术已经成功地用于工业废水中酚、铬、汞以及酸性农药等污染物的处理。在科研中主要用于元素的分离和富集，比如用煤油-仲辛醇-上胺体系组成的液膜几乎可以完全萃取 Ta_2O_3 而与 Nb_2O_3 分离；兰 113B-TOA-液体石蜡-磺化煤油组成的液膜可以萃取 $Cr(Ⅵ)$ 而与 Cr^{3+} 分离；P507-N205-液体石蜡-正庚烷组成的液膜可以富集饮料中的 Zn，用火焰原子吸收法测定，回收率达到 99%。

四、浮选分离

浮选分离是在试样溶液中加入表面活性剂，然后通入对溶液呈惰性的气体（常用氮气或空气），产生泡沫。溶液中具有表面活性的组分会附着在气泡表面而随气泡升至溶液表面，将气泡与母液分开即可实现组分的分离。

一般认为浮选分离的机理是表面活性剂在气泡的气-液界面定向排列，极性一端朝向水相，非极性的一端则指向气泡内部。表面活性剂与溶液中的某种组分通过物理作用（如库仑力）或化学作用（如形成配合物）而连接在一起，气泡浮出液面就会把与之相连的组分带出而实现分离。

浮选分离的过程以及装置都非常简单,一般将氮气或空气通过微孔玻璃或者塑料筛板产生微小气泡,待浮选完成后停止通气,将泡沫层收集在接受器中加入消泡剂即可。常用的消泡剂有乙醇、正丁醇等。

浮选分离法有三种类型:

(1) 离子浮选。在含有金属离子的溶液中,加入带有相反电荷的表面活性剂,或者预先加入某种配体,形成配离子后再加入与配离子电荷相反的表面活性剂。然后通入气体,产生泡沫进行分离。

(2) 沉淀浮选。在有捕捉剂存在的情况下,向含有金属离子的试样溶液中加入沉淀剂,溶液中产生沉淀或者胶体。然后加入与沉淀或胶体表面电荷相反的表面活性剂,通入气体,产生泡沫进行分离。

捕捉剂实际上是一种共沉淀载体,一般选用能够形成比气泡直径大得多的沉淀的大分子絮凝剂。

(3) 溶剂浮选。溶剂浮选是在试样溶液表面上加入某种不相溶的有机溶剂,当浮选产生的带有被分离组分的气泡上升至溶液与有机溶剂接触的界面时,被分离组分有的可以溶入上层有机溶剂,有的则不溶于两相而形成第三相。

溶剂浮选具有萃取的性质,也称萃取浮选。但是浮选物和浮选剂都没有溶剂化作用,萃取过程并不涉及分配比的问题,所以这种方法具有分离量大,选择性好,分离效率高的优点。

浮选分离的主要影响因素有以下四个方面:

(1) 溶液 pH 值。溶液 pH 值会对离子的存在形态以及表面电荷产生影响,比如分离 Zn^{2+} 时,pH 值在 8.5～11 的范围内,$Zn(OH)_2$ 是主要存在形式,这时的分离效率很高;而当 pH<3 时,Zn^{2+} 为主要存在形式,分离效率就会急剧下降。再如 pH<9.6 时,$Fe(OH)_3$ 胶体带正电,应该使用阴离子表面活性剂;而当 pH>9.6 时,胶体带负电,那么就应该使用阳离子表面活性剂。

(2) 表面活性剂。表面活性剂的浓度对浮选分离的影响很大,在离子浮选和沉淀浮选中,浓度不应超过临界胶束浓度。另外,表面活性剂中非极性部分碳链的碳原子数一般为 14～18,碳链太短会使表面活性降低,泡沫不稳定;碳链太长会导致泡沫过于稳定,浮选平衡的时间增大。

(3) 离子强度。与表面活性剂电荷相同的离子不利于浮选分离,所以应该降低溶液的离子强度。

(4) 气泡大小。浮选分离的气泡直径应控制在 0.1 mm～0.15 mm 的范围。如果气泡太大,不容易形成稳定的泡沫层;气泡太小会导致重新聚集(一般可以加入少量甲醇、乙醇或丙酮来抑制)。气体的流速一般控制在 1 mL·cm^{-2}·min^{-1}～2 mL·cm^{-2}·min^{-1}。

浮选分离法具有速度快,富集倍数高(通常可达 10^4),操作简便等优点,而且易于实现自动化和连续操作,广泛地应用于各种样品中痕量元素的分离和富集。目前适合于浮选分离的元素有 Au、Bi、Cd、Hf、In、Ir、Mn、Mo、Os、Pd、Pt、Rh、Ru、Sc、Se、Te、Ti、U、V、Zr 等。

五、超临界流体萃取分离

超临界流体萃取分离是利用超临界流体作为萃取剂的一种萃取分离方法。超临界状态是物质的一种特殊形态,这种情况下的温度和压力均超过物质的临界点。超临界流体既非液体也非气体,但兼有二者的特点:一方面,其密度接近液体,因而具有很强的萃取能力;另一方面,其粘度接近气体,而且具有良好的渗透性,在萃取过程中能够保持较高的传质速率和流动速度。超临界流体很容易气化,因此,这种萃取方法的后处理非常简单。由于这些特点,超临界流体萃取可以实现常规萃取方法难以完成的分离。

CO_2 是超临界流体萃取最常用的工作介质,其超临界条件比较容易控制。CO_2 常用于非极性或弱极性物质的萃取,对于极性较大的物质,可以加入一些极性添加剂,如异丙醇、甲醇等,或者使用氨或氧化亚氮作为工作介质来萃取。

压力是超临界流体萃取分离最重要的影响因素,压力的变化会改变流体的密度和粘度,从而改变对组分的溶解性。因此可以通过控制压力实现分离条件的改变。

超临界流体萃取不仅具有高效、高速的优点,而且几乎没有残留,对萃取物和被萃取成分的影响相当小,所以广泛地应用于香料、草本植物、中药中有效成分的提取。

习　　题

1. 有一 Pr-Nd 混合物,两种物质的质量比为 $(m_{Pr})_0/(m_{Nd})_0 = 0.1$,使用某方法分离其中的 Nd 后,用重量法测定 Pr。设 Nd 和 Pr 的响应相同,Pr 完全回收,欲使 Nd 对 Pr 测定的误差小于 0.2%,分离因子 $S_{Nd/Pr}$ 应为多少?

2. 不考虑共沉淀或后沉淀的影响,室温条件下能否使用 H_2S 沉淀法分离浓度均为 0.020 mol·L^{-1} 的 Cu^{2+} 和 Zn^{2+} ($K_{sp,CuS} = 8 \times 10^{-37}$, $K_{sp,ZnS} = 2 \times 10^{-25}$)?

3. 用氯仿萃取 50 mL 某溶液中的 OsO_4 ($D = 19.1$),将氯仿逐滴加入到水溶液中,设每滴体积为 0.010 mL,而且分离出的每一滴氯仿都已达到分配平衡。如果使 99.8% 的 OsO_4 被萃取,共需滴加多少毫升氯仿?如果将等体积的氯仿一次加入,则可以萃取多少 OsO_4?

4. 8-羟基喹啉在水溶液中有如下离解

$$HOx \cdot H^+ \rightleftharpoons H^+ + HOx \qquad K_{a_1} = 8 \times 10^{-6}$$

$$HOx \rightleftharpoons H^+ + Ox^- \qquad K_{a_2} = 2 \times 10^{-10}$$

在氯仿-水中的分配系数 $K_D = 340$。在 pH = 12.00 时,求

(1) 8-羟基喹啉在氯仿-水中的分配比;

(2) 用氯仿等体积萃取一次时 8-羟基喹啉的萃取百分数。

5. 用 20 mL 有机溶剂萃取 100 mL 水溶液中的某溶质,两次萃取可以除去水相中 89% 的该溶质,求此溶质的分配比。

6. 某有机酸 HX 在有机相和水间的分配系数为 10,用该有机溶剂等体积萃取 pH = 5.0 的 HX 水溶液,HX 的萃取百分数为 50%,求 HX 的离解常数。

7. 今有含 NaOH、Na_2CO_3 和非离子物质的试样 0.5000 g,用水溶解并稀释至 100.0 mL,取 25.00 mL 加入到氯型阴离子交换树脂上,然后用 H_2O 进行淋洗并收集淋洗液,用浓度为 0.01510 mol·L^{-1} 的 HCl 溶液滴定淋洗液至酚酞终点,消耗 18.84 mL。另取 25.00 mL 试样溶液,直接用 0.01510 mol·L^{-1} 的 HCl 溶液滴定至酚酞终点,消耗 26.28 mL。计算试样中 NaOH 和 Na_2CO_3 的质量百分数。

8. 称取某含有 Na_3PO_4 和 NaCN 的试样 1.6321 g,溶解后将其加入到一氢型强酸性阳离子交换树脂上,然后用 H_2O 进行淋洗并收集淋洗液,用浓度为 0.1041 mol·L^{-1} 的 NaOH 溶液滴定淋洗液至甲基橙终点,消耗 34.14 mL。计算此试样中 Na_3PO_4 的质量百分数。

9. 用纸色谱分离 UO_2^{2+} 和 La^{3+},使用体积分数为 95% 的乙醇和 2 mol·L^{-1} HNO_3 的混合溶液作为展开剂,已知 UO_2^{2+} 和 La^{3+} 的比移值分别为 0.443 和 0.794,通过实验发现两斑点的中心距离大于 5.0 cm 时有比较好的分离效果,问色谱纸条的长度至少应为多少?

第九章　复杂物质分析

在复杂物质分析的过程中,首先遇到的是试样的采集、处理和分解问题,并要将其制备成能测定的形式。由于在实际工作中要分析的物料是多种多样的,因此试样的采集、处理和分解的方法也各不相同,下面仅就常见的某些物料的有关问题作简单介绍。

第一节　试样的采集和制备

一、固体试样的采集和制备

(一)一般试样的采集

在实际工作中要分析的固体物料种类繁多,如有矿石、金属、煤炭、化肥、废渣、土壤等,而且原始物料的数量往往很大,而在实际分析时,又只能称取几克、十分之几克或更少的试样。取这样少的试样所得到的分析结果,要能反映整批物料真实性,就要求所分析的试样的组分能代表全部物料的平均组成,即试样应具有高度的代表性,否则分析结果再准确也是毫无意义的。所以进行分析前做好试样的采集和制备工作是十分重要的。所谓试样的采集和制备,系指先从大批物料中采取最初试样(原始试样),然后再制备成供分析用的最终试样(分析试样)。现在仅从采样点的数量加以讨论。

对不均匀物料为了取得具有代表性的试样,采集的数目即采样单元数应由下列两个因素决定:

(1)分析试样中组分的含量和整批物料中组分平均含量间所允许的误差,亦即对采样准确度的要求问题。准确度要求越高采样单元就应越多。

(2)物料的不均匀性。物料越不均匀,采样单元应越多,物料的不均匀性既表现在物料颗粒的大小上,又表现在颗粒中组分的分散程度上。

下面简单介绍一下采样公式:

1. 一步采样公式

如果从实际样品中一步采样,设整批物料由 N 个单元组成,则采样单元数 n 应为

$$n = \left(\frac{t\sigma}{E}\right)^2 \tag{9-1}$$

式中,E 为分析试样中组分含量和整批物料中组分平均含量间所允许的误差;σ 为各个试样单元含量标准偏差的估计值;t 值见表 2-5。

物料越是不均匀，σ 越大；分析结果的准确度要求越高，即 E 越小，采样单元数 n 就越大。但若增加试样的测定次数，则 t 值变小，可使采样单元数相应减少。例如，测定某试样中某组分的含量百分数时，$\sigma = 0.10\%$，置信水平定为 95% 时允许的误差为 $\pm 0.15\%$，如果测定 4 次，从表 2-5 可知，t 值为 3.18，那么取样单元 n 应为

$$n = \left(\frac{3.18 \times 0.10}{0.15}\right)^2 = 4.5 \approx 5$$

即应从 5 个不同的采样点，分别采集一份试样。若测定次数增加到 10，这时 t 值为 2.26，则取样单元 n 就为

$$n = \left(\frac{2.26 \times 0.10}{0.15}\right)^2 = 2.3 \approx 3$$

即只需从 3 个不同的采样点，分别采集一份试样，混合后经过适当处理进行分析；也可以不经混合，分别分析后取其平均值。

2. 二步采样公式

某些类型物料的采样单元可分为基本的和次级的两种。例如一船水泥共 N 包，采样时首先选取若干包（基本单元），然后从这些包中分别各取样若干份（次级单元），这种采样方法就是二步取样法。一般来说，整批物料都很明显地分成许多单元（如包、桶、箱、坛、捆等等），或者可以人为地把它们分成许多单元的，都可用二步采样法。这时采样单元数应用下列公式计算

$$n = \frac{N(\sigma_w^2 + K\sigma_b^2)}{KN\left(\dfrac{E}{t}\right)^2 + K\sigma_b^2} \tag{9-2}$$

式中：n 为采集试样的基本单元数；

　　　N 为整批物料基本单元的总数；

　　　K 是从每份基本单元中采集试样的份数，即次极单元数；

　　　σ_b^2 是物料各基本单元间方差的估计值；

　　　σ_w^2 是物料各个基本单元内的各次级单元间方差的估计值；

　　　E 和 t 的意义同式(9-1)。

由式(9-2)可见，方差估计值越大（意味着试样越不均匀），允许误差 E 越小（即采样准确度要求越高），则应采样的单元数就越多。

(二)矿石试样的采集与制备

地质工作有一套完整的取样方法。每一原始样品代表矿体某一地段的组成，因此原始样品量很大，可以是数公斤甚至达数十公斤。而分析所需样品则仅几克至几十克，所以必须进行粉碎和缩分。为使最后分析试样能代表原始样品的平均组成，即原地段的平均组成，必须严格遵守缩分规则。

1. 样品缩分公式

关于样品的缩分，有多种不同的经验公式，其中最简单的为

$$Q \geqslant Kd^2 \tag{9-3}$$

式中 Q 为采集样品的最小质量(kg)；d 为样品中最大颗粒直径(mm)，K 为矿石特性系数，通常都在 $0.02 \sim 1$ 之间，因矿石种类和性质不同而异。这一公式所示的意义是：取样的最小质量应大致与样品最大颗粒直径的平方成正比。

例如，某一铁矿石样品，其特性系数 K 为 0.3，粉碎通过 50 号筛($d = 0.3\,\text{mm}$)后，此时按

缩分公式计算,$Q=Kd^2=0.3\times(0.3)^2=0.027$ (kg),故通过 50 号筛之后,此矿石样至少要采集 27 g。如还要进一步缩分,就必须再进一步粉碎。

2. 试样的制备

从大量的原始试样处理成 100 g~300 g 左右的分析试样,需要经过多次破碎、过筛、混匀和缩分四个步骤。

(1)破碎和过筛。用机械或人工方法把试样逐渐破碎,一般分为粗碎、中碎和细碎等阶段。粗碎用颚式碎样机把试样粉碎至 4~6 号筛。中碎用盘式碎样机把粗碎后的试样磨碎至能通过约 20 号筛。细筛用盘式碎样机进一步磨碎,必要时要用研钵研磨,直至能通过所要求的筛孔为止。

矿石中的粗颗粒与细颗粒的化学成分常常不同,故在任何一次过筛时,都应将未通过筛孔的颗粒进一步破碎,直到全部过筛为止,而不可将粗颗粒弃去,否则会影响分析试样的代表性。

筛子一般用细铜合金丝制成,其孔径用筛号(网目)表示,我国现用的标准筛的筛号见表 9-1。

表 9-1　标准筛的筛号

筛号(网目)	3	6	10	20	40	60	80	100	120	140	200
筛孔直径(mm)	6.72	3.36	2.00	0.83	0.42	0.25	0.177	0.149	0.125	0.105	0.074

(2)混匀和缩分。试样每经过一次破碎及充分混匀后,便用分样器或人工方法取出一部分有代表性的试样,继续加以破碎。这样,就可将试样量逐步缩小,这个过程称为缩分。常用的缩分方法为"四分法",如图 9-1 所示。将粉碎、混匀后的试样,堆成锥形,然后略为压平,通过锥台中心分为四等分,把任意相对的两份弃去,其余相对的两份收集在一起混匀,这样试样便缩减了一半,称为缩分一次。每次缩分时试样的粒度与保留的试样量之间,都应符合式(9-3)。否则就应进一步破碎后,才能缩分。

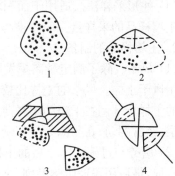

图 9-1　四分法示意图

例 9-1　有试样 20 kg,粗碎后最大粒度为 6 mm。设 K 值为 0.2,问允许缩分几次? 如缩分后,再破碎至全部通过 10 号筛,问可以再缩分几次?

解　$Kd^2=0.2\times6^2=7.2$ (kg)

若缩分一次 $Q'=20\times\dfrac{1}{2}=10>Kd^2$

若再缩分一次 $Q''=10\times\dfrac{1}{2}=5<Kd^2$,因此只能缩分一次。破碎过 10 号筛后,$d=2$ mm

$$Kd^2=0.2\times2^2=0.8 \text{ (kg)}$$

$$Q'=10\times\dfrac{1}{2}=5>Kd^2 \text{ 可以再缩分;}$$

$$Q''=5\times\dfrac{1}{2}=2.5>Kd^2 \text{ 可以再缩分;}$$

$$Q'''=2.5\times\dfrac{1}{2}=1.25>Kd^2 \text{ 可以再缩分;}$$

$$Q''''=1.25\times\dfrac{1}{2}=0.625<Kd^2 \text{ 不能再缩分。}$$

因此,可以再缩分三次。

（三）土壤试样的采集和制备

1. 土壤试样的采集

土样采集的地点、层次、方法、数量及时间等与分析目的密切相关。例如，为了调查土壤的污染情况，采样的深度只需取耕作层的 20 cm，最多采到犁底层 40 cm 的土壤。下面介绍几种土壤采样方法（见图 9-2）。

(a) 对角线采样法　(b) 梅花形采样法　(c) 棋盘式采样法　(d) 蛇形采样法

图 9-2　采样方法

（1）对角线采样法。适宜于污水灌溉或受污染的水灌溉的田块，由进水口向对角引一斜线，将此线三等分，每等分的中央点作为采样点，采样的多少可根据田块的具体情况而定。

（2）梅花形采样法。适宜于面积较小、地势平坦、土壤均匀的田块，一般采样点在 5～10 个以内。

（3）棋盘式采样法。适宜于中等面积、地势平坦、地形开阔，但土壤较不均匀的田块，一般采样点在 10 个以上。这一方法也适用于固体废弃物污染的土壤，采样点应在 20 个以上。

（4）蛇形采样法。适用于面积较大、地势不太平坦、土壤不够均匀的田块，采样点较多。

土壤样品的采样量一般要求为 1 kg。如果土量太多，可用四分法将多余的部分弃去。

2. 土壤样品的制备

（1）风干。除了测定游离挥发酚等在土壤中不稳定的组分需用新鲜土样外，多数测定项目可用风干土样。风干的土样比较容易混合均匀，重现性比较好，土壤风干的方法，是将田间采回的土样全部倒在干净的塑料薄膜或纸上，趁半干状态时把土块压碎，除去残根等杂物，铺成薄层，经常翻动，在阴凉处使其慢慢风干，切忌阳光直接暴晒。

（2）磨碎与过筛。风干后的土样，用有机玻璃棒或木棒碾碎后，过 10 号尼龙筛，反复按四分法弃取，最后用玛瑙研钵磨细，全部通过 100 号尼龙筛。过筛后的样品，充分混匀，装瓶备分析用。在制备样品时，必须注意不要被所要分析的化合物或元素所污染。

（四）工业废渣的采集和制备

工业废渣一般是指工业生产过程中或环境污染控制处理构筑物中排出的固体或泥状废弃物。工业废弃物或工业废渣具有排放量大、种类繁多和处理困难等特点。一方面含有害物质的工业废渣，若无严格的环境管理和妥善处理往往就会对大气、水体及土壤等环境造成污染，危害动、植物的生长和人类的健康。另一方面有些工业废渣又是宝贵的资源，应充分回收利用。因此对工业废渣进行监测检验就十分重要。

1. 废渣样品的采集

为了能准确反映和了解废渣污染环境或是否有综合利用价值等实际情况，要求所采集的样品具有代表性，其具体步骤如下：

（1）在采样之前要调查了解生产工艺过程、废渣类型、排放量、废渣堆历史和危害程度、综合利用等情况。

（2）连续或间断排放的新鲜渣、可分批采集等量的单个样品，混合成平均样品；不同时间堆积的陈旧渣，应根据渣堆的具体情况，分层多点采集等量的单个样品，混合成平均样品。采集单个样品后再按四分法缩分成 1 kg 平均试样。

（3）注意采样工具和容器的清洁,防止样品间的相互污染。含水分多的泥状样品应装聚乙烯瓶,坚硬块状样品应装布口袋。

2. 样品的制备

样品的制备应根据测定成分的性质而定。如测定镉、砷、铬和铅的废渣,首先应剔除草木、砖、石等异物。置于阴凉通风处使其风干压碎后,再用四分法缩分至剩下 200 g～500 g,然后混匀,装瓶备用。测定前取风干样适量,研磨至全量通过 100 目筛,然后于 105℃烘烤 2 h～6 h。经过上述干燥方法处理的样渣均可视为干燥样,供测定镉、砷、铬和铅之用。

对于测定不稳定的总汞、氰化物和有机磷农药的样渣,则应直接采取新鲜样,研磨、混匀后,即可取样测定。但需同时测定水分,以供换算成干样的测定结果:

$$干样重＝湿样重－湿样重×水分\%$$

二、液体试样的采集与处理

(一)液体试样的采集

如取装在大容器里的液体物料,只需在贮槽的不同深度取样后混合均匀,即可作为分析试样。对于分装在小容器里的液体物料,应从每个容器里取样,然后混匀作为分析试样。

采集水样时,应根据具体情况,采取不同的方法。当采集水管中或有泵水井的水样时,取样前需将水龙头或泵先放水 10 min～15 min,然后再用干净试剂瓶收集水样至满瓶即可。当采集江、河、池、湖中的水样时,首先要根据分析目的及水系的具体情况选择好采样地点,用采样器在不同深度各取几份水样,混合均匀作为分析试样。

在采取液体试样时,必须先把采样容器洗净,再用要采取的液体洗涤数次,或预先使之干燥,然后再取样以免混入杂质。

(二)水样的保存

水样采集后,除部分项目须在现场测试外,大部分项目需带回实验室进行测定,这就涉及到如何保存和处理样品,尽量减少在存放期间因水样变化而造成的影响。推荐的保存方法均希望能做到:①减缓生物作用;②减缓化合物或配合物的水解及氧化还原作用;③减少组分的挥发。保存方法多限于:控制溶液的 pH 值;加入化学试剂;冷藏和冷冻。表 9-2 列出了一些保存方法的作用原理。目前认为,冷藏使温度接近冰点或比冰点更低是最好的保存技术,但这并不适用于所有类型的样品。

表 9-2　各类保存剂的应用范围

保存剂	作　　用	测　定　项　目
$HgCl_2$	抑制细菌生长	多种形式的氮,多种形式的磷
酸(NHO_3)	防止金属沉淀	多种金属
酸(H_2SO_4)	抑制细菌生长;与有机碱形成盐类	有机水样(COD、油和油脂,有机碳),氨、胺类
碱(NaOH)	与挥发性酸性化合物形成盐类	氰化物、有机酸类
冷冻	抑制细菌生长;减慢化学反应速率	酸度、碱度、有机物; BOD、色、嗅、有机磷、有机氯、有机碳等

三、生物样品的采集与制备

生物是自然环境的重要组成部分,它们在自然环境中生长繁殖,是珍贵的可更新的自然资源。下面仅简单介绍植物和动物样品的采集与制备方法。

（一）植物样品的采集和制备

采集植物样品应考虑到下列几条原则：

(1) 代表性。选择一定数量的能符合大多数情况的植株为样品。采集时，不要选择田埂地边及离田埂地边两米范围以内的样品。

(2) 典型性。采样的部位要能反映所要了解的情况，不能将植株上下部位任意混合。

(3) 适时性。根据研究需要在植物的不同生长发育阶段定期采样。

采样量应根据分析项目的要求，保证样品分步处理制备后，有足够数量，一般要求有 1 kg 重干样品。新鲜样品含水量约为 $80\%\sim90\%$，应比干样品多 5 至 10 倍左右；含水量更高的水生植物、水果、蔬菜样品还需适量增加。

采集好的样品用清洁水洗净后立即放在干燥通风处晾干，或用鼓风干燥箱烘干，用于鲜样分析的样品，应立即进行处理和分析，当天不能处理分析完的样品，应暂时放在冰箱内冷藏。

如是测定酚、氰、亚硝酸、有机农药等植物体内易转化或降解的污染物，或植物中的维生素、氨基酸、植物碱等项目，应采用新鲜样品进行分析。

一般干样的制备是将风干或烘干后的试样粉碎，再根据分析方法的要求，分别通过 40 至 100 号的金属筛或尼龙筛，混匀后装入广口瓶中备用。

测定金属元素含量时，要避免受金属器械和金属筛、玻璃瓶的污染，最好用玛瑙研钵磨碎，尼龙筛过筛和聚乙烯瓶贮存。

（二）动物样品的收集和制备

动物的尿液、血液、脑脊液、唾液、胆汁、乳液、粪便、毛发、指甲、骨、脏器和呼出的气体等均可作为分析的对象。

采取尿液的器具事先要用稀硝酸浸泡洗净，再用蒸馏水洗净、烘干备用。采取血液的容器一般为硬质玻璃试管，用稀硝酸或稀醋酸浸泡洗净后，最后用蒸馏水洗净、烘干，用注射器抽适量血样（有时需加抗凝剂），放入试管备用。

毛发和指甲采样后用中性洗涤剂处理，经蒸馏水冲洗后，再用丙酮、乙醚、酒精或 EDTA 洗涤。动物的组织和脏器的不同部位成分差别很大，一般先剥去被膜，取纤维组织丰富的部分为样品，应避免在皮质与髓质接合处取样。

第二节　试样的分解

在一般的分析测定中，通常先要将试样分解，制备成溶液。因此试样的分解是分析工作的重要步骤之一。在分解试样时必须注意：①试样分解必须完全，处理后的溶液中不得残留原试样的细屑或粉末；②试样分解过程中待测组分不应挥发损失；③不应引入被测组分和干扰物质。

由于试样的不同，待测组分性质的不同，以及分析目的不同，分解的方法也有所不同。

一、试样的分解

对一般试样常用的分解方法有溶解和熔融两种。

(一)溶解分解法

采用适当的溶剂将试样溶解制成溶液，这种方法比较简单、快速。常用的溶剂有水、酸和碱等。能溶于水的试样一般称为可溶性盐类，如硝酸盐、醋酸盐、铵盐、绝大部分的碱金属化合物和大部分的氯化物、硫酸盐等；对于不溶于水的试样，则采用酸或碱作溶剂。

1. 酸溶法

酸溶法是利用酸的酸性、氧化还原性和形成配合物的作用使试样溶解。钢铁、合金、部分氧化物、硫化物、碳酸盐矿物和磷酸盐矿物等，常采用此法溶解。常用的酸溶剂主要有以下几种。

(1) 盐酸(HCl)。盐酸是分解试样的重要强酸之一。它可以溶解金属活动顺序中氢以前的铁、钴、镍、铬、锌等活泼金属及多数金属氧化物、氢氧化物、碳酸盐、磷酸盐和多种硫化物。盐酸中的 Cl^- 可以和许多金属离子生成稳定的配离子(如 $FeCl_4^-$、$SbCl_6^-$ 等)，对这些金属的矿石是很好的溶剂。Cl^- 还有弱的还原性，故是一些氧化性矿物，如软锰矿(MnO_2)，铅丹($2PbO \cdot PbO_2$)、赤铁矿(Fe_2O_3)的良好溶剂。

盐酸和 Br_2 的混合溶剂具有很强的氧化性，可有效地分解大多数硫化矿物。盐酸和 H_2O_2 的混合溶剂可以溶解钢、铝、钨、铜及其合金等。用盐酸溶解砷、锑、硒、锗的试样，生成的氯化物在加热时易挥发而造成损失，应加以注意。

(2) 硝酸(HNO_3)。硝酸具有强的氧化性，硝酸溶样兼有酸性和氧化性两重作用，溶解能力强而且速度快。除铂族金属、金和某些稀有金属外，浓硝酸能溶解几乎所有的金属试样及其合金，大多数的氧化物、氢氧化物和几乎所有的硫化物都能溶解；但金属铝、铬、铁等氧化后，在金属表面形成一层致密的氧化物薄膜，产生钝化现象，阻碍金属继续溶解。为了溶去氧化物薄膜，必须再加些非氧化性的酸，如盐酸，才能达到溶解的目的。例如

$$2Cr + 2HNO_3 = Cr_2O_3 + 2NO + H_2O$$
$$Cr_2O_3 + 6HCl = 2CrCl_3 + 3H_2O$$

(3) 硫酸(H_2SO_4)。热浓硫酸具有强氧化性。除 Ba、Sr、Ca、Pb 外，其他金属的硫酸盐一般都溶于水，因此，硫酸可溶解铁、钴、镍、锌等金属及其合金和铝、铍、锰、钍、钛、铀等矿石。硫酸沸点高($338℃$)，可在高温下分解矿石，或用于逐去挥发性酸，如 HCl、HNO_3、HF 和水分。在加热蒸发过程中要注意在冒出 SO_3 白烟时应停止加热，以免生成难溶于水的焦硫酸盐。

浓硫酸又是一种强脱水剂，有强烈吸收水分的能力，可破坏有机物而析出碳，碳在高温下又被氧化为 CO_2

$$2H_2SO_4 + C = CO_2 + 2SO_2 + 2H_2O$$

因此，试样中含有有机物时，可用浓硫酸除去。

(4) 磷酸(H_3PO_4)。磷酸为中强酸，PO_4^{3-} 具有很强的配位能力，能溶解很多其他酸不能溶解的矿石，如铬铁矿、钛铁矿、铝矾土、金红石(TiO_2)和许多硅酸盐矿物(高岭土、云母、长石等)。在钢铁分析中，含高碳、高铬、高钨的合金钢等，用磷酸溶解效果很好，但需注意的是加热溶解过程中温度不宜过高，时间不宜过长，以免析出难溶性焦磷酸盐。一般应控制在 $500℃\sim 600℃$，时间在 5 分钟以内。

(5) 高氯酸($HClO_4$)。高浓度时在加热情况下(特别是接近沸点 $203℃$ 时)，是一种强氧化剂和脱水剂。铬、钨可被氧化成 $H_2Cr_2O_7$ 和 H_2WO_4，所以常用来分解不锈钢和其他铁合金、铬矿石、钨铁矿等。矿石中的硅分解后形成的硅酸能迅速脱水，而得到易于过滤的 SiO_2。

使用热浓高氯酸时,必须注意避免与有机物接触,以免引起爆炸。

(6) 氢氟酸(HF)。它是较弱的酸,具有强的配位能力。氢氟酸主要用来分解硅酸盐,生成挥发性的 SiF_4。在分解硅酸盐和含硅化合物时,常与硫酸混合使用。

用氢氟酸分解试样时,应在铂皿或聚四氟乙烯器皿中进行。后者在 250℃ 以下是稳定的,当温度达 400℃～500℃ 时,聚四氟乙烯则完全解聚而产生有毒的全氟异丁烯气体。

氢氟酸对人体有害,使用时应注意安全。

(7) 混合酸。混合酸具有比单一酸更强的溶解能力。例如,单一酸不能溶解的 HgS,可溶于混合酸王水中。

$$HgS + 2NO_3^- + 4H^+ + 4Cl^- \Longrightarrow HgCl_4^{2-} + 2NO_2 + 2H_2O + S$$

这是因为硝酸具有氧化作用,将 S^{2-} 氧化成 S,而盐酸能供给大量的 Cl^-,与 Hg^{2+} 结合成非常稳定的配离子 $HgCl_4^{2-}$。王水还可以溶解金、铂等贵金属。

常用的混合酸有:$H_2SO_4 + H_3PO_4$;$H_2SO_4 + HF$;$H_2SO_4 + HClO_4$ 和 $HCl + HNO_3 + HClO_4$ 等。

2. 碱溶法

碱溶法的溶剂主要为 NaOH 和 KOH。碱溶法常用来溶解两性金属铝、锌及其合金,以及它们的氧化物、氢氧化物等。

用稀 NaOH 或 KOH 溶液可以溶解 WO_3、MoO_3、GeO_2 和 V_2O_5 等各种酸性氧化物。

(二)熔融分解法

熔融分解法是将试样与固体熔剂混合,在高温下加热使试样的全部组分转化成易溶于水或酸的化合物(如钠盐、钾盐、硫酸盐或氯化物等)。根据所用熔剂的化学性质,可分为酸熔法和碱熔法。

1. 酸性熔融法

碱性试样宜采用酸性熔剂。常用的酸性熔剂有下列两种:

(1) $K_2S_2O_7$ 或 $KHSO_4$。$K_2S_2O_7$ 的熔点为 419℃,$KHSO_4$ 的熔点为 219℃,后者经灼烧亦生成 $K_2S_2O_7$

$$2KHSO_4 \xrightarrow{\text{灼烧}} K_2S_2O_7 + H_2O$$

所以两者作用是一样的。这类熔剂在 300℃ 以上可与碱或中性氧化物作用,生成可溶性的硫酸盐。如分解金红石时

$$TiO_2 + 2K_2S_2O_7 \Longrightarrow Ti(SO_4)_2 + 2K_2SO_4$$

该法常用于分解 Al_2O_3、Cr_2O_3、Fe_3O_4、ZrO_2、钛铁矿、铬矿、中性耐火材料(如铝砂、高铝砖)及碱性耐火材料(如镁砂、镁砖)等。

用 $K_2S_2O_7$ 熔剂进行熔融时,温度不要超过 500℃,防止 SO_3 过多、过早地损失掉。熔融物冷却后用水溶解时,应加入少量酸,以免有些元素(如 Ti、Zr)发生水解而产生沉淀。

(2) 铵盐混合熔剂。近年来采用铵盐混合熔剂进行熔样,取得了较好的效果。本法熔解能力强,分解速度快,试样在 2 min～3 min 内即可分解完全。方法的原理是基于铵盐在加热时分解出的相应的无水酸在高温下具有很强的溶解能力。一些铵盐的热分解反应如下

$$NH_4F \xrightarrow{\text{约 110℃}} NH_3 + HF$$

$$(NH_4)_2S_2O_8 \xrightarrow{\text{120℃}} (NH_4)_2S_2O_7 + \frac{1}{2}O_2$$

$$5NH_4NO_3 \xrightarrow{\text{高于 } 190℃} 4N_2 + 9H_2O + 2HNO_3$$

$$NH_4Cl \xrightarrow{330℃} NH_3 + HCl$$

$$(NH_4)_2SO_4 \xrightarrow{350℃} 2NH_3 + H_2SO_4$$

对于不同试样可以选用不同比例的上述铵盐的混合物。用此法熔样一般采用瓷坩埚,对于硅酸盐试样则采用镍坩埚。

2. 碱性熔融法

酸性试样宜采用碱来熔融。如酸性矿渣、酸性炉渣和酸不溶试样均可采用碱性熔剂,使它们转化为易溶于酸的氧化物或碳酸盐。常用的碱性熔剂有

(1) Na_2CO_3 或 K_2CO_3。常用于分解硅酸盐和硫酸盐等。熔融时发生复分解反应,使试样中的阳离子转变为可溶于酸的碳酸盐或氧化物,阴离子则转变为可溶性的钠盐。例如熔融长石($NaAlSi_3O_8$)和重晶石($BaSO_4$)的反应分别为

$$NaAlSi_3O_8 + 3Na_2CO_3 \longrightarrow NaAlO_2 + 3Na_2SiO_3 + 3CO_2$$

$$BaSO_4 + Na_2CO_3 \longrightarrow Na_2SO_4 + BaCO_3$$

Na_2CO_3 的熔点为 853℃,K_2CO_3 的熔点为 890℃,在熔融时常将其混合使用,熔点可降低到 712℃。有时为了增强氧化性,采用 Na_2CO_3 和 KNO_3 混合熔剂,可以使 Cr_2O_3 转化为 Na_2CrO_4,MnO_2 转化为 Na_2MnO_4。如果在 Na_2CO_3 熔剂中加入硫,则可使含砷、锑、锡的试样转变为硫代酸盐而溶解。如锡石(SnO_2)的分解反应为

$$2SnO_2 + 2Na_2CO_3 + 9S \longrightarrow 3SO_2 + 2Na_2SnS_3 + 2CO_2$$

(2) Na_2O_2。是强氧化性、强碱性熔剂,能分解难溶于酸的铁、铬、镍、钼、钨的合金和各种铂合金;以及难分解的矿石,如铬矿石、钛铁矿、绿柱石、铌-钽矿石、锆英石和电气石等。由于 Na_2O_2 的强氧化性,能把矿石中的元素氧化成高价状态。例如,铬铁矿的分解反应为

$$2FeO \cdot Cr_2O_3 + 7Na_2O_2 \longrightarrow 2NaFeO_2 + 4Na_2CrO_4 + 2Na_2O$$

有时为了降低熔融温度,常采用 $Na_2O_2 + NaOH$ 的混合熔剂。为了减缓氧化作用的剧烈程度,常采用 $Na_2O_2 + Na_2CO_3$ 混合熔剂,用来分解硫化物或砷化物矿石。

(3) NaOH 或 KOH。常用来分解硅酸盐、磷酸盐矿物、钼矿石和耐火材料等。用 NaOH 或 KOH 分解粘土的反应如下

$$Fe_2O_3 \cdot 2SiO_2 \cdot H_2O + 6NaOH \longrightarrow 2NaFeO_2 + 2Na_2SiO_3 + 4H_2O$$

氢氧化物熔剂的优点是:熔融速度快,熔块易溶解,而且熔点低(NaOH 熔点为 318℃,KOH 熔点为 380℃),因此氢氧化物熔融法得到广泛的应用。

(三)半熔法

此法是将试样与熔剂混合后,在低于熔点的温度下加热,使熔剂与试样发生反应,又称为烧结法。与熔融法比较,半熔法的温度较低,加热时间较长,但不易损坏坩埚,通常可以在瓷坩埚中进行,不需要贵金属器皿。常用 MgO 或 ZnO 与一定比例的 Na_2CO_3 混合作为熔剂。可广泛地用来分解铁矿及煤中的硫。其中 MgO、ZnO 的作用在于其熔点高,可以预防 Na_2CO_3 在灼烧时熔合,保持着松散状态,使矿石氧化得更快、更完全,反应产生的气体容易逸出。

二、有机试样的处理

在分析有机试样时,为了使待测组分不受损失,同时使之转变为易于测定的形态,而且不

引入干扰组分,须对不同类型的有机物质采用不同的处理方法。现简单介绍两种方法。

(一)干法灰化法

该法是通过加热使试样灰化分解,将所得灰分溶解后供分析之用。这种分解方法可以置试样于坩埚中,用火焰直接加热;亦可置于加热炉(包括管式炉)内,在控制的所需温度下加热灰化。应用这种灰化方法,砷、硼、镉、铬、铜、铁、铅、汞、镍、磷、钒、锌等元素易发损失。

干法灰化也可以在充满氧并盛有少许吸收溶液的容器中进行。通电使试样燃烧分解,反应完毕后摇动容器,使燃烧产物完全被吸收,可在吸收液中进行测定硫、卤素和痕量金属。这种方法适用于热不稳定试样的分解。对于难分解的试样可用氢氧焰燃烧,估计温度可达到2000℃左右。这种方法可用来分解四氟甲烷,使氟定量地转变为 F^-。

(二)湿法灰化法

对于痕量元素的测定,用湿法灰化法分解试样较好,但试剂的纯度要求亦比较高。

(1)硫酸-硝酸混合酸。对不同试样采用不同配比的混合酸,两种酸可以同时加;也可以先加硫酸待试样焦化后再加入硝酸,加热至试样完全氧化,溶液变清,并蒸发至干,以除去亚硝基硫酸。应用这种灰化法,氯、砷、硼、锗、汞、锑、硒、锡会挥发逸出,磷也可能挥发损失。

(2)高氯酸-硝酸或高氯酸-硝酸-硫酸混合酸。这两种混合酸对于难氧化的有机试样,可促使分解作用快速进行,用于分解蛋白质、纤维素、聚合物等。经研究,用这样的灰化法,除汞以外,其余各元素不会挥发损失。如果装上回流装置,可防止汞的损失和硫酸的挥发,以免爆炸。

(3)硫酸-过氧化氢。用于处理含有汞、砷、锑、铋、金、银或锗的金属有机物,可得到满意结果,但卤素会挥发损失。由于是强烈的氧化剂,因而对未知性能的试样不应随意应用。

(4)硫酸-硫酸钾。在浓硫酸中,加入少量硫酸钾,再加入氧化汞作催化剂,加热分解有机试样时可使试样中的氮还原为 NH_4^+,以测定总氮量。除氧化汞外,尚可用铜或硒化合物作催化剂。此法不适用于含有硝酸盐、亚硝酸盐、偶氮基、硝基、亚硝基、腈基化合物的试样中总氮量的测定。

第三节 试样分析实例

一、硅酸盐分析

硅酸盐在地壳中占 75% 以上。它是水泥、玻璃、陶瓷等许多工业生产的原料。天然的硅酸盐矿物有石英、云母、滑石、长石和白云石等多种,它们的主要成分是 SiO_2、Fe_2O_3、Al_2O_3、CaO、MgO、TiO_2 等。测定这些组分的含量,通常采用系统分析法。下面介绍常用的一种分析方案(见表 9-3)。

(一)试样的分解

根据试样中 SiO_2 含量多少的不同,分别采用不同的分解方法。若 SiO_2 含量低,可用酸溶法分解试样;若 SiO_2 含量高,则采用碱熔法分解试样。酸溶法常用 HCl 或 $HF-H_2SO_4$ 作溶剂。当用 HF 时,SiO_2 以 SiF_4 形式挥发逸去,因此对 SiO_2 的测定必须另取试样进行分析。碱熔法常用 Na_2O_2 或 $Na_2CO_3 + K_2CO_3$ 作熔剂,如果试样中含有黄铁矿或铬铁矿时,则需在熔剂中加入一些 Na_2O_2 以分解试样。熔样先在低温下熔化,然后升高温度至试样完全分解(一般约需 20 分钟），放冷，用热水浸取熔块，加盐酸酸化，制备成一定体积的试液。

表 9-3　硅酸盐系统分析表

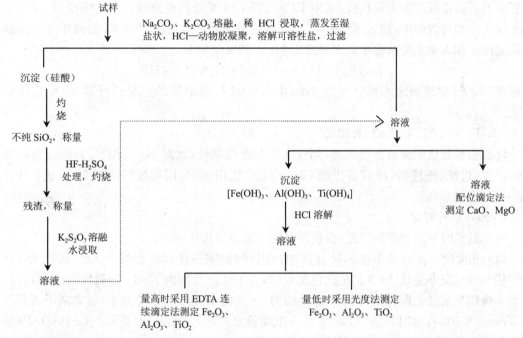

（二）SiO_2 的测定

测定 SiO_2 的方法有重量法和氟硅酸钾容量法。前者准确度高，但太费时间；后者虽然准确度稍差，但测定快速。

1. 重量法

试样经碱熔法分解，SiO_2 转变为硅酸盐，加盐酸之后形成含有大量水分的无定形硅酸沉淀，为了使硅酸沉淀完全并脱去所有水分，可采用两次脱水法和动物胶凝聚法。这里仅介绍后者。

动物胶凝聚法是将试样的盐酸溶液在水浴上蒸发至砂矿状（"湿盐"状态），冷却至 60℃～70℃，加入盐酸溶液和动物胶，充分搅拌，并在 60℃～70℃保持 10 分钟以后，加水溶解其他可溶性盐类，然后过滤、洗涤。滤液留作测定其他组分用，沉淀灼烧至恒重，称得 SiO_2 的质量，以计算 SiO_2 的质量百分数。

无论是采用两次脱水法或动物胶凝聚法所得到的 SiO_2 中，往往含有少量被硅酸吸附的杂质，如 Al^{3+}、Ti^{4+} 等，经灼烧之后变成对应的氧化物，与 SiO_2 一起被称重，造成结果偏高。为了消除这种误差，可将称量过的不纯 SiO_2 沉淀用 $HF-H_2SO_4$ 处理，使 SiO_2 转变为 SiF_4 挥发逸去

$$SiO_2 + 4HF \Longrightarrow SiF_4 \uparrow + 2H_2O$$

所得残渣经灼烧称量，处理前后质量之差即为 SiO_2 的准确质量。残渣再用 $K_2S_2O_7$ 熔融，水浸之后，浸出液与滤液合并，供测定其他组分之用。

2. 氟硅酸钾容量法

试样分解使 SiO_2 转化成可溶性的硅酸盐，在硝酸介质中，加入 KCl 和 HF，则生成氟硅酸钾沉淀

$$SiO_3^{2-}+6F^-+2K^++6H^+\Longrightarrow K_2SiF_6\downarrow+3H_2O$$

因为沉淀的溶解度较大,所以应加入固体 KCl 至饱和,以降低沉淀的溶解度。在过滤和洗涤过程中为了防止沉淀的溶解损失,采用 $KCl\text{-}C_2H_5OH$ 溶液作洗涤液。沉淀洗涤后,连同滤纸一起放入原塑料烧杯中,加入 $KCl\text{-}C_2H_5OH$ 溶液及酚酞指示剂,用 NaOH 溶液中和游离酸至酚酞变红。加入沸水使沉淀水解而释放出 HF。其反应如下

$$K_2SiF_6+3H_2O\Longrightarrow 2KF+H_2SiO_3+4HF$$

用标准 NaOH 溶液滴定水解产生的 HF,由 NaOH 标准溶液的用量以计算 SiO_2 的质量百分数。

（三）Fe_2O_3、Al_2O_3、TiO_2 的测定

将滤去硅酸后的滤液加热近沸,用氨水中和至微碱性,此时 Fe^{3+}、Al^{3+}、$Ti(Ⅳ)$ 生成氢氧化物沉淀,过滤、洗涤后,滤液备作测 Ca^{2+}、Mg^{2+} 之用,沉淀用稀盐酸溶解之后,进行 Fe^{3+}、Al^{3+}、$Ti(Ⅳ)$ 的测定。

1. Fe_2O_3 的测定

铁含量低时采用光度法测定,含量高时则用滴定分析法测定。

(1) 光度法。在六亚甲基四胺介质中,在盐酸羟胺等还原剂存在下 Fe^{3+} 还原为 Fe^{2+},Fe^{2+} 能与邻二氮菲生成 1∶3 的桔红色配合物;在 pH 值范围为 8～11 的氨性溶液中,Fe^{3+} 与磺基水杨酸生成红色配合物;在 pH 值范围为 2～6 的 HAc-NaAc 介质中,有非离子表面活性剂 Triton X-100 存在时,Fe^{3+} 与 2-(5-溴-2 吡啶偶氮)-5-二乙氨基酚(简称 5-Br-PADAP)形成紫蓝色配合物,这些显色反应皆可用于光度法测定铁。

(2) 滴定分析法。铁含量高时,一般采用配位滴定法。在 pH 值范围为 1～1.8 的条件下,以磺基水杨酸作指示剂,加热溶液至 60℃～70℃,用 EDTA 标准溶液滴定,颜色由紫红变为亮黄即为终点。滴定后的溶液备测 Al_2O_3、TiO_2 之用。

2. Al_2O_3、TiO_2 的测定

(1) 光度法。低含量的 Al^{3+} 在 pH=5 的弱酸性溶液中,能与铬天青 S 生成 1∶2 的紫红色配合物,即可用光度法测定。在 $0.7\ mol\cdot L^{-1}$～$1.8\ mol\cdot L^{-1}\ H_2SO_4$ 介质中,$Ti(Ⅳ)$ 与 H_2O_2 生成黄色配合物,亦可用分光光度法测定

$$TiO^{2+}+H_2O_2\Longrightarrow[TiO(H_2O_2)]^{2+}$$

Fe^{3+} 的干扰可加入磷酸以掩蔽之;但是磷酸对钛配合物的黄色起减弱作用,为此试液与标准液中应加入等量的磷酸。

(2) 滴定分析法。将滴定 Fe^{3+} 后的溶液用氨水调节 pH 值为 4 左右,加入 HAc-NaAc 缓冲溶液,加入过量的 EDTA 标准溶液加热煮沸使 Al^{3+}、$Ti(Ⅳ)$ 与 EDTA 反应完全,再以 PAN 作指示剂,用硫酸铜标准溶液返滴剩余的 EDTA,滴定至溶液呈紫红色即为终点,以测出 Al_2O_3 和 TiO_2 的总量。

在滴定 Al^{3+}、$Ti(Ⅳ)$ 后的溶液中,加入苦杏仁酸加热煮沸,则 Ti-EDTA 配合物中的 EDTA 被置换出来,而 Al-EDTA 配合物不反应。用硫酸铜标准溶液滴定释放出来的 EDTA 即可测出 TiO_2 的含量。由 Al_2O_3 和 TiO_2 的总量与 TiO_2 的含量差值可算出 Al_2O_3 的含量。

（四）CaO、MgO 的测定

分离去 $Fe(OH)_3$、$Al(OH)_3$、$Ti(OH)_4$ 后的滤液,即可用 EDTA 滴定 Ca^{2+} 和 Mg^{2+}。在 pH=10 的氨性溶液中,以铬黑 T 为指示剂,用标准 EDTA 溶液滴定,终点由酒红色变为纯蓝

色,测得 CaO 和 MgO 的总量。在此滴定中,有时尚需加入 KCN 掩蔽 Cu^{2+}、Ni^{2+},加入三乙醇胺掩蔽 Mn^{2+}。

另取一份等量试液,用 NaOH 溶液调 pH=13,以钙指示剂为指示剂,用 EDTA 标准溶液滴定至溶液由酒红色变为纯蓝色即为终点,测得 CaO 含量。由 CaO 和 MgO 总量减去 CaO 量即得 MgO 含量。

若 Mg^{2+} 含量较高,在 pH=13 滴定 Ca^{2+} 时,大量 $Mg(OH)_2$ 沉淀吸附 Ca^{2+},会使 CaO 结果偏低,而 MgO 结果偏高。为此,可加入糊精等作为保护胶体,减少沉淀对 Ca^{2+} 的吸附。也可改用 EGTA 作滴定剂来测定 CaO。

二、铝合金分析

铝合金中除铝外通常含有 Si、Mg、Mn、Fe、Cu、Zn、Ni 等元素;某些铝合金中则含有 Pb、Bi、Cr、Sn、Ti 等元素。采用 $NaOH+Na_2CO_3+H_2O_2$ 混合溶剂溶样,可将上述组分分为两组,在溶液(称为溶液甲)中有 Al、Zn、Si、Pb、Sn 等元素;在残渣中则有 Mg、Mn、Fe、Cu、Ni、Cr、Ti 等元素。将残渣用 $HCl+H_2O_2$ 溶解,加适量水煮沸以除去 H_2O_2,同样稀释至一定体积(此为溶液乙)。以下简单介绍几种主要成分的测定方法。

(一)铝的测定

在碱溶样的过程中,有一部分铝留存于沉淀中。如果不考虑此沉淀中的少量铝,将会使结果偏低 1%~2%,而对有些样品酸又不能分解完全,故分别取溶液甲、乙混合后测定 Al。但是样品中的各种干扰元素均进入了溶液,必须考虑采用选择性比较高的分析方法。一种方法是返滴定法,先用邻二氮菲掩蔽 Cu、Ni、Co、Zn、Cd,再向溶液中加入一定过量的 EDTA,以二甲酚橙为指示剂,用铅标准溶液返滴定过量的 EDTA。另一种方法是氟化物置换法,在试液中先加一定过量的 EDTA 溶液,在 pH 值为 2~5.5 的范围内,加热至 95℃ 左右并保持数分钟,然后缓缓冷却,使 Al^{3+} 及其他金属均与 EDTA 配位完全,再以二甲酚橙作指示剂,用标准铅或锌溶液滴定至黄色变橙红色为终点,消耗的毫升数不计,然后向溶液中加入 NaF 或 NH_4F 置换出 Al-EDTA 中的 EDTA,再用标准铅或锌溶液滴定。

(二)锌的测定

可用分离 Cu、Ni、Mn、Mg、Cr、Ti、Bi、Fe 后的溶液甲来测定。此溶液中可能共存组分为 Al、Sn、Si、Pb。在 pH=10 的氨性缓冲溶液中,用 PAN 作指示剂,用 EDTA 标准溶液滴定至红色变为黄色即为终点。大量 Al、Sn 可用酒石酸掩蔽,Si 不干扰测定,Pb 和 Zn 同时被滴定。但是通常含 Zn 的铝合金不会含 Pb,如果含 Pb,可以用二乙基二硫代甲酸钠(DDTC)掩蔽 Pb 而滴定 Zn。

(三)铜的测定

于溶液乙中测定铜,溶液乙中可能含有 Fe、Mn、Mg、Cu、Ni、Cr、Ti、Bi 等。在强酸性溶液中铜与硫脲能形成极稳定的配合物,其条件稳定常数大于相应的 Cu-EDTA 配合物的条件稳定常数,因此可借此特性测定铜。取两份等量溶液,其中一份加硫脲,另一份不加硫脲,硫脲只与铜有配位反应而其他组分无此作用,Al 可用 NH_4F 掩蔽。滴定以二甲酚橙为指示剂,为避免铜对二甲酚橙的封闭作用,在两份溶液中均加入过量的 EDTA 标准溶液,然后用锌标准溶液返滴定。加入硫脲的一份,其终点由黄色变为橙红色为终点;未加硫脲的一份,由绿色至灰蓝色或紫蓝色为终点,由滴定两份试液的体积之差则可计算出铜含量。

（四）铁的测定

铁在溶液乙中进行测定,溶液中有 Cu、Al、Mn、Mg、Ni、Cr、Bi 等元素共存。Fe^{3+} 可在 pH 值范围为 1.5~2.0 时,以磺基水杨酸作指示剂,用 EDTA 滴定,Al、Mn、Mg、Cr 等不干扰,当 Cu^{2+} 含量高于 0.2%,Ni^{2+} 含量高于 1% 时会使铁结果偏高,但可用邻二氮菲掩蔽,Bi^{3+} 与 Fe^{3+} 一起被滴定。如果 Cu^{2+} 含量高于 0.2% 或有 Bi^{3+} 共存时,亦可用金属锌将 Cu^{2+}、Bi^{3+} 置换,这样 Cu^{2+}、Bi^{3+} 就不干扰 Fe^{3+} 的测定。但 Fe 在用金属 Zn 置换 Cu^{2+}、Bi^{3+} 后还原为二价,故需再用 HNO_3 或 H_2O_2 将其氧化成三价。

（五）镁的测定

Mg 可在溶液乙中测定,溶液中有 Fe、Al、Mn、Cu、Ni、Cr、Ti、Bi 等元素共存。Mg 可在 pH=10 的氨性缓冲溶液中,以铬黑 T 为指示剂进行滴定。可用三乙醇胺掩蔽 Al、Ti,用酒石酸盐和氰化钾联合掩蔽 Fe,KCN 掩蔽 Cu、Ni。掩蔽 Mn^{2+} 可在 pH=12 时,加入三乙醇胺(TEA),摇动溶液让空气进入发生氧化作用,生成蓝绿色的配合物 Mn^{3+}-TEA,再加入 KCN 使其转化为无色的 $Mn(CN)_6^{3-}$,然后再调节 pH 值至 10 滴定镁。少量的 Bi^{3+}、Cr^{3+} 被水解不干扰滴定。

三、废水试样分析

废水通常是指被污染了的水。当进入水体的外来物质含量超过了水体的自净能力而使水质恶化,并对人类环境和水的利用产生不良影响,这就叫水的污染。

水的污染有两类:一类是自然污染,另一类是人为污染。自然污染主要是自然原因造成的。例如,特殊的地质条件使某些地区有某种化学元素大量富集,天然植物的腐烂过程中产生某种有害物质,以及降雨淋洗大气和地面后挟带各种物质流入水体等,都会影响当地的水质。人为污染是人类生活和生产活动中产生的废物对水的污染,它们包括生活污水、工业废水、农田排水和矿山排水。此外,废渣和垃圾倾倒在水中或岸边,甚至堆积在土地上;废气排放到大气中,其中的污染物经降雨淋洗后流入水体,也会造成污染。

废水试样的分析项目很多,一般可用温度、颜色、嗅、浊度、pH 值、不溶物、矿化度、电导率等描述废水的一般性质;此外,对不同的项目有不同的测定方法。下面就有代表性的金属元素、有机污染物和非金属无机物的测定方法进行简单介绍。

（一）金属元素的测定

废水中一般金属元素测定项目有汞、镉、铅、铬、砷、铍、锰、锑、铜、锌等,本节只简单介绍水样的预处理及部分金属元素的测定方法。

1. 水样的预处理

目前国内外把能通过孔径 0.45 μm 滤膜的部分称为可过滤的金属,它不仅包括金属水合离子,无机和有机配合物,还包括能通过 0.45 μm 滤膜的胶体粒子;把不能通过滤膜的部分称为不可过滤(悬浮态)的金属。要分析测定可过滤金属和不可过滤金属,应在取样后,尽快用 0.45 μm 微孔滤膜抽滤,滤液收集到曾用硝酸酸化过的聚乙烯瓶(或桶)中,用酸酸化至 pH≤2。

酸化水样所用的酸,可根据待测物的性质和所加酸的基体对以后测定方法的影响来决定。不同的待测组分,酸化保存条件也不同,例如测汞以 NHO_3-$K_2Cr_2O_7$ 介质为最好;测定六价铬的水样,不能用硝酸酸化,因为在酸性介质中不稳定,易与还原性物质反应,而用 NaOH 或氨水调水样至 pH 值范围为 8～10,Cr(Ⅵ)至少可稳定一个月。

为了使样品中对测定有干扰的有机物和悬浮颗粒物能分解掉,需对水样进行消解,水样的消解法见本章第二节有机试样的处理方法。

2. 汞的测定

双硫腙分光光度法可用于测定水中微量汞,在 95℃用高锰酸钾和过硫酸钾将试样消解,把所含汞全部转化为二价汞。用盐酸羟胺将过剩的氧化剂还原。在酸性条件下,汞离子与双硫腙生成橙色螯合物,用三氯甲烷萃取,再用 NaOH-EDTA 混合物洗去过量的双硫腙,在 485 nm 处,以氯仿作参比测量吸光度。

在酸性条件下测定,常见干扰物主要是铜离子。在双硫腙洗脱液中加入质量浓度为 0.01 g·mL^{-1} 的 EDTA 溶液,至少可掩蔽 300 μg Cu^{2+} 的干扰。

3. 镉的测定

不具备原子吸收分光光度计的单位可选用双硫腙分光光度法测定废水中的镉。在强碱性溶液中,Cd^{2+} 与双硫腙生成配合物,用三氯甲烷萃取分离后,于 518 nm 波长处进行分光光度测定,从而求出镉含量。镉-双硫腙螯合物的摩尔吸光系数为 8.56×10^4 L·mol^{-1}·cm^{-1}。经萃取分离后,水样中存在下列金属离子干扰(以 mg·L^{-1} 计):铅 20、锌 30、铜 40、锰 4、铁 4,镁离子浓度达 20 时需要加酒石酸钾钠掩蔽。

4. 铬的测定

(1) 二苯碳酰二肼分光光度法测定六价铬:在酸性溶液中,六价铬与二苯碳酰二肼反应生成紫红色化合物,其最大吸收波长为 540 nm,摩尔吸光系数 ε 为 4×10^4 L·mol^{-1}·cm^{-1}。含铁量大于 1 mg·L^{-1} 的水样显黄色;六价钼和汞也与显色剂反应生成有色化合物,但在本方法的显色条件[每 50 mL 溶液中,含有 0.5 mL(1+1)H$_2$SO$_4$ 和 0.5 mL(1+1)H$_3$PO$_4$]下反应不灵敏;钼和汞达 200 mg·L^{-1} 不干扰测定;钒含量高于 40 mg·L^{-1} 干扰测定,但钒与显色剂反应后 10 分钟,可自行褪色。

(2) 高锰酸钾氧化-二苯碳酰二肼分光光度法测定总铬:在酸性溶液中,水样中的三价铬被高锰酸钾氧化成六价铬。六价铬与二苯碳酰二肼反应生成紫红色化合物,于波长 540 nm 处进行分光光度测定。过量的高锰酸钾用亚硝酸钠分解,而过量的亚硝酸钠再加尿素分解。

5. 铅的测定

双硫腙分光光度法也可用于测定铅,在 pH 值范围为 8.5～9.5 的氨性柠檬酸盐-氰化钾的还原性介质中,铅与双硫腙形成可被三氯甲烷或四氯化碳萃取的淡红色的双硫腙铅螯合物,有机相可于最大吸收波长 510 nm 处测量。铅-双硫腙螯合物的摩尔吸光系数为 6.7×10^4 L·mol^{-1}·cm^{-1}。氰化钾可掩蔽铜、锌、镍、钴等多种金属的干扰。柠檬酸盐的主要作用是掩蔽钙、镁、铝、铬、铁等阳离子,防止在碱性溶液中形成氢氧化物沉淀。为防止双硫腙被氧化性物质氧化,还可加入盐酸羟胺。

在 pH 值范围为 8～9 时,干扰铅萃取测定的元素有铋(Ⅲ)、锡(Ⅱ)和铊,但铊很少遇到,可不必考虑。而铋特别是锡经常存在,应特别注意。一般是在 pH 值范围为 2～3 时,先用双硫腙的三氯甲烷溶液萃取除去,同时被萃取除去的干扰离子还有铜、汞、银。

6. 砷的测定

测定砷可以用新银盐分光光度法和二乙氨基二硫代甲酸银光度法。两种比色法的原理相同,具有类似的选择性,但新银盐分光光度法测定快速,灵敏度高,适合于水和废水中砷的测定,特别是对天然水样是一值得选用的方法。下面简介新银盐分光光度法。

样品采集后,用硫酸将样品酸化至 pH<2 保存,硼氢化钾(或硼氢化钠)在酸性溶液中,产生新生态氢,后者能将水中的无机砷还原成砷化氢气体,当用硝酸-硝酸银-聚乙烯醇-乙醇溶液吸收时,砷化氢将吸收液中的银离子还原成单质胶态银,使溶液呈黄色,其颜色强度与生成的氢化物的量成正比。黄色溶液在 400 nm 处有最大吸收,可用于分光光度测定。

$$BH_4^- + H^+ + 3H_2O \longrightarrow 8[H] + H_3BO_3$$

$$As^{3+} + 3[H] \longrightarrow AsH_3$$

$$6Ag^+ + AsH_3 + 3H_2O \longrightarrow 6Ag + H_3AsO_3 + 6H^+$$

本方法具有较好的选择性,但在反应中能生成与砷化氢类似氢化物的其他离子有正干扰,如锑、铋、锡、锗等;能被氢还原的金属离子则有负干扰,如镍、钴、铁、锰、镉等;常见其他离子没有干扰。用酒石酸可消除铝、锰、锌、镉、铁、镍、钴、铜、锡(Ⅵ)、锡(Ⅱ)的干扰;用浸渍二甲基甲酰胺的脱脂棉可消除锑、铋和锗的干扰;用醋酸铅棉可消除硫化物的干扰。

(二)有机物污染综合指标的测定

评价废水样品中有机化合物污染情况的综合指标有:溶解氧(DO)、化学耗氧量(COD)、生化需氧量(BOD)、总有机碳(TOC)和总需氧量(TOD)。今介绍溶解氧、化学耗氧量和生化需氧量的测定方法。

图 9-3 溶解氧瓶

1. 溶解氧的测定

溶解在水中的分子态氧称为溶解氧。测定水中的溶解氧常采用碘量法或其修正法。水样采集到溶解氧瓶中(如图 9-3 所示)。采集水样时,要注意不使水样曝气或有气泡残存在采样瓶中,并应立即加入固定剂(硫酸锰和碱性碘化钾)保存于冷暗处。水中溶解氧可将低价锰氧化成高价锰,生成四价锰的氢氧化物棕色沉淀。测定时加酸,使氢氧化物沉淀溶解并与碘离子反应释出游离碘,再以淀粉为指示剂,用硫代硫酸钠标准溶液滴定至蓝色消失,根据消耗的硫代硫酸钠体积计算溶解氧的含量。

通常的废水中含有各种氧化性或还原性物质,它们会干扰碘量法测定,因此往往须采用修正的碘量法进行测定。例如,水样中含有亚硝酸盐时,会干扰碘量法测定溶解氧,这时可采用叠氮化钠修正法,即在水样中加入叠氮化钠,使水中亚硝酸盐分解而消除其干扰。如果水样中含有 Fe^{3+},则在水样采集后,用吸管插入液面下加入 1 mL 质量分数为 40% 的氟化钾溶液,1 mL 硫酸锰溶液和 2 mL 碱性碘化钾-叠氮化钠溶液,盖好瓶盖,摇匀,以下同碘量法测量步骤。

2. 化学耗氧量的测量

化学耗氧量是指在一定条件下,用强氧化剂处理水样时所消耗氧化剂的量,以氧的含量($mg \cdot L^{-1}$)表示。化学耗氧量反映了水中还原性物质(有机物、亚硝酸盐、亚铁盐、硫化物等)污染的程度,常用重铬酸钾法进行测定。

主要步骤:取混合均匀的水样置于配有回流冷凝管的磨口瓶中,准确加入一定量的重铬酸钾标准溶液及硫酸-硫酸银溶液,加热沸腾回流 2 小时,冷却后,用水冲洗冷凝管壁,取下锥形瓶。冷却至室温后加入试亚铁灵指示剂,用硫酸亚铁铵标准溶液滴定,颜色由黄色经蓝绿色至红褐色为终点。

测定水样的同时,按同样操作步骤作空白试验,根据水样和空白试样消耗的硫酸亚铁铵标准溶液的差值,计算水样的化学耗氧量。

3. 生化需氧量的测定

生化需氧量是指在规定条件下,微生物分解存在于水中的有机物所发生的生物化学过程中所消耗的溶解氧的量。此生物氧化全过程进行的时间很长,目前国内外普遍规定于 $20℃\pm1℃$ 培养微生物 5 天。分别测定样品培养前后的溶解氧,二者差值称为五日生化需氧量(BOD_5),以氧的含量($mg \cdot L^{-1}$)表示。测定生化需氧量的水样的采取,与测定溶解氧的水样的采取要求相同,但不加固定剂,故应尽快测定,不得超过 24 小时,并应在 $0℃\sim4℃$ 保存。

对大多数工业废水,因含较多的有机物,需要稀释后再进行培养,以保证有充足的溶解氧。稀释所用的水通常需要通入空气进行曝气,使其中的溶解氧接近饱和。为保证微生物生长的需要,稀释水中还应加入一定量的无机营养盐和缓冲物质(如碳酸盐、钙、镁和铁盐等)。对于不含和含少量微生物的工业废水,在测定生化需氧量时应进行接种,引入能分解废水中有机物的微生物。

(三)非金属无机物的测定

废水中非金属无机物主要有氨氮、亚硝酸盐氮、硝酸盐氮、凯氏氮、总氮、磷、氯化物、氟化物、碘化物、氰化物、硫酸盐、硫化物、硼、余氯等,这里仅就其中几项作一些简介:

1. 氨氮的测定

氨氮是指存在于水中的游离氨(NH_3)或铵盐(NH_4^+)中的氮。其来源主要是生活污水、焦化废水、合成氨化肥厂废水以及农田排水。

氨氮测定方法之一是纳氏比色法。水中钙、镁、铁等金属离子、硫化物、醛和酮类,有色物以及不溶物等均干扰测定,应作相应的预处理。对较清洁的水,可采用絮凝沉淀法,即加适量的硫酸锌于水样中,用氢氧化物使溶液呈碱性,生成氢氧化锌沉淀,再经过滤得到澄清的滤液。对污染严重的废水,则应采用蒸馏法:先调节水样的 pH 值在 $6.0\sim7.4$ 范围内,加入适量氧化镁使之呈微碱性,或加入 $pH=9.5$ 的 $Na_2B_4O_7$-$NaOH$ 缓冲溶液再蒸馏,释出的氨吸收于硼酸溶液中,然后加入碘化汞和碘化钾的碱性溶液,与氨反应生成淡红棕色胶态化合物,在 410 nm $\sim$450 nm 波长范围内进行光度分析。

2. 氟化物的测定

氟化物广泛存在于自然水体中,有色冶金、钢铁和铝加工、炼焦、玻璃和陶瓷制造、电子、电镀、化肥、农药厂的废水及含氟矿物的废水中常常都存在氟化物。氟含量低的水样可采用分光光度法测定。对污染严重的生活污水和工业废水,以及含氟硼酸盐的水样均要进行预蒸馏。预蒸馏的方法主要有水蒸汽蒸馏和直接蒸馏法两种。直接蒸馏法的蒸馏效率较高,但温度控制较难,排除干扰也较差,在蒸馏时易发生暴沸,不安全;水蒸汽蒸馏法温度控制较严格,排除干扰好,不易发生暴沸,比较安全。

氟离子在 $pH=4.1$ 的 HAc-NaAc 缓冲溶液介质中,与氟试剂(3-甲基胺-茜素-二乙酸)$[C_{14}H_7O_4 \cdot CH_2N(CH_2COOH)_2]$ 和硝酸镧反应,生成蓝色三元配合物,颜色强度与氟离子浓度成正比,在 620 nm 波长处可进行分光光度测定。

3. 氰化物的测定

氰化物属于剧毒物,主要污染源是电镀、有机、化工、选矿、炼焦、造气、化肥等工业。氰化物可能以 HCN、CN^- 和含氰配离子等形式存在于废水中。

含氰化物浓度高的水样可用滴定法,含氰化物浓度低的水样,则可采用光度法。

采集水样后,必须立即加氢氧化钠固定,要求使水样的pH>12,并贮于聚乙烯瓶中,存放在冷暗处,应在24小时内进行测定。

当水样中含有大量硫化物时,应先加碳酸镉或碳酸铅固体粉末,除去硫化物后,再加氢氧化钠固定。否则在碱性条件,氰离子和硫离子作用而形成硫氰根离子影响测量结果。

对水样应进行预蒸馏,在pH=4的介质中,硝酸锌存在下,加热蒸馏可得到易释放氰化物的量,其包括全部简单氰化物(碱金属氰化物)和在此条件下能生成氰化氢的部分含氰配合物(如锌氰配合物等)的量;若在磷酸和EDTA存在下,pH<2的介质中加热蒸馏,则可得到总氰化物的量,其包括全部简单氰化物和绝大部分含氰配合物(如锌氰配合物、铁氰配合物、镍氰配合物、铜氰配合物等)的量,但不包括钴氰配合物的量。

馏出液可用于分光光度测定。

四、工业废渣分析

工业废渣的分析和监测项目一般包括:水分含量、pH值、总汞、镉、砷、铬、铅、氰化物、农药等。现把在废水分析中未作介绍,或测定方法不同的项目简要介绍如下:

(一)水分含量的测定

由于液体和固体具有不同的蒸汽压,因此将液体和固体的混合物进行加热,就可将液体与固体分开,通常将样品在105℃干燥后所损失的总质量,称之为样品的水分含量。若样渣中含有较大量的遇热减重的非水成分,则不能采用加热法测定水分含量。但可采用下述方法:将适量样品放在盛有蓝色硅胶的干燥器中,直到稳定平衡后(24小时变动量小于0.5%)计算样品水分含量。

污泥样品在105℃干燥时间要适当延长,有的样品甚至要干燥24小时才能达到稳定平衡。

(二)pH值的测定

pH值对有害废渣的环境卫生管理具有重要的意义,尤其是为了了解有害废渣的腐蚀性,必须测定有害废渣的pH值。

由于污泥中所含物质的不均匀性,对同一污泥采得的不同样品,所测得的pH值是各不相同的,报告结果时应报告实际测得的pH值的范围,而不能报告平均值。由于样品中的二氧化碳含量会影响pH值,因此,采样后必须迅速测定。如果污泥几乎是液体,玻璃电极可以直接插入样品中,测定的数值要保持恒定至少30秒,所取读数可准确至0.1。若要测定含大量不溶性粘稠物的污泥水分的pH值,则必须将样品预先进行离心或过滤,然后测定其水溶液的pH值。

(三)总汞的测定

1. 冷原子吸收法。废渣中的微量汞除用双硫腙分光光度法测定外,还可以用冷原子吸收法测定。汞蒸气对波长为253.7 nm的紫外光具有吸收作用,汞浓度与吸收值成正比。渣样经硝酸——高锰酸钾溶液回流加热消化,以盐酸羟胺还原过剩的高锰酸钾和二氧化锰沉淀,用二氯化锡将汞的化合物转为元素汞,再以净化后的空气作为载气带入测汞仪,测定其吸收值。

2. 冷原子荧光法。汞离子在酸性介质中与还原剂作用,可还原成原子态的汞,其基态汞原子受到汞的共振频率263.7 nm辐射光的照射后,使基态的汞原子激发,激发态的汞原子极不稳定,在很短的时间内(约 10^{-8} s)以荧光的形式放出能量回到基态,该荧光强度与汞原子浓度成正比。本方法最低检出限为 5×10^{-11} g。

(四)镉的测定

除用双硫腙分光光度法外,原子吸收法是测定微量镉的高灵敏度方法。固体废渣及污泥中,若镉含量较高,一般样品经浓硝酸消解后,根据镉浓度的高低进行适当的稀释定容,即可将待测试液直接喷入空气——乙炔焰中进行镉的测定。如果镉含量低且成分又较复杂,则可采用吡咯烷二硫代氨基甲酸铵(APDC)——甲基异丁酮(MIBK)配位提取后进行测定。

(五)砷的测定

微量砷的测定可见废水分析部分。在此简要介绍用溴酸钾容量法测定含砷量为 0.1% 以上的样品中的砷。渣样用无水硫酸钠、浓硫酸、硫酸联胺缓慢加热溶解至完全。在消解好的含砷试样中,加入浓盐酸使其成为 $1.5\ \mathrm{mol\cdot L^{-1}}$ 的盐酸溶液,于 80℃~90℃ 温度下,用甲基橙作指示剂,用硫酸高铈溶液滴定锑(Ⅲ),以除去锑(Ⅲ)的干扰,补加甲基橙,接着用溴酸钾标准溶液滴定砷(Ⅲ),红色消失为终点。反应式为

$$3As(Ⅲ)+BrO_3^-+6H^+ =\!=\!=\!= 3As(Ⅴ)+Br^-+3H_2O$$

(六)总铬的测定

可用硫酸亚铁铵容量法测定总铬:取含铬废渣试样,用浓硫酸和浓磷酸的混合酸溶解,然后在酸性介质中,用固体过硫酸铵在硝酸银催化下,将三价铬氧化为六价铬,加热煮沸,以便破坏过量的过硫酸铵;六价铬以外的氧化剂,如高锰酸钾等,则以氯化钠溶液还原。再加过量的硫酸亚铁铵标准溶液,以二苯胺磺酸钠为指示剂,用重铬酸钾标准溶液返滴定。

根据硫酸亚铁铵和重铬酸钾两种标准溶液的用量,可计算出样品中总铬的含量。

对于难溶铬废渣试样,则要用氧化镁和无水碳酸钠在 850℃ 熔融,将铬氧化成六价。然后在硫酸溶液中以 N-苯代邻位氨基苯甲酸为指示剂,用硫酸亚铁铵标准溶液滴定,溶液呈黄绿色即为终点。

对于微量的总铬可用二苯碳酰二肼光度法和原子吸收法测定。

(七)铅的测定

对于含铅量较高的工业废渣,可用配位滴定法测定。试样先加(1+1)盐酸溶解,加热蒸发至近干,加入(1+1)硝酸再继续加热蒸发至近干,然后再加(1+1)盐酸煮沸并滤去不溶物,用硫酸将铅沉淀为硫酸铅,与其他可溶性的金属硫酸盐分离。最后用醋酸、醋酸钠溶液溶解沉淀,在 pH 值为 5.5~6.0 范围内,以二甲酚橙作指示剂,用标准 EDTA 溶液滴定,终点由酒红色变为亮黄色。对于较难分解的样品,则需用盐酸和硝酸反复蒸干,以便将铅浸取完全。

(八)氰化物的测定

这里的氰化物系指废渣或废渣的水浸液在镁盐的硫酸酸性介质中,所能蒸出的氢氰酸的总量(以 CN^- 计),其中包括简单氰化物及钙、铜、镍、银、锌、铁等金属(钴除外)的氰配合物。

根据卫生学要求,可以分别测定废渣的总氰化物和水溶性氰化物。含量超过 250 $\mathrm{mg\cdot kg^{-1}}$ 时,可选用滴定法;低于此含量时,则选用光度法。现分别简介如下:

1. 硝酸银滴定法

在 pH 值大于 11 的碱性溶液中,以试银灵作指示剂,用标准硝酸银滴定,银与样品溶液中氰离子反应生成银氰配离子,稍过量的银离子与试银灵作用生成橙红色配合物指示滴定终点。

2. 吡啶-巴比妥酸光度法

氰化物在中性介质中与氯胺T反应生成氯化氰,再与吡啶-巴比妥酸反应生成紫红色的二巴比妥酸戊烯二醛化合物,在585 nm处测定吸光度。

3. 吡啶-联苯胺光度法

在酸性溶液中,氰化物与溴生成溴化氰。以硫酸肼除去多余的溴后,与吡啶-联苯胺作用,生成红色的戊烯醛衍生物,在530 nm处测定吸光度,并要求在30分钟内测定完毕。

4. 镉试剂间接光度法

在pH值范围为9～10的硼砂介质中,Ag^+与镉试剂(Cadion 2B)形成橙红色配合物,但Ag^+与CN^-形成的配离子$Ag(CN)_2^-$比Ag^+-Cadion 2B配合物稳定,当有CN^-存在时,橙红色的配合物会褪色,褪色程度与CN^-的量成正比,根据这一特性测定CN^-的含量。

(九)对硫磷(1605)的测定

采用薄层层析-酶抑制法。基本原理是由于有机磷农药有抑制胆碱酯酶的作用,而胆碱酯酶能分解乙酰胆碱和其他酯类,检查乙酰胆碱和其他酯类的分解产物,能确定薄层板上的农药斑点。因此,将展开后的薄层板用酸溶液喷湿,于37℃～38℃的烘箱中培养30 min～45 min后,酶将醋酸萘酯分解出萘酚。萘酚与重氮盐生成玫瑰红色产物。由于有机磷农药斑点处酶的活力被抑制,故在薄层板上农药所在处显白色斑点,而底色为玫瑰红色。

$$酶+底物 \rightleftharpoons 酶+生成物$$

如果酶被农药所抑制,则底物将不被水解。

(十)六六六的测定

六六六是有机氯农药的一种,学名为六氯环己烷,有多种异构体,其化学性质十分稳定,在外界环境中广泛残留。工业品为灰白色粉末,带有刺激性臭味,不溶于水,易溶于丙酮等有机溶剂。

样品经石油醚-丙酮溶液的索氏提取器提取,再经硫酸钠和浓硫酸纯化,然后用K—D浓缩器将样品浓缩至一定体积后定容。最后用装有电子捕获检测器的气相色谱仪进行测定。气相色谱法测定有机氯农药有较高的灵敏度和准确度。能分别鉴定六六六的各种异构体,出峰的顺序分别是:α-六六六、γ-六六六、β-六六六、σ-六六六。

习 题

1. 某种物料,如各个采样单元间标准偏差的估计值为0.61%,允许的误差为0.48%,测定8次,置信水平选定为90%,则采样单元数应为多少?

2. 某物料取得8份试样,经分别处理后测得其中硫酸钙质量分数分别为81.65%、81.48%、81.34%、81.40%、80.98%、81.08%、81.17%、81.24%,求各个采样单元间的标准偏差。如果允许的误差为0.20%,置信水平选定为95%,则在分析同样的物料时,应选取多少个采样单元。

3. 一批物料总共400捆,各捆间标准偏差的估计值σ_b为0.40%;各捆中各份试样间的标准偏差的估计值$\sigma_w = 0.68\%$。如果允许误差为±0.50%,假定测定的置信水平为90%,测定次数为6次,而基本单元和次级单元试样采取和处理的费用比为4,试计算采样时的基本单元数。

4. 已知铅锌矿的K值为0.1,若矿石的最大颗粒直径为30 mm,问最少应采取试样多少千克才有代表性?

5. 由上题所得结果:

278

(1)将所取原始试样破碎并通过 6 号筛,筛孔直径为 3.36 mm,再用四分法缩分,最多应缩分几次?

(2) 如果要求最后获得分析试样不超过 100 g,问应使试样通过几号筛?

6. 镍币中含有少量铜、银。欲测定其中铜、银的含量,有人将镍币的表层擦洁后,直接用稀硝酸溶解部分镍币制备试液。根据称量镍币在溶解前后的质量之差,确定试样的质量,然后用不同的方法测定试液中铜、银的含量。试问这样做对不对? 为什么?

7. 分析某硅酸盐的成分如下:

Al_2O_3　26.68%,Fe_2O_3　40.88%,CaO　27.70%,SiO_2 44.55%,问其实验结合式如何?

8. 用过碘酸盐比色法测定钢中锰的含量,在分析试样时又以相同手续作一份标准钢样(含锰 0.52%)和一份试剂空白溶液。测定时以蒸馏水作空白调整百分透光率为 100,根据吸光度查工作曲线,结果如下:

试剂空白溶液含锰 0.01%,标准钢样含锰 0.54%,未知钢样含锰 0.51%。计算试样中含锰的质量百分数。

9. 分析新采的土壤样品,得如下结果:

H_2O 5.23%,烧失量 16.35%,SiO_2 37.92%,Al_2O_3 25.91%,Fe_2O_3 9.12%,CaO 3.24%,MgO 1.21%,K_2O+Na_2O 1.02%

将样品烘干,除去水分,计算各成分在烘干土中的质量百分数。

附 录

附表1 离子的活度系数

离 子	$\dot{a}$ $(10^{-10}\ m)$	离子强度						
		0.001	0.0025	0.005	0.01	0.025	0.05	0.1
H^+	9	0.967	0.950	0.933	0.914	0.88	0.86	0.83
Li^+	6	0.965	0.948	0.929	0.907	0.87	0.84	0.80
$CHCl_2COO^-$,CCl_3COO^-	5	0.964	0.947	0.928	0.904	0.865	0.83	0.79
Na^+,ClO_2^-,IO_3^-,HCO_3^-,$H_2PO_4^-$,Ac^-,HSO_4^-, $H_2AsO_4^-$,CH_2ClCOO^-	4	0.964	0.947	0.927	0.901	0.855	0.82	0.78
OH^-,F^-,SCN^-,HS^-,ClO_3^-,ClO_4^-,IO_3^-, BrO_3^-,MnO_4^-	3.5	0.964	0.947	0.926	0.900	0.855	0.81	0.76
K^+,Cl^-,Br^-,I^-,CN^-,NO_2^-,NO_3^-,Rb^+,Cs^+, NH_4^+,Tl^+,Ag^+,$HCOO^-$,H_2Cit^-	3	0.964	0.945	0.925	0.899	0.85	0.80	0.76
Mg^{2+},Be^{2+}	8	0.872	0.813	0.755	0.69	0.595	0.52	0.45
Ca^{2+},Cu^{2+},Zn^{2+},Sn^{2+},Mn^{2+},Fe^{2+},Ni^{2+}, Co^{2+},$H_2C(COO^-)_2$	6	0.870	0.809	0.749	0.675	0.57	0.48	0.40
Sr^{2+},Ba^{2+},Cd^{2+},Hg^{2+},S^{2-},$S_2O_4^{2-}$,Pb^{2+}, WO_4^{2-},CO_3^{2-},SO_3^{2-},MoO_4^{2-},$HCit^{2-}$	5	0.868	0.805	0.744	0.67	0.555	0.465	0.38
Hg_2^{2+},SO_4^{2-},$S_2O_3^{2-}$,CrO_4^{2-},HPO_4^{2-}	4	0.867	0.803	0.740	0.66	0.545	0.445	0.355
Al^{3+},Fe^{3+},Cr^{3+},Sc^{3+},Y^{3+},La^{3+},In^{3+}	9	0.738	0.632	0.54	0.445	0.325	0.245	0.18
Cit^{3-}	5	0.728	0.616	0.51	0.405	0.27	0.18	0.115
PO_4^{3-},$Fe(CN)_6^{3-}$	4	0.725	0.612	0.505	0.395	0.25	0.16	0.095
Th^{4+},Zr^{4+},Ce^{4+},Sn^{4+}	11	0.586	0.455	0.35	0.255	0.155	0.10	0.065
$Fe(CN)_6^{4-}$	5	0.57	0.425	0.31	0.20	0.10	0.048	0.021

附表2 弱酸离解常数

酸	化 学 式	pK_{a_1}	K_{a_1}	pK_{a_2}	K_{a_2}	pK_{a_3}	K_{a_3}
氢氟酸	HF	3.18	6.6×10^{-4}				
亚硝酸	HNO_2	3.29	5.1×10^{-4}				
次氯酸	$HClO$	7.52	3.0×10^{-8}				
氢氰酸	HCN	9.21	6.2×10^{-10}				
亚砷酸	$HAsO_2$	9.22	6.0×10^{-10}				
硼 酸	H_3BO_3	9.24	5.8×10^{-10}				
过氧化氢	H_2O_2	11.74	1.8×10^{-12}				
硫 酸	H_2SO_4			2.00	1.0×10^{-2}		
铬 酸	H_2CrO_4	−0.70	5.0	6.52	3.0×10^{-7}		
亚磷酸	H_3PO_3	1.30	5.0×10^{-2}	6.60	2.5×10^{-7}		

酸	化学式	pK_{a_1}	K_{a_1}	pK_{a_2}	K_{a_2}	pK_{a_3}	K_{a_3}
亚硫酸	H_2SO_3	1.90	$1.3×10^{-2}$	7.20	$6.3×10^{-8}$		
焦硼酸	$H_2B_4O_7$	4.0	$1.0×10^{-4}$	9.0	$1.0×10^{-9}$		
碳 酸	H_2CO_3	6.38	$4.2×10^{-7}$	10.25	$5.6×10^{-11}$		
氢硫酸	H_2S	6.89	$1.3×10^{-7}$	14.15	$7.1×10^{-15}$		
硅 酸	H_2SiO_3	9.77	$1.7×10^{-10}$	11.8	$1.6×10^{-12}$		
焦磷酸	$H_3P_2O_7$	1.52	$3.0×10^{-2}$	2.36	$4.4×10^{-3}$	6.60	$2.5×10^{-7}$
磷 酸	H_3PO_4	2.12	$7.6×10^{-3}$	7.20	$6.3×10^{-8}$	12.36	$4.4×10^{-13}$
砷 酸	H_3AsO_4	2.19	$6.5×10^{-3}$	6.96	$1.1×10^{-7}$	11.49	$3.2×10^{-12}$
一氯乙酸	$CH_2ClCOOH$	2.86	$1.4×10^{-3}$				
甲 酸	$HCOOH$	3.74	$1.8×10^{-4}$				
乳 酸	$CH_3CH(OH)COOH$	3.89	$1.3×10^{-4}$				
苯甲酸	C_6H_5COOH	4.21	$6.2×10^{-5}$				
乙 酸	CH_3COOH	4.74	$1.8×10^{-5}$				
苯 酚	C_6H_5OH	10.00	$1.0×10^{-10}$				
草 酸	$H_2C_2O_4$	1.22	$5.9×10^{-2}$	4.19	$6.4×10^{-5}$		
氨基乙酸	$^+NH_3CH_2COOH$	2.35	$4.5×10^{-3}$	9.60	$2.5×10^{-10}$		
邻苯二甲酸	$C_6H_4(COOH)_2$	2.95	$1.1×10^{-3}$	5.41	$3.9×10^{-6}$		
水杨酸	$C_6H_5(OH)COOH$	3.00	$1.0×10^{-3}$	13.10	$7.9×10^{-14}$		
酒石酸	$(CH(OH)COOH)_2$	3.04	$9.1×10^{-4}$	4.37	$4.3×10^{-5}$		
琥珀酸	$(CH_2COOH)_2$	4.21	$6.2×10^{-5}$				
抗坏血酸	$C_6H_8O_6$	4.30	$5.0×10^{-5}$	9.82	$1.5×10^{-10}$		
柠檬酸	$C(CH_2COOH)_2(OH)COOH$	3.13	$7.4×10^{-4}$	4.77	$1.7×10^{-5}$	6.40	$4.0×10^{-7}$
乙二胺四乙酸	$(HOOCCH_2)_2NCH_3^+$ —$CH_3^+N(CH_2COOH)_2$	$0.9pK_{a_1}$ $2.67pK_{a_4}$	0.1 $2.1×10^{-3}$	$1.6pK_{a_2}$ $6.16pK_{a_5}$	$3.0×10^{-2}$ $6.9×10^{-7}$	$2.00pK_{a_3}$ $10.26pK_{a_6}$	$1.0×10^{-2}$ $5.5×10^{-11}$

附表 3　弱碱离解常数

碱	化 学 式	pK_{b_1}	K_{b_1}	pK_{b_2}	K_{b_2}
乙胺	$C_2H_5NH_2$	3.37	$4.3×10^{-4}$		
甲胺	CH_3NH_2	3.38	$4.2×10^{-4}$		
二甲胺	$(CH_3)_2NH$	3.92	$1.2×10^{-4}$		
乙醇胺	$HOCH_2CH_2NH_2$	4.49	$3.2×10^{-4}$		
氨	NH_3	4.74	$1.8×10^{-5}$		
三乙醇胺	$N(CH_2CH_2OH)_3$	6.26	$5.5×10^{-7}$		
羟氨	NH_2OH	8.04	$9.1×10^{-9}$		
吡啶	C_5H_5N	8.74	$1.8×10^{-9}$		
六亚甲基四胺	$(CH_2)_6N_4$	8.85	$1.4×10^{-9}$		
苯胺	$C_6H_5NH_2$	9.38	$4.2×10^{-10}$		
乙二胺	$H_2NCH_2CH_2NH_2$	4.07	$8.5×10^{-5}$	7.15	$7.1×10^{-8}$
联氨	$H_2N—NH_2$	6.01	$9.8×10^{-7}$	14.89	$1.3×10^{-15}$

附表4 常见的缓冲溶液

缓冲溶液	酸的存在型体	碱的存在型体	pK_a	K_a
氨基乙酸-HCl	$^+NH_3CH_2COOH$	NH_2CH_2COOH	2.35(pK_{a_1})	4.5×10^{-3}
一氯乙酸-NaOH	$CH_2ClCOOH$	CH_2ClCOO^-	2.85	1.4×10^{-3}
邻苯二甲酸氢钾-HCl	$C_6H_4(COOH)_2$	$C_6H_4(COO)_2H^-$	2.96(pK_{a_1})	1.1×10^{-3}
甲酸-NaOH	$HCOOH$	$HCOO^-$	3.74	1.8×10^{-4}
HAc-NaAc	HAc	Ac^-	4.74	1.8×10^{-5}
六亚甲基四胺	$(CH_2)_6N_4H^+$	$(CH_2)_6N_4$	5.15	7.1×10^{-6}
NaH_2PO_4-Na_2HPO_4	$H_2PO_4^-$	HPO_4^{2-}	7.17(pK_{a_2})	6.8×10^{-8}
三乙醇胺-HCl	$^+HN(CH_2CH_2OH)_3$	$N(CH_2CH_2OH)_3$	7.77	1.7×10^{-8}
三羟甲基甲胺-HCl	$^+NH_3C(CH_2OH)_3$	$NH_2C(CH_2OH)_3$	8.21	6.2×10^{-9}
$Na_2B_4O_7$-NaOH	H_3BO_3	$H_2BO_3^-$	9.24	5.8×10^{-10}
NH_3-NH_4Cl	NH_4^+	NH_3	9.26	5.6×10^{-10}
乙醇胺-HCl	$^+NH_3CH_2CH_2OH$	$NH_2CH_2CH_2OH$	9.50	3.2×10^{-10}
氨基乙酸-NaOH	NH_2CH_2COOH	$NH_2CH_2COO^-$	9.60(pK_{a_2})	2.5×10^{-10}
$NaHCO_3$-Na_2CO_3	HCO_3^-	CO_3^{2-}	10.25(pK_{a_2})	5.6×10^{-11}
Na_2HPO_4-NaOH	HPO_4^{2-}	PO_4^{3-}	12.36(pK_{a_3})	4.4×10^{-13}

附表5 几种常用的标准缓冲溶液

标 准 缓 冲 溶 液	pH 值(25℃)
饱和酒石酸氢钾(0.034 mol·L^{-1})	3.557
0.050 mol·L^{-1}邻苯二甲酸氢钾	4.008
0.025 mol·$L^{-1}KH_2PO_4$—0.025 mol·$L^{-1}Na_2HPO_4$	6.865
0.10 mol·L^{-1}硼砂	9.180
饱和氢氧化钙	12.454

附表6 几种常用的酸碱指示剂

指 示 剂	变色范围 pH	颜 色 酸色	碱色	pK_{HIn}	浓 度
甲酚红	0.2~1.8	红	黄	1.0	0.1%的20%乙醇溶液
百里酚蓝	1.2~2.8	红	黄	1.65	0.04%水溶液
甲基橙	3.1~4.4	红	黄	3.4	0.1%的20%酒精溶液
溴酚蓝	3.1~4.6	黄	紫	4.1	0.1%的20%酒清溶液或其钠盐的水溶液
溴甲酚绿	4.0~5.6	黄	蓝	4.9	0.1%的20%酒清溶液
甲基红	4.4~6.2	红	黄	5.2	0.1%的60%酒清溶液或其钠盐的水溶液
溴甲酚紫	5.2~6.8	黄	紫	6.4	0.1%的20%酒清溶液
溴百里酚蓝	6.2~7.6	黄	蓝	7.3	0.1%的20%酒清溶液
中性红	6.8~8.0	红	黄橙	7.4	0.1%的60%酒清溶液
酚红	6.7~8.4	黄	红	8.0	0.1%的60%酒清溶液或其钠盐的水溶液
酚酞	8.0~9.6	无	红	9.1	0.1%的90%酒清溶液
百里酚酞	9.4~10.6	无	蓝	10.0	0.1%的90%酒清溶液

指示剂溶液的组成	变色点 pH	颜色	
		酸　色	碱　色
一份 0.1%甲基橙水溶液 一份 0.25%靛蓝二磺酸钠水溶液	4.1	紫	黄绿
三分 0.1%溴甲酚绿酒精溶液 一份 0.2%甲基红酒精溶液	5.1	酒红	绿
一份 0.1%中性红酒清溶液 一份 0.1%亚甲基蓝酒精溶液	7.0	蓝紫	绿
一份 0.1%百里酚蓝 50%酒精溶液 三份 0.1%酚酞 50%酒精溶液	9.0	黄	紫
二份 0.1%百里酚酞酒精溶液 一份 0.1%茜素黄酒精溶液	10.2	黄	紫

附表8　EDTA螯合物的稳定常数$(20℃\sim25℃, I=0.1)$

离子	$\log K$	离子	$\log K$	离子	$\log K$
Ag^+	7.32	HfO^{2+}	19.1	Sb^{3+}	24
Al^{3+}	16.3	Hg^{2+}	21.7	Sc^{3+}	23.1
Ba^{2+}	7.86	Ho^{3+}	18.74	Sm^{3+}	17.14
Be^{2+}	9.3	In^{3+}	25.0	Sn^{2+}	22.11
Bi^{3+}	27.94	La^{3+}	15.50	Sr^{2+}	8.73
Ca^{2+}	10.69	Li^+	2.79	Tb^{3+}	17.67
Cd^{2+}	16.46	Lu^{3+}	19.83	Th^{4+}	23.2
Ce^{3+}	15.98	Mg^{2+}	8.7	Ti^{2+}	21.3
Co^{2+}	36.31	Mn^{2+}	13.87	TiO^{2+}	17.3
Co^{3+}	36	MoO_2^-	28	Tl^+	5.3
Cr^{3+}	23.4	Na^+	1.66	Tl^{3+}	37.8
Cu^{2+}	18.80	Nd^{3+}	16.6	Tm^{3+}	19.07
Dy^{3+}	18.30	Ni^{2+}	18.62	U^{4+}	25.8
Er^{3+}	18.85	Pb^{2+}	18.04	VO^{2+}	18.8
Eu^{3+}	17.35	Pd^{2+}	18.5	VO_2^+	18.1
Fe^{2+}	14.32	Pm^{3+}	16.75	Y^{3+}	18.09
Fe^{3+}	25.1	Pr^{3+}	16.40	Yb^{3+}	19.57
Ga^{3+}	20.3	Pu^{3+}	18.1	Zn^{2+}	16.50
Gd^{3+}	17.37	Ra^{2+}	7.4	ZrO^{2+}	29.5

附表 9　常见配合物的稳定常数

配体	金属离子	I	n	$\log\beta_n$
NH_3	Ag^+	0.5	1,2	3.24；7.05
	Cd^{2+}	2	1,…,6	2.64；4.75；6.19；7.12；6.80；5.14
	Co^{2+}	2	1,…,6	2.11；3.74；4.79；5.55；5.73；5.11
	Co^{3+}	2	1,…,6	6.7；14.0；20.1；25.7；30.8；35.2
	Cu^+	2	1,2	5.93；10.86
	Cu^{2+}	2	1,…,5	4.31；7.98；11.02；13.32；12.86
	Ni^{2+}	2	1,…,6	2.80；5.04；6.77；7.96；8.71；8.74
	Zn^{2+}	2	1,…,4	2.37；4.81；7.31；9.46
Br^-	Ag^+	0	1,…,4	4.38；7.33；8.00；8.73
	Bi^{3+}	2.3	1,…,6	4.30；5.55；5.89；7.82；—；9.70
	Cd^{2+}	3	1,…,4	1.75；2.34；3.32；3.70
	Cu^+	0	2	5.89
	Hg^{2+}	0.5	1,…,4	9.05；17.32；19.74；21.00
Cl^-	Ag^+	0	1,…,4	3.04；5.04；5.04；5.30
	Hg^{2+}	0.5	1,…,4	6.74；13.22；14.07；15.07
	Sn^{2+}	0	1,…,4	1.51；2.24；2.03；1.48
	Sb^{3+}	4	1,…,6	2.26；3.49；4.18；4.72；4.72；4.11
CN^-	Ag^+	0	1,…,4	—；21.1；21.7；20.6
	Cd^{2+}	3	1,…,4	5.48；10.60；15.23；18.78
	Co^{2+}		6	19.09
	Cu^+	0	1,…,4	—；24.0；28.59；30.3
	Fe^{2+}	0	6	35
	Fe^{3+}	0	6	42
	Hg^{2+}	0	4	41.4
	Ni^{2+}	0.1	4	31.3
	Zn^{2+}	0.1	4	16.7
F^-	Al^{3+}	0.5	1,…,6	6.13；11.15；15.00；17.75；19.37；19.84
	Fe^{2+}	0.5	1,…,6	5.28；9.30；12.06；—；15.77；—
	Th^{4+}	0.5	1,…,3	7.65；13.46；17.97
	TiO_2^{2+}	3	1,…,4	5.4；9.8；13.7；18.0
	ZrO_2^{2+}	2	1,…,3	8.80；16.12；21.94
I^-	Ag^+	0	1,…,3	6.58；11.74；13.68
	Bi^{3+}	2	1,…,6	3.63；—；—；14.95；16.80；18.80
	Cd^{2+}	0	1,…,4	2.10；3.43；4.49；5.41
	Pb^{2+}	0	1,…,4	2.00；3.15；3.92；4.47
	Hg^{2+}	0.5	1,…,4	12.87；23.82；27.60；29.83
PO_4^{3-}	Ca^{2+}	0.2	CaHL	1.7
	Mg^{2+}	0.2	MgHL	1.9
	Mn^{2+}	0.2	MnHL	2.6
	Fe^{3+}	0.66	FeHL	9.35
SCN^-	Ag^+	2.2	1,…,4	—；7.57；9.08；10.08
	Au^+	0	1,…,4	—；23；—；42
	Co^{2+}	1	1	1.0
	Cu^+	5	1,…,4	—；11.00；10.90；10.48
	Fe^{2+}	0.5	1,2	2.95；3.36
	Hg^{2+}	1	1,…,4	—；17.47；—；21.23

配体	金属离子	I	n	$\log\beta_n$
$S_2O_3^{2-}$	Ag^+	0	$1,\cdots,3$	8.82; 13.46; 14.15
	Cu^+	0.8	1,2,3	10.35; 12.27; 13.71
	Hg^{2+}	0	$1,\cdots,4$	—; 29.86; 32.26; 33.61
	Pb^{2+}	0	1,3	5.1; 6.4
OH^-	Al^{3+}	2	4	33.3
			$Al_6(OH)_{15}^{3+}$	163
	Bi^{3+}	3	1	12.4
			$Bi_6(OH)_{12}^{6+}$	168.3
	Cd^{2+}	3	$1,\cdots,4$	4.3; 7.7; 10.3; 12.0
	Co^{2+}	0.1	1,3	5.1; —; 10.2
	Cr^{3+}	0.1	1,2	10.2; 18.3
	Fe^{2+}	1	1	4.5
	Fe^{3+}	3	1,2	11.0; 21.7
			$Fe_2(OH)_2^{4+}$	25.1
	Hg^{2+}	0.5	2	21.7
	Mg^{2+}	0	1	2.6
	Mn^{2+}	0.1	1	3.4
	Ni^{2+}	0.1	1	4.6
	Pb^{2+}	0.3	1,2,3	6.2; 10.3; 13.3
			$Pb_2(OH)^{3+}$	7.6
	Sn^{2+}	3	1	10.1
	Th^{4+}	1	1	9.7
	Ti^{3+}	0.5	1	11.8
	TiO^{2+}	1	1	13.7
	VO^{2+}	3	1	8.0
	Zn^{2+}	0	$1,\cdots,4$	4.4; 10.1; 14.2; 15.5
乙酰丙酮	Al^{3+}	0	1,2,3	8.60; 15.5; 21.30
	Cu^{2+}	0	1,2	8.27; 16.34
	Fe^{2+}	0	1,2	5.07; 8.67
	Fe^{3+}	0	1,2,3	11.4; 22.1; 26.7
	Ni^{2+}	0	1,2,3	6.06; 10.77; 13.09
	Zn^{2+}	0	1,2	4.98; 8.81
柠檬酸	Ag^+	0	Ag_2HL	7.1
	Al^{3+}	0.5	$AlHL$	7.0
			AlL	20.0
			$AlOHL$	30.6
	Ca^{2+}	0.5	CaH_3L	10.9
			CaH_2L	8.4
			$CaHL$	3.5
	Cd^{2+}	0.5	CdH_2L	7.9
			$CdHL$	4.0
			CdL	11.3
	Co^{2+}	0.5	CoH_2L	8.9
			$CoHL$	4.4
			CoL	12.5
	Cu^{2+}	0.5	CuH_2L	12.0
		0	$CuHL$	6.1
		0.5	CuL	18.0

配体	金属离子	I	n	$\lg\beta_n$
柠檬酸	Fe^{2+}	0.5	FeH_2L	7.3
			$FeHL$	3.1
			FeL	15.5
	Fe^{3+}	0.5	FeH_2L	12.2
			$FeHL$	10.9
			FeL	25.0
	Ni^{2+}	0.5	NiH_2L	9.0
			$NiHL$	4.8
			NiL	14.3
	Pb^{2+}	0.5	PbH_2L	11.2
			$PbHL$	5.2
			PbL	12.3
	Zn^{2+}	0.5	ZnH_2L	8.7
			$ZnHL$	4.5
			ZnL	11.4
草酸	Al^{3+}	0	1,2,3	7.26; 13.0; 16.3
	Cd^{2+}	0.5	1,2	2.9; 4.7
	Co^{2+}	0.5	$CoHL$	5.5
			CoH_2L	10.6
		0	1,2,3	4.79; 6.7; 9.7
	Co^{3+}		3	—20
	Cu^{2+}	0.5	$CuHL$	6.25
			1,2	4.5; 8.9
	Fe^{2+}	0.5~1	1,2,3	2.9; 4.52; 5.22
	Fe^{3+}	0	1,2,3	9.4; 16.2; 20.2
	Mg^{2+}	0.1	1,2	2.76; 4.38
	Mn^{2+}	2	1,2,3	9.98; 16.57; 19.42
	Ni^{2+}	0.1	1,2,3	5.2; 7.64; 8.5
	Th^{4+}	0.1	4	24.5
	TiO^{2+}	2	1,2	6.6; 9.9
	Zn^{2+}	0.5	ZnH_2L	5.6
			1,2,3	4.89; 7.60; 8.15
磺基水杨酸	Al^{3+}	0.1	1,2,3	13.20; 22.83; 28.89
	Cd^{2+}	0.25	1,2	16.68; 29.08
	Co^{2+}	0.1	1,2	6.13; 9.82
	Cr^{3+}	0.1	1	9.56
	Cu^{2+}	0.1	1,2	9.52; 16.45
	Fe^{2+}	0.1~0.5	1,2	5.90; 9.90
	Fe^{3+}	0.25	1,2,3	14.64; 25.18; 32.12
	Mn^{2+}	0.1	1,2	5.24; 8.24
	Ni^{2+}	0.1	1,2	6.42; 10.24
	Zn^{2+}	0.1	1,2	6.05; 10.65

配体	金属离子	I	n	$\log\beta_n$
	Bi^{3+}	0	3	8.30
	Ca^{2+}	0.5	CaHL	4.85
		0	1,2	2.98；9.01
酒	Cd^{2+}	0.5	1	2.8
	Cu^{2+}	1	1,…,4	3.2；5.11；4.78；6.51
石	Fe^{3+}	0	3	7.49
	Mg^{2+}	0.5	MgHL	4.65
酸		1	1	1.2
	Pb^{2+}	0	1,2,3	3.78；—；4.7
	Zn^{2+}	0.5	ZnHL	4.5
			1,2	2.4；8.32
	Ag^+	0.1	1,2	4.70；7.70
	Cd^{2+}	0.5	1,2,3	5.47；10.09；12.09
乙	Co^{2+}	1	1,2,3	5.91；10.64；13.94
	Co^{3+}	1	1,2,3	18.70；34.90；48.69
	Cu^+		2	10.8
二	Cu^{2+}	1	1,2,3	10.67；20.00；21.0
	Fe^{2+}	1.4	1,2,3	4.34；7.65；9.70
	Hg^{2+}	0.1	1,2	14.30；23.3
胺	Mn^{2+}	1	1,2,3	2.73；4.79；5.67
	Ni^{2+}	1	1,2,3	7.52；13.80；18.06
	Zn^{2+}	1	1,2,3	5.77；10.83；14.11
硫	Ag^+	0.03	1,2	7.4；13.1
	Bi^{3+}		6	11.9
脲	Cu^+	0.1	3,4	13；15.4
	Hg^{2+}		2,3,4	22.1；24.7；26.8

附表 10　氨羧螯合剂类配合物的稳定常数($18℃\sim25℃$,$I=0.1$)

金属离子	$\log K$				NTA	
	CyDTA	DTPA	EGTA	HEDTA	$\log\beta_1$	$\log\beta_2$
Ag^+			6.88	6.71	5.16	
Al^{3+}	19.5	18.6	13.9	14.3	11.4	
Ba^{2+}	8.69	8.87	8.41	6.3	4.82	
Be^{2+}	11.51				7.11	
Bi^{3+}	32.3	35.6		22.3	17.5	
Ca^{2+}	13.20	10.83	10.97	8.3	6.41	
Cd^{2+}	19.93	19.2	16.7	13.3	9.83	14.61
Co^{2+}	19.62	19.27	12.39	14.6	10.38	14.39
Co^{3+}				37.4	6.84	
Cr^{3+}					6.23	
Cu^{2+}	22.0	21.55	17.71	17.6	12.96	
Fe^{2+}	19.0	16.5	11.87	12.3	8.33	
Fe^{3+}	30.1	28.0	20.5	19.8	15.9	

金属离子	logK					
	CyDTA	DTPA	EGTA	HEDTA	NTA	
					$\log\beta_1$	$\log\beta_2$
Ga^{3+}	23.2	25.54		16.9	13.6	
Hg^{2+}	25.00	26.70	23.2	20.30	14.6	
In^{3+}	28.8	29.0		20.2	16.9	
Li^+					2.51	
Mg^{2+}	11.02	9.30	5.21	7.0	5.41	
Mn^{2+}	17.48	15.60	12.28	10.9	7.44	
Na^+						1.22
Ni^{2+}	20.3	20.32	13.55	17.3	11.53	16.42
Pb^{2+}	20.38	18.80	14.71	15.7	11.39	
Sc^{3+}	26.1	24.5	18.2			24.1
Sr^{2+}	10.59	9.77	8.50	6.9	4.93	
Th^{4+}	25.6	28.78				
Tl^{3+}	38.3				20.9	32.5
U^{4+}	27.6	7.69				
VO^{2+}	20.1					
Y^{3+}	19.85	22.13	17.16	14.78	11.41	20.43
Zn^{2+}	19.37	18.40	12.7	14.7	10.67	14.29
Zr^{4+}		35.8			20.8	
稀土元素	17～22	19		13～16	10～12	

CyDTA：环己二胺四乙酸　　　　　HEDTA：2-羟乙基乙二胺三乙酸
DTPA：二乙三胺五乙酸　　　　　　NTA：氨三乙酸
EGTA：乙二醇双(2-氨基乙醚)四乙酸

附表 11　EDTA 的 $\log\alpha_{Y(H)}$ 值

pH	0	0.1	0.2	0.3	0.4	0.5	0.6	0.7	0.8	0.9
0	23.64	23.06	22.47	21.89	21.32	20.75	20.18	19.62	19.08	18.54
1	18.01	17.49	16.98	16.49	16.02	15.55	15.11	14.68	14.27	13.88
2	13.51	13.16	12.82	12.50	12.19	11.90	11.62	11.35	11.09	10.84
3	10.60	10.37	10.14	9.92	9.70	9.48	9.27	9.06	8.85	8.65
4	8.44	8.24	8.04	7.84	7.64	7.44	7.24	7.04	6.84	6.65
5	6.45	6.26	6.07	5.88	5.69	5.51	5.33	5.15	4.98	4.81
6	4.65	4.49	4.34	4.20	4.06	3.92	3.79	3.67	3.55	3.43
7	3.32	3.21	3.10	2.99	2.88	2.78	2.68	2.57	2.47	2.37
8	2.27	2.17	2.07	1.97	1.87	1.77	1.67	1.57	1.48	1.38
9	1.28	1.19	1.10	1.01	0.92	0.83	0.75	0.67	0.59	0.52
10	0.45	0.39	0.33	0.28	0.24	0.20	0.16	0.13	0.11	0.09
11	0.07	0.06	0.05	0.04	0.03	0.02	0.02	0.02	0.01	0.01

附表 12　金属离子的 $\lg\alpha_{M(OH)}$ 值

金属离子	I	\multicolumn{14}{c}{pH}												
		1	2	3	4	5	6	7	8	9	10	11	12	13	14
Ag(Ⅰ)	0.1											0.1	0.5	2.3	5.1
Al(Ⅲ)	2					0.4	1.3	5.3	9.3	13.3	17.3	21.3	25.3	29.3	33.3
Ba(Ⅱ)	0.1													0.1	0.5
Bi(Ⅲ)	3	0.1	0.5	1.4	2.4	3.4	4.4	5.4							
Ca(Ⅱ)	0.1													0.3	1.0
Cd(Ⅱ)	3									0.1	0.5	2.0	4.5	8.1	12.0
Ce(Ⅳ)	1~2	1.2	3.1	5.1	7.1	9.1	11.1	13.1							
Cu(Ⅱ)	0.1								0.2	0.8	1.7	2.7	3.7	4.7	5.7
Fe(Ⅱ)	1									0.1	0.6	1.5	2.5	3.5	4.5
Fe(Ⅲ)	3			0.4	1.8	3.7	5.7	7.7	9.7	11.7	13.7	15.7	17.7	19.7	21.7
Hg(Ⅱ)	0.1			0.5	1.9	3.9	5.9	7.9	9.9	11.9	13.9	15.9	17.9	19.9	21.9
La(Ⅲ)	3										0.3	1.0	1.9	2.9	3.9
Mg(Ⅱ)	0.1											0.1	0.5	1.3	2.3
Ni(Ⅱ)	0.1									0.1	0.7	1.6			
Pb(Ⅱ)	0.1							0.1	0.5	1.4	2.7	4.7	7.4	10.4	13.4
Th(Ⅳ)	1				0.2	0.8	1.7	2.7	3.7	4.7	5.7	6.7	7.7	8.7	9.7
Zn(Ⅱ)	0.1									0.2	2.4	5.4	8.5	11.8	15.5

附表 13　金属指示剂的 $\lg\alpha_{In(H)}$ 值和理论变色点的 pM_t 值

一、铬黑 T

pH	6.0	7.0	8.0	9.0	10.0	11.0	12.0	13.0	稳定常数
$\lg\alpha_{In(H)}$	6.0	4.6	3.6	2.6	1.6	0.7	0.1		$\lg K_{HIn}^{H}=11.6$; $\lg K_{H_2In}^{H}=6.3$
pCa_t(至红)			1.8	2.8	3.8	4.7	5.3	5.4	$\lg K_{Ca_2In}=5.4$
pMg_t(至红)	1.0	2.4	3.4	4.4	5.4	6.3			$\lg K_{MgIn}=7.0$
pMn_t(至红)	3.6	5.0	6.2	7.8	9.7	11.5			$\lg K_{MnIn}=9.6$
pZn_t(至红)	6.9	8.3	9.3	10.5	12.2	13.9			$\lg K_{ZnIn}=12.9$

二、二甲酚橙

pH	0	1.0	2.0	3.0	4.0	4.5	5.0	5.5	6.0	6.5	7.0
$\lg\alpha_{In(H)}$	35.0	30.0	25.1	20.7	17.3	15.7	14.2	12.8	11.3		
pBi_t(至红)		4.0	5.4	6.8							
pCd_t(至红)					4.0	4.5	5.0	5.5	6.3	6.8	
pHg_t(至红)						7.4	8.2	9.0			
pLa_t(至红)					4.0	4.5	5.0	5.6		6.7	
pPb_t(至红)				4.2	4.8	6.2	7.0	7.6	8.2		
pTh_t(至红)		3.6	4.9	6.3							
pZn_t(至红)						4.1	4.8	5.7	6.5	7.3	8.0
pZr_t(至红)	7.5										

三、PAN

pH	4.0	5.0	6.0	7.0	8.0	9.0	10.0	11.0	稳定常数(20%二噁烷)
$\lg\alpha_{In(H)}$	8.2	7.2	6.2	5.2	4.2	3.2	2.2	1.2	$\lg K_{HIn}^{H}=12.2$; $\lg K_{H_2In}^{H}=1.9$
pCo_t(至红)	3.8	4.8	5.8	6.8	7.8	8.8	9.8	10.8	$\lg K_{CoIn}=12.15$
pCu_t(至红)	7.8	8.8	9.8	10.8	11.8	12.8	13.8	14.8	$\lg K_{CuIn}=16.0$
pMn_t(至红)		1.3	2.3	3.3	4.3	5.5	7.0	9.0	$\lg K_{MnIn}=8.5$
pNi_t(至红)	4.5	6.0	7.9	9.9	11.9	13.9	15.9	17.9	$\lg K_{NiIn}=12.7$
pZn_t(至红)	3.0	4.0	6.0	8.0	8.3	10.3	12.3	14.3	$\lg K_{ZnIn}=11.2$

附表 14 ΔpM 与 f 值的换算

$$(f = 10^{\Delta pM} - 10^{-\Delta pM})$$

ΔpM \ f \ ΔpM	0.00	0.01	0.02	0.03	0.04	0.05	0.06	0.07	0.08	0.09
0.00	0.000	0.046	0.092	0.138	0.184	0.231	0.277	0.324	0.371	0.417
0.10	0.465	0.512	0.560	0.608	0.656	0.705	0.754	0.803	0.853	0.903
0.20	0.954	1.01	1.06	1.11	1.16	1.22	1.28	1.33	1.38	1.44
0.30	1.49	1.55	1.61	1.67	1.73	1.79	1.85	1.92	1.98	2.05
0.40	2.11	2.18	2.25	2.32	2.39	2.46	2.54	2.61	2.69	2.77
0.50	2.85	2.93	3.01	3.09	3.18	3.27	3.36	3.45	3.54	3.63
0.60	3.73	3.83	3.93	4.03	4.14	4.24	4.35	4.46	4.58	4.69
0.70	4.81	4.93	5.06	5.18	5.31	5.45	5.58	5.72	5.86	6.00
0.80	6.15	6.30	6.46	6.61	6.77	6.94	7.11	7.28	7.45	7.63
0.90	7.82	8.01	8.20	8.39	8.60	8.80	9.01	9.23	9.45	9.67
1.00	9.90	10.1	10.4	10.6	10.9	11.1	11.4	11.7	11.9	12.2
1.10	12.5	12.8	13.1	13.4	13.7	14.1	14.4	14.7	15.1	15.4
1.20	15.8	16.2	16.5	16.9	17.3	17.7	18.1	18.6	19.0	19.5
1.30	19.9	20.4	20.9	21.3	21.8	22.3	22.9	23.4	24.0	24.5
1.40	25.1	25.7	26.3	26.9	27.5	28.2	28.8	29.5	30.2	30.9
1.50	31.6	32.3	33.1	33.9	34.6	35.5	36.3	37.1	38.0	38.9

换算示例　1. 已知 ΔpM=0.32, 查 ΔpM 0.30 与 0.02　得 f=1.61

ΔpM=−0.32, 查 ΔpM 0.30 与 0.02　得 f=−1.61

2. 已知 f=1.11, 查 ΔpM=0.20+0.03=0.23

f=−1.11, 查 ΔpM=−0.20−0.03=−0.23

附表 15　标准电极电位

半　反　应	$E^{\ominus}$ (V)
$Ag^+ + e \rightleftharpoons Ag$	0.7996
$AgBr + e \rightleftharpoons Ag + Br^-$	0.07133
$AgCl + e \rightleftharpoons Ag + Cl^-$	0.22233
$AgI + e \rightleftharpoons Ag + I^-$	−0.15224
$Ag_2S + 2e \rightleftharpoons 2Ag + S^{2-}$	−0.691
$Al^{3+} + 3e \rightleftharpoons Al$	−1.662
$H_2AlO_3^- + H_2O + 3e \rightleftharpoons Al + 4OH^-$	−2.33
$As + 3H^+ + 3e \rightleftharpoons AsH_3$	−0.608
$HAsO_2 + 3H^+ + 3e \rightleftharpoons As + 2H_2O$	0.248
$AsO_2^- + 2H_2O + 3e \rightleftharpoons As + 4OH^-$	−0.68
$H_3AsO_4 + 2H^+ + 2e \rightleftharpoons HAsO_2 + 2H_2O$	0.560
$AsO_4^{3-} + 2H_2O + 2e \rightleftharpoons AsO_2^- + 4OH^-$	−0.71
$Au^{3+} + 3e \rightleftharpoons Au$	1.498
$Au^{3+} + 2e \rightleftharpoons Au^+$	1.401
$Ba^{2+} + 2e \rightleftharpoons Ba$	−2.912

半 反 应	$E^{\ominus}(V)$
$BiO^+ + 2H^+ + 3e \Longrightarrow Bi + H_2O$	0.320
$Br_2(水) + 2e \Longrightarrow 2Br^-$	1.0873
$Br_3^- + 2e \Longrightarrow 3Br^-$	1.05
$BrO^- + H_2O + 2e \Longrightarrow Br^- + 2OH^-$	0.761
$HBrO + H^+ + e \Longrightarrow \frac{1}{2}Br_2(水) + H_2O$	1.574
$BrO_3^- + 6H^+ + 5e \Longrightarrow \frac{1}{2}Br_2 + 3H_2O$	1.482
$BrO_3^- + 6H^+ + 6e \Longrightarrow Br^- + 3H_2O$	1.423
$Ca^{2+} + 2e \Longrightarrow Ca$	-2.868
$Cd^{2+} + 2e \Longrightarrow Cd$	-0.4030
$Ce^{4+} + e \Longrightarrow Ce^{3+}$	1.61
$Cl_2(气) + 2e \Longrightarrow 2Cl^-$	1.35827
$HClO + H^+ + 2e \Longrightarrow Cl^- + H_2O$	1.482
$HClO + H^+ + e \Longrightarrow \frac{1}{2}Cl_2 + H_2O$	1.628
$ClO^- + H_2O + 2e \Longrightarrow Cl^- + 2OH^-$	0.81
$HClO_2 + 2H^+ + 2e \Longrightarrow HClO + H_2O$	1.645
$ClO_3^- + 6H^+ + 5e \Longrightarrow \frac{1}{2}Cl_2 + 3H_2O$	1.47
$ClO_3^- + 6H^+ + 6e \Longrightarrow Cl^- + 3H_2O$	1.451
$ClO_4^- + 2H^+ + 2e \Longrightarrow ClO_3^- + H_2O$	1.189
$ClO_4^- + 8H^+ + 7e \Longrightarrow \frac{1}{2}Cl_2 + 4H_2O$	1.39
$Co^{2+} + 2e \Longrightarrow Co$	-0.28
$CO_2 + 2H^+ + 2e \Longrightarrow HCOOH$	-0.199
$2CO_2 + 2H^+ + 2e \Longrightarrow H_2C_2O_4$	-0.49
$Cr^{2+} + 2e \Longrightarrow Cr$	-0.913
$Cr^{3+} + e \Longrightarrow Cr^{2+}$	-0.407
$CrO_4^{2-} + 4H_2O + 3e \Longrightarrow Cr(OH)_3 + 5OH^-$	-0.13
$Cr_2O_7^{2-} + 14H^+ + 6e \Longrightarrow 2Cr^{3+} + 7H_2O$	1.232
$Cu^+ + e \Longrightarrow Cu$	0.52
$Cu^{2+} + e \Longrightarrow Cu^+$	0.153
$Cu^{2+} + 2e \Longrightarrow Cu$	0.3419
$Cu^{2+} + I^- + e \Longrightarrow CuI(固)$	0.86
$F_2 + 2H^+ + 2e \Longrightarrow 2HF$	3.053
$F_2 + 2e \Longrightarrow 2F^-$	2.866
$Fe^{2+} + 2e \Longrightarrow Fe$	-0.447
$Fe^{3+} + e \Longrightarrow Fe^{2+}$	0.771
$Fe(CN)_6^{3-} + e \Longrightarrow Fe(CN)_6^{4-}$	0.358
$Ga^{3+} + 3e \Longrightarrow Ga$	-0.560
$2H^+ + 2e \Longrightarrow H_2$	0.00000

半 反 应	$E^{\ominus}$ (V)
$2H_2O+2e \Longrightarrow H_2+2OH^-$	-0.8277
$Hg_2^{2+}+2e \Longrightarrow 2Hg$	0.7973
$Hg^{2+}+2e \Longrightarrow Hg$	0.851
$Hg_2Br_2+2e \Longrightarrow 2Hg+2Br^-$	0.13923
$Hg_2Cl_2(固)+2e \Longrightarrow 2Hg+2Cl^-$	0.26808
$HgCl_4^{2-}+2e \Longrightarrow Hg+4Cl^-$	0.48
$2HgCl_2+2e \Longrightarrow Hg_2Cl_2(固)+2Cl^-$	0.63
$Hg_2SO_4+2e \Longrightarrow 2Hg+SO_4^{2-}$	0.6125
$I_2+2e \Longrightarrow 2I^-$	0.5355
$I_3^-+2e \Longrightarrow 3I^-$	0.536
$2HIO+2H^++2e \Longrightarrow I_2+2H_2O$	1.439
$HIO+H^++2e \Longrightarrow I^-+H_2O$	0.987
$2IO_3^-+12H^++10e \Longrightarrow I_2+6H_2O$	1.195
$H_5IO_6+H^++2e \Longrightarrow IO_3^-+3H_2O$	1.601
$In^{3+}+3e \Longrightarrow In$	-0.3382
$K^++e \Longrightarrow K$	-2.931
$La^{3+}+3e \Longrightarrow La$	-2.522
$Li^++e \Longrightarrow Li$	-3.0401
$Mg^{2+}+2e \Longrightarrow Mg$	-2.372
$Mn^{2+}+2e \Longrightarrow Mn$	-1.185
$Mn^{3+}+e \Longrightarrow Mn^{2+}$	1.5415
$MnO_2+4H^++2e \Longrightarrow Mn^{2+}+2H_2O$	1.224
$MnO_4^-+8H^++5e \Longrightarrow Mn^{2+}+4H_2O$	1.507
$MnO_4^-+4H^++3e \Longrightarrow MnO_2+2H_2O$	1.679
$MnO_4^-+2H_2O+3e \Longrightarrow MnO_2+4OH^-$	0.595
$MnO_4^-+e \Longrightarrow MnO_4^{2-}$	0.558
$MoO_2^{2+}+2H^++e \Longrightarrow MoO^{3+}+H_2O$	0.48
$[SiMo_{12}O_{40}]^{4-}+4H^++4e \Longrightarrow [H_4SiMo_{12}O_{40}]^{4-}$	0.59
$N_2O_4+2H^++2e \Longrightarrow 2HNO_2$	1.065
$NO_3^-+3H^++2e \Longrightarrow HNO_2+H_2O$	0.934
$HNO_2+H^++e \Longrightarrow NO+H_2O$	0.983
$2NO_3^-+4H^++2e \Longrightarrow N_2O_4+2H_2O$	0.803
$Na^++e \Longrightarrow Na$	-2.71
$Ni^{2+}+2e \Longrightarrow Ni$	-0.257
$O_3+2H^++2e \Longrightarrow O_2+H_2O$	2.076
$O_2+4H^++4e \Longrightarrow 2H_2O$	1.229
$O_2+2H^++2e \Longrightarrow H_2O_2$	0.695
$HO_2^-+H_2O+2e \Longrightarrow 3OH^-$	0.878
$H_2O_2+2H^++2e \Longrightarrow 2H_2O$	1.77
$O_2+H_2O+2e \Longrightarrow HO_2^-+OH^-$	-0.076
$H_3PO_3+2H^++2e \Longrightarrow H_3PO_2+H_2O$	-0.499

半 反 应	$E^{\ominus}$(V)
$H_3PO_4+2H^++2e \Longrightarrow H_3PO_3+H_2O$	-0.276
$Pb^{2+}+2e \Longrightarrow Pb$	-0.1262
$PbO_2+SO_4^{2-}+4H^++2e \Longrightarrow PbSO_4+2H_2O$	1.6913
$PbO_2+4H^++2e \Longrightarrow Pb^{2+}+2H_2O$	1.455
$HPbO_2^-+H_2O+2e \Longrightarrow Pb+3OH^-$	-0.537
$PbSO_4+2e \Longrightarrow Pb+SO_4^{2-}$	-0.3588
$S+2e \Longrightarrow S^{2-}$	-0.47627
$S+2H^++2e \Longrightarrow H_2S(水)$	0.142
$SO_4^{2-}+4H^++2e \Longrightarrow H_2SO_3+H_2O$	0.172
$S_4O_6^{2-}+2e \Longrightarrow 2S_2O_3^{2-}$	0.08
$SO_3^{2-}+3H_2O+4e \Longrightarrow S+6OH^-$	-0.66
$S_2O_8^{2-}+2e \Longrightarrow 2SO_4^{2-}$	2.010
$4H_2SO_3+4H^++6e \Longrightarrow S_4O_6^{2-}+6H_2O$	0.51
$2H_2SO_3+2H^++4e \Longrightarrow S_2O_3^{2-}+3H_2O$	0.40
$2SO_3^{2-}+3H_2O+4e \Longrightarrow S_2O_3^{2-}+6OH^-$	-0.571
$SbO^++2H^++3e \Longrightarrow Sb+H_2O$	-0.212
$Sb+3H^++3e \Longrightarrow SbH_3$	-0.510
$Se+2e \Longrightarrow Se^{2-}$	-0.924
$Se+2H^++2e \Longrightarrow H_2Se(水)$	-0.399
$SeO_3^{2-}+3H_2O+4e \Longrightarrow Se+6OH^-$	-0.366
$Sn^{2+}+2e \Longrightarrow Sn$	-0.1375
$Sn^{4+}+2e \Longrightarrow Sn^{2+}$	0.151
$HSnO_2^-+H_2O+2e \Longrightarrow Sn+3OH^-$	-0.909
$Sn(OH)_6^{2-}+2e \Longrightarrow HSnO_2^-+H_2O+3OH^-$	-0.93
$Sr^{2+}+2e \Longrightarrow Sr$	-2.89
$TeO_3^{2-}+3H_2O+4e \Longrightarrow Te+6OH^-$	-0.57
$TiO^{2+}+2H^++e \Longrightarrow Ti^{3+}+H_2O$	0.1
$TiOCl^++2H^++3Cl^-+e \Longrightarrow TiCl_4^-+H_2O$	-0.09
$Tl^++e \Longrightarrow Tl$	-0.336
$UO_2^{2+}+4H^++2e \Longrightarrow U^{4+}+2H_2O$	0.327
$VO^{2+}+2H^++e \Longrightarrow V^{3+}+H_2O$	0.337
$VO_2^++2H^++e \Longrightarrow VO^{2+}+H_2O$	0.991
$Zn^{2+}+2e \Longrightarrow Zn$	-0.7618
$ZnO_2^{2-}+2H_2O+2e \Longrightarrow Zn+4OH^-$	-1.215

附表 16　某些氧化还原电对的条件电位

半　反　应	条件电位 （V）	介　　质
$Ag(II)+e \Longrightarrow Ag^+$	1.927	$4\ mol \cdot L^{-1}HNO_3$
$Ce(IV)+e \Longrightarrow Ce(III)$	1.61	$1\ mol \cdot L^{-1}HNO_3$
	1.44	$0.5\ mol \cdot L^{-1}H_2SO_4$
	1.28	$1\ mol \cdot L^{-1}HCl$
$Co^{3+}+e \Longrightarrow Co^{2+}$	1.84	$3\ mol \cdot L^{-1}HNO_3$
$Co(乙二胺)_3^{3+}+e \Longrightarrow Co(乙二胺)_3^{2+}$	−0.2	$0.1\ mol \cdot L^{-1}KNO_3+0.1\ mol \cdot L^{-1}乙二胺$
$Cr(III)+e \Longrightarrow Cr(II)$	−0.40	$5\ mol \cdot L^{-1}HCl$
$Cr_2O_7^{2-}+14H^++6e \Longrightarrow 2Cr^{3+}+7H_2O$	1.08	$3\ mol \cdot L^{-1}HCl$
	1.00	$1\ mol \cdot L^{-1}HCl$
	1.15	$4\ mol \cdot L^{-1}H_2SO_4$
	1.025	$1\ mol \cdot L^{-1}HClO_4$
$CrO_4^{2-}+2H_2O+3e \Longrightarrow CrO_2^-+4OH^-$	−0.12	$1\ mol \cdot L^{-1}NaOH$
$Fe(III)+e \Longrightarrow Fe(II)$	0.767	$1\ mol \cdot L^{-1}HClO_4$
	0.71	$0.5\ mol \cdot L^{-1}HCl$
	0.68	$1\ mol \cdot L^{-1}H_2SO_4$
	0.68	$1\ mol \cdot L^{-1}HCl$
	0.46	$2\ mol \cdot L^{-1}H_3PO_4$
	0.51	$1\ mol \cdot L^{-1}HCl+0.25\ mol \cdot L^{-1}H_3PO_4$
$Fe(EDTA)^-+e \Longrightarrow Fe(EDTA)^{2-}$	0.12	$0.1\ mol \cdot L^{-1}EDTA, pH\ 为\ 4\sim6$
$Fe(CN)_6^{3-}+e \Longrightarrow Fe(CN)_6^{4-}$	0.56	$0.1\ mol \cdot L^{-1}HCl$
$FeO_4^{2-}+2H_2O+3e \Longrightarrow FeO_2^-+4OH^-$	0.55	$10\ mol \cdot L^{-1}NaOH$
$I_3^-+2e \Longrightarrow 3I^-$	0.5446	$0.5\ mol \cdot L^{-1}H_2SO_4$
$I_2(水)+2e \Longrightarrow 2I^-$	0.6276	$0.5\ mol \cdot L^{-1}H_2SO_4$
$MnO_4^-+8H^++5e \Longrightarrow Mn^{2+}+4H_2O$	1.45	$1\ mol \cdot L^{-1}HClO_4$
$Pb(II)+2e \Longrightarrow Pb$	−0.32	$1\ mol \cdot L^{-1}NaAc$
$Sb(V)+2e \Longrightarrow Sb(III)$	0.75	$3.5\ mol \cdot L^{-1}HCl$
$Sb(OH)_6^-+2e \Longrightarrow SbO_2^-+2OH^-+2H_2O$	−0.428	$3\ mol \cdot L^{-1}NaOH$
$SbO_2^-+2H_2O+3e \Longrightarrow Sb+4OH^-$	−0.675	$10\ mol \cdot L^{-1}KOH$
$SnCl_6^{2-}+2e \Longrightarrow SnCl_4^{2-}+2Cl^-$	0.14	$1\ mol \cdot L^{-1}HCl$
$Ti(IV)+e \Longrightarrow Ti(III)$	−0.01	$0.2\ mol \cdot L^{-1}H_2SO_4$
	0.12	$2\ mol \cdot L^{-1}H_2SO_4$
	−0.04	$1\ mol \cdot L^{-1}HCl$
	−0.05	$1\ mol \cdot L^{-1}H_3PO_4$

化合物	K_{sp}	pK_{sp}	化合物	K_{sp}	pK_{sp}
Ag_3AsO_4	1×10^{-22}	22.0	$CdCO_3$	3.4×10^{-14}	13.74
$AgBr$	5.0×10^{-13}	12.30	CdC_2O_4	1.5×10^{-8}	7.82
$AgBrO_3$	5.5×10^{-5}	4.26	β-$Cd(OH)_2$	4.5×10^{-15}	14.35
$AgCN$	2.2×10^{-16}	15.66	γ-$Cd(OH)_2$	7.9×10^{-15}	14.10
Ag_2CO_3	6.5×10^{-12}	11.19	CdS	1×10^{-27}	27.0
$Ag_2C_2O_4$	1×10^{-11}	11.0	$Ce_2(C_2O_4)_3$	3×10^{-26}	25.5
$AgCl$	1.8×10^{-10}	9.74	$Ce(OH)_3$	6.3×10^{-24}	23.2
Ag_2CrO_4	1.2×10^{-12}	11.92	$CeO_2(Ce^{4+}+4OH^-)$	1×10^{-65}	65.0
AgI	8.3×10^{-17}	16.08	$CeO(OH)_2$	4.0×10^{-25}	24.40
$AgIO_3$	3.1×10^{-8}	7.51	CeP_2O_7	3.5×10^{-24}	23.46
$1/2Ag_2O$ (Ag^++OH^-)	1.9×10^{-8}	7.71	$Co(C_9H_6NO)_2$	6.3×10^{-25}	24.2
			$CoCO_3$	1.05×10^{-10}	9.98
Ag_3PO_4	2.8×10^{-18}	17.55	$Co(OH)_2$	1.3×10^{-15}	14.9
Ag_2S	8×10^{-51}	50.1	α-CoS	5×10^{-22}	21.3
$AgSCN$	1.1×10^{-12}	11.97	β-CoS	2.5×10^{-26}	25.6
Ag_2SO_3	1.5×10^{-14}	13.82	$Co(OH)_3$(19℃)	3.2×10^{-45}	44.5
Ag_2SO_4	1.5×10^{-5}	4.83	$Cr(OH)_3$	6×10^{-31}	30.2
Ag_2Se	2×10^{-64}	63.7	$CuBr$	5×10^{-9}	8.3
Ag_2SeO_4	1.2×10^{-9}	8.91	$CuCl$	4.2×10^{-8}	7.38
$Al(OH)_3$ (无定形)	4.6×10^{-33}	32.34	CuI	1×10^{-12}	12.0
$Au(OH)_3$	3×10^{-48}	47.5	$1/2Cu_2O$ (Cu^++OH^-)	2×10^{-15}	14.7
$Ba(C_9H_6NO)_2$	2×10^{-8}	7.7	Cu_2S	3.2×10^{-49}	48.5
$BaCO_3$	5×10^{-9}	8.3	$Cu(C_9H_6NO)_2$	8×10^{-30}	29.1
BaC_2O_4	1×10^{-6}	6.0	$CuCO_3$	2.3×10^{-10}	9.63
$BaCrO_4$	2.1×10^{-10}	9.67	CuC_2O_4	2.9×10^{-8}	7.54
BaF_2	1.7×10^{-6}	5.76	$Cu(OH)_2$	4.8×10^{-20}	19.32
$Ba_3(PO_4)_2$	5×10^{-30}	29.3	CuS	8×10^{-37}	36.1
$BaSO_4$	1.1×10^{-10}	9.96	$Fe(OH)_2$	8×10^{-16}	15.1
$BaSeO_4$	3.5×10^{-8}	7.46	FeS	8×10^{-19}	18.1
$Be(OH)_2$ (无定形)	1×10^{-21}	21.0	$Fe(C_9H_6NO)_3$	3×10^{-44}	43.5
BiI_3	8.1×10^{-19}	18.09	$Fe(OH)_3$	1.6×10^{-39}	38.8
$BiOBr$	6.9×10^{-35}	34.16	Hg_2Br_2	5.6×10^{-23}	22.25
$BiOCl$	1.6×10^{-36}	35.8	$Hg_2(CN)_2$	5×10^{-40}	39.3
$1/2\alpha$-Bi_2O_3 ($Bi^{3+}+3OH^-$)	3.0×10^{-39}	38.53	Hg_2CO_3	8.9×10^{-17}	16.05
			Hg_2Cl_2	1.2×10^{-18}	17.91
$BiPO_4$	1.3×10^{-23}	22.89	Hg_2CrO_4	2.0×10^{-9}	8.70
Bi_2S_3	1×10^{-100}	100	Hg_2I_2	4.7×10^{-29}	28.33
$Ca(C_9H_6NO)_2$	4×10^{-11}	10.4	$Hg_2(OH)_2$	2×10^{-24}	23.7
$CaCO_3$	4.5×10^{-9}	8.35	$Hg_2(SCN)_2$	3.0×10^{-20}	19.52
CaC_2O_4	2.3×10^{-9}	8.64	$HgBr_2$	1.3×10^{-19}	18.9
CaF_2	3.9×10^{-11}	10.41	HgI_2	1.1×10^{-28}	27.95
$CaMnO_4$	1×10^{-8}	8.0	$HgO(Hg^++2OH^-)$	3.6×10^{-26}	25.44
$Ca(OH)_2$	6.5×10^{-6}	5.19	HgS(黑色)	2×10^{-53}	52.7
$Ca_2P_2O_7$	1.3×10^{-8}	7.9	HgS(红色)	5×10^{-54}	53.3
$CaSO_3$	3.2×10^{-7}	6.5	$Hg(SCN)_2$	2.8×10^{-20}	19.56
$CaSO_4$	2.4×10^{-5}	4.62	$In(C_9H_6NO)_3$	4.6×10^{-32}	31.34
			$In(OH)_3$	1.3×10^{-37}	36.9

化合物	K_{sp}	pK_{sp}	化合物	K_{sp}	pK_{sp}
In_2S_3	6.3×10^{-74}	73.2	$Sm(OH)_3$	7.9×10^{-23}	22.10
$La_2(CO_3)_3$	4×10^{-34}	33.4	SnI_2	8.3×10^{-6}	5.08
$La_2(C_2O_4)_3$	1×10^{-25}	25.0	$SnO(Sn^{2+}+2OH^-)$	6.3×10^{-27}	26.2
$La(IO_3)_3$	1.02×10^{-11}	10.99	SnS	1.3×10^{-26}	25.9
$La(OH)_3$	2×10^{-20}	20.7	$SnO_2(Sn^{4+}+4OH^-)$	4×10^{-65}	64.4
$LaPO_4$	3.7×10^{-23}	22.43	SnS_2	2.4×10^{-27}	26.62
$Mg(C_9H_6NO)_2$	4×10^{-16}	15.4	$Sr(C_9H_6NO)_2$	2×10^{-9}	8.7
$MgCO_3$	3.5×10^{-8}	7.46	$SrCO_3$	9.3×10^{-10}	9.03
MgF_2	6.6×10^{-9}	8.18	SrC_2O_4	4×10^{-7}	6.4
$MgNH_4PO_4$	2.5×10^{-13}	12.6	$SrCrO_4$	2.2×10^{-5}	4.66
$Mg(OH)_2$	7.1×10^{-12}	11.15	SrF_2	2.9×10^{-9}	8.54
$Mg_3(PO_4)_2 \cdot 8H_2O$	6.3×10^{-26}	25.20	$Sr_2P_2O_7$	1.2×10^{-7}	6.92
$Mn(C_9H_6NO)_2$	2×10^{-22}	21.7	$SrSO_4$	3.2×10^{-7}	6.50
$MnCO_3$	5.0×10^{-10}	9.30	$Th(C_2O_4)_2$	1.1×10^{-25}	24.96
$Mn(OH)_2$	1.6×10^{-13}	12.8	ThF_4	5×10^{-29}	28.3
$MnS(无定形)$	3.2×10^{-11}	10.5	$Th(OH)_4(22℃)$	2×10^{-45}	44.7
$MnS(晶形)$	3.2×10^{-14}	13.5	$ThO(OH)_2$	5×10^{-24}	23.3
$Nd(OH)_3$	3.2×10^{-22}	21.50	$Ti(OH)_3$	1×10^{-40}	40.0
$NiCO_3$	1.3×10^{-7}	6.87	$Ti(OH)_4$	7.9×10^{-54}	53.10
$Ni(OH)_2$	6.3×10^{-16}	15.2	$TiO(OH)_2$ $(TiO^{2+}+2OH^-)$	1.6×10^{-33}	32.8
$\alpha\text{-}NiS$	4×10^{-20}	19.4			
$\beta\text{-}NiS$	1.3×10^{-20}	24.9	$TlBr$	3.6×10^{-6}	5.44
$\gamma\text{-}NiS$	2.5×10^{-27}	26.6	Tl_2CrO_4	9.8×10^{-13}	12.01
$Ni\text{-}丁二酮肟$	2.2×10^{-24}	23.66	TlI	5.9×10^{-8}	7.23
$Ni(C_9H_6NO)_2$	3×10^{-26}	25.5	Tl_2S	6.3×10^{-22}	21.2
$PbBr_2$	2.1×10^{-6}	5.68	$Tl(C_9H_6NO)_3$	4×10^{-33}	32.4
$PbCO_3$	7.4×10^{-14}	13.13	$1/2Tl_2O_3$ $(Tl^{3+}+3OH^-)$	6.3×10^{-46}	45.2
PbC_2O_4	3.2×10^{-11}	10.5			
$PbCl_2$	1.7×10^{-5}	4.78	UF_4	5.8×10^{-22}	21.24
$PbCrO_4$	1.8×10^{-14}	13.75	$UO_2C_2O_4(20℃)$	2.2×10^{-9}	8.66
PbF_2	3.6×10^{-8}	7.44	$UO_2(OH)_2$	4×10^{-23}	22.4
$Pb_2Fe(CN)_6$	9.5×10^{-19}	18.02	$V(OH)_3$	5×10^{-35}	34.3
PbI_2	7.9×10^{-9}	8.10	$(VO)_3(PO_4)_2$	8×10^{-26}	25.1
$1/2Pb_2O(OH)_2$ $(Pb^{2+}+2OH^-)$	1.3×10^{-15}	14.9	$Y_2(CO_3)_3$	2.5×10^{-31}	30.6
$Pb_3(PO_4)_2$	3.0×10^{-44}	43.53	$Y(OH)_3$	6.3×10^{-24}	23.2
PbS	3.2×10^{-28}	27.5	$Zn(C_9H_6NO)_2$	2×10^{-24}	23.7
$PbSO_4$	1.6×10^{-8}	7.79	$Zn(CN)_2$	3.2×10^{-16}	15.5
$PbSe$	8×10^{-43}	42.1	$ZnCO_3$	1×10^{-10}	10.0
$PbSeO_4$	1.4×10^{-7}	6.84	ZnC_2O_4	1.3×10^{-9}	8.89
$Pd(OH)_2$	3.2×10^{-29}	28.5	$Zn_2Fe(CN)_6$	2.1×10^{-16}	15.68
$Pr(OH)_3$	7.9×10^{-22}	21.10	$Zn(OH)_2(无定形)$	3.0×10^{-16}	15.52
$1/2Sb_2O_3$ (SbO^++OH^-)			$\alpha\text{-}ZnS$	2×10^{-25}	24.7
斜方	2.2×10^{-18}	17.66	$\beta\text{-}ZnS$	3.2×10^{-23}	22.5
立方	1.7×10^{-18}	17.78	ZrO_2 $(Zr^{4+}+4OH^-)$	8×10^{-55}	54.1
Sb_2S_3	1×10^{-93}	93	$ZrO(OH)_2$	1×10^{-29}	29.0

C_9H_6NOH：8-羟基喹啉

Ag_3AsO_4	462.53	$Ce(SO_4)_2$	332.24
$AgBr$	187.77	$Ce(SO_4)_2 \cdot 4H_2O$	404.30
$AgCN$	133.91	$CoCl_2$	129.84
$AgCl$	143.35	$CoCl_2 \cdot 6H_2O$	237.93
Ag_2CrO_4	331.73	$Co(NO_3)_2$	182.94
AgI	234.77	$Co(NO_3)_2 \cdot 6H_2O$	291.03
$AgNO_3$	169.88	CoS	90.99
$AgSCN$	165.96	$CoSO_4$	154.99
$Al(C_9H_6NO)_3$	459.44	$CoSO_4 \cdot 7H_2O$	281.10
$AlCl_3$	133.33	$CrCl_3$	158.36
$AlCl_3 \cdot 6H_2O$	241.43	$CrCl_3 \cdot 6H_2O$	266.45
$Al(NO_3)_3$	213.01	$Cr(NO_3)_3$	238.01
$Al(NO_3)_3 \cdot 9H_2O$	375.19	Cr_2O_3	151.99
Al_2O_3	101.96	$CuCl$	99.00
$Al(OH)_3$	78.00	$CuCl_2$	134.45
$Al_2(SO_4)_3$	342.17	$CuCl_2 \cdot 2H_2O$	170.48
$Al_2(SO_4)_3 \cdot 18H_2O$	666.46	CuI	190.45
As_2O_3	197.84	$Cu(NO_3)_2$	187.56
As_2O_5	229.84	$Cu(NO_3)_2 \cdot 3H_2O$	241.60
As_2S_3	246.05	CuO	79.55
$BaCO_3$	197.31	Cu_2O	143.09
BaC_2O_4	225.32	CuS	95.62
$BaCl_2$	208.24	$CuSCN$	121.62
$BaCl_2 \cdot 2H_2O$	244.24	$CuSO_4$	159.62
$BaCrO_4$	253.32	$CuSO_4 \cdot 5H_2O$	249.68
BaO	153.33	$FeCl_2$	126.75
$Ba(OH)_2$	171.32	$FeCl_2 \cdot 4H_2O$	198.81
$BaSO_4$	233.37	$FeCl_3$	162.21
$BiCl_3$	315.33	$FeCl_3 \cdot 6H_2O$	270.30
$BiOCl$	260.43	$FeNH_4(SO_4)_2 \cdot 12H_2O$	482.22
$CH_2ClCOOH$	94.50	$Fe(NO_3)_3$	241.86
CH_3COOH	60.05	$Fe(NO_3)_3 \cdot 9H_2O$	404.01
CH_3COONH_4	77.08	FeO	71.85
CH_3COONa	82.03	Fe_2O_3	159.69
$CH_3COONa \cdot 3H_2O$	136.08	Fe_3O_4	231.55
CO_2	44.01	$Fe(OH)_3$	106.87
$CO(NH_2)_2$	60.06	FeS	87.92
$CaCO_3$	100.09	Fe_2S_3	207.91
CaC_2O_4	128.10	$FeSO_4$	151.91
$CaCl_2$	110.99	$FeSO_4 \cdot 7H_2O$	278.03
$CaCl_2 \cdot 6H_2O$	219.09	$FeSO_4 \cdot (NH_4)_2SO_4 \cdot 6H_2O$	392.17
$Ca(NO_3)_2 \cdot 4H_2O$	236.16	H_3AsO_3	125.94
CaO	56.08	H_3AsO_4	141.94
$Ca(OH)_2$	74.10	H_3BO_3	61.83
$Ca_3(PO_4)_2$	310.18	HBr	80.91
$CaSO_4$	136.15	HCN	27.03
$CdCO_3$	172.41	$HCOOH$	46.03
$CdCl_2$	183.33	H_2CO_3	62.03
CdS	144.47	$H_2C_2O_4$	90.04

$H_2C_2O_4 \cdot 2H_2O$	126.07	$KHC_8H_4O_4$	204.22
HCl	36.46	$KHSO_4$	136.18
HF	20.01	KI	166.00
HI	127.91	KIO_3	214.00
HIO_3	175.91	$KIO_3 \cdot HIO_3$	389.91
HNO_2	47.02	$KMnO_4$	158.03
HNO_3	63.02	KNO_2	85.10
H_2O	18.02	KNO_3	101.10
$2H_2O$	36.03	$KNaC_4H_4O_6 \cdot 4H_2O$	282.22
$3H_2O$	54.05	K_2O	94.20
$4H_2O$	72.06	KOH	56.11
$5H_2O$	90.08	K_2PtCl_6	485.99
$6H_2O$	108.09	$KSCN$	97.18
$7H_2O$	126.11	K_2SO_4	174.27
$8H_2O$	144.13	$MgCO_3$	84.32
$9H_2O$	162.14	MgC_2O_4	112.33
$12H_2O$	216.19	$MgCl_2$	95.22
H_2O_2	34.02	$MgCl_2 \cdot 6H_2O$	203.31
H_3PO_4	97.99	$MgNH_4PO_4$	137.32
H_2S	34.08	$Mg(NO_3)_2 \cdot 6H_2O$	256.43
H_2SO_3	82.09	MgO	40.31
H_2SO_4	98.09	$Mg(OH)_2$	58.33
$Hg(CN)_2$	252.63	$Mg_2P_2O_7$	222.55
$HgCl_2$	271.50	$MgSO_4 \cdot 7H_2O$	246.49
Hg_2Cl_2	472.09	$MnCO_3$	114.95
HgI_2	454.40	$MnCl_2 \cdot 4H_2O$	197.91
$Hg(NO_3)_2$	324.60	$Mn(NO_3)_2 \cdot 6H_2O$	287.06
$Hg_2(NO_3)_2$	525.19	MnO	70.94
$Hg_2(NO_3)_2 \cdot 2H_2O$	561.22	MnO_2	86.94
HgO	216.59	MnS	87.01
HgS	232.65	$MnSO_4$	151.01
$HgSO_4$	296.67	$MnSO_4 \cdot 4H_2O$	223.06
Hg_2SO_4	497.27	NH_3	17.03
$KAl(SO_4)_2 \cdot 12H_2O$	474.41	$(NH_4)_2CO_3$	96.09
KBr	119.00	$(NH_4)_2C_2O_4$	124.10
$KBrO_3$	167.00	$(NH_4)_2C_2O_4 \cdot H_2O$	142.12
KCN	65.12	NH_4Cl	53.49
K_2CO_3	138.21	NH_4HCO_3	79.06
KCl	74.55	$(NH_4)_2HPO_4$	132.06
$KClO_3$	122.55	$(NH_4)_2MoO_4$	196.01
$KClO_4$	138.55	NH_4NO_3	80.04
K_2CrO_4	194.19	$(NH_4)_3PO_4 \cdot 12MoO_3$	1876.35
$K_2Cr_2O_7$	294.18	$(NH_4)_2S$	68.15
$K_3Fe(CN)_6$	329.25	NH_4SCN	76.13
$K_4Fe(CN)_6$	368.35	$(NH_4)_2SO_4$	132.15
$KFe(SO_4)_2 \cdot 12H_2O$	503.23	NH_4VO_3	116.98
$KHC_2O_4 \cdot 12H_2O$	146.15	NO	30.01
$KHC_2O_4 \cdot H_2C_2O_4 \cdot 2H_2O$	254.19	NO_2	46.01
$KHC_4H_4O_6$	188.18	Na_3AsO_3	191.89

$Na_2B_4O_7$	201.22	$PbCrO_4$	323.19
$Na_2B_4O_7 \cdot 10H_2O$	381.42	PbI_2	461.01
$NaBiO_3$	279.97	$Pb(NO_3)_2$	331.21
$NaBr$	102.89	PbO	223.20
$NaCN$	49.01	PbO_2	239.20
Na_2CO_3	105.99	Pb_3O_4	685.60
$Na_2CO_3 \cdot 10H_2O$	286.19	$Pb_3(PO_4)_2$	811.54
$Na_2C_2O_4$	134.00	PbS	239.27
$NaCl$	58.41	$PbSO_4$	303.27
$NaClO$	74.44	SO_2	64.07
$NaHCO_3$	84.01	SO_3	80.07
NaH_2PO_4	119.98	$SbCl_3$	228.15
Na_2HPO_4	141.96	$SbCl_5$	299.05
$Na_2HPO_4 \cdot 12H_2O$	358.14	Sb_2O_3	291.60
$NaHSO_4$	120.07	Sb_2S_3	339.81
$Na_2H_2Y \cdot 2H_2O$	272.24	SiF_4	104.08
$NaNO_2$	69.00	SiO_2	60.08
$NaNO_3$	85.00	$SnCl_2$	189.60
Na_2O	61.98	$SnCl_2 \cdot 2H_2O$	225.63
Na_2O_2	77.98	$SnCl_4$	260.50
$NaOH$	40.00	$SnCl_4 \cdot 5H_2O$	350.58
Na_3PO_4	163.94	SnO_2	150.71
Na_2S	78.05	SnS	150.77
$Na_2S \cdot 9H_2O$	240.19	$SrCO_3$	147.63
$NaSCN$	81.08	SrC_2O_4	175.64
Na_2SO_3	126.05	$SrCrO_4$	203.62
Na_2SO_4	142.05	$Sr(NO_3)_2$	211.64
$Na_2S_2O_3$	158.12	$Sr(NO_3)_2 \cdot 4H_2O$	283.69
$Na_2S_2O_3 \cdot 5H_2O$	148.2	$SrSO_4$	183.68
$NiCl_2 \cdot 6H_2O$	237.69	$TlCl$	239.84
$Ni(NO_3)_2 \cdot 6H_2O$	290.79	U_3O_8	842.08
NiO	74.69	$UO_2(CH_3COO)_2 \cdot 2H_2O$	424.15
NiS	90.76	$(UO_2)_2P_2O_7$	714.00
$NiSO_4 \cdot 7H_2O$	280.87	$Zn(CH_3COO)_2$	183.43
OH	17.01	$Zn(CH_3COO)_2 \cdot 2H_2O$	219.50
$2OH$	34.02	$ZnCO_3$	125.39
$3OH$	51.02	ZnC_2O_4	153.40
$4OH$	63.03	$ZnCl_2$	136.29
P_2O_5	141.94	$Zn(NO_3)_2$	189.39
$Pb(CH_3COO)_2$	325.29	$Zn(NO_3)_2 \cdot 6H_2O$	297.51
$Pb(CH_3COO)_2 \cdot 3H_2O$	379.34	ZnO	81.38
$PbCO_3$	267.21	ZnS	97.46
PbC_2O_4	295.22	$ZnSO_4$	161.46
$PbCl_2$	278.11	$ZnSO_4 \cdot 7H_2O$	287.57

附表 19　元素的相对原子质量表(2001)

按元素符号的字母顺序排列(不包括人工元素)

元　素		原子序数	相对原子质量
符　号	名　称		
Ac	锕	89	227.0278
Ag	银	47	107.8682(2)
Al	铝	13	26.981538(2)
Ar	氩	18	39.948(1)
As	砷	33	74.92160(2)
Au	金	79	196.96655(2)
B	硼	5	10.811(7)
Ba	钡	56	137.327(7)
Be	铍	4	9.012182(3)
Bi	铋	83	208.98038(2)
Br	溴	35	79.904(1)
C	碳	6	12.0107(8)
Ca	钙	20	40.078(4)
Cd	镉	48	112.411(8)
Ce	铈	58	140.116(1)
Cl	氯	17	35.453(2)
Co	钴	27	58.933200(9)
Cr	铬	24	51.9961(6)
Cs	铯	55	132.90545(2)
Cu	铜	29	63.546(3)
Dy	镝	66	162.500(1)
Er	铒	68	167.259(3)
Eu	铕	63	151.964(1)
F	氟	9	18.9984032(5)
Fe	铁	26	55.845(2)
Ga	镓	31	69.723(1)
Gd	钆	64	157.25(3)
Ge	锗	32	72.64(1)
H	氢	1	1.00794(7)
He	氦	2	4.002602(2)
Hf	铪	72	178.49(2)
Hg	汞	80	200.59(2)
Ho	钬	67	164.93032(2)
I	碘	53	126.90447(3)
In	铟	49	114.818(3)
Ir	铱	77	192.217(3)
K	钾	19	39.0983(1)
Kr	氪	36	83.798(2)
La	镧	57	138.9055(2)
Li	锂	3	6.941(2)
Lu	镥	71	174.967(1)
Mg	镁	12	24.3050(6)
Mn	锰	25	54.938049(9)
Mo	钼	42	95.94(1)
N	氮	7	14.00674(7)

元 素		原子序数	相对原子质量
符 号	名 称		
Na	钠	11	22.989770(2)
Nb	铌	41	92.90638(2)
Nd	钕	60	144.24(3)
Ne	氖	10	20.1797(6)
Ni	镍	28	58.6934(2)
Np	镎	93	237.0482
O	氧	8	15.9994(3)
Os	锇	76	190.23(3)
P	磷	15	30.973761(2)
Pa	镤	91	231.03588(2)
Pb	铅	82	207.2(1)
Pd	钯	46	106.42(1)
Pr	镨	59	140.90765(2)
Pt	铂	78	195.078(2)
Ra	镭	88	226.0254
Rb	铷	37	85.4678(3)
Re	铼	75	186.207(1)
Rh	铑	45	102.90550(2)
Ru	钌	44	101.07(2)
S	硫	16	32.065(5)
Sb	锑	51	121.760(1)
Sc	钪	21	44.955910(8)
Se	硒	34	78.96(3)
Si	硅	14	28.0855(3)
Sm	钐	62	150.36(3)
Sn	锡	50	118.710(7)
Sr	锶	38	87.62(1)
Ta	钽	73	180.9479(1)
Tb	铽	65	158.92534(2)
Te	碲	52	127.60(3)
Th	钍	90	232.0381(1)
Ti	钛	22	47.867(1)
Tl	铊	81	204.3833(2)
Tm	铥	69	168.93421(2)
U	铀	92	238.02891(3)
V	钒	23	50.9415(1)
W	钨	74	183.84(1)
Xe	氙	54	131.293(6)
Y	钇	39	88.90585(2)
Yb	镱	70	173.04(3)
Zn	锌	30	65.409(4)
Zr	锆	40	91.224(2)

主 要 参 考 书

1. 李龙泉,林长山,朱玉瑞,吕敬慈,江万权. 定量化学分析(第一版). 中国科学技术大学出版社,1997
2. Kellner R, Mermet J M, Otto M, Widmer H M. *Analitical Chemistry*. Wiley-VCH,1998. 中译本:分析化学. 李克安,金钦汉等译. 北京大学出版社,2001
3. Kolthoff M I. Sandell B E. Meehan J E. and Stanley Bruckenstein, *Quantitative Chemical Analysis*. 4th ed. , Macmillan, 1969. 中译本:定量化学分析(上册、中册). 南京化工学院分析教研组译. 人民教育出版社,1981,1987
4. 武汉大学等五校. 分析化学(第四版). 高等教育出版社,2000
5. 彭崇慧、冯建章、张锡瑜. 定量化学分析简明教程(第二版). 北京大学出版社,1997
6. Šucha L. and Kotrlý S. *Solution Equilibria in Analytical Chemistry*. Van Nostranol Reinhold, 1972. 中译本:分析化学中的溶液平衡. 周锡顺、戴明、李俊义译. 人民教育出版社,1979
7. 渡边邦洋. 分析化学. 东京:株式会社宣协社,1999
8. 张正奇. 分析化学. 科学出版社,2001
9. 林树昌、迟兴婉、郭金雪、胡乃非. 定量分析化学. 北京师范大学出版社,1991
10. 华中师范大学等三校. 分析化学(第二版). 高等教育出版社,1990
11. 孟凡昌,蒋勉. 分析化学中的离子平衡. 科学出版社,1997
12. 张铁垣. 分析化学中的量和单位(第二版). 中国标准出版社,2002
13. 郑用熙. 分析化学中的数理统计方法. 科学出版社,1986
14. 中国环境监测总站《环境水质监测质量保证手册》编写组. 环境水质监测质量保证手册. 化学工业出版社,1994
15. 奚旦立,孙裕生,刘秀英. 环境监测(修订版). 高等教育出版社,1995
16. Ringbom A. *Complexation in Analytical Chemistry*. Interscience,1963
17. 陈永兆. 络合滴定. 科学出版社,1986
18. 慈云祥、周元泽. 分析化学中的配位化合物. 北京大学出版社,1986
19. 皮以凡. 氧化还原滴定法及电位分析法. 高等教育出版社,1987
20. 陈国珍等. 紫外——可见光分光光度法(上册). 原子能出版社,1983
21. 黄君礼,鲍治宇. 紫外吸收光谱法及其应用. 中国科学技术出版社,1992
22. 赵藻藩、周性尧等. 仪器分析. 高等教育出版社,1990
23. 邓勃、宁永成、刘密新. 仪器分析. 清华大学出版社,1991
24. 王应玮、梁树权. 分析化学中的分离方法. 科学出版社,1991
25. 《化学分离富集方法及应用》编委会. 化学分离富集方法及应用. 中南工业大学出版社,2000
26. 邵令娴. 分离及复杂物质分析. 高等教育出版社,1984
27. 方禹之、金利通、徐伯兴、徐通敏. 环境分析与监测. 华东师范大学出版社,1986
28. 国家环保局《水和废水监测分析方法》编委会. 水和废水监测分析方法. 中国环境科学出版社,1989
29. 中国医学科学院卫生研究所等. 工业废渣监测检验方法. 人民卫生出版社,1982
30. 杭州大学化学系分析化学教研室. 分析化学手册(第二分册). 化学工业出版社,2001

习 题 答 案

第一章

3. (1) 52.51%；(3) 89.22%

5. (1) 18.4 mol · L^{-1}；(3) 1.8 mol · L^{-1}

7. 0.02320 mol · L^{-1}；6.478×10^{-3} g · mL^{-1}

9. 12.17%　　11. 84.69%

第二章

1. (1) 系统误差,校准砝码；(3) 系统误差,校准容量瓶；(5) 系统误差,换容器

3. 0.1049；0.0002；2‰；0.00030；2.9‰

5. 4×10‰

7. 0.2%

9. 0.9546；0.0013

11. 0.35；0.16

13. 7；4；3

15. 否

17. 不能

19. 能舍去

21. 应保留

23. 有

25. 1 mg；2mL

27. 98%

29. 0.744；0.0152；4.38；12.3；2.37；0.636

31. 3 位

第三章

1. 0.088 mol · L^{-1}

3. 酸：NH_4Cl，碱：Na_2SO_4，$NaAc$，Na_2S，$Na_2C_2O_4$；
两性物质：$NaHCO_3$，NH_4F，$(NH_4)_2SO_4$

5. 2.0×10^{-13} mol · L^{-1}

7. 0.010 mol · L^{-1}

9. (1) $[H^+]=[NH_3]+[OH^-]+c_a$

(3) $[H^+]=c_{a1}+[OH^-]+c_{a2}+[SO_4^{2-}]$

(5) $[H^+]=[Ac^-]+[NH_3]+[OH^-]$

(7) $[H^+]+[HCO_3^-]+2[H_2CO_3]=[NH_3]+[OH^-]$

(9) $[H^+]+[H_3PO_4]=[OH^-]+[NH_3]+[HPO_4^{2-}]+2[PO_4^{3-}]$

10. (1) 7.20；(3) 5.60；(5) 8.37；(7) 8.88；(9) 7.15；(11) 0.96；(13) 4.42；(15) 6.34；(17) 4.75；(19) 6.22

11. 1.0；3.6×10^{-10} mol · L^{-1}；
2.0×10^{-22} mol · L^{-1}

13. 14 g；52 mL

15. 1 个 ；酚红或酚酞

17. 105.5；$pK_{a_1}=2.84$；$pK_{a_2}=5.68$

19. (1) 能；(3) 不能；(5) 不能

21. 0.2%

23. 1.3 mol · L^{-1}；4.73

25. (1) Na_3PO_4；(3) Na_2HPO_4

27. (1) a. $NaHCO_3+Na_2CO_3$；
(2) a. $\rho(NaHCO_3)=4.351$ mg · mL^{-1}
$\rho(Na_2CO_3)=7.973$ mg · mL^{-1}

29. (1) $w(N)=30.47\%$；(2) 甲基红；(3) 0.4%

31. $Na_2HPO_4+NaH_2PO_4$　(1) 50.00 mL；
(2) 12.50 mL

第四章

1. 6.74；6.48；0.85；1.00

3. 0.02%，0.15，1.4%，16%，81%

5. 4.6×10^{15}

7. 7.46

9. 7.0

11. 9.8

13. -2%；0.1%

15. 8.9

17. 能

19. (1) 4.1—7.4；(2) 5.7

21. (1) 能；(2) 4.1—7.09；(3) -0.1%

23. 0.170 mol·L^{-1}

第五章

1. 0.23 V

3. 2.6×10^{-11} mol·L^{-1}

5. 2.1×10^{-21} mol·L^{-1}

7. 6.6×10^{-4} mol·L^{-1}

9. 0.498 V；0.378 V；0.130 V

11. -0.004%

13. 59.74%

15. 5.198%

18. PbO 36.18%；PbO_2 19.38%

19. 0.02897 mol·L^{-1}

21. 10.91%

第六章

3. (1) 1.8×10^{-4}；(3) 1.24×10^{-11}

5. (1) 5.7×10^{-4} mol·L^{-1}；

　　(3) 1.5×10^{-3} mol·L^{-1}

7. 1.1×10^{-5} mol·L^{-1}

9. 2.3×10^{-4} mol·L^{-1}；4.7×10^{-4} mol·L^{-1}

11. 1.4×10^{-4} mol·L^{-1}

13. 第一吸附层 SO_4^{2-}；第二层吸附层 Ca^{2+}

1. a　55 L·g^{-1}·cm^{-1}；ε　1.9×10^4

　　L·mol^{-1}·cm^{-1}；s　3.3×10^3 μg·cm^{-2}

3. 90 mg·L^{-1}

15. (1) 0.23513；(3) 0.082656，0.037824；

　　(5) 0.11096；(7) 1.0163

17. NaCl 15.96%；NaBr 19.5%

19. 65.84%

21. 80.19%

23. F 29.44%；Na_2SeF_6 61.70%

25. $BaCl_2$ 20.60%；BaI_2 22.62%

第七章

5. (1) 0.301；(2) 10%，50%

7. 0.16 g

9. Fe 1.5%；Al 1.4%

1. 2×10^{-4}

3. 16 mL；86%

5. 10

第八章

7. NaOH 9.10%；Na_2CO_3 9.53%

9. 14.3 cm

第九章

1. 6

3. 5

5. (1) 6；(2) 20 号

7. Al_2O_3·Fe_2O_3·2CaO·3SiO_2

9. 烧失量 17.25%；SiO_2 40.01%；

　　Al_2O_3 27.34%；Fe_2O_3 9.62%；

　　CaO 3.42%；MgO 1.28%；

　　$K_2O + Na_2O$ 1.08%